Qualität im Coaching

Claas Triebel
Jutta Heller
Bernhard Hauser
Axel Koch
(Hrsg.)

Qualität im Coaching

Denkanstöße und neue Ansätze: Wie Coaching mehr Wirkung und Klientenzufriedenheit bringt

Mit 39 Abbildungen und 12 Tabellen

Springer

Herausgeber
Claas Triebel
Gräfelfing, Deutschland

Bernhard Hauser
München, Deutschland

Jutta Heller
Stein, Deutschland

Axel Koch
Bad Feilnbach, Deutschland

ISBN 978-3-662-49057-0 ISBN 978-3-662-49058-7 (eBook)
DOI 10.1007/978-3-662-49058-7

Die Deutsche Nationalbibliothek verzeichnet diese Publikation in der Deutschen Nationalbibliografie; detaillierte bibliografische Daten sind im Internet über http://dnb.d-nb.de abrufbar.

Umschlaggestaltung: deblik Berlin

Gedruckt auf säurefreiem und chlorfrei gebleichtem Papier

Springer-Verlag GmbH Berlin Heidelberg ist Teil der Fachverlagsgruppe Springer Science+Business Media
(www.springer.com)

Vorwort

Die Coaching- und Beratungslandschaft ist vielfältig und zum Teil zerklüftet. Der Coaching-Begriff ist ungeschützt. Coaching findet in höchst unterschiedlichen Settings unter höchst unterschiedlichen Bedingungen statt. Jede/r darf sich „Coach" nennen und als Coach arbeiten und seine/ihre Arbeit als „Coaching" bezeichnen. Seit einigen Jahren versuchen Verbände auf nationaler und internationaler Ebene, eine Vereinheitlichung von Coaching einzuführen. Teils sind diese Bestrebungen auf Qualität im Coaching bedacht, teils darauf, unter dem Siegel einer Qualitätsnorm Fortbildungsleistungen zu verkaufen.

In der öffentlichen und fachlichen Debatte wird zu Recht die Frage nach der Qualität im Coaching gestellt. Hierbei ist von besonderem Interesse, wie allgemeine Qualitätsstandards unabhängig von speziellen Coaching-Ansätzen gefunden werden können. Anders gesagt: Selbstverständlich gehen unterschiedliche Coaching-Ansätze von unterschiedlichen Annahmen aus – dennoch können möglicherweise Qualitätsmaßstäbe definiert werden, die unterschiedlichen Ansätzen genügen.

Nach unserer Wahrnehmung widmen sich Coaches nicht gerne der Diskussion um Wissenschaftlichkeit, Qualität und Standards für ihr Handeln. Was könnten Gründe dafür sein? Wir zählen einmal auf – ohne Anspruch auf Vollständigkeit:

- Coaches sind häufig als Solisten unterwegs – sie lassen sich ungern in die Karten schauen.
- Coaches sind mitunter der Meinung, man könne den Erfolg des Coachings nicht mit herkömmlichen Methoden messen. Eine Erfolgsmessung ziele möglicherweise an dem vorbei, was tatsächlich im Coaching geleistet würde.
- Coaches sind marktgetrieben. Wissenschaftlich gesehen unterliegen sie einem Zirkelschluss: „Ich bin ein guter Coach, weil ich wirtschaftlich erfolgreich bin, und ich bin wirtschaftlich erfolgreich, weil ich ein guter Coach bin". Wissenschaftlich gesehen hat beides jedoch wenig miteinander zu tun.
- Coaches und Coachees befinden sich in einem Vertrauensverhältnis, in dem man aus guten (also ethisch hochstehenden Gründen) keine Beobachtung dulden möchte.
- Hinsichtlich der Methoden lassen sich Coaches ebenfalls ungern in die Karten schauen. Wer eine „Schule" gelernt hat, wird nach einigen Jahren noch eine weitere Methode gelernt haben. Hinzu kommen möglicherweise allerlei Methoden- und Tool-Bücher, mit denen das Prozesswissen angereichert wird. Es gibt keinen verbindlichen inhaltlichen Kanon hinsichtlich dessen, was eine wertvolle Coaching-Methode auszeichnet.
- Coaches stammen aus den unterschiedlichsten Fakultäten – das ist ja gerade das Spannende an diesem Betätigungsfeld. Es gibt eine Buntheit hinsichtlich der Berufsbiografien von Coaches, aber es gibt kein wissenschaftliches Paradigma, das allen Coaches gemein wäre.

Die Liste ließe sich fortsetzen, aber wir wollen es an dieser Stelle bei den genannten Punkten belassen. Denn sie geben uns genügend Stichworte, um das anzustoßen, was wir mit dem vorliegenden Buch bezwecken: einen fundierten Blick auf unterschiedliche Dimensionen von

Qualität. Die genannten Punkte lassen sich nämlich ohne weiteres den klassischen Qualitätskriterien zuordnen, denen wir die Struktur dieses Bandes unterwerfen:

- Strukturqualität
- Beziehungsqualität
- Prozessqualität
- Ergebnisqualität

Im Zusammenhang mit der Profession „Coaching" meinen wir mit diesen Begriffen Folgendes:

Strukturqualität Unter dieser Kategorie haben wir Beiträge versammelt, die sich mit Rahmenbedingungen von Coaching befassen. Das umfasst in unserem Buch Aspekte der Aus- und Weiterbildung von Coaches, des Settings von Coaching sowie der Anforderungen an Coachings. Im Speziellen haben die Kollegen Eric Lippmann, Ulrich Lenz, Bernhard Hauser und Gerhard Fatzer hierzu Beiträge verfasst.

Beziehungsqualität Die Kategorie „Beziehungsqualität" zählt nicht zu den Klassikern des Qualitätsmanagements, ist aus unserer Sicht jedoch äußerst wesentlich. Denn ohne eine funktionierende Coach-Coachee-Beziehung funktioniert kein Coaching. Wenn auch eine solche funktionierende Beziehung nicht hinreichend für einen erfolgreichen Coaching-Prozess ist: Wodurch zeichnet sich eine solche „funktionierende" oder „funktionale" Beziehung eigentlich aus?

Hierzu haben wir Beiträge von Thomas Webers, Katharina Ebner, Stephanie Rascher, Annelen Collatz, Claas Triebel und Hans G. Bauer versammelt. Sie beschäftigen sich mit Kompetenzen von Coaches, dem Lernverhalten von Coachees, der Reflexion und dem Management von Coaching-Prozessen, mit Erfolgsdeterminanten im Top-Management-Coaching und mit dem oft beschworenen Begriff der interkulturellen Kompetenzen von Coaches.

Prozessqualität Unter Prozessqualität verstehen wir alle inhaltlichen Aspekte, die im Fortgang eines Coachings eine wesentliche Rolle spielen. Wir konnten Heidi Möller und Silja Kotte, Stephan D. Richter, das Autorentrio Florian Erik Klonek, Amelie Güntner und Simone Kauffeld sowie Arndt Schmidtmayer für Beiträge gewinnen.

Die Beiträge befassen sich mit der Diagnostik als Ausgangspunkt für die Prozessgestaltung von Coaching, mit der Frage nach der Hermeneutik in Coachings, mit der Frage nach Passung zwischen Verpackung und Inhalt von Coaching sowie mit einem Ampelmodell zur Steuerung von Coaching-Prozessen und -Inhalten.

Ergebnisqualität Im Mittelpunkt der Beiträge dieser Kategorie steht die Frage nach der Wirkung von Coaching. Monika Wastian und Janina Poetschki widmen sich der Frage, wie die Einbeziehung von Zielen in das Coaching das Coaching-Ergebnis moderiert. Axel Koch beschäftigt sich mit dem Transfer von Coaching-Ergebnissen, und Carsten Schermuly stellt mögliche negative Effekte von Coaching vor.

Natürlich ließen sich zu all diesen Kategorien noch zahlreiche AutorInnen mit zahlreichen weiteren Aspekten zur Qualität im Coaching zitieren, und wir müssen bedauern, den geschätzten KollegInnen an dieser Stelle nicht ebenfalls Raum gegeben zu haben. Wie kommt es aber zu unserer Auswahl?

Ein wesentlicher Aspekt des Zustandekommens dieses Bandes ist die Kongress-Reihe „Coaching heute", die seit 2014 als erster Fachkongress einer deutschen Hochschule zum Thema Coaching jährlich in Erding, ausgerichtet an der Hochschule für Angewandtes Management Erding, stattfindet. Die Autoren standen mit uns überwiegend bereits als KongressbeiträgerInnen in Kontakt, so dass wir den gemeinsamen fachlichen Dialog über die Grenzen des Kongresses in diesem Buch fortsetzen konnten.

Aus Sicht der HerausgeberInnen eignet sich insbesondere die Form des Herausgeberbandes für das Thema Qualität im Coaching gut, weil Qualitätskriterien nicht zentral von einer Instanz verordnet werden können, sondern von der Scientific Community aus einer Vielfalt von Ansätzen zusammengestellt und gemeinschaftlich getragen werden sollten. Wir wissen also, dass es noch zahllose Aspekte gibt, die diesem Thema hinzuzufügen wären, und können nur dazu einladen, sich auf das spannende Thema Qualität im Coaching einzulassen.

Wir wollen zudem klarstellen: Dies ist kein Buch, das irgendwelche Zustände beklagen möchte. Wir wollen auch keinen dringenden und flammenden Appell ausrufen, dass fortan alles anders werden müsse. Nein. Wir stellen einen Status quo von BeiträgerInnen aus unserem Umfeld dar, die aus unserer Sicht wesentliche Diskussionsbeiträge zum Thema zu äußern haben. Hierbei legen wir Wert auf eine Mischung zwischen wissenschaftlichen und anwendungsorientierten Beiträgen, wie es dem Thema Coaching aus unserer Sicht insgesamt angemessen zu sein scheint.

Im Buch wird eine Vielfalt der weiblichen und männlichen Schreibweise entsprechend der Präferenz der AutorInnen genutzt. Falls nur ein Geschlecht explizit dargestellt ist, ist selbstverständlich das andere Geschlecht mitgemeint. Den HerausgeberInnen ist es jedoch ein zentrales Anliegen, dass auch Frauen explizit genannt und nicht nur mitgemeint werden.

Claas Triebel und Jutta Heller
Im Frühjahr 2016

Autorenportraits

Bauer, Hans G.
Geboren 1948. Studium der Soziologie und Pädagogik an der LMU München und der Wayne State University (WSU, Detroit/USA). Wissenschaftliche Arbeit an der WSU (USA), dann beim Deutschen Jugendinstitut (DJI, München) und dem Staatsinstitut für Frühpädagogik (IFP, München). Soziologe. Geschäftsführende Tätigkeit beim Landesverband Bayerischer Heime und Internate e.V.. Mehrjährige praktische Tätigkeit als Erzieher in Einrichtungen der Jugendhilfe für schwererziehbare Kinder und Jugendliche. Freie journalistische und publikatorische Aktivitäten. Ab ca. 1980 und bis dato wissenschaftlicher Mitarbeiter sowie Vorstandsmitglied, Gesellschafter und Geschäftsführer der GAB (Gesellschaft für Ausbildungsforschung und Berufsentwicklung, München). Daneben langjähriger Vorsitzender des Bundesverbands Erlebnispädagogik e.V. (be). Arbeitsschwerpunkte seither: Arbeits- und Berufssoziologie, Erlebnispädagogik, Berufspädagogik, erfahrungsgeleitetes und künstlerisches Handeln und Lernen, Kompetenzfeststellung und -entwicklung. Diverse Publikationen.

Collatz, Annelen
Dr. Dipl.-Psych. Collatz ist freiberuflich Coach und Beraterin und war darüber hinaus zwölf Jahre als wissenschaftliche Mitarbeiterin an der Fakultät für Psychologie der Ruhr-Universität Bochum, AE Methodenlehre, Diagnostik und Evaluation, tätig. Ihre Tätigkeitsschwerpunkte liegen im Bereich von individuellen Coachings, Entwicklung von Testverfahren, Eignungsdiagnostik, Management Audits, Potenzialanalysen, Karriereplanung sowie Trainings zu Teamentwicklung, Führung, Work-Life-Balance, Sozialkompetenzen und Mitarbeiterbefragung. Collatz hat eine Ausbildung zur klärungsorientierten Psychotherapeutin und ist psychologische Beraterin des Deutschen Ruderverbandes e.V.. Ihre Promotion verfasste sie zum Thema „adäquate Erfassung der Persönlichkeit im Top-Management".

Ebner, Katharina
Geboren 1980, Dipl.-Psych. 2006 in München, Dr. rer. nat. 2013 in Braunschweig. Als promovierte Psychologin, Kompetenzenbilanz-Coach und Systemische Beraterin verfolgt Ebner durch die Verbindung empirischer Forschung als Wissenschaftlerin mit der praktischen Anwendung als Beraterin, Trainerin und Coach das Ziel, Menschen bei der beruflichen und persönlichen Weiterentwicklung zu unterstützen. Als Wissenschaftliche Mitarbeiterin an der Universität der Bundeswehr München (Projektleitung Coaching), der TU Braunschweig (Koordinatorin des Graduiertenprogramms der Fakultät für Lebenswissenschaften und Coach) und der FAU Erlangen-Nürnberg (Habilitation) setzt sie sich deswegen mit den Prädiktoren erfolgreichen Coachings und der Kompetenz- und Karriereentwicklung in der Early Career Stage auseinander. Als praktisch tätiger Coach begleitet sie junge Erwachsene, Existenzgründer und Nachwuchswissenschaftler-/innen bei Karriereentscheidungen.

Ihre praktischen Coach-Kompetenzen sind konzeptioneller (z. B. teilstandardisierte Coachings) und lehrender Natur (Einführungsseminare, didaktische Trainings und Schulungsprogramme für Coaches). Als Autorin diverser Publikationen zu Coaching – diese verknüpft mit Themen wie Stressbewältigung und Karriereerfolg – und Preisträgerin des Erdinger Coaching-Preises platziert sie die Erkenntnisse aus der Wissenschaft in der Praxis.

Fatzer, Gerhard

Er ist einer der Pioniere, der die amerikanische Organisationsentwicklung in den deutschsprachigen Raum gebracht hat. Dies vor allem mit den Buchtiteln „Supervision und Beratung", „OE für die Zukunft" und „Qualität und Leistung von Beratung" (mit W. Looss und K. Rappe Giesecke). Er ist Herausgeber der internationalen Zeitschrift „Profile" (mit Ed Schein, Peter Senge und M.I.T.) und der Reihe „EHP Organisation". Er bildet seit über 30 Jahren international Führungskräfte und Berater aus und leitet seit 1991 das Trias-Institut für Coaching und Organisationsentwicklung. Zudem unterrichtet er im Rahmen von Gastprofessuren oder Seminaren an der Universität Innsbruck (seit 2002), an der Universität Ljubljana, IEDC Bled, Zeppelin University, ETH Zürich, Hochschule St. Gallen und in Indien an der Thapar University. Zudem hat er Seminare für GIZ in China, Vietnam, Tunesien und Indien und langjährige Entwicklungsprojekte für GIZ in Afrika (Marokko, Senegal, Kamerun etc.) durchgeführt. Seit 1987 ist er Gastforscher am M.I.T.. Im Rahmen eines Gastforschungsaufenthalts mit dem Nationalfonds in den USA hat er 1980-82 an der UCLA, USC, am M.I.T., Harvard und an der UMass Amherst gearbeitet. Dabei ist eine langjährige Zusammenarbeit mit vielen Begründern der Organisationsentwicklung wie Edgar Schein, Warren Bennis, Fred Massarik, Chris Argyris, Ed Nevis, Larry Lippitt und zudem Carl Rogers entstanden. Als Herausgeber der Reihe „EHP Organisation" sind viele dieser Autoren ins Deutsche übersetzt worden. Zudem hat er im Rahmen vieler internationaler Trias-Konferenzen mit IBM Research und GDI (Gottlieb-Duttweiler-Institut) die Themen „Transformation", „Führung", „Inspiration" und „Veränderung" bearbeitet. In der Reihe „Trias in Boston" sind zudem seit 1995 wichtige Organisationsentwicklungs-Protagonisten wie Kathleen Dannemiller, David Kantor, Alban und Bunker, Barbara Kellermann, Bob Putnam, Bill Isaacs, Peter Senge und Otto Scharmer im Umkreis von M.I.T. und Harvard eingeladen worden.

Gallenmüller, Katharina

Dipl.-Psych., Assistentin von Prof. Heller. Als HR-Fachkraft hat sie langjährige Erfahrung in der Personalentwicklung in internationalen Unternehmen. Ihre Spezialthemen sind Change Management und Integrationsprozesse mit Fokus auf persönlicher Weiterentwicklung und Resilienz. Seit 2014 ist Gallenmüller Mitarbeiterin am Institut von Prof. Heller. Sie führt Trainings durch, koordiniert den jährlichen von der Hochschule für angewandtes Management organisierten Coaching-Kongress und ist Mitautorin verschiedener Veröffentlichungen zu Resilienz.

Güntner, Amelie V.

M.Sc., wissenschaftliche Mitarbeiterin und Doktorandin an der TU Braunschweig. Nach ihrem abgeschlossenen Bachelor-Studium der Wirtschaftspsychologie in Heidelberg ging sie 2013 an die VU University Amsterdam, wo sie im Juni 2015 mit dem M.Sc. in Sozial- und Organisationspsychologie abschloss. Im Anschluss an ihr Master-Studium nahm sie ihre Tätigkeit als wissenschaftliche Mitarbeiterin am Institut für Psychologie an der TU Braunschweig auf. Dort arbeitet und promoviert sie seit Juli 2015 am Lehrstuhl für Arbeits-, Organisations- und Sozialpsychologie unter der Leitung von Prof. Kauffeld. Sie ist u. a. in einem vom Bundesministerium für Wirtschaft und Energie geförderten Projekt zur energetischen Optimierung des Universitätscampus eingesetzt. Ihre Arbeits- und Forschungsschwerpunkte sind Motivational Interviewing, Kommunikationsprozesse und Change Management.

Hauser, Bernhard

Dipl.-Kfm., Dipl.-Psych. Hauser ist Geschäftsführer des bhcg.impact.network (München) und Professor für Change Management an der Hochschule für angewandtes Management (Erding). Zuvor war er in leitender Position im Siemens-Konzern tätig und hat in psychologischen Forschungsprojekten am Max-Planck-Institut für Psychiatrie (München) und an der Pontificia Universidade Catolica (Rio de Janeiro) mitgewirkt. Seine Arbeitsschwerpunkte sind Coaching, Change Management, Führungstraining, Teamentwicklung und als Spezialgebiet, welches vieles dieser Elemente vereint, Action Learning. Eingebunden in ein internationales Expertennetzwerk engagiert er sich für die Weiterentwicklung von Action Learning und reflexionsorientiertem Leadership, ist als Autor international tätig, initiiert Erfahrungsaustausch in Workshops und Konferenzen und bildet in intensiven Programmen Coaches, Berater und Führungskräfte zu Action Learning Facilitators aus. An der Hochschule ist er mehrfach im Jahr Gastgeber der Business Psychology Lounge.
Sein Buch „Action Learning: Workbook mit Praxistipps, Anleitungen und Hintergrundwissen für Trainer, Berater und Facilitators" wurde von getAbstract im Schweizer Fernsehen allen Personalentwicklern und Führungskräften empfohlen, die „Probleme in ihrem Unternehmensumfeld mit herkömmlichen Methoden nicht mehr zufriedenstellend lösen können". Mehr unter: ▶ www.bhcg.biz.

Heller, Jutta

Prof. Dr. Heller gehört zu den führenden ExpertInnen für Resilienz. Neben ihrer selbstständigen Beratungstätigkeit ist sie Professorin für Training und Business-Coaching in der wirtschaftspsychologischen Fakultät an der Hochschule für angewandtes Management (Erding). Sie hatte dort knapp acht Jahre Führungsverantwortung als Dekanin bzw. Prodekanin. Sie ist die Initiatorin und Organisatorin des jährlich stattfindenden Hochschulkongresses „Coaching heute: Zwischen Königsweg und Irrweg". Als selbstständige Beraterin unterstützt sie Unternehmen und Führungskräfte bei der Umsetzung von Veränderungsmaßnahmen, führt Resilienztrainings durch und coacht Führungskräfte im Umgang mit Stress, Konflikten und Krisen. Zudem leitet sie eine Zertifikatsausbildung zum/zur ResilienzberaterIn. Heller ist ausgebildete NLP-Lehrtrainerin, systemische Beraterin, Business Coach und zertifizierte Rednerin. Zum Thema „Resilienz" hat sie mehrere erfolgreiche Bücher verfasst, u. a. „Resilienz. 7 Schlüssel für mehr innere Stärke" (5. Aufl. 2015), „Resilienz. Innere Stärke für Führungskräfte" (2015). Mehr unter: ▶ www.juttaheller.de, ▶ www.resilienz-ausbildung.de und ▶ www.coaching-kongress.com.

Kauffeld, Simone

Univ.-Prof. Dr., seit 2007 Professorin für Arbeits-, Organisations- und Sozialpsychologie an der TU Braunschweig. Ihr Studium der Psychologie absolvierte Kauffeld an der Universität Koblenz-Landau und der Philipps-Universität Marburg. Anschließend erfolgte die Promotion und Habilitation an der Universität Kassel. Nach einem Aufenthalt an der City University of New York und einer Professur an der Fachhochschule Nordwestschweiz erhielt sie 2007 den Ruf an die TU Braunschweig. Seit 2012 ist Kauffeld als Mitglied des Präsidiums der TU Braunschweig zuständig für Fragen im Bereich Lehre und Diversity. In ihrer Forschungstätigkeit setzt sie sich mit den Themen Kompetenzdiagnose, -entwicklung und -management, Training und Transfer, Teamdiagnose und -entwicklung, Innovation, Coaching und Führung auseinander. Ihre vielfältigen Forschungsgebiete werden durch ein starkes Interesse an Methoden, wie Feldforschung, Interaktionsanalyse, Mehr-Ebenen-Ansatz und Soziale Netzwerkanalyse, miteinander verknüpft. Um ihre Konzepte der Praxis zugänglich zu machen und neue Impulse zu setzen, hat sie 2008 unter Beteiligung der TU Braunschweig die 4A-SIDE GmbH gegründet. Sie ist Mitherausgeberin der Zeitschriften „PERSONALquarterly" und „Gruppe – Interaktion – Organisation" (GIO).

Klonek, Florian E.

Dipl.-Psych., wissenschaftlicher Mitarbeiter und Kompetenz-Trainer an der TU Braunschweig. Klonek ist darüber hinaus Mitglied im internationalen Exzellenz-Netzwerk „Motivational Interviewing Network of Trainers". In seiner Forschung und praktischen Arbeit beschäftigt er sich mit der Motivierenden Gesprächsführung als Interventionsmethode für Akteure im Change Management sowie als Kommunikationskompetenz für Coaches. Darüber hinaus untersucht Klonek Interaktionsprozesse in Dyaden und Teams, z. B. die wechselseitige Beeinflussung von Coach und Klienten im Rahmen von Karriere-Coachings, die zeitliche Relevanz von Gesprächsphasen in Mitarbeitergesprächen sowie die erfolgreiche Kommunikation von Veränderungsmaßnahmen im Change Management. In seiner Forschung zu Teams befasst er sich mit prozessanalytischen Instrumenten in Meetings und in der Projektarbeit von Unternehmen. Methodisch nähert Klonek sich diesen Forschungsthemen durch Video- oder Tonaufnahmen, die mit Hilfe systematischer Beobachtungsinstrumente ausgewertet werden. Seine Forschungsarbeiten wurden in nationalen („Wirtschaftspsychologie", „PERSONALquarterly") und internationalen Fachzeitschriften (z. B. „Journal of Change Management", „Frontiers in Psychology", „Higher Education", „Skills and Work-based Learning") publiziert.

Koch, Axel

Prof. Dr. Koch gehört zu den führenden Experten für nachhaltig wirksame Personalentwicklung. Der Diplom-Psychologe ist Professor für Training und Coaching an der Hochschule für angewandtes Management (Erding). Breite Bekanntheit hat er durch seinen unter dem Pseudonym Richard Gris verfassten Wirtschaftsbestseller „Die Weiterbildungslüge" (2008, Campus) erlangt. Die Zeitschrift „OrganisationsEntwicklung" zählt ihn deshalb zu den „wichtigsten Vordenkern zu den wesentlichen Fragen zur Zukunft von HR" (Dossier 2/12). Seine Transferstärke-Methode® gehört zu den Preisträgern beim Deutschen Weiterbildungspreis 2011. Mehr unter: ▶ www.transferstaerke-coaching.de

Kotte, Silja

Dr. Dipl.-Psych., Supervisorin DGSv/ Coach. Wissenschaftliche Mitarbeiterin am Fachgebiet Theorie und Methodik der Beratung, Institut für Psychologie, Universität Kassel. Promotion zu Leadership Development im internationalen Kontext. Zuvor mehrjährige Tätigkeit als Beraterin und Personalentwicklerin in der Industrie.

Lenz, Ulrich

Prof. Dr. Lenz ist Dekan der Fakultät Wirtschaftspsychologie an der Hochschule für angewandtes Management (Erding) und lehrt Veränderungsmanagement, Projektmanagement und Organisationsentwicklung. Er verbindet den aktuellen wissenschaftlichen Forschungsstand in diesen Gebieten mit umfangreicher internationaler Praxiserfahrung als Leiter komplexer Veränderungs- und Restrukturierungsmaßnahmen in mehreren Branchen sowie als Bereichsleiter für Führungskräfte- und Organisationsentwicklung. Im Rahmen der Restrukturierungsprojekte und in eigenständigen Mandaten arbeitet er als Coach für Führungskräfte einschließlich der Vorstands- und Geschäftsführungsebene sowie für Projektleiter.

Lippmann, Eric

Prof. Dr., Studium der Psychologie und Soziologie an der Universität Zürich. Weiterbildung in Paar-/Familientherapie, Supervision, Coaching und Organisationsentwicklung. Leitung des Zentrums „Leadership, Coaching & Change Management" am Institut für Angewandte Psychologie IAP Zürich an der Zürcher Hochschule für Angewandte Wissenschaften (ZHAW). Co-Studienleitung in zwei Master of Advanced Studies (MAS) „Supervision & Coaching in Organisationen" und „Coaching & Organisationsberatung". Autor/Herausgeber u. a. von „Coaching. Angewandte Psychologie für die Beratungspraxis (3. Aufl.)", Heidelberg: Springer 2013; „Handbuch Angewandte Psychologie für Führungskräfte (4. Aufl.)", Heidelberg: Springer 2013; „Identität im Zeitalter des Chamäleons – Flexibel sein und Farbe bekennen (2. Aufl.)", Göttingen: Vandenhoeck & Ruprecht 2014.

Möller, Heidi

Prof. Dr., Dipl.-Psych., Psychoanalytikerin, Organisationsberaterin, Supervisorin und Coach. Promotion zu Psychotherapie in totalen Institutionen, Habilitation zu Gütekriterien der Supervision. Seit 2007 Leiterin des Fachgebiets Theorie und Methodik der Beratung, Institut für Psychologie, Universität Kassel. Dekanin des Fachbereichs Humanwissenschaften.

Poetschki, Janina

Nach ihrer Erstausbildung zur Versicherungskauffrau absolvierte Poetschki ein Studium der Wirtschaftspädagogik an der LMU München, das sie 2014 mit ihrer Diplomarbeit zur Zielklärung im Coaching abschloss. Von 2009 bis 2014 unternahm sie freiberufliche Tätigkeiten in der Jugendpädagogik (Heilpädagogische und Familienbegleitende Wochenstätte, Grünwald) und im Bereich Coaching, u. a. Betreuung eines Teilprojektes im Forschungsprojekt „Qualitätssicherung im Coaching" am Institut für Organisationspsychologie (München). Seit September 2014 ist sie Referendarin und in diesem Jahr an der Berufsschule Kaufbeuren für die Fächer Wirtschaft und Deutsch eingesetzt.

Rascher, Stephanie

Prof. Dr., Dipl.-Psych., Managementtrainerin und Coach mit dem Schwerpunkt Human Factors. Als HR-Managerin war sie bei der Fluggesellschaft dba und der Porsche AG viele Jahre für die Auswahl, Beratung und Begleitung von Fach- und Führungskräften verantwortlich. Als Professorin an der Hochschule für angewandtes Management (Erding) beschäftigt sie sich mit den wissenschaftlichen Aspekten von Human Factors und den Themenfeldern Sicherheitskultur, Führung, Teamentwicklung, Kommunikation und Entscheidungsfindung. Rascher ist systemischer Berater und Coach (ISB) sowie Kompetenzenbilanz-Coach (performpartner). Mehr unter: ► www.institut-hf.de.

Richter, Stephan D.

Geboren 1964. Richter lebt mit Frau und einem Sohn im Süden von Nürnberg. Er studierte zunächst in München Religionspädagogik und Kirchliche Bildungsarbeit. Danach absolvierte er ein Aufbaustudium in Organisationspsychologie und ein Masterstudium „Business Coaching und Change Management". Er ist Supervisor (DGSv; Ausbildung bei der Gesellschaft für analytische Gruppendynamik in München) und diplomierter TZI-Gruppenleiter (Ruth-Cohn-Institut). Hauptberuflich ist er als Lehrkraft für besondere Aufgaben an der Evangelischen Hochschule in Nürnberg tätig. Daneben hat er verschiedene Lehraufträge (Coaching, Supervision, Wirtschaftsethik, Mitarbeitergespräche) an der Hochschule für angewandtes Management (Erding). In seiner Tätigkeit als Supervisor und Coach wird er immer wieder mit Fragen des Verstehens und Nicht-Verstehens konfrontiert. Zudem setzt er sich seit vielen Jahren mit ethischen Aspekten in der Beratung auseinander. Er ist ein gefragter Referent bei Kongressen und Workshops, auch auf internationaler Ebene.

Schermuly, Carsten C.

Prof. Dr. rer. nat. Carsten C. Schermuly ist Diplom-Psychologe und Leiter des Studiengangs Internationale Betriebswirtschaftslehre mit Schwerpunkt Wirtschaftspsychologie an der SRH Hochschule Berlin. Zu seinen Forschungsschwerpunkten gehören die Konsequenzen von Diversität in Arbeitsteams, die Qualität von Personalauswahl- und Personalentwicklungsmaßnahmen sowie die Antezedenzien und Konsequenzen guter Arbeit in der Konzeption des psychologischen Empowerments. Für seine Forschung wurde er 2014 mit dem Erdinger Coaching-Preis und dem Deutschen Coaching-Preis des DBVC ausgezeichnet. Seit zehn Jahren ist er zusätzlich als Trainer und Organisationsberater tätig. Seine praktischen Tätigkeiten orientieren sich an seinen wissenschaftlichen Schwerpunkten.

Schmidtmayer, Arndt

Arndt Schmidtmayer ist Diplom-Kaufmann (EBS), Zertifizierter Psychologe (HAF) und ausgebildeter Change Manager (ODR). Er begleitet systematisch als Berater und Coach kleine und mittelständische Unternehmen sowie globale Konzerne wie Audi, Allianz, Deutsche Bank, Linde, Mango, Mercedes und Siemens.

Er ist ein Top 100 Trainer D/A/CH bei Speakers Excellence und doziert an der Hochschule für angewandtes Management (Erding) in den Bereichen Arbeitspsychologie, Organisationsentwicklung sowie Training und Coaching. Mehr unter: ▶ www.consaining.com und ▶ www.ampeltool.net.

Triebel, Claas

Prof. Dr. Triebel lehrt Wirtschaftspsychologie an der Hochschule für angewandtes Management (Erding). Seine Lehrgebiete umfassen insbesondere die Bereiche Coaching und Kompetenzentwicklung. Triebel ist Experte für kompetenzorientierte Laufbahnberatung und Entwickler der Kompetenzenbilanz (▶ www.kompetenzenbilanz.de). Ein weiterer Schwerpunkt seiner Tätigkeit liegt in der Beratung und dem Coaching von Startups und schnell wachsenden Unternehmen.

Wastian, Monika

Dipl.-Psych., Leiterin des Instituts für Organisationspsychologie (München). Coaching und psychologisches Projekt-Coaching gehören zu Wastians Beratungs- und Praxisschwerpunkten, zu denen sie auch umfangreich publiziert und forscht. Sie hat über 25 Jahre Management-, Coaching- und Beratungserfahrung und führt seit 2001 Coaching- und Projekt-Coaching-Ausbildungen durch (u. a. LMU München, Universität Salzburg). 2009 Einführung und Publikation psychologischer Projekt-Coaching-Standards. Seit 2007 Forschung und Entwicklung von Methoden und Konzepten zur Qualitätssicherung im Coaching, zu Projekt-Coaching, zum motivorientierten Coaching, zur Coach-Auswahl und zum Coach-Coachee-Matching. Beirätin der Zeitschrift „Coaching | Theorie & Praxis".

Webers, Thomas

Dipl.-Psych., Dipl.-Theol. Webers lehrt das Fach Systemisches Coaching an der Hochschule Fresenius in Köln und an der International School of Management in Dortmund. Er hat 2008 das „Coaching-Magazin" mitbegründet und als Chefredakteur fünf Jahre lang betreut. Zuvor war er langjähriger Chefredakteur der Zeitschrift „Wirtschaftspsychologie aktuell". Seit Mitte der 90er-Jahre ist er als Business-Coach, in der Unternehmensberatung sowie in der Weiterbildung tätig. Internet: ► www.thomas-webers.de

Inhaltsverzeichnis

II Beziehungsqualität

Thesen über Königswege und Irrwege im Coaching

Jutta Heller, Katharina Gallenmüller

C. Triebel et al. (Hrsg.), *Qualität im Coaching,*
DOI 10.1007/978-3-662-49058-7_1, © Springer-Verlag Berlin Heidelberg 2016

1.1 Der Coaching-Kongress in Erding

Der jährliche Coaching-Kongress der Hochschule für angewandtes Management fand 2014 zum ersten Mal statt. Initiatorin des Kongresses ist Prof. Heller zusammen mit der Fakultät für Wirtschaftspsychologie. Die Idee hinter dem Kongress entspringt dem Anspruch des Hochschul-Instituts für Coaching-Qualität, ein Bindeglied zwischen Forschung und Praxis zu schaffen und dazu verschiedene Aspekte der Qualität im Coaching von Coaching-Experten intensiv diskutieren zu lassen.

1.1.1 Kongressmotto

Der Kongress stand 2014 unter dem Motto: „Coaching heute: Zwischen Königsweg und Irrweg". Coaching findet primär im Unternehmenskontext statt, wo Leistungen immer nach ihrem Wirkungsgehalt – und damit ihrer Qualität – gemessen werden. Aber auch schon in der Ausbildung angehender Coaches stellt sich deutlich die Frage: Was sind Königswege, was Irrwege im Coaching? Gibt es überhaupt einen Königsweg? Wie definiert sich ein solcher, und kann er durch Forschungsergebnisse untermauert werden? Macht es Sinn, über verschiedene Wege zu diskutieren, oder ist im Coaching-Prozess nicht doch das Ziel das Ziel?

1.1.2 Die ReferentInnen

Der Anspruch des Coaching-Kongresses ist es insbesondere, ExpertInnen und Meinungen aus Forschung und Praxis zusammenzubringen und den Austausch zwischen beiden Disziplinen zu befördern. Das schlägt sich in der Auswahl der ReferentInnen nieder, die sowohl aus dem universitätsnahen Bereich als auch aus der Coaching-Praxis oder aber aus Unternehmensabteilungen stammen, die die Auswahl und Beauftragung der Coaches vornehmen. In verschiedenen Formaten – Keynotes, Vorträgen, Workshops, Live Coachings – reflektierten 25 ReferentInnen das Kongressprogramm zum Thema „Königsweg und Irrweg". Unter ihnen befanden sich Coaching-Koryphäen wie Dr. Wolfgang Looss (Weiterstadt) genauso wie renommierte ForscherInnen im Bereich Coaching wie Prof. Heidi Möller (Universität Kassel).

Eine komplette Aufstellung aller ReferentInnen findet sich auf der Webseite des Kongresses unter ► www.coaching-kongress.com/rueckblicke/rueckblick-2014/download/.

1.2 Zwischen Königsweg und Irrweg

Vor dem Kongress wurden alle ReferentInnen gebeten, schriftlich ihre Thesen zu Qualität im Coaching bei der Kongressorganisation einzureichen. Als Vorgabe bekamen die ReferentInnen jeweils zwei Sätze zur Vervollständigung, nämlich „Königsweg im Coaching ist …" und „Irrweg im Coaching ist …". Alle ReferentInnen reichten ihre Einschätzungen ein, die nachfolgend von der Kongressorganisation in verschiedenen Kategorien eingeteilt wurden. Dabei ergaben sich die folgenden vier Bereiche, in die alle Thesen kategorisiert werden konnten:

- Beziehung und Beziehungsaufbau
- Coach
- Methoden im Coaching
- Einstellungen und Haltung

Unter ► www.coaching-kongress.com/rueckblicke/rueckblick-2014/thesen-2014/ sind alle Thesen der jeweiligen ReferentInnen einsehbar.

1.2.1 Beziehung und Beziehungsaufbau

Ein großer Teil der Thesen, die den Königsweg im Coaching beschreiben, bezieht sich nicht zu Unrecht auf die Beziehung zwischen Coach und Coachee. Ein erfolgreicher Coaching-Prozess gründet sich ohne Frage darauf, dass es dem Coach gelingt, eine gute Beziehung mit dem Coachee aufzubauen. In der langjährigen Tradition der Forschung über Psychotherapie zeigt sich, dass die Beziehung, die zwischen TherapeutIn und KlientIn aufgebaut werden kann, sogar weit wichtiger als die angewandten Methoden ist, um einen Interventionserfolg zu erzielen (Grawe et al. 1994). Es kommt also nicht darauf an, *was* zwischen zwei Menschen passiert, sondern *wie* es passiert. Diese Wichtigkeit der Beziehung im therapeutischen Kontext wurde immer wieder nachgewiesen (siehe auch Horvath und Symonds 1991).

Auch wenn die spezifische Coaching-Forschung noch jung ist, kann man aufgrund bisheriger Ergebnisse davon ausgehen, dass das Wirkungsprinzip der Beziehung aus dem therapeutischen Kontext in den Coaching-Kontext übertragen werden darf. Zum Beispiel zeigte sich in einer Studie von Baron und Morin (2009), dass ein Zuwachs von Selbstwirksamkeitserwartung – also die gewünschte Ressourcenaktivierung beim/bei der Coachee – nur dann durch zusätzliche Coaching-Einheiten erzielt werden konnte, wenn die Beziehung zwischen Coach und Coachee stimmte. Qualität geht also beim Coaching über Quantität – möge die angewandte Methode auch noch so gut sein.

Die International Coach Federation (ICF) als größte internationale Vereinigung professioneller Coaches nimmt den Beziehungsaufbau inzwischen als eine der vier übergeordnete Fähigkeiten in ihre Core Competencies auf, die die grundlegenden Fähigkeiten eines professionellen Coaches bilden sollten: a) ethische Standards einhalten, b) eine vertrauensvolle Beziehung herstellen, c) wirkungsvolle Kommunikation und d) Lernen und Zielerreichung ermöglichen. Der Beziehung als ein grundlegendes Element der Coaching-Arbeit wird damit Rechnung getragen.

Wenn also die Beziehung den Erfolg eines Coachings maßgeblich beeinflusst, bestimmt sich die Qualität eines Coachings wesentlich durch die Fähigkeit des/der Coach/es, eine gute Beziehung zu seinem/ihrem Coachee aufzubauen. In den Antworten der ReferentInnen des Coaching-Kongresses zeigt sich denn auch das allgemeine Verständnis der Experten von einem Coaching, das Qualitätsstandards erfüllt: Coach und Coachee gehen eine Beziehung auf Augenhöhe ein, die es dem/der Coachee ermöglicht, die eigenen Ressourcen zu aktivieren und Wege zu seinen/ihren Zielen zu finden (◘ Abb. 1.1).

1.2.2 Coach

Oft wird ein/eine Coach aufgrund seiner/ihrer „Persönlichkeit“ weiterempfohlen, als ein Tipp unter Freunden oder Kollegen, weil „er/sie mir als Mensch so viel gebracht hat“. Was genau macht diese Persönlichkeit letztendlich aus, und eignen sich bestimmte Personen besser zum/zur Coach als andere?

Ein/e Coach muss fraglos bestimmte fachliche Fähigkeiten beherrschen: Er/sie muss eine vertrauensvolle Beziehung zum/zur Coachee aufbauen können, und zweifellos muss er/sie auch seine Methoden beherrschen. Was sollte ein/e Coach darüber hinaus noch mitbringen?

Zunächst einmal ist davon auszugehen, dass sich die Profession „Coach“ über Länder und Zielgruppen im Unternehmen hinweg immer mehr angleichen und standardisieren wird. Dies ist auch dem Trend geschuldet, Coachings als standardisierte Beratungsleistungen aus einem Coaching-Pool heraus anzubieten. Ein solcher Pool, der verschiedene Coaches für dieselbe Leistung als mehr oder weniger „auswechselbar“ anbietet, kann nur gewährleistet werden, wenn die zu erbringende Leistung klar definiert ist (Draht 2012). Das heißt, der Erfolg eines Coachings soll weniger durch die persönliche Einwirkung des Menschen, der coacht, erzielt werden, als durch einen standardisierten Coaching-Rahmen. Schon jetzt ist begrüßenswerterweise eine durch nationale oder internationale Berufsverbände wie den ICF oder den DBVC vergebene Zertifizierung ein weithin anerkanntes Label, das einen gewissen Qualitäts- und inhaltlichen Standard gewährleisten will. Ist in naher Zukunft also Coach gleich Coach?

Sicher nicht. Aber wie so oft besteht eine große Unschärfe bei der Trennung zwischen Persönlichkeit und Fähigkeiten der coachenden Person. Ebner (2014) gibt einen Abriss über die aktuelle Forschung darüber, inwieweit die Person des/der Coach/es für den Erfolg eines Coachings verantwortlich ist. Nach ihrer Einschätzung gibt es viele Aussagen und Theorien über notwendige Eigenschaften und Fähigkeiten eines/einer Coach/es, aber nur wenige wissenschaftliche Studien zu deren Untermauerung. Nachweisbar scheint zumindest zu sein, dass das Gesprächsverhalten des/der Coach/es einen wichtigen Beitrag zur Zufriedenheit der Coachees leistet – positiv und negativ. Dieses Ergebnis legt nahe, dass es weniger

Beziehung (-saufbau)	
Königswege	Irrwege
... die Begegnung zwischen Coach und Coachingpartner (Prof. Dr. Heidi Möller) ... Einen Königsweg im Coaching gibt es nicht. Das wäre das Ende der Dialog- und Lernbereitschaft in alle Richtungen. Wir sollten nicht adelige Wege gehen, sondern Klienten auf deren Wegen begleiten oder ihnen ihre Wege bereiten. (Dr. med. Björn Migge) ... nützliche interpretations- und annahmefreie Kooperation mit dem Klienten, seine oder ihre Ressourcen stets im Blick auf dem Weg zum Ziel des Klienten (Kirsten Dierolf) ... sorgsame gemeinsame Arbeit von Coachee und Coach als Person und Rollenträger in verschiedenen Systembezügen (Prof. Dr. Bernhard Hauser) ... eine authentische, wertschätzende, zielorientierte Haltung des Coachs und die daraus resultierende Beziehungsqualität zwischen Coach und Kunde (Margret Fischer) ... Den Königsweg im Coaching gibt es nicht. Denn der Coachingprozess ist ein individueller Weg des Klienten mit Unterstützung seines Coaches. (Dr. Melanie Hasenbein) ... nachdenkliche Nähe auf Augenhöhe bei der gemeinsamen Reflexion über Klientenangelegenheiten (Dr. Wolfgang Looss)	... durch noch so schöne Worte und waghalsige Definitionen von Coaching, letztlich den Menschen nicht nur zu bevormunden sondern auch abhängig vom Experten „Coach" zu machen (Dr. Rolf Meier) ... wenn der Coach nicht nur die Prozess-, sondern auch die Ergebnisverantwortung für das Coaching übernimmt. Das entmündigt. Die Ergebnisverantwortung liegt alleine beim Coachee! (Stefan Scholer)

Abb. 1.1 Beziehung und Beziehungsaufbau

(unveränderliche) Persönlichkeitseigenschaften des/der Coach sind, die zählen, sondern die (erlernbare) Art der Interaktion mit dem/der Coachee.

Nicht zuletzt stellt sich auch die interessante Frage, wie wichtig die Passung zwischen Coach und Coachee ist. Geht man davon aus, dass der Erfolg eines Coachings hauptsächlich von der Person des/der Coach abhängt, wird das Coaching auch nur denjenigen Coachees nützen, deren Persönlichkeit wiederum mit ihrem/ihrer Coach kompatibel ist – im Gegenteil zu der Annahme, dass ein/e Coach sich mit verschiedenen Techniken und Methoden auf den/die Coachee einstellen kann und daher eine wesentlich größere Bandbreite an Coachees erfolgreich coachen kann.

In Abb. 1.2 sind die Thesen der ReferentInnen zur Person des/der Coach dargestellt.

1.2.3 Methoden im Coaching

Coaching ist ein Begriff, der eine unüberschaubar große Vielzahl von Methoden unter sich vereint – denn nicht nur die Wahl der „richtigen" Methode, sondern auch die Frage, wann und wieviel „Methode" überhaupt eingesetzt werden soll, wird kontrovers diskutiert. Um mit dem Deutschen Bundesverband Coaching (DBVC) zu sprechen: „Coaching ist prinzipiell theorie- und methodenplural (…). Aber die Pluralität ist nicht grenzenlos und nicht beliebig; sie ist z. B. durch ethische Maßstäbe eingeschränkt (…)" (DBVC 2012).

Die grundlegendste und allgemein anerkannte Hauptmethode im Coaching ist das Gespräch. Daneben gibt es aber eine Vielzahl von Methoden,

Coach	
Königswege	Irrwege
... die richtige Mischung aus Kunst, Handwerk und Persönlichkeit des Coachs abgestimmt auf Anliegen und Persönlichkeit der Klient/innen (Dr. Eva-Maria Graf) ... wenn wir auch in Zukunft gute Coachs ausbilden (Prof. Dr. Eric Lippmann) ... überdurchschnittliche Wahrnehmungsgenauigkeit (Martina Schmidt-Tanger) ... die Persönlichkeit des Coachs – denn der Mensch ist der Wirkstoff (Sabine Asgodom) ... sich mit dem Coachingansatz und dem Coaching-Vorgehen ständig kritisch zu reflektieren und offen zu sein für neue Impulse (Klaus Bodel)	... entstehen oft, wenn Coaches sich in ihrer Rolle zu wichtig nehmen oder Anhänger von Ideologien oder allzu fertigen Menschenbildern sind (Dr. med. Björn Migge)

Abb. 1.2 Coach

die ihren Ursprung vielfach in der Psychotherapie oder in den gestaltenden Künsten haben. Schreyögg (2003) unterteilt demnach in drei Gruppen: Neben den Gesprächen identifiziert sie noch Methoden mit Anleihen bei Psychotherapieverfahren und Methoden, die mit Materialien arbeiten. Zu den psychotherapienahen Methoden zählen erlebnis- und handlungsorientierte Methodik wie beispielsweise Rollenspiele, Theater, gestalttherapeutische Anleihen oder Imaginationsübungen. Die materialgestützten Methoden beinhalten das Arbeiten mit Organigrammen, das Malen, Methoden mit Bau-/Magnetsteinen bis hin zum Einsatz von Figuren oder Musikinstrumenten. Die Übergänge zwischen diesen drei Methodengruppen sind fließend, und in vielen Kontexten mischen sich natürlich mehrere Methoden in ein und derselben Coaching-Intervention. Wenn man noch dazu bedenkt, dass viele der angesprochenen Methoden auf verschiedenen Denkrichtungen fußen können (▶ Abschn. 1.2.4), ergibt sich bereits eine große Vielzahl von möglichen methodischen Herangehensweisen an Coaching.

Verständlich, dass auch die Thesen der ReferentInnen des Coaching-Kongresses vielfach eher auf die Zielerreichung durch ausgewählte Methoden als auf die Verteidigung bestimmter einzelner Methoden abzielen (Abb. 1.3).

Methoden im Coaching	
Königswege	Irrwege
... minimaler Methodeneinsatz für maximalen Nutzen für den Coaching-Kunden: individuell, punktgenau – mit Emotionen Erfolge bewegen. Und: „Mit Freude läuft's besser!" (Cora Besser-Siegmund) ... auf die Selbstlernkompetenz der Coachees (Klienten, Führungskräfte) zu setzen. Ein „Königsweg" kann deshalb nur vom Coachee selbst entwickelt werden! (Stefan Scholer) ... Es ist wichtig in Beratung und Coaching über ein theoretisch fundiertes Konzept zu verfügen. Ähnlich wie in der Musik braucht man eine Struktur, über die man improvisieren kann. (Prof. Dr. Claas Triebel) ... eine fundierte Prozessgestaltung, die transparent ist, den Klienten auch emotional aktiviert und konsequent seine Selbstwirksamkeit stärkt (Sabine Burkhardt) ... noch stärker als bislang von der klinischen Psychologie bzw. der Psychotherapie zu lernen (Prof. Dr. Rüdiger Reinhardt) ... Coaching-Prozesse kontextspezifisch, personen-orientiert und themenzentriert zu gestalten (Peter-Paul Gross) ... ein klarer Ist-Soll Vergleich, so dass Unterschiede durch die Veränderungsarbeit wahrnehmbar werden (Prof. Dr. Jutta Heller)	... die reine Toolorientierung (Prof. Dr. Heidi Möller) ... wer glaubt den Königsweg gefunden zu haben, hat womöglich soeben einen Irrweg beschritten. (Prof. Dr. Claas Triebel) ... ein rein ökonomisch ausgerichtetes „Fitmachen", um noch schneller und effektiver wirtschaftsdienlich zu sein (Stephan Daniel Richter) ... sind Klassifikation, Interpretation und Annahmen über den Klienten zu treffen und sich von schlecht passender Theorie leiten zu lassen anstatt die Aufmerksamkeit auf den Zielen und Ressourcen des Klienten zu haben (Kirsten Dierolf) ... die zu starke Konzentration auf das Individuum unter Vernachlässigung der Vergemeinschaftung. Coaching macht nur dann Sinn, wenn die dabei entstehende Energie Impulse in der Organisation setzt. (Prof. Dr. Bernhard Hauser) ... die kognitive Einbahnstraße oder „Reden über statt Erleben" (Sabine Burkhardt) ... wenn Forschung und Praxis keinen Weg zueinander finden (Dr. Melanie Hasenbein) ... das Tempo der Entwicklung vorzugeben. Gras wächst nämlich auch nicht schneller, wenn man daran zieht. (Daniela Blickhan)

Abb. 1.3 Methoden im Coaching

1.2.4 Einstellungen und Haltung

Das Welt- und Menschenbild eines/r Coach bestimmt wesentlich die Struktur seiner/ihrer Arbeitsweise. Dabei machen sich die verschiedenen Einflüsse der Psychologie und Philosophie bemerkbar, aus denen sich die Herangehensweise des Coachings entwickelt hat. Nach Draht (2012) sind die Einflüsse fünf verschiedener Therapieströmungen im Coaching spürbar, nämlich

- systemisch-konstruktivistisch
- humanistisch-philosophisch
- psychodynamisch
- kognitiv
- NLP

Der/die Coach bewegt sich dabei auch im Quadranten der vier Dimensionen Ich-Orientierung, Wir-Orientierung, Objekt-Orientierung und System-Orientierung. Je nach Dimension wird größeres Gewicht auf die Einzelperspektive des/der Coachee/s oder auf seine/ihre Einbettung in Beziehungen, auf die objektiven und beschreibbaren Prozessbestandteile oder die Systemverbindungen gelegt (nach Cox et al. 2010, S. 5).

In welchem dieser Bezugsrahmen sich der/die Coach bewegt, hat einen wesentlichen Einfluss darauf, welche Ziele er/sie mit seinen/ihren Coachees erarbeitet und wie er/sie ihn/sie auf dem Weg dorthin begleitet. Viele der gängigen Methoden lassen sich nur vor dem Hintergrund

Einstellung/Haltung	
Königswege	Irrwege
... die Entschleunigung, sich den „Luxus" zu leisten, genau hinzuschauen, nicht an der Oberfläche zu bleiben und den anderen in seiner Welt – soweit überhaupt möglich – zu verstehen (Stephan Daniel Richter) ... den Menschen als Ganzes zu sehen. (Paola Molinari) ...von jedem Klienten aufs Neue zu lernen (Daniela Blickhan) ... profunde Kenntnis der Ressourcen und Defizite des Menschen, was nicht ohne wissenschaftlichen Hintergrund möglich ist (Prof. Dr. Dr. Serge Sulz) ... wenn für Klienten die Methode und der Coach genau passen und dadurch ein gewünschter Entwicklungserfolg erreicht wird (Prof. Dr. Axel Koch) ... der Weg, der den Klienten (die Klientin) zu seiner ganzen Größe und zu seinem Ziel führt (Monika Wastian)	... zu glauben, dass der Mensch in Beruf- und Privatleben aufgeteilt werden kann (Paola Molinari) ... rein kognitives Fachsimpeln ohne die Weisheit der Emotionen zu nutzen (Cora Besser-Siegmund) ... sich dogmatisch an seinen Coaching-Ansatz zu klammern und jedwede kritische Betrachtung auszuschließen (Klaus Bodel) ... alles Vorgedachte, Besserwisserische, Schematische, Modische (Dr. Wolfgang Looss) ... zu glauben, dass alleine das Präfix „Neuro" für qualitativ hochwertige Coaching- bzw. Veränderungskonzepte bürgt (Prof. Dr. Rüdiger Reinhardt) ... eine mechanistische Sichtweise, die Menschen „reparieren" will (Sabine Asgodom) ... beim Ergebnis ein Wunder zu erwarten und/oder zu versprechen (Peter-Paul Gross) ... der Verzicht auf schmerzliche Emotionen (Prof. Dr. Dr. Serge Sulz) ... wenn sich Anbieter, Verbände oder Forschung darüber streiten, welche Qualität und welcher Ansatz der Beste ist und der Klient dadurch keinen Mehrwert hat (Prof. Dr. Axel Koch)

Abb. 1.4 Einstellung und Haltung

einer dieser Strömungen verstehen und glaubhaft anwenden.

Im Gegensatz jedoch zur lange gewachsenen Psychotherapie, in der die verschiedenen Schulen klar voneinander getrennt sind, herrscht bei Coaches meist eine Verquickung verschiedener Anleihen aus den Denkschulen vor, die zu einem funktionierenden Ganzen zusammengefügt werden. Die ReferentInnen des Coaching-Kongress formulieren in Abb. 1.4 ihre Thesen, welche Einstellungen und Haltungen Königswege und Irrwege im Coaching darstellen.

1.3 Das Ringen um Qualität im Coaching

Der Versuch, Königswege und Irrwege im Coaching zu beschreiben, hat zum Ziel, zu definieren, was Qualität im Coaching ausmacht. Noch muss sich ein/e potenzielle/r Coachee aus einem schwer klassifizierbaren Angebot eine/n Coach suchen, ohne breit akzeptierte Qualitätskriterien dafür anlegen zu können. Jede/r Coachee entscheidet für sich, auf welche Aspekte des/der Coach/es er/sie Wert legt. Und so ergibt sich die Qualität eines/einer Coach für eine/n Coachee aus der Frage: Bringt diese/r Coach mich weiter? Bringt er/sie mich zum gewünschten Ergebnis?

Um dies zu erreichen, sollte sich der/die Coach zuerst einmal im selben Weltbild wie der/die Coachee bewegen. Wenn diese Struktur klar ist, in der sich Coach und Coachee begegnen, geht es weiter ins Detail. Wie ist dieser Mensch, der mich coacht? Was kann er/sie? Die Fähigkeiten und Eigenschaften des/der Coach sollten also den Ansprüchen entsprechen. Die Art und Weise, wie ein/e Coach dann ihre/seine Fähigkeiten einsetzt, um mit dem/der Coachee zu arbeiten, formt den Coaching-Prozess und bedingt die Methoden, mit denen im Coaching gearbeitet wird – und zeigt implizit damit auch die Qualifizierung, die dem/der Coach das Hintergrundwissen und die theoretische Untermauerung dieser Methoden liefert. Letztendlich müssen aber alle diese Komponenten dem/der Coachee auch nahegebracht und von ihm/ihr auf- und angenommen werden können: Die fundamentale Grundlage zwischen Coach und Coachee ist die vertrauensvolle Beziehung, die zwischen beiden aufgebaut werden kann.

Einstellung des/der Coach/es, seine/ihre Person und Methoden sowie die Fähigkeit zum Beziehungsaufbau können dem/der Coachee also jeweils, solange sie klar definiert sind, wertvolle Anhaltspunkte über die zu erwartende subjektiv empfundene Qualität eines/einer Coach/es geben. Und auch die bisher existierende Coaching-Forschung weist in die Richtung, dass sich die objektiven Ergebnisse von Coachings ebenfalls durch die genannten Themenfelder beschreiben lassen.

Literatur

Baron, L., & Morin, L. (2009). The Coach–Coachee Relationship in Executive Coaching: A Field Study. *Human Resource Development Quarterly*, *20*(1), 85–106.

Cox, E., Bachkirova, T., & Clutterbuck, D. (2010). *The Complete Handbook of Coaching*. London: Sage.

DBVC (Hrsg.). (2012). *Coaching als Profession*. Osnabrück: DBVC.

Draht, K. (2012). *Coaching und seine Wurzeln*. München: Haufe.

Ebner, K. (2014). *Ohne Klient kein Coaching*. Berlin: wvb.

Grawe, K., Donati, R., & Bernauer, F. (1994). *Psychotherapie im Wandel: Von der Konfession zur Profession*. Göttingen: Hogrefe.

Horvath, A. O., & Symonds, B. D. (1991). Relation between working alliance and outcome in psychotherapy: A meta-analysis. *Journal of Counseling Psychology*, *38*, 139–149.

ICF. http://coachfederation.org/credential/landing.cfm?ItemNumber=2206. Zugriff: 17.06.2015.

Schreyögg, A. (2003). *Coaching. Eine Einführung für Praxis und Ausbildung*. Frankfurt/New York: Campus Verlag.

Strukturqualität

Was macht einen Coach zum Coach? Weiterbildung und Qualifizierung

Eric Lippmann

C. Triebel et al. (Hrsg.), *Qualität im Coaching,*
DOI 10.1007/978-3-662-49058-7_2,

2.1 Einleitung

Wo bleibt der Coaching-Bericht der Stiftung Warentest? fragten Böning und Fritschle im Jahr 2005 in „Coaching fürs Business" und dachten dabei primär an die Kunden, welche Coaching als Dienstleistung einkaufen. Acht Jahre später liegt ein Bericht vor (Stiftung Warentest 2013). Allerdings nicht bezogen auf die Anbieter von Coaching, sondern von Coaching-Weiterbildungen. Es wird da gefragt, was denn eine gute Einstiegsqualifizierung bieten sollte, um für einen Markt gewappnet zu sein, der in den letzten Jahren im deutschen Sprachraum boomte. Der Markt ist nicht nur gewachsen, er ist auch noch unübersichtlicher geworden. Im deutschen Sprachraum schätzt man, dass von ca. 11 300 Business-Coachs etwa 7 100 als Führungskräfte-Coachs aktiv sind. Gemäß verschiedener Studien haben fast vier Fünftel von ihnen ein akademisches Studium und etwa gleich viele eine Coaching-Ausbildung absolviert, und immerhin 30 % auch eine therapeutische Zusatzausbildung (Winkler et al. 2013). Ist dies ein Grund, um beruhigt zu sein? Das hängt davon ab, ob man das Glas als dreiviertel voll oder als ein Viertel leer betrachtet. Zumindest als nicht unbedenklich kann die Tatsache angesehen werden, dass rund ein Viertel der Coachs gar keine bzw. gemäß Vogelauer (2013b) eine nur bis 20 Tage dauernde Coaching-Weiterbildung aufführt.

Wie kann man feststellen, ob ein Coach ein Coach ist? Ist eine absolvierte Weiterbildung eher ein Garant als ein akademisches Studium? Und ist eine längere Weiterbildung besser als eine kürzere? Wer einen qualifizierten Coach sucht, steht somit vor ähnlichen Auswahlproblemen wie Personen, welche sich zum Coach qualifizieren möchten. Die Auswahl ist groß, und die Weiterbildungsangebote sind sehr heterogen. Böning und Fritschle (2008, S. 164) beschreiben die Suche nach einem Weiterbildungsanbieter für ihre Mitarbeitenden und kommen zum Schluss: „Wer als Kunde diesbezüglich wenig Vorkenntnisse und Hartnäckigkeit mitbringt, läuft Gefahr, entweder irgendwann im Suchprozess aufzugeben oder – möglicherweise noch schädlicher für das Image der Szene – an den Falschen zu geraten." Man könnte auch etwas zynisch bemerken, dass, wer eine qualifizierte Coaching-Weiterbildung sucht, sich dafür ein Coaching gönnen sollte, um die Chance zu verringern, an den falschen zu geraten. Doch für die Suche nach dem entsprechenden Coach wäre vielleicht auch wieder ein Coaching nötig. Der Zynismus begründet sich nicht zuletzt aus der Tatsache, dass einige Coaches und Coach-Qualifizierer zu einem guten Teil auch von der Coaching-Weiterbildung leben, so dass Kühl von einem „Kettenbriefsystem" spricht (Kühl 2006, S. 11). Dies mag mit ein Grund sein, dass es so zahlreiche Angebote gibt. Die Datenbank von Christopher Rauen, eine der meistbesuchten Coach-Datenbanken im Netz, enthält gut 200 Weiterbildungsgänge. Der Deutsche Bundesverband Coaching (DBVC) schätzt, dass pro Jahr allein in Deutschland etwa 4 000 Personen eine Coaching-Weiterbildung absolvieren. Wie viele dann tatsächlich als Coach in der Folge tätig sind, bleibt offen. Auf jeden Fall kann mit Sicherheit gesagt werden, dass nicht alleine die Qualifizierungen entscheidend sind, ob jemand zum erfolgreichen Coach wird. Aber bereits während einer Weiterbildung zeigt sich erfahrungsgemäß, wer höhere Chancen auf einen späteren Erfolg als Coach haben wird. Dies insbesondere dann, wenn während der Qualifizierung mehr als nur ein Mandat nachgewiesen werden muss, wie es in diesem Beitrag empfohlen wird.

2.2 Anforderungen an Coach und Coach-Weiterbilder/in und entsprechende Wirkfaktoren

Im Zentrum der Weiterbildung steht die Frage, welche Kompetenzen zu erwerben sind, um als Coach über genügend Ressourcen zu verfügen. Der Kompetenzbegriff wird seit Mitte der 1990er-Jahre in verschiedenen Wissenschaftsdisziplinen diskutiert. Allerdings hat sich bis anhin noch keine allgemein akzeptierte Definition von Kompetenz herausgebildet (vgl. z. B. Kauffeld 2006). In Anlehnung an Konzepte der Selbstorganisationstheorie kann Kompetenz umschrieben werden als die Fähigkeit und Bereitschaft, in offenen, komplexen und dynamischen Situationen selbstorganisiert, zielgerichtet, aufgabengemäß und situationsbedingt verantwortungsbewusst zu handeln. Berufliche Handlungskompetenz wird häufig als Gegenbegriff zu Qualifikation aufgefasst. Die An-

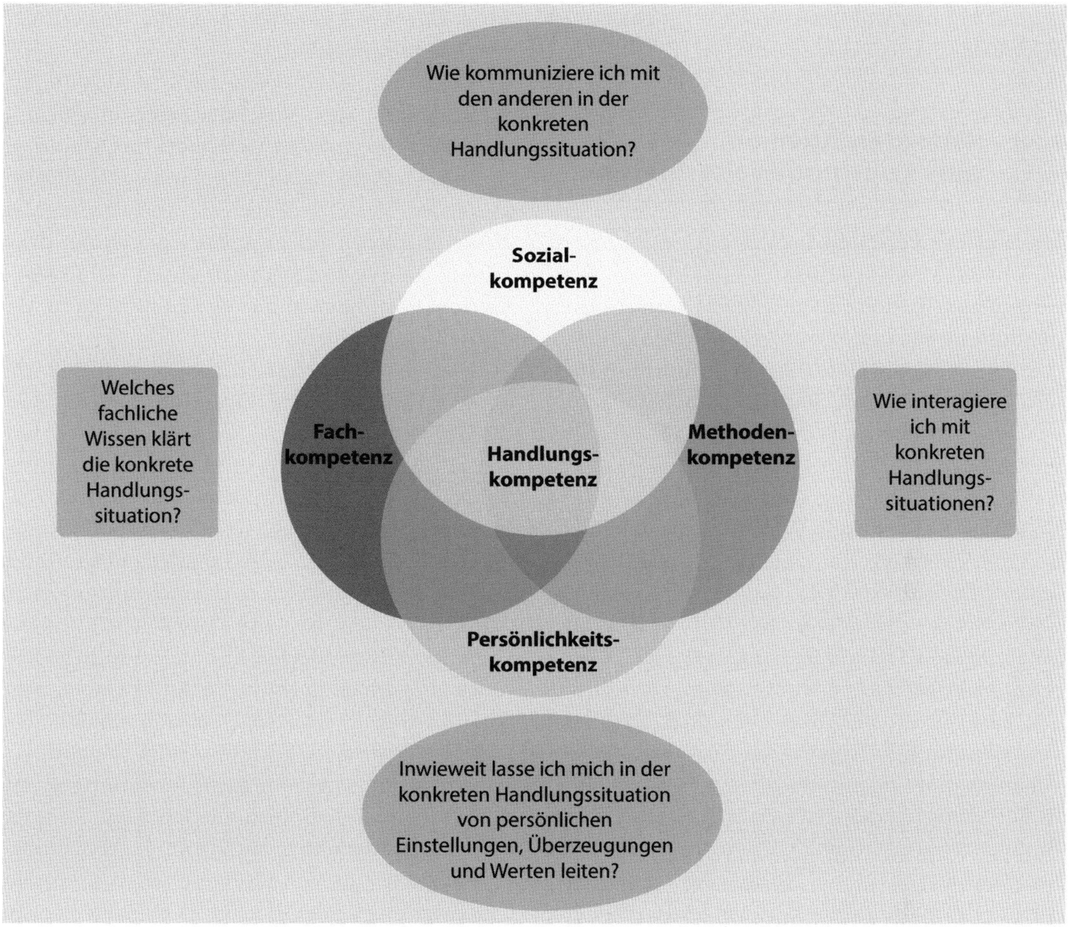

Abb. 2.1 Die 4 Dimensionen der Handlungskompetenz

eignung einer Qualifikation ist in der Regel an ein zuvor definiertes Ausbildungsziel und an ein entsprechendes Curriculum gebunden und wird mit einem Zeugnis bestätigt. Eine Qualifikation kann eine Grundlage für die Entwicklung beruflicher Handlungskompetenz darstellen, ist aber noch kein Garant für selbstorganisiertes und kreatives Handeln. Erst wenn durch die Handlung deutlich wird, was ein Mensch wirklich kann und weiß, wird von Kompetenz gesprochen (Erpenbeck und von Rosenstiel 2007). Berufliche Handlungskompetenz, wie es Coaching darstellt, wird pragmatisch in die vier Kompetenzklassen Fach-, Methoden-, Sozial- und Persönlichkeits-/Selbstkompetenz untergliedert (vgl. z. B. Kauffeld 2006; Meier und Janssen 2011; Merz und Frey 2011; Abb. 2.1). Dabei ist zu berücksichtigen, dass die Klassen interdependent und daher nicht immer klar voneinander abgrenzbar sind.

Aus dem Konzept der Handlungskompetenz folgt die Vorstellung, dass die Weiterbildung zum Coach auf der Basis eines „ganzheitlichen Lernens" erfolgt. Das heißt, dass die Entwicklung aller vier Kompetenzen insgesamt und gleichberechtigt gefördert werden muss. Für die Beratungstätigkeit ist es schließlich das praktische Tun und Handeln mit den entsprechenden Erfahrungen, die einen nachhaltigen Lernprozess auslösen können.

In der ausführlicheren Version dieses Kapitels werden anhand der vier Felder einige zentrale Kompetenzen in Stichworten aufgeführt, die eine Coaching-Weiterbildung weiterentwickeln soll (vgl. Lippmann 2015; vgl. auch Lippmann 2009). In einem Vergleich weisen diese große Überschneidungen auf mit den von Greif et al. (2012) genannten Wirkfaktoren im Coaching.

2.2.1 Anforderungen an eine Coaching-Weiterbildung

Wie einleitend erwähnt, hat die Stiftung Warentest im Jahr 2013 Gütekriterien für Einstiegsqualifizierungen zum Coach entwickelt. Die Gütekriterien der Stiftung Warentest wurden über eine schriftliche Befragung bei Anbietern von Coaching-Weiterbildungen erhoben. Dazu kamen Ableitungen aus den empfohlenen Standards gemäß Webseiten verschiedener Coaching-Verbände. Der so erstellte Kriterienkatalog wurde anschließend mit Coaching-Experten aus Wissenschaft und Praxis und mit Vertretern von Coaching-Verbänden diskutiert. Der DBVC (2012) äußert sich in seinem Kompendium ebenfalls ausführlich zur Aus- und Weiterbildung. Die Anforderungen des DBVC sind etwas niedriger als bei den Einstiegsqualifizierungen zum Coach und liegen deutlich unter den Kriterien des Berufsverbandes für Coaching, Supervision und Organisationsberatung (BSO 2013) in der Schweiz oder der Deutschen Gesellschaft für Supervision (DGSv 2013). Im Folgenden sind hauptsächlich aus diesen Quellen die Anforderungen abgeleitet, die an eine Coaching-Weiterbildung gestellt werden sollten.

Formale Voraussetzungen

Der DBVC definiert einen Mindestumfang von 150 Zeitstunden für ein Curriculum von 12–18 Monaten, der Österreichische Dachverband bestimmt für Coaching 190 Zeitstunden. Die Stiftung Warentest empfiehlt 250 Stunden Präsenzunterricht, während der BSO von 450 dozentenbegleiteten Stunden (inkl. mindestens 40 Stunden Lehrsupervision) ausgeht. Ein Lehrgang dauert gemäß BSO wenigstens zwei Jahre. Mindestens 20 Tage sollten in einer konstanten Gruppe absolviert werden. Die DGSv (2013) verlangt sogar 500 Stunden Präsenzunterricht und 90 Stunden eigene praktische Tätigkeit.

Die ideale Gruppengröße wird mit 10–15 Personen angegeben. Umfasst die Gruppe mehr als 15 Personen, empfiehlt die Stiftung Warentest die Präsenz mindestens zweier Dozierenden. Von Vorteil ist es, wenn wenigstens einer der Dozierenden den Lehrgang begleitet.

Es ist empfehlenswert, wenn ein Weiterbildungsinstitut die Qualifizierungen regelmäßig durchführt. Rauen und Steinhübel (2005) fordern gar eine jährliche Kadenz, die allerdings bei längerdauernden Qualifizierungen anspruchsvoll werden dürfte. Auf jeden Fall evaluiert ein Anbieter seine Leistungen regelmäßig nach einem schlüssigen Konzept, das dann in die Weiterentwicklung des Curriculums einfließt.

Die Eingangsqualifizierung sollte klar definiert werden. Idealerweise verfügen Interessenten über ein Hochschulstudium, es sollten aber auch Personen mit Berufserfahrung und anderen Qualifikationen aufgenommen werden können. Der BSO verlangt beispielsweise bereits 30 Stunden Erfahrungen als Kunde, also als Coachee, Supervisand/in usw.. Eine heterogene Zusammensetzung einer Gruppe kann insofern von Vorteil sein, als in der Organisationswelt auch sehr unterschiedliche Personen als Kunden Coaching in Anspruch nehmen. Die Bereitschaft, sich mit Diversität auseinanderzusetzen, ist genauso wichtig wie die Fähigkeit zur Selbstreflexion sowie zur Auseinandersetzung mit sich und anderen Teilnehmenden. Deshalb muss das Auswahlverfahren auch zum Ergebnis kommen können, dass sich ein Interessent nicht für die Qualifizierung eignet. Entsprechend sollten solche Kandidaten auch beraten werden, ob und wie sie nach Einschätzung des Anbieters die noch fehlenden Eingangsvoraussetzungen erwerben können.

Ziel

Das Ziel einer Coaching-Qualifizierung soll sein, dass ein Teilnehmer am Ende ein ihm gemäßes Coaching-Konzept entwickeln kann. Eine entsprechende Rahmentheorie bildet die Basis, damit Absolventen in der Lage sind, Coachings im beruflichen Kontext qualifiziert durchzuführen. Wie weit ein Curriculum Individualisierungen bei den Lernzielen zulässt, ist für jeden Lehrgang speziell zu prüfen. Der DBVC (2012) empfiehlt, dass Anbieter und Weiterbildungsteilnehmer hierüber einen transparenten Dialog führen. Aus eigener Erfahrung denke ich jedoch, dass einer zu hohen Individualisierung Grenzen gesetzt sind. Ein Kandidat muss gewisse Eingangskompetenzen mitbringen, allenfalls können neben der Weiterbildung unterstützende Maßnahmen hilfreich sein, damit der Kandidat trotz fehlender Vorkenntnisse die Weiterbildungsziele auch erreichen kann (z. B. zusätzlicher Wissenserwerb in einzelnen Fachgebieten, Zusatzkurs im Verfassen von Arbeiten, Selbsterfahrungs- oder Therapiegruppen usw.).

Inhalte

Die Inhalte lassen sich aus den erforderlichen Kompetenzen eines Coachs ableiten und sind abhängig von der Dauer, der Zielgruppe und vom Anbieter. Wenn sich eine Coaching-Weiterbildung beispielsweise exklusiv an Psychologinnen und Psychologen richtet, so wird das Curriculum ganz anders aussehen, als wenn es für Personen mit betriebswirtschaftlichem oder naturwissenschaftlichem Hintergrund gedacht ist.

Es empfiehlt sich, dass eine Weiterbildung auf unterschiedlichen, wissenschaftlich anerkannten Denkrichtungen und „Schulen" mit entsprechenden methodenübergreifenden Beratungsansätzen aufgebaut wird. Dies begünstigt bei den Absolventen einen breiteren Zugang zum Fachgebiet, Perspektivenwechsel sind dadurch einfacher möglich, und die Gefahr von doktrinärem, einseitigem Denken kann minimiert werden. Eine spezifische Vertiefung in einer Richtung (z. B. lösungsorientiert, systemisch, Gestalt) kann dann immer noch später erfolgen, denn ein Coach sollte sich schließlich permanent weiterbilden (► Abschn. 2.3).

Die zentralen Inhalte und Themengebiete sind in einer etwas ausführlicheren Version dieses Buchkapitels nachzulesen (Lippmann, 2015).

Anforderungen an die Didaktik

Die Weiterbildung berücksichtigt die Erkenntnisse der Lernpsychologie bezüglich verschiedener Lerntypen und Lernformen der Teilnehmenden (vgl. z. B. Negri 2010). Die Lernziele sollten auf jeden Fall auf allen drei Ebenen (kognitiv, affektiv und psychomotorisch) formuliert und in den Leistungsnachweisen überprüft werden. Im Zentrum steht die Möglichkeit, dass die Teilnehmenden in verschiedenen Formen die Gelegenheit haben, sich als Kunde oder Coach zu erfahren und die eigenen Einstellungen, Werthaltungen, Emotionen und Handlungen in diversen Feedback-Schlaufen zu reflektieren. Die kognitiven Lernziele sollten so weit es geht außerhalb der Präsenzkurse verfolgt werden. Dazu sind verschiedene Formen des Selbststudiums geeignet, von der klassischen Lektüre über E-Learning (inkl. Ansehen oder Zeigen von Lehrvideos) bis zum Verfassen von Semester- oder Abschlussarbeiten.

Das Einüben von spezifischen Fähigkeiten geschieht sinnvollerweise in interaktiven Settings. Hier eignen sich vor allem folgende didaktische Formen:

- Referate, Präsentationen, Lehrgespräche mit dazugehörenden Diskussionen
- Einzel-, Paar- und Gruppenarbeiten
- Beratungen in wechselnder Konstellation (Coach-Kunde-Beobachtung), auch kombiniert mit Reflecting Team, Audio- oder Videoaufnahmen
- Rollen- oder Planspiele mit Beobachtung
- Aufstellungen
- Live-Coachings (auch eventuell kombiniert mit Reflecting Teams)
- Fish-Bowl oder Debatten für die Auseinandersetzung mit kontroversen Themen
- Action Learning: Einsatz bei Kunden im Feld

Die interaktiven Kurse finden idealerweise in zwei- bis mehrtägigen Blöcken statt, so dass die Gruppenmitglieder auch in Pausen und am Abend (bei Seminaren mit Übernachtung) informelle Kontakte pflegen können. Außerhalb der Kurssequenzen sind aber auch folgende didaktische Methoden notwendig:

- eigene Beratungsfälle: Während die Stiftung Warentest davon ausgeht, dass die Teilnehmenden mindestens ein Coaching mit einem echten Kunden durchführen sollten, äußert sich der DBVC (2012, S. 85) diesbezüglich nur vage („Lernprojekt: vereinbartes Lern- und Anwendungsbeispiel"), Rauen und Steinhübel (2005, S. 309) schreiben gar lediglich von „Übungsklienten". Das ist m. E. doch sehr unspezifisch und unverbindlich. Der BSO verlangt mehrere Beratungsprojekte mit mindestens 40 Stunden direktem Kundenkontakt.
- Lehrsupervision für die Bearbeitung, Besprechung und Reflexion der Beratungsmandate
- Intervision zur Einübung der Praxisberatung unter Kolleginnen und Kollegen

- Arbeit in Lerngruppen: Die sog. Peer-Gruppen dienen dazu, dass die Teilnehmenden sich hinsichtlich des Lernstoffs (Lektüre, Vor- und Nachbereitung der Kurse, Fallbesprechungen) gegenseitig unterstützen. Im Masterlehrgang am Institut für Angewandte Psychologie (IAP) in Zürich fusionieren in der Hälfte der Weiterbildung diese Gruppen zu Intervisionsgruppen.
- Einzelcoaching bzw. Einzellehrsupervision: Auch dieses Setting sollte vor allem für Teilnehmende obligatorisch sein, welche über keine Erfahrungen in der Kundenrolle verfügen.

Damit ein Zertifikat oder Diplom ausgestellt werden kann, sind folgende Leistungen wichtig:

- Teilnahme an den Kursen und den anderen didaktischen Methoden
- eigene Beratungsmandate und deren Reflexion in und im Anschluss an die Super- bzw. Intervision
- schriftliche Abschlussarbeit (idealerweise Verbindung zwischen Beratungsmandat/en und theoretischen Ausführungen)
- erfolgreiche Teilnahme an einer Schlussqualifikation (Fall- oder Diplomarbeitskolloquium, Klausurarbeit oder andere erwachsenenbildungsgerechte Nachweise).

Die erfolgreiche Teilnahme wird mit einem Zertifikat oder bei längerdauernden Lehrgängen mit einem Diplom ausgewiesen. Diese können dann die Zulassung zu einem entsprechenden Coaching-Verband ermöglichen.

Anforderungen an die Dozierenden

Dozierende in Coaching-Weiterbildungen verfügen über die Qualifikationen und Kompetenzen von Coaches mit viel Erfahrung in der Praxis. Darüber hinaus sind sie in der Lage, Erkenntnisse aus der Coaching-Forschung und -literatur in ihr Curriculum einzubauen (z. B. über Gastdozierende, Pflichtlektüren usw.). Didaktische Erfahrung (speziell in der Erwachsenenbildung) und Kenntnisse im Umgang mit Gruppen(-dynamik) sind zusätzliche Qualifikationen. Die Dozierenden erhalten ihre eigene Leistungsfähigkeit durch ständige Auseinandersetzung mit Theorie und Praxis, entsprechenden Weiterbildungen und Supervision. Sie sind bereit, sich kontinuierlich beurteilen zu lassen, ob es ihnen gelingt, in einem angenehmen Lernumfeld ihre Erfahrungs-, Fach- und Methodenkompetenzen zielführend einzusetzen.

Anforderungen an die Teilnehmenden

Neben den Dozierenden bildet die optimale Auswahl der Teilnehmenden einen wesentlichen Bestandteil für das Gelingen einer Weiterbildung zum Coach. Bezüglich Selbst- und Sozialkompetenzen sollten die Interessenten bereits recht hohe Ausprägungsgrade mitbringen, auf welche die Lehrgangsleitung beim Auswahlverfahren achten sollte. Da es sich um eine Weiter- und nicht um eine Grundausbildung handelt, sollten auch Vorkenntnisse zumindest bezüglich Fachinhalten mitgebracht werden. Idealerweise verfügen die Teilnehmenden über ein Hochschulstudium etwa in Psychologie, Sozial- oder Wirtschaftswissenschaften. Natürlich sind Absolventen mit naturwissenschaftlichem oder technischem Hintergrund auch eine wertvolle Bereicherung, ebenso Personen, welche über viel Berufs- und/oder Führungserfahrung verfügen. Entscheidend für eine Aufnahme dürften aber in erster Linie die Erfahrung und Bereitschaft zur Auseinandersetzung mit sich und anderen Personen sein. Da die Weiterbildung in der Regel berufsbegleitend erfolgt, sollten die Teilnehmenden zusätzlich über ein gutes Selbstmanagement, emotionale Stabilität und Frustrationstoleranz verfügen (vgl. Rauen und Steinhübel 2005).

Anforderungen an die Qualitätssicherung

Die Anbieter evaluieren regelmäßig und systematisch ihre Weiterbildungen und sichern damit die Struktur-, Prozess- und Ergebnisqualität der Lehrgänge. In Anlehnung an Kirkpatrick kann das 4-Stufen-Modell der Evaluation eine hilfreiche Orientierung sein (Kirkpatrick und Kirkpatrick 2006; Künzli 2010):

1. Reaktionen – Erleben der Teilnehmenden: Die Teilnehmenden beurteilen etwa die Inhaltsrelevanz, Didaktik, Formate, Zielklarheit, Dauer, Seminarort, Beziehungsgestaltung usw.
2. Lernen – Erweiterung von Kenntnissen und Kompetenzen: Diese können über Selbst- oder Fremdeinschätzung eingestuft oder gar geprüft werden.

3. Verhalten – Anwendung des Gelernten im relevanten Kontext: Hier geht es um die Umsetzung des Gelernten in der Praxis. Konkret können Selbsteinschätzungen, Kunden-Feedbacks oder Beobachtungen (im Feld oder per Videoaufnahmen) Anhaltspunkte liefern.
4. Resultate – betriebswirtschaftlicher Nutzen für den Auftraggeber: Hier geht es um die Einschätzung, ob sich die Investition in die Weiterbildung für den Einzelnen (oder die Organisation, welche sie finanzierte) wirtschaftlich gelohnt hat. „Harte" Indikationen können etwa Beratungsmandate sein, „weiche" die Kundenzufriedenheit des Weiterbildungsteilnehmenden oder dessen Kunden usw.

Wie intensiv eine Weiterbildung evaluiert werden soll, ist nicht zuletzt abhängig von deren Umfang. Da die Masterlehrgänge am IAP über zweieinhalb Jahre dauern, werden hier darüber hinaus auch regelmäßige Transferevaluationen durchgeführt, bei denen die Teilnehmenden ca. anderthalb Jahre nach Abschluss nochmals befragt werden, wie sie den Lehrgang nach einer gewissen Zeit einschätzen. Selbst eine Befragung nach mehreren Jahren kann wertvolle Erkenntnisse bringen, vor allem zur Frage, wie viele Teilnehmende später tatsächlich in der Coaching-Praxis tätig sind (Guggenbühl und Kuhn 2006).

2.2.2 Hinweise für die Suche nach einer geeigneten Weiterbildung

Für die Auswahl einer geeigneten Weiterbildung ist ein erster Schritt die Analyse der eigenen Zielsetzungen und Bedürfnisse (vgl. Rauen und Steinhübel 2005). Dies ermöglicht eine präzisere Suche nach möglichen Anbietern. Dazu können die Websites der wichtigsten Berufsverbände eine erste Hilfe sein, denn diese führen in der Regel die von ihnen anerkannten Weiterbildungen auf. Ähnlich wie bei der Suche nach einem Coach empfiehlt es sich auch bezüglich Weiterbildung, die persönlichen Empfehlungen aus dem eigenen Netzwerk zu nutzen (Vogelauer 2013a). Anbieter führen in der Regel auch Informationsveranstaltungen und Vorgespräche durch. Bei einigen besteht die Möglichkeit, eine erste Weiterbildungseinheit unabhängig vom Gesamtpaket zu buchen. Dies ist natürlich bei modularen Curricula einfacher als bei geschlossenen Lehrgängen; aber zumindest ein Kennenlernen in der Lerngruppe wäre beispielsweise eine Möglichkeit (damit habe ich gute Erfahrungen gemacht), denn die Teilnehmenden schätzen es, wenn sie im Voraus wissen, wer sich mit ihnen auf einen längeren und oft auch intensiven Prozess einlässt. Nicht zuletzt bildet eine gute Gruppe auch nach einer Weiterbildung ein wertvolles Netzwerk im Beruf und speziell für die Beratungstätigkeit.

Zwei Aspekte seien hier besonders betont: Seriöse Anbieter geben ernsthaften Interessenten Referenzen von ehemaligen Teilnehmenden. Diese Quellen sollte man auf jeden Fall nutzen, denn die Sicht der Teilnehmenden ist doch nochmals eine andere als diejenige der Dozierenden und Lehrgangsleitenden. Rauen und Steinhübel empfehlen die Abklärung, ob Supervisionen angeboten und während der Weiterbildung mit „Übungsklienten" gearbeitet werde. Wie bei den didaktischen Methoden bereits betont, wird hier klar die Meinung vertreten, dass sowohl Lehrsupervision als auch verbindliche Beratungsmandate keine „Nice to have"-Kriterien, sondern absolute Muss-Kriterien für eine seriöse Qualifizierung als Coach sind. Schließlich möchte niemand bei einem Coach landen, der zwar ein Weiterbildungszertifikat, aber keine Coaching-Erfahrung hat und im schlechtesten Fall gar nicht mehr in einer Lehrsupervision ist. Damit leite ich zum letzten Abschnitt über. Selbst wenn eine Qualifizierung „abgeschlossen" ist, so wird ein professioneller Coach sich permanent weiterbilden und seine Arbeit in Super- oder Intervision immer wieder reflektieren.

2.3 Und wer coacht den Coach oder wie entwickelt sich Coaching-Qualifizierung weiter?

„Und wer schützt die Polizei?" sang der Kabarettist Georg Kreisler einst. Analog dazu kann die Frage gestellt werden, wer in einem Unternehmen auf das Human Ressource Management achtet oder wer denn die Coaches weiterentwickelt oder berät. Die meisten Berufsverbände verlangen deshalb von ihren Mitgliedern zu Recht, dass sie sich permanent weiterbilden und reflektieren. In Anlehnung an Vogelauer (2013c) können folgende zentralen Formen der Fortbildung für Coachs in Betracht gezogen werden:

- Reflexions-Coaching mit einem Coach oder Supervisor („Coach the Coach" im engeren Sinn)
- Reflexions-Coaching in Gruppen (Intervision oder Supervision)
- Vertiefungs-Workshops
- vertiefende Weiterbildungen z. B. bezüglich eines spezifischen Verfahrens
- Kongressbesuche
- Austauschforen, Vereine, Verbände
- Studium von Literatur oder Forschungsergebnissen, alleine oder in einer Peer-Gruppe

Generell kann davon ausgegangen werden, dass es in der Qualifikation von Coaches zwei hauptsächliche Entwicklungen geben mag: Auf der einen Seite eher kürzere Weiterbildungen in der Größenordnung der DBCV-Anforderungen, deren Absolventen nur zu einem kleinen Teil als Coach arbeiten werden. Diejenigen darunter, welche sich für Coaching als „Profession" entscheiden, werden sich permanent weiterqualifizieren. Auf der anderen Seite die länger dauernden Weiterbildungen, welche mindestens den Standard eines BSO oder DGSv erfüllen bis hin zu den akademisierten Studiengängen (vgl. Grant 2011; Strikker und Strikker 2013). Bei Letzteren stellt sich die Herausforderung, wie sie den Gap zwischen Experten aus der Praxis und Wissenschaftlern, die sich auf Forschungsergebnisse stützen, fruchtbar überwinden können (Möller et al. 2013). Nicht nur in diesem Feld gibt es noch viel zu tun. Auch bei der Qualifizierung von Fortgeschrittenen ist das Feld weit offen. Die von mir bereits vor einigen Jahren (Lippmann 2007) gestellte Frage „Alles Coaching … oder was?" gilt somit speziell auch für das Coaching der Coaches.

Literatur

Verwendete Literatur

Berufsverband für Coaching, Supervision und Organisationsberatung (BSO) (2013). *ormale Mindestanforderungen und Eingangsvoraussetzungen.* http://www.bso.ch/verband/vertragl-ausbildungs-partnerschaft.html. Zugegriffen: 15.02.2014

Böning, U., & Fritschle, B. (2008). *Coaching fürs Business* (2. Aufl.). Bonn: managerSeminare.

Deutsche Gesellschaft für Supervision (DGSv) (2013). *Standards für die Qualifizierung zur/zum Supervisor/in.* http://www.dgsv.de/supervisorin-werden/. Zugegriffen: 15.02.2014

Deutscher Bundesverband Coaching e. V. (DBVC) (Hrsg.). (2012). *Leitlinien und Empfehlungen für die Entwicklung von Coaching als Profession* (4. Aufl.). Osnabrück: DBVC.

Erpenbeck, J., & von Rosenstiel, L. (2007). Einführung. In J. Erpenbeck, & L.von Rosenstiel (Hrsg.), *Handbuch Kompetenzmessung – Erkennen, verstehen und bewerten von Kompetenzen in der betrieblichen, pädagogischen und psychologischen Praxis* (2. Aufl. S. IX–XL). Stuttgart: Schäffer-Poeschel.

Grant, A. M. (2011). Developing an agenda for teaching coaching psychology. *International Coaching Psychology Review, 6*(1), 84–99.

Greif, S., Schmidt, F., & Thamm, A. (2012). Warum und wodurch Coaching wirkt. Ein Überblick zum Stand der Theorieentwicklung und Forschung über Wirkfaktoren. *Organisationsberatung, Supervision, Coaching, 4*, 375–390.

Guggenbühl, B., & Kuhn, C. (2006). *IAP-Diplomstudiengang Supervision und Coaching in Organisationen. Berufserfahrungen von ehemaligen Absolventinnen und Absolventen.* Zürich: Institut für Angewandte Psychologie, 2. Studienarbeit im Rahmen des Nachdiplomstudiengangs in Berufs- und Laufbahnberatung.

Kauffeld, S. (2006). *Kompetenzen messen, bewerten, entwickeln. Ein prozessanalytischer Ansatz für Gruppen.* Stuttgart: Schäffer-Poeschel.

Kirkpatrick, D. L., & Kirkpatrick, J. D. (2006). *Evaluating training programs. The four levels.* San Francisco: Berrett-Kohler.

Kühl, S. (2006). Die Supervision auf dem Weg zur Profession? *Organisationsberatung, Supervision, Coaching, 13*, 5–18.

Künzli, H. (2010). Evaluation von Lernprozessen – Wirksamkeit, Wirtschaftlichkeit und Nachhaltigkeit. In C. Negri (Hrsg.), *Angewandte Psychologie für die Personalentwicklung. Konzepte und Methoden für Bildungsmanagement, betriebliche Aus- und Weiterbildung* (S. 264–279). Heidelberg: Springer.

Lippmann, E. (2007). Alles Coaching, … oder was? *Forum Supervision, 29*, 26–39.

Lippmann, E. (2009). Meisterschaft erlangen in Coaching – Der Masterlehrgang am Institut für Angewandte Psychologie in Zürich. In J. Dahinden, T. Freitag, & F. Schellenberg (Hrsg.), *Mythos Coaching. Was bringt's? Wie funktioniert es?* (S. 166–177). Zürich: Orell Füssli.

Meier, R., & Janssen, A. (2011). *CoachAusbildung – ein strategisches Curriculum* (2. Aufl.). Sternenfels: Verlag Wissenschaft & Praxis.

Merz, C., & Frey, A. (2011). *Empirisch fundiertes Kompetenzmodell für den Bereich des Führungskräftecoachings*. Aachen: Shaker.

Möller, H., Kotte, S., & Oellerich, K. (2013). Coaching-Praxis und Wissenschaft – ein unüberwindlicher Gap? *Coaching-Magazin, 1*, 35–39.

Negri, C. (Hrsg.). (2010). *Angewandte Psychologie für die Personalentwicklung. Konzepte und Methoden für Bildungsmanagement, betriebliche Aus- und Weiterbildung*. Heidelberg: Springer.

Rauen, C., & Steinhübel, A. (2005). Coaching-Weiterbildungen. In C. Rauen (Hrsg.), *Handbuch Coaching* (S. 289–310). Göttingen: Hogrefe.

Stiftung Warentest (2013). *Coachen im beruflichen Kontext. Was eine gute Einstiegsqualifizierung bieten sollte*. http://www.test.de/Coaching-Lehrgaenge-Coachen-will-gelernt-sein-4604619-0/. Zugegriffen: 27.09.201

Strikker, H., & Strikker, F. (2013). Coaching studieren? Akademisierung im Business-Coaching. *Coaching-Magazin, 2*, 36–41.

Vogelauer, W. (2013a). Was macht einen professionellen Coach aus?. In W. Vogelauer (Hrsg.), *Coaching-Praxis. Das Trigon-Modell: Konzept und Methoden* (S. 149–158). Weinheim: Beltz.

Vogelauer, W. (2013b). Ergebnisse der sechsten Coaching-Befragung 2012. In W. Vogelauer (Hrsg.), *Coaching-Praxis. Das Trigon-Modell: Konzept und Methoden* (S. 159–182). Weinheim: Beltz.

Vogelauer, W. (2013c). Coach the Coach: Weiter- und Fortbildung von Profis. In E. Lippmann (Hrsg.), *Coaching. Angewandte Psychologie für die Beratungspraxis* (S. 304–315). Heidelberg: Springer.

Winkler, B., Lotzkat, G., & Welpe, I. M. (2013). Wie funktioniert Führungskräfte-Coaching? Orientierungshilfe für ein unübersichtliches Beratungsfeld. *OrganisationsEntwicklung, 3*, 23–33.

Weiterführende Literatur

Lippmann, E. (Hrsg.). (2013). *Coaching. Angewandte Psychologie für die Beratungspraxis* (3. Aufl.). Heidelberg: Springer.

Lippmann, E. (2015). Was macht ein Coach zum Coach? Weiterbildung und Qualifizierung. *Coaching/Theorie & Praxis, 1*, 51–60.

Österreichischer Dachverband für Coaching (2007/20008). *Lehrgangsinhalte*. http://www.coachingdachverband.at/index_html?id=225. Zugriff: 15.02.2014.

Coaching des Top-Managements in Veränderungsprozessen: Dilemma zwischen Kurzfrist-Optimierung und Nachhaltigkeit der Veränderung

Ulrich Lenz

C. Triebel et al. (Hrsg.), *Qualität im Coaching*,
DOI 10.1007/978-3-662-49058-7_3,

3.1 Einleitung

Managemententscheidungen stehen heute und in Zukunft im Kontext steigender Komplexität des organisationalen Umfelds. Unternehmen und ihre Repräsentanten an der Spitze, das Top-Management, sehen sich mit multiplen Wirklichkeiten und widersprüchlichen Rollenerwartungen konfrontiert. Diese Erwartungen werden von den Mitarbeitern und dem organisationalen Umfeld dem Top-Management implizit zugewiesen (Roehl 2015). Es genügt nicht, tragfähige Entscheidungen zu treffen; diese müssen den verschiedenen Stakeholdern innerhalb und außerhalb des Unternehmens kommuniziert werden. Dabei wird zunehmend der Prozess der Entscheidungsfindung an sich zum Forschungsgegenstand. Wie Carmeli et al. (2011) empirisch nachgewiesen haben, steigt die Qualität von Entscheidungen des Top-Management-Teams, wenn der CEO durch einen relationalen Führungsstil Vertrauen im Vorstandsteam aufbaut und es dem Gremium gelingt, von Fehlschlägen zu lernen. Speziell in komplexen Veränderungsprozessen sollten Coachings zur nachhaltigen Implementierung notwendiger Restrukturierungen von einem grundsätzlich lernoffenen, veränderungsbereiten Top-Management-Team angestoßen werden, beginnend beim Vorstandsteam selbst (Sherman und Freas 2004).

Dem stehen Forschungsergebnisse gegenüber, dass auf der Top-Ebene narzisstische Persönlichkeitsstrukturen (Kets de Vries 2008, S. 51 ff.) ebenso anzutreffen sind wie (subklinische) psychopathische Ausprägungen (Dutton 2013). Diese Prägungen begünstigen teilweise den Aufstieg auf die oberste Führungsebene und können durchaus für die Effektivität der Organisation hilfreich sein. Der Übergang zu dysfunktionalen Ausprägungen ist fließend und schwer zu erkennen (Kets de Vries 2008, S. 54). Offenbar kann ein Dilemma bestehen, das die Entwicklungsfähigkeit der Organisation gefährdet: Komplexe Veränderungsprozesse erfordern prozessorientiertes Vorgehen mit Lern- und Reflexionsfähigkeit als Grundlage einer nachhaltigen Entwicklung. Das Stabilisieren neuer Routinen und Verhaltensweisen benötigt Zeit, während Veränderungsprozesse in Unternehmen häufig viel zu früh als erfolgreich abgeschlossen kommuniziert werden. Andererseits scheinen im Top-Management Persönlichkeitsmerkmale ausgeprägt zu sein, die die Bewältigung komplexer Veränderungsprozesse eher erschweren oder die Organisation insgesamt sogar gefährden. Gerade diese Persönlichkeitsausprägungen haben aber den Aufstieg in die oberste Führungsebene häufig erst ermöglicht.

Gang der Untersuchung Der vorliegende Beitrag hat zum Ziel, aufgrund der Analyse des beschriebenen Dilemmas Anforderungen an die Qualität von Coaching im Top-Management abzuleiten. Dazu werden zunächst die Abgrenzungen und Spezifika des Top-Managements diskutiert. Es wird sich zeigen, dass sich die Rahmenbedingungen für Coaching auf der obersten Führungsebene grundlegend von Coaching-Prozessen bei Führungskräften aller anderen Ebenen unterscheiden. Anhand der Reflexion eines Fallbeispiels werden Gedanken zu einem Konzept für das Top-Management-Coaching in dynamischen Veränderungsprozessen entwickelt. Dabei wird deutlich werden, dass Top-Management-Coaching mitunter einem „Tanz auf des Messers Schneide" (Eidenschink 2005, S. 48) gleichkommt. Es geht darum, ein Problembewusstsein zu erzeugen, ohne den Kontakt zum Klienten durch (zu) kritische Hinweise auf die Behinderung des Veränderungsprozesses, bedingt durch das eigene Verhalten des Klienten, zu erzeugen.

3.2 Definition und Spezifika des Top-Managements

3.2.1 Diskussion einer Definition

Die Begriffe „Top-Management" bzw. „Executive" werden unterschiedlich definiert und abgegrenzt. Unter „Executive" wird häufig eine eher weite Definition verstanden (Böning 2013, S. 127 f.), so dass je nach Autor auch High Potentials einer Organisation einbezogen sind. Business Schools bezeichnen häufig alle Teilnehmenden an ihren Führungskräfteentwicklungsprogrammen als Executives. Damit ist keine übereinstimmende und abgrenzbare Definition möglich, und der Begriff „Executive" ist für den vorliegenden Beitrag nicht verwendbar. Nun könnte man vermuten, dass der Begriff „Top-Management" klarer zu umreißen ist. Aber auch hier wird keine eindeutige, auf eine organisationale Ebene bezogene und allgemein anerkannte Abgrenzung deutlich. So bezieht z. B. Böning (2013, S. 128) die *beiden* obersten Führungsebenen in seine Abgrenzung des Top-Management von der Gesamtheit der Führungskräfte ein. Damit ist weiterhin keine eindeutige Fokussierung des Betrachtungsgegenstands möglich. Die zweite Führungsebene unterliegt dem direkten Weisungsrecht der ersten Führungsebene, die ihrerseits aber – als prägendes Kennzeichen der Abgrenzung zu anderen Führungskräften – als Organvertreter keinem disziplinarisch ausgeprägtem Weisungsrecht unterliegt.

In dem vorliegenden Beitrag wird deshalb das Top-Management ausschließlich auf die erste Führungsebene bezogen und wie folgt präzisiert: Unter Top-Management werden die Vorstände von Aktiengesellschaften sowie die Geschäftsführer von GmbHs verstanden; einbezogen sind Vorstände und Geschäftsführer von konzerngebundenen, rechtlich selbstständigen Gesellschaften. Ebenso sind die Geschäftsführer oder Vorstände von Familiengesellschaften einbezogen, unabhängig davon, ob die Geschäftsführung aus Familienmitgliedern oder externen Managern besteht. Die präzise Abgrenzung des Betrachtungsgegenstands ist notwendig, um die Spezifika des Top-Managements herausarbeiten zu können. Die Besonderheiten werden aus einer institutionellen und aus einer persönlichkeitsorientierten Perspektive diskutiert.

3.2.2 Spezifika des Top-Managements

Aufgaben des Top-Managements in der hier getroffenen Abgrenzung sind vor allem die strategische Weiterentwicklung des Unternehmens und die unternehmensinterne und -übergreifende Beziehungsarbeit zu den wesentlichen Stakeholdern aus dem Systemumfeld. Für das Top-Management als Institution sind Aufsichtsrat oder Beirat die formalen Ansprechpartner; eine Vielzahl an Beziehungen zu Stakeholdern im Systemumfeld gilt es zusätzlich zu gestalten. Im Gegensatz zu den Führungskräften aller Ebenen ist die Tätigkeit des Top-Managements vorwiegend nach außen gerichtet. Dabei ist bei vielen Stakeholdern eine multiple Beziehungsarbeit notwendig. Beispielsweise erfordert die Zusammenarbeit mit dem Aufsichtsrat die Balance zwischen Kapital- und Arbeitnehmervertretern im Gremium, ferner die anforderungsgerechte Kommunikation mit Ausschüssen wie z. B. dem Finanzausschuss. In der Kommunikation mit der Öffentlichkeit ist der Umgang mit teilweise hoher Emotionalität zu gestalten; eine Aufgabe mit zunehmender Komplexität und Volatilität bedingt durch Social-Media-Kommunikation. Die Kommunikation mit dem Kapitalmarkt folgt wiederum anderen Mustern; ist sie bei börsennotierten Unternehmen doch sehr exakt zu gestalten, denn schon einzelne Sätze können bereits einen Kurssturz auslösen und somit Unternehmenswerte vernichten. In der Innenperspektive hat das Top-Management die Aufgabe, die Führungskräfte zu mobilisieren, damit sie gemeinsam mit ihren Mitarbeitern die strategischen Initiativen mitgestalten und umsetzen.

Daraus folgt, dass im Top-Management häufig eine hohe rhetorische Kompetenz, verbunden mit einem ausgeprägten Hang zur Selbstdarstellung anzutreffen ist (Böning 2013, S. 142; Kets de Vries 2008, S. 39 ff.). Top-Manager haben häufig die Fähigkeit, mit einer positiven Sprache überzeugend zu argumentieren und Menschen für ein Vorhaben zu gewinnen. Coaching-Anliegen sind an beruflichen Fragestellungen orientiert. In Veränderungsprozessen sollen aus Sicht der Klienten die eigene Positionierung, das Beziehungsmanagement und die Kommunikation während des Prozesses durch ein mitlaufendes Coaching begleitet werden. Work-Life-Balance, ein bei Führungskräften virulentes Thema, kommt im Top-Management kaum vor. Die berufliche Aufgabe steht im Vordergrund. Grenzen zwischen Berufs- und Privatleben sind fließend. Das Privatleben ist im Hinblick auf den Beruf, auch mit Hilfe einer Reihe von Dienstleistern, ausgerichtet. Beispielsweise haben private Konzertbesuche auch den Charakter, wichtige berufliche Netzwerkpartner zu treffen. Die Partnerin bzw. der Partner kennen die Spielregeln und unterstützen häufig die enge Verzahnung von Berufs- und Privatleben.

Nachstehend sind die wesentlichen Unterschiede zwischen Rolle und Aufgaben der Führungskräfte bzw. des Top-Managements zusammengefasst (◻ Tab. 3.1).

Tab. 3.1 Unterschiede zwischen Top-Management und den weiteren Führungskräfte-Ebenen

Kriterium	Top-Management	Führungskräfte
Beziehungsgestaltung	Taktgefühl, strategisch-taktisches Management von Beziehungen, ausgeprägter Durchsetzungswille gepaart mit hoher Eloquenz und Freundlichkeit	Authentizität, Offenheit, Kooperation, häufig Betonung der fachlichen Kompetenzen
Entscheidungsperspektive	Gesamtsicht mit Berücksichtigung der Stakeholder-Interessen aus dem Umfeld der Organisation	fachliche Perspektive, eher Innensicht
Kommunikationsstil	Sprache ist auf Selbstinszenierung ausgelegt, hohe rhetorische Fähigkeiten, Bewusstheit der Verwendung von Sprachstilen	Sprache ist ausgelegt auf (fachliche) Überzeugung, Authentizität
Verbindung von Privatleben und Beruf	Selbstdefinition über Arbeit; kaum bzw. keine Trennung von Arbeit und Privatleben; Partner/in wird in den eigenen Arbeitsbereich einbezogen; hoher Organisationsgrad des Familienlebens	trotz zunehmender Überschneidung: Versuch der Trennung von Arbeits- und Privatleben, Work-Life-Balance ist deshalb Anlass für Coaching
Auftreten	Beachtung von Formen und Stil	Inhalt vor Form
Arbeitsstil	Überblick gewinnen, Beachtung der Interessen ständig im Fokus, Entscheidungen auch taktisch bedingt, um auf spezifische Interessen Rücksicht zu nehmen	Sacharbeit, fachliche Detailorientierung, Entscheidungsperspektive auf den eigenen Bereich bzw. das eigene Budget bezogen

Quelle: Eigene Darstellung in Anlehnung an Böning (2013, S. 142)

3.2.3 Studien

In einer der wenigen Studien, die sich explizit mit dem Top-Management-Coaching befassen, kommen Larcker und Miles (2013) bei der Befragung von 203 CEOs und Senior Executives zu Ergebnissen, die die vorherigen Ausführungen unterstreichen. Verglichen werden jeweils die Aussagen des CEOs im Vergleich zu den Senior Executives, die in der Untersuchung aber nicht näher beschrieben werden. Etwa 34 % der CEOs geben an, Coaching in Anspruch zu nehmen, gegenüber ca. 51 % der Führungskräfte. Damit wird deutlich, dass die Bereitschaft zur Annahme externer Unterstützung im Top-Management eher niedrig ist. Aber zumindest besprechen über 30 % derjenigen CEOs, die Coaching in Anspruch nehmen, die Ergebnisse des Coachings mit ihrem Aufsichtsrat. Zu fast 80 % haben sich die Beteiligten aus eigenem Antrieb in das Coaching begeben. Die wesentlichen Themen, an denen der CEO arbeitet, sind Shared Leadership, Konfliktmanagement, Teamentwicklung, Mentoring-Fähigkeiten sowie besseres Zuhören. Aber nur 7 % der Coachings mit CEOs haben explizit die Verbesserung der Empathie als Thema. Kommunikationsfähigkeiten insgesamt, Überzeugungsfähigkeit und Entscheidungsfindung werden in Coachings kaum besprochen, wohl deshalb, weil diese Kompetenzen bei CEOs schon sehr ausgeprägt sind. Bei den Führungskräften sind diese Themen häufiger in Coachings vertreten.

Dabei lassen sich mit Executive Coaching messbare Verbesserungen erreichen. In einer Studie mit 20 Vorstandsmitgliedern und 124 mittleren Führungskräfte einer Fortune-500-Company kommen Moen und Skaalvik (2009) zum Ergebnis, dass insbesondere eine deutliche Auswirkung des Coachings auf die Verbesserung des Selbstvertrauens besteht, verstanden als die Zuversicht, auch neue und ungewohnte Aufgaben erfolgreich meistern zu können. Insgesamt wurde durch Coaching der Zielerreichungsgrad verbessert. Sowohl die 20 Vorstandsmitglieder als auch die 124 Führungskräfte wurden in eine Experimental- und Kontrollgruppe aufgeteilt. In einem Pretest wurden psychologische Variablen in einem Test erhoben. Nach einem einjährigen Coaching-Programm für die Vorstandsmitglieder der Experimentalgruppe sowie anhand eines anschließenden coaching-orientierten Führungsstils der Vorstandsmitgliedern gegenüber den ihnen unterstellten Führungskräften der Experimentalgruppe wurden in einem Posttest die Veränderungen gemessen. Hinsichtlich des Selbstvertrauens, der Klarheit über Ziele und des Umgangs mit Rückschlägen gab es statistisch signifikante Unterschiede zwischen Experimental- und Kontrollgruppe.

Hofmans (2013) berichtet über eine noch laufende Studie, die in einem integrativen Ansatz die Ergebnisse eines Executive-Coaching-Programms mit der Verbesserung von Geschäftsergebnissen in Zusammenhang bringt. Zehn Coaches, die nach internationalen Standards ausgewählt wurden, führen mit je zehn Klienten Coachings durch. Die Effekte der Coachings werden durch ein 360-Grad-Feedback, jeweils zu Beginn und am Ende des Prozesses, gemessen; die Veränderung der Geschäftsergebnisse wird durch einen Business-Performance-Index erfasst. Das Coaching-Programm wird aus der Perspektive des Coaches sowie gemeinsam jeweils aus der Perspektive des Klienten, Coaches und der Führungskraft des Klienten evaluiert. Erste Ergebnisse zeigen, dass die Qualität der Beziehung zwischen Coach und Klient wesentlichen Einfluss auf die Qualität des Coachings hat. Der Einfluss des Coachings auf die Verbesserung von Geschäftsergebnissen konnte bisher nur ansatzweise nachgewiesen werden. Dies könnte mit Zeitverzögerungen bei der Messung zusammenhängen, da Maßnahmen, die im Coaching herausgearbeitet wurden, zunächst umgesetzt werden müssen, bevor in der Rückschau die Auswirkungen auf Geschäftsergebnisse gemessen werden können. Außerdem ist die Separierbarkeit der Effekte kritisch zu hinterfragen, da parallel zum Coaching möglicherweise weitere Maßnahmen zur Verbesserung der Geschäftsergebnisse stattfinden.

In einer ersten Zusammenfassung lässt sich festhalten, dass sich Aufgaben und Rollen des Top-Managements deutlich von den Aufgaben angestellter Führungskräfte aller Ebenen unterhalb des Vorstandes unterscheiden. Das betrifft offenbar auch Arbeitsauffassung und Kommunikationsverhalten. Wegen des Anspruchs, das Unternehmen strategisch weiterzuentwickeln, der ausgeprägten Mobilisierungs- und Kommunikationsfähigkeiten sowie der Fähigkeit zur unternehmensübergreifenden Beziehungsgestaltung scheinen aus einer Systemsicht gute Voraussetzungen für das Initiieren und Steuern von Veränderungsprozessen durch das Top-Management gegeben zu sein. Qualität im Coaching würde dann bedeuten, sich auf den weiteren Ausbau dieser im Top-Management vorhandenen Ressourcen zu fokussieren. Ein weiterer Qualitätsaspekt wäre eine positive Evaluierung des Coachings im Sinne der erläuterten Auswirkungen bis hin zur Verbesserung von Geschäftsergebnissen.

Dieser optimistischen Sicht stehen einige Einschränkungen gegenüber. Der Nutzungsgrad von Coaching im Top-Management ist noch relativ gering. Die Themen, die im Coaching behandelt werden, scheinen relativ einseitig auf eine Kurzfristorientierung des „Besser-Machens" ausgerichtet zu sein. Das Top-Management scheint wegen der speziellen Rollen und Aufgaben und der Tatsache, dass die Entwicklung empathischen Verhaltens in Coachings ein Randthema ist, eine geschlossene Gruppe zu sein, die wenig Feedback aus der Organisation erhält. Es stellt sich bei dieser Befundlage die Frage, ob mit dieser Haltung eine nachhaltig wirksame Organisations- und Führungskräfteentwicklung durch das Top-Management gesteuert wird und ob dies überhaupt im Interesse der obersten Führungsebene ist. So kann die ausgeprägte Tendenz zur Selbstdarstellung dadurch realisiert werden, dass man ständig neue Initiativen in das Unternehmen einbringt oder dass man – mit der Gefahr einer gewissen Überhöhung – Erfolge der Vergangenheit feiert. Es ist evident, dass beide Handlungsstrategien nicht zu nachhaltigen Lern- und Entwicklungsprozessen in der Organisation führen. Offenbar haben wir die Anforderungen an eine hohe Qualität des Top-Management-Coachings in Veränderungsprozessen noch nicht vollständig erfasst. Deshalb wird nun ein Blick auf den Erkenntnisstand hinsichtlich der Persönlichkeitsmuster des Top-Managements geworfen, um anschließend die Anforderungen an die Qualität von Coaching im Top-Management präziser zu formulieren.

3.2.4 Persönlichkeitsmuster im Top-Management

Hossiep und Ringelband (2014) weisen in einer Meta-Auswertung zweier Persönlichkeitsfragebogen-

Studien (BIP mit 1 052 Teilnehmern und Deutscher CPI mit 495 Teilnehmern) nach, dass die Persönlichkeit von Top-Managern signifikante Unterschiede zu Angestellten aufweist (ebda., S. 24). Dabei sind vor allem Dominanz, Statusorientierung, Extraversion, Selbstkontrolle und Leistungsmotivation deutlich stärker ausgeprägt als in der Normalbevölkerung. Gewissenhaftigkeit und Harmonieorientierung sind demgegenüber deutlich geringer ausgeprägt im Vergleich zur Referenzstichprobe von 8 029 Sachbearbeitern und Fachkräften. Dutton (2013) hat aufgezeigt, dass diese Eigenschaften bei Top-Managern häufig eine psychopathische Ausprägung haben. Er führt zudem aus, dass psychopathisch gefärbte Verhaltensmuster in subklinischer Form im Top-Management hilfreich sein können. Man spricht in diesem Fall von funktionaler Psychopathie und versteht darunter z. B. hohe Ausprägungen bei Persönlichkeitseigenschaften wie Extraversion, Durchsetzungsfähigkeit oder Aktivitätsniveau und geringe Ausprägungen hinsichtlich Empathie, Altruismus, Verträglichkeit und Entgegenkommen (ebd., S. 81). Mit charmantem Auftreten einerseits und gehöriger Durchsetzungsfähigkeit andererseits bei gering ausgeprägter Angst vor negativen Folgen werden die Aufgaben und Rollenerwartungen des Top-Managements durchaus erfolgreich zu bewältigen sein. Menschen mit diesen Ausprägungen werden sich von einer Top-Management-Karriere besonders angezogen fühlen. Umgekehrt kann die Entwicklung der Persönlichkeit durch die Rollenerwartungen des Umfelds geprägt werden. Durch ein „… sich veränderndes Selbstkonzept, selektive Verstärkung von managergerechtem Verhalten" (Hossiep u. Ringelband, a. a. O., S. 23) passt sich die Führungskraft an die Rollenerwartungen des Umfelds an.

3.2.5 Diskussion von Qualitätsanforderungen im Top-Management-Coaching

Qualität im Coaching könnte vordergründig bedeuten, diese Persönlichkeitseigenschaften als wichtige Ressource im Top-Management weiter zu stärken. Mit hoher und noch weiter entwickelter Durchsetzungsfähigkeit ließen sich Veränderungsprozesse, insbesondere wenn sie mit harten Einschnitten verbunden sind, noch mehr forcieren. Solche Coaching-Aufträge sind vordergründig sehr attraktiv. Sie führen zu einer Versicherung der gegenseitigen Großartigkeit zwischen Klient und Coach. Assig und Echter (2013) versteigen sich zu der Aussage, dass Top-Management-Coaches die Fähigkeit der Idealisierung benötigen. „Idealisierung bedeutet, sie [die Coaches, Anm. d. Verf.] sehen den Vorstand so, wie er im besten Fall sein kann … Sie kritisieren nichts, sondern stärken ihn, der eigenen Ambition und den eigenen Werten zu folgen" (a. a. O., S. 61). Mit einer solchen „narzisstischen Symbiose" (Eidenschink 2005, S. 47) zwischen Coach und Klient ist das Coaching das Aufpolieren oder die Wiederherstellung der wechselseitigen Großartigkeit. Eine solche Arbeit auf der Vorderbühne der Persönlichkeit bietet auch nicht ansatzweise das Angebot eines Perspektivenwechsels. Da es in nachhaltig wirksamen Veränderungsprozessen aber gerade um Systemmusterwechsel geht, wird bei einem an der gegenseitigen Großartigkeit orientierten Coaching gerade kein Lernen, kein Ausprobieren neuer Verhaltensweisen und damit kein Musterwechsel stattfinden. Im Gegenteil: Diese Form von Coaching ist eher skriptverstärkend.

Analysiert man die Wirkfaktorenforschung, um Anforderungen an die Qualität des Coachings von Top-Managern abzuleiten, lassen sich Qualitätskriterien identifizieren, die es im Hinblick auf die erläuterten institutionellen und persönlichkeitsbezogenen Spezifika des Top-Managements zu prüfen gilt. Im Rahmen einer umfassenden internationalen Studie, in die neben Coaches und Klienten auch die Auftraggeber der Klienten einbezogen waren, kommen de Haan und Mannhardt (2014) zu dem Ergebnis, dass die Qualität der Beziehung zwischen Coach und Klient der wichtigste Wirkfaktor ist, der sich sogar positiv auf die Einschätzung des Coaching-Ergebnisses durch den Auftraggeber auswirkt (a. a. O., S. 37).

Die Qualität der Beziehung lässt sich in einen Gesamtrahmen der Wirkfaktoren einordnen (Behrendt 2012, S. 396 ff.). Dazu wird das Freiburger Erfolgsfaktoren-Coaching-Modell herangezogen. Die Erkenntnisse der Wirkfaktorenforschung von Grawe (1998) ordnet das Freiburger Modell in drei Grundstrategien, eine generelle Voraussetzung sowie eine über den Prozess mitlaufende Rahmenbedingung ein.

Die generelle Voraussetzung ist der Aufbau und das Aufrechterhalten eines vertrauensvollen Kontakts zwischen Coach und Klient. Hierfür wird in der Kontraktphase eines Coaching-Prozesses der Keim gelegt. Speziell für das Top-Management-Coaching halten Hauser und Hagen (2007) es für wichtig, sehr schnell einen Kontakt auf Augenhöhe herzustellen, was sich insbesondere in der Art der Gesprächsführung des Coaches mit dem Vorstandsmitglied zeigt. Weiterhin gehören das schnelle Erfassen der Situation des Managers, die Klarheit der Sprache des Coaches, das Anbieten von Optionen und das Erzeugen mindestens einer neuen Erkenntnis auf Seiten des Klienten zu den Faktoren, die für Aufbau und Aufrechterhalten eines guten Kontakts wichtig sind. Die über den Prozess mitlaufende Rahmenbedingung ist die Problemaktualisierung. Darunter versteht man die erlebbare Erfahrung eines im Coaching besprochenen Themas. Für nachhaltige Veränderungen müssen bewusste und unbewusste Gedächtnisanteile durch möglichst umfassende Erfahrungen aktiviert werden (Behrendt 2012, S. 399 f.). Dies kann z. B. durch analoge Interventionen, wie etwa Rollenspiele, Aufstellungsarbeit etc., erfolgen.

Nach dem Modell von Grawe bestehen neben der Problemaktualisierung als moderierende Variable und dem Kontakt als Rahmenbedingung drei Faktoren für den Coaching-Erfolg: Ressourcenaktivierung, Bewältigung und Klärung. Durch Ressourcenaktivierung lässt sich ein kurzfristiger Coaching-Erfolg erreichen. Bewältigung und Klärung sind Strategien für den nachhaltigen Coaching-Erfolg. Möglichkeiten der Ressourcenaktivierung sind z. B. das Erkennen motivierender Ziele und Hoffnungen, Wahrnehmung von Stärken und positive Einstellungen. Wie aus den obigen Ausführungen zur Persönlichkeitsstruktur und dem Rollenverständnis des Top-Managements hervorgeht, wird speziell im Coaching für diese Zielgruppe nicht wesentlich an der Ressourcenaktivierung zu arbeiten sein, weil eine hohe Erfolgsmotivation für das Top-Management charakteristisch ist.

Die Strategie der Klärung ist demgegenüber speziell im Top-Management ein zentraler Faktor für die Qualität des Coachings. In der Klärungsphase wird der Klient dabei unterstützt, sich klare Ziele zu erarbeiten und zu verfolgen. Hierzu ist gerade bei einem handlungsorientierten, eher furchtlosen, durchsetzungsstarken Top-Manager eine erhebliche Arbeit erforderlich, um die erfolgreich verdrängten Bereiche der Persönlichkeit zu reflektieren. Erst wenn Alternativen zum derzeitigen Verhaltensmuster erschlossen wurden, kann der Klient, sozusagen in besserer Selbsterkenntnis, nachhaltig wirksame Veränderungsziele erarbeiten. Mit anderen Worten: Wesentlicher Erfolgsfaktor im Top-Management-Coaching ist die Schaffung eines Problembewusstseins, wo für den Klienten bisher gar keins spürbar war. Hier geht es nicht um die Verkomplizierung des Coaching-Prozesses. Es geht darum, eine Möglichkeit zum Perspektivenwechsel zu eröffnen, um sozusagen den Zusammenhang zwischen Vorder- und Hinterbühne zu sehen. Das geschieht über eine bewusste Öffnung des Coaching-Prozesses, der dem Klienten hilft, sich selber besser und ganzheitlicher zu verstehen. Diese Öffnung gelingt nur, wenn im Coaching ein intensiver, vertrauensvoller Kontakt bereits aufgebaut ist. Erst dann kann der Coach eine Bereitschaft des Klienten erreichen, auch bisher erfolgreich verdrängte Bereiche der Folgen des eigenen Verhaltens zu beleuchten. Psychopathische Ausprägungen mit der gering ausgeprägten Fähigkeit zum Mitgefühl sind hohe Hürden, um den Mehrwert von Empathie, der sich u. a. in einem besseren Führungsverhalten ausdrückt, spürbar werden zu lassen (Fathi 2014).

Der Wirkungsfaktor „Bewältigung" dient demgegenüber der Handlungsorientierung. Dazu muss der Coaching-Prozess eher geschlossen und fokussiert werden. Nach erfolgreicher Klärungsarbeit werden die – ggf. modifizierten – Ziele nicht mehr in Frage gestellt. Jetzt rückt die Entwicklung neuer bzw. modifizierter Fertigkeiten und Verhaltensweisen in den Mittelpunkt. Erfahrungen müssen gesammelt und reflektiert werden, Realisierungsmöglichkeiten verbessert und konkrete Aktivitäten zur Einübung des neuen Verhaltens geplant und umgesetzt werden. Hier sind Disziplin, Konsequenz und Hartnäckigkeit, die im Top-Management häufig vorzufinden sind, sehr hilfreich. Wie Wechsler (2012) gezeigt hat, stehen Coaching-Tools zur Verfügung, die sowohl die Selbst- und Problemreflexion als auch die Handlungsorientierung wirkungsvoll unterstützen.

Nachdem bezogen auf die Gruppe der Top-Manager die Faktoren für Qualität im Coaching herausgearbeitet wurden, soll nun ansatzweise ein Modell für das Coaching von Top-Managern entworfen werden. Dies geschieht anhand der Reflexion eines Coaching-Prozesses.

3.3 Modellentwurf für Coaching des Top-Managements in einem Veränderungsprozess

3.3.1 Ausgangssituation und Change-Projekt als Kontext

Es handelt sich um das Coaching des Vorsitzenden der Geschäftsführung eines Logistikunternehmens. Der Konzern, zu dem das Unternehmen gehörte, wollte sich grundlegend neu ausrichten. Einige Unternehmensteile sollten verkauft werden, darunter auch das hier betrachtete Logistikunternehmen. Dies war im Rahmen der strategischen Konzernplanung frühzeitig mit der insgesamt vierköpfigen Geschäftsführung besprochen worden und wurde von dieser durchaus positiv gesehen. Der Mutterkonzern war ein Dienstleistungs- und Logistikkonzern, allerdings passte die Speziallogistik nicht wirklich in das Portfolio. Die Geschäftsführung hoffte, in ein Unternehmen zu gelangen, das die Eigenständigkeit in dem speziellen Marktsegment der Speziallogistik sicherstellen würde. Hauptargument dafür war, dass es sich um ein renditestarkes Unternehmen mit einem langjährig gebundenen, stabilen Kundenstamm handelte. Der Verkauf an ein ausländisches Unternehmen oder einen Investmentfonds wurde von dem Vorsitzenden durchaus positiv gesehen; diese Strategie wurde aber nicht von allen Mitgliedern der Geschäftsführung geteilt. Das Interesse des Mutterkonzerns war, einen möglichst hohen Verkaufspreis zu erzielen und auch nach dem Verkauf die Option zu haben, bei Bedarf die Dienstleistungen des Speziallogistikunternehmens in Anspruch nehmen zu können.

Die durchweg männliche Geschäftsführung war relativ heterogen zusammengesetzt. Der junge kaufmännische Geschäftsführer war erst vor kurzem ernannt worden; es war ihm und allen Beteiligten relativ klar, dass er nach dem Verkauf durch eine Führungskraft des kaufenden Unternehmens ersetzt werden würde, da sich wohl jeder Käufer die direkte kaufmännische Steuerung vorbehalten würde. Der technische Geschäftsführer hatte eine lange Betriebszugehörigkeit und wurde aufgrund seiner jahrzehntelangen Erfahrung und seiner tiefen Gelassenheit im ganzen Unternehmen als Integrationsfigur wahrgenommen. Die Arbeiter, Führungskräfte und auch der Betriebsrat vertrauten ihm. Durch ein gezieltes, punktuelles Kommunizieren, dass er plane, nach dem Verkauf in den Ruhestand zu gehen, versicherte er sich der eigenen Großartigkeit, weil ihn natürlich alle im Unternehmen behalten wollten. Das war eigentlich auch sein Wunsch, denn er fühlte sich noch voller Energie. Der Vertriebsgeschäftsführer schließlich, ein dynamischer, jüngerer Mann, konnte sich gut vorstellen, dass das Unternehmen bei einem neuen Eigentümer seine Eigenständigkeit verlieren könnte und als Geschäftsbereich fungieren würde. Es ging ihm eher um das Heben von Synergien in einem größeren Logistikkonzern. Mit dieser Haltung war er quasi der natürliche Gegenspieler des Vorsitzenden der Geschäftsführung.

Der Vorsitzende der Geschäftsführung war eine dynamische, innovative Macher-Persönlichkeit mit dem Hang zu schnellen, mitunter einsamen Entscheidungen. Hohe Intelligenz und Auffassungsgabe, gepaart mit Ungeduld und einer gewissen Sprunghaftigkeit zeichneten ihn aus. Er war ein brillanter Netzwerker, der sich und sein Unternehmen im Konzern und darüber hinaus hervorragend darstellen konnte und der mit allen Wassern der Mikropolitik gewaschen war. Die Ankündigung des Verkaufs und die Kommunikation des anstehenden Veränderungsprozesses zur Vorbereitung der Herauslösung aus dem Konzern hatte er aber seinem technischen Geschäftsführer überlassen, was ihm wiederum den Ruf einbrachte, abgehoben zu sein. Bereits vor Beginn des Coachings hatte er diesen Fehler erkannt und war zu einer „Road-Show" zu den Unternehmensstandorten aufgebrochen. Die Mitarbeiter waren froh, aus erster Hand authentische Informationen zu erhalten. Es gelang dem Vorsitzenden, die Unruhe weitgehend aus dem Unternehmen herauszunehmen und sogar eine gewisse Aufbruchsstimmung zu verbreiten. So lehnte er sich sehr weit aus dem Fenster, indem er sein Ziel verkündete, egal bei welchem Käufer dafür zu sorgen, dass Marke und Corporate Design des Unternehmens unverändert bleiben würden. Stimmungsmäßig blieb aber die Angst bei den Mitarbeitern vor einem Arbeitsplatzabbau zurück.

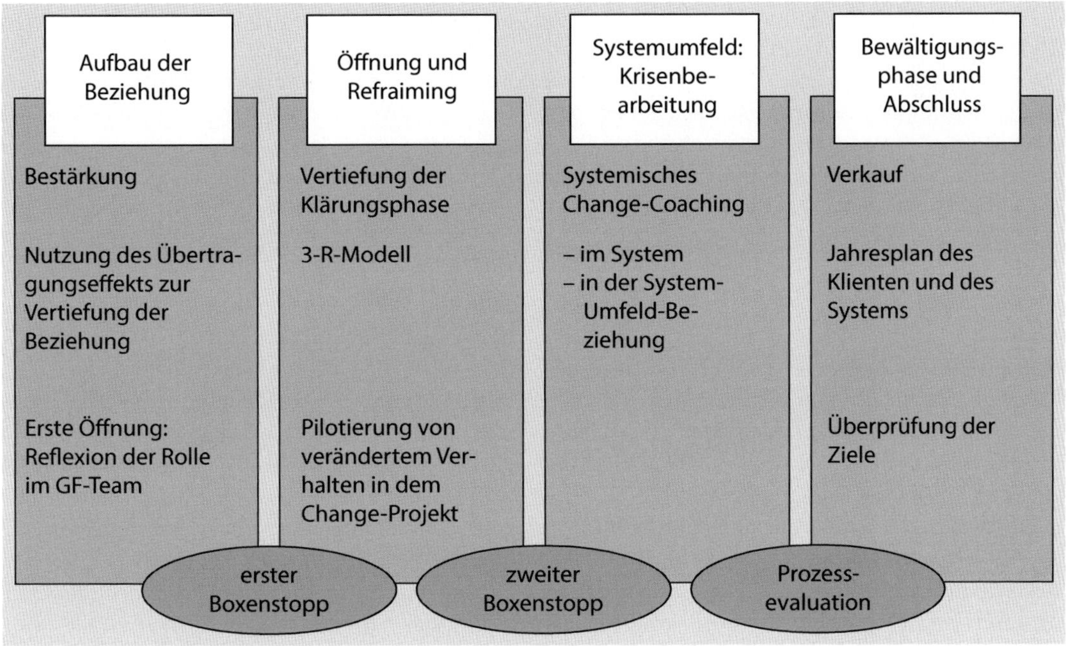

■ **Abb. 3.1** Modell des Coaching-Prozesses

3.3.2 Anlass und Ablauf des Coaching-Prozesses

Die verunglückte Kommunikation zu Beginn des Change-Prozesses war der Anlass für das Coaching, das der Vorsitzende aus eigenem Antrieb veranlasste. Seine ursprüngliche Zielsetzung war, eine Art Wachhund zu haben, damit ihm keine „Kommunikationsfehler" mehr unterlaufen und er für die einzelnen Events, wie z. B. Betriebsversammlungen, optimal vorbereitet sein würde. In der Kontraktphase arbeitete der Klient aber für sich heraus, dass, wenn er wirklich Motor der Veränderung sein wollte, das Coaching auch die Weiterentwicklung der eigenen Person umfassen müsste. Eine Kopplung seiner Entwicklungsziele an quantitative Erfolgsfaktoren (z. B. Verkaufspreis, Minimierung des Arbeitsplatzabbaus) und qualitative Faktoren (z. B. Beibehaltung der Marke, erfolgreicher Aufbruch in die „neue Welt") wurde von dem Klienten aktiv betrieben. Er war überzeugt von der eigenen Persönlichkeit und auf dieser Grundlage bereit, sich weiter zu optimieren.

Der Coaching-Prozess nach der Kontraktphase ist in ■ Abb. 3.1 stark vereinfacht dargestellt. Zur besseren Übersichtlichkeit sind die Phasen sequenziell aufgeführt; in der Praxis kam es natürlich zu Überlagerungen und Rückkopplungen. Verbindendes Element waren die Reflexionsphasen, die als „Boxenstopp" bezeichnet wurden, um dem Rennwagen-ähnlichen Tempo des Klienten einen bewussten Halt entgegenzusetzen.

3.3.3 Erläuterung des Prozesses

Einige Prozesselemente und die Verbindung zu den theoretisch hergeleiteten Qualitätsfaktoren für das Top-Management-Coaching werden im Folgenden vertieft. Auf die Kontraktphase wird nicht eingegangen; auch das parallel laufende Change-Projekt wird nur im für die Darstellung des Coachings notwendigen Umfang erläutert. In dem Veränderungsprojekt ging es darum, das Unternehmen strukturell auf den Ausstieg aus dem Mutterkonzern vorzubereiten. Geschäftsprozessoptimierung, punktuelle

Kostensenkungsmaßnahmen, Optimierung des Markenkerns und Kundenkommunikation waren hierfür die Stichworte. Auf der Prozessebene ging es darum, das Selbstwirksamkeitsempfinden zu steigern. Es wurde daran gearbeitet, dass Führungskräfte und Mitarbeiter mehr Mut für Neues gewinnen und dass Abschied und Aufbruch gelingen, auch wenn der Käufer über lange Zeit nicht feststand.

Im Coaching-Prozess ging es zunächst um den Wirkfaktor „Beziehungsaufbau", ein nicht ganz einfacher Schritt angesichts der Persönlichkeit des Klienten. Er hatte gemeinsam mit seinem Managementteam in den letzten Jahren deutlich sichtbare Erfolge erzielt, die authentisch durch den Coach zu würdigen waren. Darauf aufbauend idealisierte der Klient die Coaching-Beziehung, indem er sie sowohl in der Geschäftsführung als auch im Aufsichtsgremium des Mutterkonzerns kommunizierte, natürlich mit Hinweis auf die eigene Professionalität, mit der er Veränderungsprozesse anging. Kets de Vries (2014) hat auf diese Übertragungsprozesse narzisstischer Persönlichkeiten hingewiesen und sie als gute Möglichkeit des Beziehungsaufbaus durch den Coach bezeichnet.

Auf der Grundlage des aufgebauten Vertrauens war ein erster Schritt der Öffnung zu bisher nicht erschlossenen Persönlichkeitsanteilen möglich. Durch ein Soziogramm wurde das Beziehungsgefüge innerhalb der Geschäftsführung visualisiert und die Rolle des Vorsitzenden in diesem Team reflektiert. Dabei wurde dem Klienten deutlich, dass sein Verhalten wesentlich mit ausschlaggebend dafür war, dass die Geschäftsführung nicht als ein Team wahrgenommen wurde. Erkenntnis des ersten Boxenstopps war die noch vorsichtige Öffnung des Klienten, eigene dysfunktionale Verhaltensweisen anzuschauen. Er ließ sich auf die Klärungsphase ein.

In dieser Phase wurde vom Coach das aus der Existentiellen Psychotherapie bekannte 3-R-Modell eingesetzt (Cooper 2015, S. 67 ff.) In den drei Schritten „reflecting", „re-evaluating", „re-deciding" werden Verhaltensweisen analysiert, die quasi automatisch eingesetzt werden, weil sie auf Strategien beruhen, die in der Vergangenheit zu Erfolgen geführt haben. Da man als Vorsitzender der Geschäftsführung naturgemäß ein hohes Repertoire früherer Erfolge aufweist, ist diese Reflexion ein komplexer Prozess, bei dem man als Coach keine schnellen Veränderungen erwarten darf. Bewährt hat sich der Bezug zu kritischen Vorfällen, die nicht in das positive Selbstbild passen, wie in diesem Fall das Soziogramm der Geschäftsführung und die Kommunikation des technischen Geschäftsführers am Vorsitzenden vorbei.

Um aus der Falle der Fokussierung auf kurzfristige Erfolge herauszukommen, ist es in den Schritten der Reflexion und der Neubewertung notwendig, verschüttete emotionale Anteile der Persönlichkeit quasi ans Licht zu heben. Der Coach kann dies unterstützen, indem er dem Klienten vermittelt, dass er als Person geschätzt und gemocht werden kann, ganz ohne sich durch Leistungen oder Heldentaten beweisen zu müssen (Eidenschink 2005, S. 48). Durch die Neubewertung der eigenen inneren Welt, in die man eingebettet ist, können Herausforderungen der Gestaltung der „äußeren" Welt erkannt werden (Cooper 2015, S. 57). Es ist in diesem entscheidenden Prozessabschnitt des Coachings ein zentraler Erfolgsfaktor, dass der Top-Manager die vordergründige Erfolgsillusion des bisherigen Verhaltens erkennt (Goldsmith 2015, S. 178 f.). Qualität im Coaching drückt sich an dieser Wendemarke dadurch aus, dass der Klient eine eindeutige Entscheidung der persönlichen Veränderung trifft und diese klar formuliert. Im zweiten Boxenstopp legte der Klient erste Maßnahmen fest, mit denen er mehr Achtsamkeit und emotionale Öffnung gewinnen wollte.

An dieser Stelle des Prozesses kam es aus dem Systemumfeld heraus zu einem massiven Bruch im Change Management. Der kaufmännische Vorstand des Mutterkonzerns, der den Verkaufsprozess aus der Konzernzentrale heraus koordinierte, präsentierte quasi über Nacht einen Investor, mit dem er schon recht weitgehende Verhandlungen geführt hatte, ohne die Geschäftsführung einzubeziehen. Es handelte sich um einen ostasiatischen Konzern, der den Unternehmenskauf nutzen wollte, um sich einen Brückenkopf in Europa aufzubauen. Dies hätte die komplette Integration des Logistikunternehmens sowie den Verlust des eigenen Marktauftritts und der eigenen Rechtsform bedeutet. Da diese Überrumpelung die Versprechen, die der Vorsitzende der Geschäftsführung seinen Mitarbeitern gemacht hatte, auf den Kopf stellte und das Ansehen des Klienten massiv zu beschädigen drohte, war ein Rückfall in seine bisherigen Verhaltensmuster zu erwarten. Der Coach entschied sich, eine Verbindung zwischen dem Heideggerschen „Hineingeworfensein in die (neue) Welt" und dem systemischen Coaching herzustellen, indem mit dem Klienten untersucht wurde, wie er seine neu gewonnen Verhaltensoptionen zur Intervention in das veränderte Systemumfeld einsetzen konnte. Der für Vertrieb zuständige Geschäftsführer bildete sofort eine Koalition mit dem Konzernvorstand, denn diese Lösung kam den Interessen des Vertriebsgeschäftsführers entgegen.

Der Krisenanlass ermöglichte einen ergebnisoffenen Suchprozess, der partnerschaftlich zwischen Klient und Coach betrieben wurde. Entscheidender Erfolgsfaktor war an dieser Stelle die Integration von kurzen Fachberatungs-„Nuggets" in den Coaching-Prozess. Nach einer längeren Zeit mit verschiedenen Höhen und Tiefen gelang es, das Logistikunternehmen an einen europäischen Logistikdienstleister zu verkaufen, der den Wert der bestehenden Marke erkannte und die Eigenständigkeit des Unternehmens im Markt akzeptierte, bei den internen Geschäftsprozessen aber das Heben von Synergien forderte. Die daran anschließende komplexe Bewältigungsphase fokussierte auf die Umsetzung und umfasste die Abwicklung des Verkaufs, den Integrationsprozess und viele weitere Schritte. Dank einer intensiven Prozessevaluation und punktueller Coaching-Reviews gelang es dem Klienten, seine empathischen Fähigkeiten zu stabilisieren. Die anderen drei Geschäftsführer schieden aus dem Unternehmen aus; der Vorsitzende der Geschäftsführung behielt seine Funktion auch unter dem neuen Eigentümer und bekam einen Geschäftsführer des Konzerns an die Seite gestellt.

3.4 Diskussion und Fazit

Die Faktoren für Qualität im Coaching konnten in dem Anwendungsfall bestätigt werden. Durch die konsequente Qualitätsorientierung wurde ein integriertes Design des Coaching-Prozesses, bestehend im Wesentlichen aus der Übertragung von Elementen der Existentiellen Therapie auf den Business-Kontext und aus der Systemtheorie, möglich. Damit gelang es dem Klienten, mit Hilfe des Coaches neue Wahlmöglichkeiten bezüglich seines Verhaltens und damit der Verbesserung seines Führungsstils zu erarbeiten. Der Vorsitzende der Geschäftsführung konnte damit auch in einer Krisensituation adäquat agieren und den Veränderungsprozess steuern. Die quantitativen Ziele des Veränderungsprozesses wurden vollständig erreicht.

Einschränkend ist festzuhalten, dass aus der Evaluation eines einzelnen Coaching-Prozesses keine Ergebnisse abgeleitet werden können, die die in diesem Beitrag diskutierten normativen Anforderungen an die Qualität von Coachings in komplexen Veränderungsprozessen verifizieren oder falsifizieren. Einige tendenzielle Erkenntnisse können aber genannt werden.

3.4.1 Erkenntnisse

Das Coaching des Top-Managements von Unternehmen beinhaltet besondere Herausforderungen, die durch häufig anzutreffende Persönlichkeitsausprägungen sowie die besonderen Rollen und Aufgaben an der Unternehmensspitze bestimmt werden. Um nicht bei der Realisierung kurzfristiger Erfolge stecken zu bleiben, muss mit den Top-Führungskräften eine Erweiterung ihrer Verhaltensoptionen erarbeitet werden. Nachhaltig wirksames Veränderungsmanagement erfordert in der Regel einen Perspektivenwechsel und die Stabilisierung des damit erschlossenen Verhaltens.

Die Psychodynamik von Veränderungsprozessen sollte den Führungskräften bekannt sein.

Top-Management-Coaching stellt hohe Anforderungen an die Kompetenzen des Coaches. Insbesondere müssen die Coaches über Anwendungskenntnisse mehrerer psychologischer Theorien verfügen, die sie in einem integralen Coaching-Konzept situationsgerecht einsetzen. Das beinhaltet auch die Integration kurzer Fachberatungseinheiten in den Coaching-Prozess. Top-Manager erwarten auch Antworten vom Coach, nicht nur gemeinsame Suchprozesse. Unabdingbar sind dafür das Know-how und die Erfahrung aus einer Führungsposition in der Wirtschaft. Ohne diesen Hintergrund fehlt die Anschlussfähigkeit an Denk- und Handlungsweise des Top-Managements, so dass der Wirkfaktor eines vertrauensvollen Kontaktaufbaus kaum realisierbar ist.

Weitere Untersuchungen über die Spezifika von Coaching-Prozessen im Top-Management mit der Integration von Change-Management-Elementen sind notwendig.

Literatur

Assig, D., & Echter, D. (2013). Auf Augenhöhe – Was Berater im Top-Management wirklich erfolgreich macht. *Organisationsentwicklung, 3*, 59–63.

Behrendt, P. (2012). Freiburger Erfolgsfaktoren-Coaching. *Organisationsberatung Supervision Coaching, 19*, 391–404.

Böning, U. (2013). Topmanagement Coaching. In E. Lippmann (Hrsg.), *Coaching: Angewandte Psychologie für die Beratungspraxis* (S. 125–147). Heidelberg: Springer.

Carmeli, A., Tishler, A., & Edmonson, A. C. (2011). CEO relational Leadership and Strategic Decision Quality in Top-Management Teams. *Journal of Strategic Organization, 10*(1), 31–54.

Cooper, M. (2015). *Existential Psychotherapy and Counselling*. London: Sage.

De Haan, E., & Mannhardt, S. (2014). Wirkungsvolles Executive Coaching – Worauf kommt es an? *Coaching Magazin, 4*, 35–39.

Dutton, K. (2013). *Psychopaten – Was man von Heiligen, Anwälten und Serienmördern lernen kann*. München: DTV.

Eidenschink, K. (2005). Coaching von narzisstischen Führungskräften. *Wirtschaft und Weiterbildung, 2*, 46–49.

Fathi, K. (2014). Empathie 3.0 – Ein neues Selbstverständnis für Führungskräfte. *Organisationsentwicklung, 3*, 81–84.

Goldsmith, M. (2015). Leadership Coaching with Feedforward. In J. Passmore (Hrsg.), *Leadership Coaching* (S. 177–185). London: Kogan Page.

Grawe, K. (1998). *Psychologische Therapie*. Göttingen: Hogrefe.

Hauser, E., & Hagen, M. (2007). Coaching von Entscheidern. *Coaching und Organisationsberatung, 8*(3), 247–251.

Hofmans, W. J. (2013). Executive Coaching, Leadership Effectiveness and Business Results – What's the real Story?. In R. Wegener, A. Fritze, & M. Loebbert (Hrsg.), *Coaching Praxisfelder. Forschung und Praxis im Dialog. Online-Teil*. Wiesbaden: Springer.

Hossiep, R., & Ringelband, O. (2014). Psychopathische Persönlichkeitsfacetten im Top-Management. Persönlichkeitseigenschaften und Derailment-Risiken von Top-Managern. *Wirtschaftspsychologie, 16*(3), 21–27.

Kets de Vries, M. (2008). *Führer, Narren, Hochstapler* (2. Aufl.). Stuttgart: Klett-Cotta.

Kets de Vries, M. (2014). Coaching the Toxic Leader. *Harvard Business Review, 4*(Reprint), 1–11.

Larcker, D., & Miles, S. (2013). *Executive Coaching Survey. Stanford*. http://www.gsb.stanford.edu/faculty-research/publications/2013-executive-coaching-survey. Zugegriffen: 24.10.2015

Moen, F., & Skaalvik, E. (2009). The Effect from Executive Coaching on Performance Psychology. *International Journal of Evidence Based Coaching and Mentoring, 7*(2), 31–49.

Roehl, H. (2015). Vernünfte: Entscheiden in pluralen Wirklichkeiten. *Organisationsentwicklung, 2*, 16–17.

Sherman, S., & Freas, A. (2004). The Wild West of Executive Coaching. *Harvard Business Review, 11*, Reprint 1–8.

Wechsler, T. (2012). Das coachingtool-spezifische Wirkfaktorenmodell. *Organisationsberatung Supervision Coaching, 19*, 405–423.

Kann man Gruppen, Projekte und Organisationen eigentlich coachen? – Action Learning Facilitation als ein Format zur Professionalisierung von Gruppen- und Organisations-Coaching

Bernhard Hauser

C. Triebel et al. (Hrsg.), *Qualität im Coaching*,
DOI 10.1007/978-3-662-49058-7_4, © Springer-Verlag Berlin Heidelberg 2016

4.1 Der steigende Bedarf an professioneller Begleitung kollektiver Lern- und Entwicklungsprozesse

Das Thema Gruppen-Coaching bzw. Mehr-Personen-Coaching (Dietz und Müller 2012, S. 30) wird in der Coaching-Literatur kontrovers diskutiert. Durch die Begriffsklärung von Looss (1991, Neuausgabe 2006, S. 16) wurde Coaching als Einzelberatung für „personzentrierte Arbeit mit Führungskräften" positioniert. Obwohl es durchaus Autoren gibt, die Gruppen-Coaching, Team-Coaching und andere Formen des Mehr-Personen-Coachings thematisieren (z. B. Dierolf 2013; Rückle 2005; Schmid 2005; Topan 2011; aber z. B. auch bereits Whitmore 1996 und andere angelsächsische Autoren), befasst sich der ganz überwiegende Teil der Coaching-Literatur mit Einzel-Coaching (vgl. z. B. Rauen 2005).

Angesichts dieser Situation erscheint die Frage also durchaus berechtigt: Kann man Gruppen, Projekte und Organisationen eigentlich coachen? Man könnte dies rein akademisch diskutieren und dabei über Begrifflichkeiten streiten, z. B. wo hört Coaching auf und wo fängt etwas anderes an? Im Kern führt sie aber zu einer viel bedeutsameren Frage: Worin liegt der strategische Vorteil kollektiver Beratungsformen für die Organisation, die eine wie immer geartete Verwandtschaft zum Individual-Coaching haben, gegenüber einer Einzelberatung ihrer Mitglieder?

Diese Frage lässt sich einfach beantworten: So groß der Nutzen von Individual-Coaching für die Entwicklung des Einzelnen oft sein mag, so begrenzt ist häufig die Auswirkung auf die Gruppe oder die weitere Organisation, weil die Vergemeinschaftung der Reflexion und der Erkenntnisse im Rahmen des Einzel-Coachings selbst nicht stattfinden kann. Die gravierenden Herausforderungen, mit denen sich Organisationen heute konfrontiert sehen, erfordern zu ihrer Lösung jedoch nicht nur das Überwinden und Verändern individueller, sondern insbesondere auch kollektiver Denk- und Verhaltensmuster. Die zusammengenommene Erfahrung und das kollektive „Leiden" der Einzelnen an der Organisation, die im Einzel-Coaching definitionsgemäß isoliert bleiben, könnten dabei wichtige Indikatoren und Treiber für notwendige Veränderungen in der Organisation sein – aber nur, wenn sie sich artikulieren können.

Im Kern geht es also darum, ob ein entwicklungsorientiertes reflexionsförderndes Setting, wie es in einem gelingenden Einzel-Coaching entsteht, auch in kollektiven Einheiten wie Gruppen, Projekten und ganze Organisationen wirksam gestaltet werden kann. Es darf prognostiziert werden, dass die Nachfrage und dementsprechend der Professionalisierungsdruck in Bezug auf solche Formate in dem Maße zunehmen wird, wie sich Unternehmen mit Herausforderungen konfrontiert sehen, die zu ihrer Bewältigung einen grundlegend anderen Mindset erfordern.

Die nächste Frage, die sich dann stellt, ist, inwieweit die bislang verfügbaren Formate des „Mehr-Personen-Coachings" unter dem Gesichtspunkt der Qualität diesem Anspruch in ausreichendem Maße gerecht werden oder ob es geraten scheint, auch Ansätze wie Action Learning Facilitation, die jenseits des Coaching entstanden sind, heranzuziehen, um diesen Bedarf in der geforderten Qualität zu decken.

4.2 Coaching jenseits der Individualberatung – die wichtigsten Varianten

Schon eine flüchtige Internetrecherche ergibt eine sehr große und kaum überschaubare Trefferzahl in Bezug auf Gruppen-Coaching, Team-Coaching, Projekt-Coaching und Organisations-Coaching usw. Dabei übersteigen die englischsprachigen Treffer die deutschsprachigen noch um ein Vielfaches. Allerdings sind die Treffer, die sich ohne den Mehr-Personen-Bezug nur auf Coaching beziehen, noch deutlich höher. Dennoch: Die Begriffe scheinen längst in den allgemeinen Sprachgebrauch von Beratern eingegangen zu sein (siehe in Bezug auf Gruppen-Coaching z. B. Königswieser 2015, S. 13). Im Folgenden sollen die Begriffe differenziert werden, um anschließend die Frage nach der Qualität der Konzepte zu stellen.

4.2.1 Gruppen-Coaching

Der Begriff „Gruppen-Coaching" wird in der Literatur nicht einheitlich verwendet. Nachfolgend sollen beispielhaft zwei Sichtweisen dargelegt werden, die im deutschsprachigen Coaching-Bereich Verbreitung gefunden haben. Für Rauen (2003, S. 56) ist Gruppen-Coaching der Oberbegriff für alle Verfahren, bei denen mehrere Personen zusammen gecoacht werden. Die davon betroffenen Personen müssen nicht funktional aufeinander bezogen sein. Dietz und Müller (2012, S. 30 ff., aber auch z. B. Webers 2015, S. 61 ff.) verwenden demgegenüber in ihrer Darstellung, die Teil der Leitlinien und Empfehlungen eines bedeutenden Coaching-Verbandes sind, den neutralen Begriff „Mehr-Personen-Coaching", unter dem sie nebeneinander verschiedene Varianten aufführen. Gruppen-Coaching definieren sie dann sehr viel enger und präziser als „... Coaching-Variante, bei der mehrere Personen, die keine gegenseitigen Abhängigkeiten haben, in einer Gruppe gecoacht werden. Die Anliegen sind dabei thematisch so ausgerichtet, dass sinnvolles und effektives Lernen der Gruppenteilnehmer voneinander und miteinander gewährleistet ist". Im Gruppen-Coaching können prinzipiell sowohl individuelle als auch interaktionale und organisationale Problematiken adressiert werden. Diese Festlegung des Gruppenbegriffs ist insofern eine bedeutsame Klarstellung, da Gruppen in der wirtschaftspsychologischen, betriebswirtschaftlichen und soziologischen Sicht auch ganz anders beschrieben werden können als es in dieser Definition zum Ausdruck kommt und demzufolge auch in der Coaching-Literatur teilweise anders beschrieben werden (vgl. z. B. Rückle 2005, S. 186). Aufgrund der pragmatischen Klarheit und Eindeutigkeit wird in diesem Text für Gruppen-Coaching jedoch der Beschreibung von Dietz und Müller gefolgt.

4.2.2 Team-Coaching

Beim Team-Coaching wird eine „im betrieblichen Funktionszusammenhang stehende Gruppe ... in ihrem organisationalen Umfeld in persönlichkeits- und aufgabenbezogenen Themen beraten" (Rauen 2003, S. 58). Ursprünglich wurde diese Dienstleistung eher von hochrangigen Funktionsträgern gewünscht, z. B. als Coaching eines Vorstandsgremiums oder einer Geschäftsführung, und wurde dann auch als System-Coaching bezeichnet. Es wird laut Rauen aber inzwischen auch zunehmend auf mittleren und unteren Ebenen nachgefragt. Die Definition von Dietz und Müller geht in eine ähnliche Richtung. Demnach ist Team-Coaching „eine Coaching-Variante, bei der mehrere oder alle Mitglieder eines Teams gemeinsam gecoacht werden und dies auf eine gemeinsame Zielrichtung hin abgestimmt ist" (Dietz und Müller 2012, S. 30). Team-Coaching ist in dieser Sicht zur Bearbeitung interaktionaler und organisationaler Problematiken geeignet. Der organisationale Aspekt ist in der Beschreibung auf den Teamfokus begrenzt, wie z. B. Klärung von Teamzielen und Positionierung innerhalb der Organisation. Individuelle Themen, das dritte Problemfeld bei Dietz und Müller, sind von der Bearbeitung im Team-Coaching ausgeschlossen. Der Verzicht auf die Bearbeitung individueller Problematiken im Teamkontext wird auch durch Rauens Argumentation bestätigt, der darauf hinweist, dass Team-Coaching häufig mit Einzel-Coaching kombiniert wird, um diese Themen zu bearbeiten, oder dass ein Kontrakt geschlossen wird, individuelle Themen auszusparen.

Die Literatur zum Thema Team-Coaching ist nicht nur sehr umfangreich, sondern enthält auch viele Facetten und Varianten, von denen hier nur zwei erwähnt werden sollen: Dierolf (2013) bezieht sich mit ihrem Ansatz des „Lösungsfokussierten Team-Coachings" auf die lösungsfokussierte Kurzzeittherapie nach Insoo Kim Berg und Steve de Shazer. Schley und Schley (2010) vertreten das „Kollegiale Team-Coaching" oder KTC, welches auf dem Konzept der Kollegialen Beratung beruht (Webers 2015, S. 61). Nach der hier verwendeten Begrifflichkeit handelt es sich bei Kollegialer Beratung um einen Gruppenprozess, da die Teilnehmer einer Kollegialen Beratung typischerweise keinen Funktionszusammenhang haben, um einer Betriebsblindheit vorzubeugen. Die Autoren betonen zwar, dass KTC unter anderem auch auf echte Teams anwendbar ist, insgesamt stellt es aber wohl eher eine Variante von Gruppen-Coaching dar.

Die Abgrenzung von Gruppe und Team ist in der Coaching-Literatur nicht einheitlich. Die Anlässe für Gruppen-Coaching, wie sie von Rückle (2005, S. 186 f.) aufgezählt werden, würden nach der hier zugrunde gelegten Unterscheidung, die sich an Dietz und Müller orientiert, alle der Variante „Team-Coaching" zugerechnet, geben dazu aber einen nützlichen Einblick:

Häufige Anlässe für Gruppen-Coaching sind laut Rückle (2005, 186 f.)

- Konflikte zwischen den Gruppen- bzw. Teammitgliedern
- Integration eines neuen Gruppen- bzw. Teammitglieds
- Implementierung von Werten
- strategische Ausrichtung der Mannschaft
- Nachfolgeregelung in der Führung der Gruppe bzw. Leitung des Teams
- vor einer Fusion, Kooperation u. a., Veränderungen zur Integration aller Manager
- Vorbereitung der Gruppen- bzw. Teammitglieder auf neue Aufgaben bzw. Herausforderungen
- Leistungssteigerung der Gruppe bzw. des Teams
- Erkennen von Stärken und Schwächen der Gruppen- bzw. Teammitglieder
- Vorbereitung der Gruppen- bzw. Teammitglieder auf einen Generationswechsel

Auch Rauen (2003, S. 58) betont, dass Team-Coaching sich im Schwerpunkt mit Teamentwicklungsaufgaben befasst, insbesondere mit der Kommunikation und Zusammenarbeit zur Optimierung des Führungs- und Leistungsverhaltens und mit der Klärung von Teamkonflikten, die dies beeinträchtigen könnten. Daneben, so wird ergänzt, sollte der Team-Coach immer auch das System im Blick haben.

Zusammenfassend kann festgehalten werden, dass Team-Coaching sich auf Teams oder Gruppen bezieht, die in einem organisatorischen Funktionszusammenhang stehen. Der Fokus liegt auf der Teamentwicklung zur Sicherstellung der Leistung. Interaktional gehören dazu Kommunikation, Zusammenarbeit und Konfliktbearbeitung, organisational die Positionierung des Teams sowie die Krisenbewältigung und Prozessoptimierung. Individuelle Problematiken werden im Team-Coaching nicht bearbeitet, sondern ggf. durch damit kombinierte Maßnahmen wie Einzel-Coaching aufgefangen.

4.2.3 Projekt-Coaching

Beim Projekt-Coaching, welches Rauen (2005, S. 131) auf Böning zurückführt und als Unterform des Team-Coachings betrachtet, wird ein Projekt-Team (oder einzelne Projekt-Mitglieder) durch einen oder mehrere Coaches bei der Vorbereitung, Einführung und Begleitung eines Projekts hinsichtlich fachlicher und persönlicher Anliegen unterstützt (vgl. auch Kainz 2010). Projekt-Teams werden – meist zeitlich begrenzt – auf eine bestimmte Zielsetzung hin zusammengestellt. Besonders der Leistungs- und Ergebnisdruck in einem komplexen, oft hierarchischen Umfeld mit zahlreichen zu lösenden Problemen macht die Beratung sinnvoll.

Projekt-Coaching kann sich also sowohl auf Team-Coaching als auch auf Einzel-Coaching beziehen. Bei Dietz und Müller erscheint es vielleicht deswegen nicht als eigene Kategorie. Betrachtet man allerdings, welche Größenordnungen und welchen Komplexitätsgrad Projekte manchmal haben können, kann man allerdings kritisch hinterfragen, ob wirklich immer Aspekte der Teamentwicklung beim Projekt-Coaching im Vordergrund stehen oder ob es nicht häufig auch oder sogar überwiegend um Aspekte des gemeinsamen Lernens geht, wie es im Gruppen-Coaching thematisiert wird.

4.2.4 Organisations-Coaching

Die explizite Verknüpfung von Coaching und Organisationsentwicklung war lange Zeit kein Hauptfokus im Coaching, eine organisationale Zielrichtung war bestenfalls dem „Executive Coaching" oder „Strategie-Coaching" (Wolff 2005, S. 391 ff.) vorbehalten. Inzwischen ist diesbezüglich eine Veränderung erkennbar, wenn etwa eine konzeptionelle Erweiterung von Coaching in Richtung auf Organisationslernen prognostiziert und gefordert wird (Geißler 2005, S. 242).

Nach Dietz und Müller (2012, S. 30) handelt es sich bei Organisations-Coaching um „Coaching-Varianten, bei denen mehrere Personen eines beruflichen Kontextes gleichzeitig oder parallel gecoacht werden, diese Coachings auf eine gemeinsame Zielrichtung hin abgestimmt werden und Coaches und Coachings aufeinander bezogen oder vernetzt sind".

Es ist sicher kein Zufall, dass diese Definition relativ viel Spielraum bietet und „Varianten" bei dieser Definition von den Autoren in den Plural gesetzt werden, statt im Singular, wie bei Gruppen- und Team-Coaching. Das gleichzeitige oder parallele Coaching weist darauf hin, dass es sich um in welcher Form auch immer vernetzte Einzel-Coachings handeln könnte oder auch ein gemeinsames Coaching in einer Gruppe oder einem Team, evtl. auch kombiniert mit weiteren Maßnahmen, wie Workshops etc. Als Anwendungsfelder werden vor allem Strategie, Vision und Begleitung unternehmerischer Krisen angegeben, also Themen, die typischerweise Unternehmensleitungen betreffen. Der Spielraum und die Unbestimmtheit mögen mit der Komplexität der Thematik zusammenhängen, bei der es noch mehr als sonst auf die Gegebenheiten und Möglichkeiten der Situation ankommt. Darüber hinaus ist es aber vielleicht auch ein Hinweis darauf, dass dieses Feld noch relativ frisch und erst im Begriff ist, sich voll auszudifferenzieren.

Schmid (2014, S. 1) grenzt Organisations-Coaching ab von einem Coaching, welches sich in irgendeiner Weise auf das Organisationsfeld bezieht. Von Organisations-Coaching spricht er dann, wenn „die Organisation, die Gestaltung und Entwicklung von Organisationsleben und die Wechselwirkungen von Mensch und Organisation als Deutungsrahmen und Gestaltungsdimensionen im Zentrum stehen". Den Organisations-Coach macht er daran fest, dass er „Modelle für die Organisationswelt und für Lernen in Organisationsrollen" anbieten kann.

Anhand eines konkreten Fallbeispiels erläutert Özdemir (2008, S. 28) worauf es im Organisations-Coaching ankommt: „Das Prinzip ist, der gesamten Organisation zu helfen, sich selbst zu helfen, damit sie ihre Potenziale frei setzen und eine Kultur des Lernens aufbauen kann; aber nicht alles besser zu wissen als die Organisation." Er weist darauf hin, dass die Anforderungen an einen Organisations-Coach deutlich höher als an einen Einzel-Coach sind (Özdemir 2008, S. 30). Er arbeitet auf einem hohen Komplexitätsniveau mit zahlreichen Beteiligten und unterschiedlichen Hierarchiestufen, er muss den Blick auf das Gesamtunternehmen halten können, er braucht die Fähigkeit, Angriffe und Projektionen seitens des Klienten auszuhalten, zu reflektieren und für den Prozess nutzbar zu machen, und er muss sich als Advokat aller aus politischen Auseinandersetzungen heraushalten.

Zusammenfassend kann festgehalten werden: Organisations-Coaching ist noch eine relativ junge Entwicklung im Coaching, durch die die Begleitung und Gestaltung der Organisation durch Coaching explizit ins Blickfeld kommt. Die Beziehung zu Nachbardisziplinen wie Organisationsentwicklung ist bislang aber weitgehend ungeklärt. Es gibt direkte Anknüpfungen wie die Nutzung von Scharmers Theorie U (Wüntsch 2014, S. 13) oder die Forderung, „passende Methoden für die Organisationswelt und für Lernen in Organisationsrollen anzubieten" (Schmid 2014, S. 3). Dies führt zu einer Debatte über die Notwendigkeit einer solchen Öffnung und zur Sorge um das Aufweichen des eigentlichen Kerngehalts von Coaching, nämlich der Beratung und Begleitung von (einzelnen) Menschen (siehe z. B. den erwähnten Beitrag von Schmid 2014 und die Replik darauf von Meier 2014).

Insgesamt kann das Gebiet des Organisations-Coaching heute noch als im Entstehen begriffen werden mit einer relativ hohen konzeptionellen Offenheit oder sogar Unbestimmtheit. Die Thematisierung der Anschlussfähigkeit von Coaching an Nachbardisziplinen wie Organisationsentwicklung bietet jedoch die Chance, den Nutzen von Coaching für die Herausforderungen, vor denen viele Unternehmen stehen, zu vergrößern.

Abschließend noch eine Bemerkung zur Klassifizierung und Bedeutung der verschiedenen Coaching-Varianten. Die Hauptvarianten des Mehr-Personen-Coachings, wie sie oben besprochen wurden, folgen einer unterschiedlichen Systematik. Gruppen-Coaching und Team-Coaching bezeichnen das Format, mit dem gearbeitet wird, also Gruppen mit oder ohne organisatorischen Funktionszusammenhang. Projekt-Coaching und Organisations-Coaching bezeichnen hingegen das Feld, welches vom Coaching profitieren soll. Anders ausgedrückt: Es ist nach dieser Logik möglich, die Formate Gruppen-Coaching, Team-Coaching oder auch Einzel-Coaching einzusetzen (ganz abgesehen von anderen Formaten außerhalb des Coachings), um Projekte oder Organisationen zu coachen.

4.2.5 Die Qualität von Mehr-Personen-Coaching

Qualität lässt sich daran festmachen, ob das, was geliefert wird, dem entspricht, was gefordert und zugesagt wurde. Nimmt man dazu die übliche Unterscheidung zwischen Bedarf und Bedürfnis, dann ist der Bedarf das, was tatsächlich bestellt wurde, und das Bedürfnis das, was der Kunde eigentlich braucht. Nach der in diesem Beitrag vorgenommenen Analyse gibt es in Unternehmen ein wachsendes Bedürfnis, mit dem exponentiell zunehmenden Wandel, der vielfache und nicht selten existenzbedrohende Gefahren mit sich bringt, zurecht zu kommen, die Führungskräfte und Mitarbeiter mit in die Verantwortung zu nehmen und so Marktchancen offensiv wahrzunehmen. Ob aus dieser Bedürfnislage ein Bedarf an Mehr-Personen-Coaching entsteht, hängt davon ab, wie weit die Angebote auf diesen Bedarf passen, aber auch davon, ob der Kunde weiß und erwartet, dass ihm mit Coaching oder anderen Maßnahmen geholfen werden kann. Die Frage nach der Qualität von Coaching wird sich dadurch neu stellen, etwa wie folgt: Was ist der Beitrag von Coaching zur Überlebensfähigkeit und Weiterentwicklung einer Organisation und ihrer Mitarbeiter?

Unter dem Gesichtspunkt der Qualität ist positiv zu erwähnen, dass Coaching-Verbände wie der DBVC Anstrengungen unternehmen, auch für das Mehr-Personen-Coaching ordnend und strukturierend zu wirken und Standards zu setzen (DBVC 2012). Dennoch wirft die Qualität von Mehr-Personen-Coaching auch zahlreiche Fragen auf. Generell ist zu sagen, dass das Feld sich durch eine sehr große Unterschiedlichkeit und Bandbreite von Vorgehensweisen und Konzepten auszeichnet, die sich durch methodische Vielfalt und auch vereinzelt durch kreative Anleihen aus anderen Arbeitsgebieten wie der Familientherapie, der Kollegialen Beratung oder der Organisationsentwicklung auszeichnen. Neben sorgfältig ausgearbeiteten Konzepten mit einer klaren Struktur, gut definierten Ablaufprozessen und dokumentierten Ergebnissen findet sich aber auch eine eher generisch anmutende Verwendung von Gruppen- oder Team-Coaching oder sogar eine Nutzung des Coaching-Begriffs, die den Verdacht einer reinen Marketingmaßnahme schürt, um etwas ganz anderes zu verkaufen.

Bezogen auf die verschiedenen Varianten erscheinen Konzepte zum Thema Team-Coaching am besten ausgearbeitet zu sein, auch wenn nicht wirklich klar ist, wo die Grenze zu Teamentwicklung verläuft, falls es diese überhaupt gibt, um die Kritik von Looss (2006, S. 125) aufzugreifen. Die Vorteile reflektierender Gruppen für die Organisation *und* die beteiligten Individuen werden bislang noch zu wenig thematisiert. Mit dem Feld des Organisations-Coaching bahnt sich möglicherweise ein Wandel und auch auf breiterer Ebene eine Öffnung gegenüber den Nachbardisziplinen von Coaching wie der Organisationsentwicklung und dem Change Management an. Forderungen in diese Richtung werden bereits laut. Festzuhalten bleibt, dass es im Moment eine große Bandbreite an Angeboten in sehr unterschiedlicher Qualität und Fundierung gibt, um jenseits der Teamentwicklung Veränderungsproblematiken im Gruppen- und Organisations-Coaching aufzugreifen.

Ein wichtiger Kritikpunkt bezüglich gruppenorientierter Beratungsverfahren ist, ob Diskretion und Offenheit (Rauen 2014, S. 43) in einem ausreichenden Ausmaß gewährleistet werden können. Derzeit zeichnet sich ein Paradigmenwechsel gegenüber der Pionierzeit des Coachings ab, in der absolute Diskretion und Schutz gegenüber der Organisation ein Hauptargument für die Etablierung von Einzel-Coaching waren. Nachfolgend wird dies thematisiert, um auszuloten, ob dadurch gruppenorientierte Verfahren gegenüber Einzelberatung an Bedeutung gewinnen könnten.

4.2.6 Von der individuellen Abgeschlossenheit zur öffentlichen Inszenierung – ein gesellschaftlicher Paradigmenwandel im Umgang mit persönlichem Erleben und Verhalten

Zu den großen Vorzügen des Einzel-Coachings gehört, dass es dem Coachee einen sicheren Rahmen bietet, in dem er an seinen als wund erlebten Punkten und Ungereimtheiten arbeiten kann. Im Coaching wurden dadurch Themen adressierbar, die zuvor im Arbeits- und Führungsalltag meist ignoriert, geleugnet oder, wenn sie sich nicht mehr verbergen ließen, als persönliches Versagen und Schwäche defizitärer Persönlichkeiten attribuiert wurden, die nichts mit dem Unternehmen zu tun hatten.

Das Format des Einzel-Coaching sorgt für Offenheit und erhöht die Bereitschaft, Risiken einzugehen. Dies hilft aus dem manchmal quasi reflexhaft bedienten Hamsterrad des Alltags mit all den Mechanismen des Funktionierens wie einer ritualisierten Habachtstellung und einer subtil an den verinnerlichten Erwartungen ausgerichteten Selbstzensur, herauszukommen. „Wir sind alle Industrieschauspieler", so der Kommentar einer Führungskraft im Coaching. Die Chance liegt darin, mit Distanz die eigene Rolle und Situation auszuwerten und schon dadurch die Batterien wieder in einen vernünftigen Ladezustand zu bringen. Schließlich wird im Coaching das Handlungsrepertoire durch konkretes Erproben erweitert, und darüber hinaus werden Metakompetenzen wie die Reflexion und Selbsttransformation aufgebaut. Dysfunktionale persönliche Muster können dem Coachee so bewusst und durch konkretes Handeln neu kalibriert werden.

Diesen bedeutsamen Vorzügen stehen aber auch einige beachtenswerte Nachteile gegenüber: Coaching als „personenbezogene Einzelberatung von Menschen in der Arbeitswelt" (Looss 2006, S. 15) greift nur sehr bedingt ins System ein. Die hohe Intensität und der in vielen guten Coachings erreichte Tiefgang zwischen Coach und Coachee übertragen sich kaum auf die Organisation. Leiden und Emotionen bleiben individualisiert und werden nicht gezielt genutzt, um kollektive Bewusstheit und Veränderungsimpulse ins System zu tragen. Im Einzel-Coaching lernt jeder für sich, es gibt kein systematisches kollektives Lernen, das System lernt also nicht.

Es stellt sich daher die Frage: Wenn Einzel-Coaching kaum das System verändert, was ist dann die Motivation für Unternehmen, in einem beträchtlichen Ausmaß in Coaching zu investieren? Eine These dazu ist: Coaching trägt durch die individuelle Bearbeitung von Barrieren dazu bei, die Anpassung an das System und die Aktionsfähigkeit im System zu erhöhen, letztlich also das System erträglicher zu machen, statt es zu verändern. Auch wenn diese These nie für jeden Einzelfall gelten kann, ist sie neben dem Nutzen für den Einzelnen dennoch nicht von der Hand zu weisen. In Zeiten tiefgreifenden Wandels kann aber genau diese individualistische Reduzierung von Veränderungsenergie zu einem gefährlichen Engpass für das Unternehmen werden.

Parallel zu dem gestiegenen Bedarf zur Mobilisierung von Veränderungsimpulsen im Unternehmen befindet sich die gesellschaftliche Einstellung zum Bedarf an Privatheit in einer tief greifenden Umorientierung. Da es sich hier durchaus um einen Paradigmenwandel handelt, der sich auf die Akzeptanz von Mehr-Personen-Coaching auswirken kann, soll diese Veränderung nachfolgend skizziert werden:

Die 1980er-Jahre, in denen Coaching im deutschsprachigen Bereich seinen Siegeszug antrat, waren – nicht nur in der alten Bundesrepublik – eine widersprüchliche Zeit scheinbarer Stabilität und doch tiefgreifender politischer Auseinandersetzungen und Umbrüche wie der Zusammenbruch des kommunistischen Ostens und der vorausgegangene NATO-Doppelbeschluss.

Privatheit war ein so großer Wert, dass eine beabsichtigte Volkszählung am massenhaften Widerstand der Bürger regelrecht scheiterte.

In den Unternehmen hielt ein konsequentes Prozessdenken Einzug mit der Annahme, dass letztlich alle oder doch die meisten wichtigen Probleme durch adäquate Prozesse und vorausschauende Planung „zähmbar" seien (Grint 2008). Im gerade sich etablierenden Systemdenken wird davon gesprochen, dass offene Systeme mit tendenziell rationalen Aushandlungsprozessen (Kantor und Lehr 2003) interagieren, wo zuvor geschlossene Systeme vorgeherrscht hatten.

In der Managementliteratur wurden neben der traditionell üblichen Fokussierung auf Verhalten und Ergebnis Werte und Einstellungen als relevantes Arbeitsgebiet thematisiert. Dies führte zu einem veränderten Führungsverständnis, gekennzeichnet durch die Begriffe „Management" und „Leadership". Ansoff (1979, Reprint 2007) und Schein (1985) diskutierten unter diesem Gesichtspunkt über Unternehmenskultur. Im Kern ging es aber um die „geläuterte" Führungspersönlichkeit, die in der Lage war, Leadership zu praktizieren.

In dieser Situation taucht Coaching auf und tritt rasch einen Siegeszug an. Coaching garantierte in einem noch weitgehend hierarchisch geprägten

Umfeld einen geschützten und sicheren Ort, in welchem Führungskräfte schwach und verletzlich sein durften, wie sonst nur im abgeschlossenen Privaten.

Wie anders aber ist die Situation in der Dekade seit 2010:

Private Abgeschlossenheit ist einer Datenflut über persönliche Details gewichen, die vor kurzem noch unvorstellbar schien. Wir hinterlassen überall eine dauerhafte Datenspur und wissen oft nicht, wer sich an diesen Daten bedient. Und fast noch wichtiger: Bei immer mehr, besonders aber bei nicht nur, jungen Leuten scheint sich ein Einstellungswandel vollzogen zu haben, dass dies achselzuckend hingenommen oder sogar als völlig unproblematisch bis wünschenswert betrachtet wird, weil so viele alltägliche Erleichterungen damit verknüpft sind.

In der Managementliteratur wurde die Emotion entdeckt (z. B. Doppler und Voigt 2012; Hauser 2012). In Managementkulturen, die immer noch stark der Rationalität und Sachlogik verpflichtet sind, kommt dies manchmal einem Tabubruch gleich – gestützt von den immer umfangreicheren Erkenntnissen der Hirnforschung, die unser Verständnis der tragenden Rolle der Emotion bei Entscheidungen und der subtilen wechselseitigen Beeinflussung (ein Stichwort dazu sind Spiegelneuronen) grundlegend erweitern und revolutionieren.

Die exponentiell wachsende Dynamik und Komplexität (Rieckmann 2007) lässt Prozesshandbücher immer dicker und unhandlicher werden, ohne dass Entwicklungsbrüche und Diskontinuitäten antizipiert oder gar verhindert werden können. Die Antwort sind agile Methoden, die flexibles Handeln und fortgesetzte begleitende Reflexion erfordern.

Grint (2008) spricht von der Zunahme von „wicked problems", boshaften Problemen, die ein kollektives Umlernen und Überwinden vertrauter Annahmen und Praktiken erfordern. Kantor und Lehr (2003) sprechen von randomisierten, nicht mehr vorhersehbaren Systemen, die zunehmend auf Improvisation als Steuerungslogik setzen müssen.

Der Fokus verlagert sich von einer individuellen auf eine kollektive Perspektive als Ausdruck von Gemeinsamkeiten individuellen Einschätzens und Erlebens. Der historisch eher problematisch besetzte Begriff des Kollektivs erhält eine neue Bedeutung als gemeinsame Intelligenz und Verantwortung. Damit einher geht, dass in der Generation Y die Trennung von Berufs- und Privatwelt immer unwichtiger wird, das berufliche Leben sich also den privaten Werten und Verhaltensweisen anpasst.

Eine Folge dieser Entwicklungen und ebenso bedeutsam ist der sich abzeichnende Wandel im Führungsverständnis von Leadership zu Shared Leadership (Hauser 2012a). Nicht mehr auf der Person des Führenden liegt in dieser Sicht das Hauptaugenmerk, sondern auf dem gesamten Führungspotenzial einer Gruppe (Führung als Qualität des Systems; Wimmer 2012).

Wenn aber Privatheit, Abgeschlossenheit und das Verbergen der persönlichen Anteile auch im Berufsleben eine immer geringere Rolle spielen und gleichzeitig Emotionen offener thematisiert werden können, verlieren einige der zentralen Argumente für die Fokussierung auf Individual-Coaching an Bedeutung, und es ergeben sich neue Spielräume für hochintensive gruppenorientierte Formate. Mehr-Personen-Coaching wird dadurch tendenziell wesentlich wichtiger werden und damit auch die Verwendung geeigneter Modelle und Methoden (Schmid 2014, S. 3).

Im Folgenden wird mit Action Learning Facilitation ein praktisch wie theoretisch fundierter Ansatz vorgestellt und seine Anschlussfähigkeit an Gruppen- und Organisations-Coaching thematisiert.

4.3 Action Learning Facilitation

Action Learning wurde über einen Zeitraum von mehreren Jahrzehnten bis zu seinem heutigen Reifegrad entwickelt und gilt als der wichtigste Ansatz einer lernenden Organisation (Pedler 2008). Es gehört zu den Action Modalities wie Action Research (Aktionsforschung), Action Science und andere handlungsorientierte Ansätze (Raelin 2009, S. 18). Im Vordergrund steht dabei die simultane Entwicklung von Mensch und Organisation bzw. Geschäft durch die Lösung drängender Probleme oder Herausforderungen. Streng genommen gibt es für Action Learning keine Definition, da der Begründer Reg Revans der Auffassung war, dass ein Konzept, welches offenes Lernen und Entwicklung unterstützt, auch selbst für neue Entwicklungen

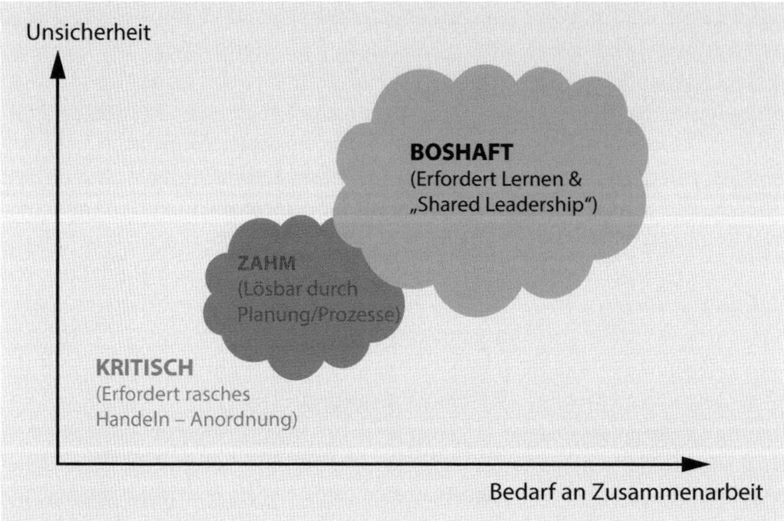

Abb. 4.1 Problemtypen nach Pedler (2012) und Grint (2008)

offen bleiben muss. Action Learning lässt sich wie folgt beschreiben:

> Action Learning ist ein hoch wirksamer Ansatz des Erfahrungslernens, mit dem die Beteiligten gleichzeitig persönliche und organisationale Veränderungen in Gang setzen. In kleinen Gruppen (so genannten Sets), die heterogen zusammengesetzt sind, greifen die Teilnehmer drängende Probleme oder aktuelle Herausforderungen der Organisation auf und reflektieren begleitend den Lösungsprozess. Action Learning ist geprägt von der Überzeugung, dass man am besten anhand konkreter Herausforderungen lernt (Hauser 2014, S. 18).

4.3.1 Probleme als Ausgangspunkt für Action Learning

Im Action Learning wird unterschieden zwischen echten Problemen, für die es noch keine Lösung gibt und daher prinzipiell mehrere Lösungen möglich sind, und einem Puzzle, für das es bereits einen eindeutigen Lösungsweg gibt, selbst wenn es Mühe macht, diesen zu finden. Der Aufwand für Action Learning lohnt sich nur für echte Probleme. Es kann sich dabei um individuelle Probleme der Teilnehmer oder um ein gemeinsames Problem z. B. der Organisation handeln. Und, was es besonders spannend macht: Individuelle Probleme können Symptome eines kollektiven Phänomens oder Problems der Organisation sein, und kollektive Probleme können sich individuell unterschiedlich auswirken. Pedler (2012) unterscheidet in Anlehnung an Grint (2008) folgende Problemtypen (Abb. 4.1):

Kritische Probleme erfordern sofortiges Handeln. Jeder Manager kennt solche Situationen, die ohne großes Überlegen ein entschlossenes Eingreifen oder Reagieren unumgänglich machen. Es ist klar, dass entschieden werden muss, ohne dass lange Abstimmungsrunden möglich oder erforderlich wären. Zahme Probleme hingegen haben bereits einen deutlich höheren Komplexitätsgrad, weil festgelegt werden muss, wie eine Vielzahl von Kollegen zur Bearbeitung eines anspruchsvollen Themas zusammenarbeiten. „Zahm" heißt dieser Problemtyp deswegen, weil durch eine sorgfältige Planung und intelligent designte Prozesse eine befriedigende Handhabung sichergestellt werden kann. In vielen Organisationen herrschte lange Zeit ein Optimismus vor, dass fast alle Probleme durch geeignete Prozesse gezähmt werden können (d. h. letztlich auf ein „Puzzle" mit eindeutiger Lösung reduziert werden). Immer mehr sind Organisationen jedoch damit konfrontiert, dass trotz aller sorgfältig erstellter Prozesshandbücher und Planungsabläufe Probleme auftauchen, die die Organisation vor schwerwiegende Herausforderungen stellt. Im großen

Maßstab kann es sein, dass die Neugestaltung eines Bahnhofs oder die Errichtung einer weiteren Startbahn am Widerstand der Zivilgesellschaft scheitert oder sich dramatisch verzögert. Es kann aber auch sein, dass beispielsweise Marktbedingungen sich rasant ändern, die eine grundlegende Neuausrichtung des Unternehmens erfordern, Trends nicht erkannt werden oder die Mobilisierung der Belegschaft für als notwendig erachtete Veränderungen nicht gelingt, weil subjektiv berechtigte Ängste, Unsicherheiten und Vorbehalte gegen eine schwer nachvollziehbare Fremdsteuerung vorherrschen, die für das eigene Verständnis und die eigene Arbeitsbiographie der davon Betroffenen als bedrohlich erlebt werden. Solche Fragestellungen gehören zum Problemtyp „boshaft“ (wicked). Sie sind durch eine beträchtliche Unsicherheit gekennzeichnet und erfordern das Mitwirken und Umdenken von vielen. Um dies zu erreichen, sind neben individuellem Lernen auch kollektive Prozesse des Lernens und verantwortlichen Mitgestaltens erforderlich. Versuche des Managements, boshafte Probleme als kritische Probleme zu behandeln und durch rasche Entscheidungen ohne Mitnahme der Betroffenen zu regeln, scheitern in der Praxis regelmäßig. Der Zusammenhang zwischen individuellem und kollektivem Lernen wird auch in der folgenden Abbildung deutlich.

In ◘ Abb. 4.2 wird mit einer Achse der Zusammenhang dargestellt, dass das Lösen von Problemen zu Lernen der beteiligten Individuen führt und Lernen wiederum hilft, Probleme besser zu lösen. Wenn Problemlösen in sozialen Systemen wie einem Unternehmen stattfindet, stellt die Problemlösung eine Intervention in die Organisation durch die beteiligten Individuen dar. Die zweite Achse verweist daher auf die wechselseitige Beeinflussung oder Simultaneität von Organisationsentwicklung und Persönlichkeitsentwicklung.

Eingriffe in die Organisation können Entwicklungsimpulse in den betroffenen Einheiten auslösen, und die dabei gemachten Erfahrungen können zu persönlichem Wachstum führen. Dieser Prozess ist keineswegs trivial oder gar mechanistisch zu verstehen, sondern bedarf zu seinem Gelingen eines spezifischen Settings, zu dem auch die sorgsame Unterstützung und Begleitung durch einen Facilitator gehört.

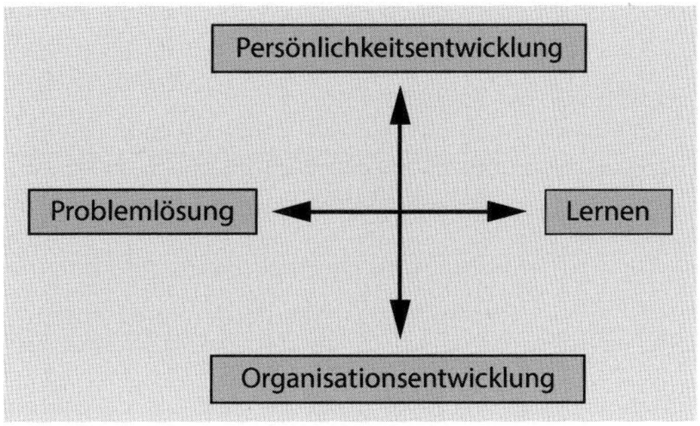

◘ **Abb. 4.2** Die Action Learning-Wippe (nach Marquardt 1999)

4.3.2 Das Set als Ort des Lernens

Das Format, mit dem im Action Learning gearbeitet wird, um Probleme zu bearbeiten, ist das Set. Es umfasst ca. vier bis sieben Personen, die begleitet von einem Facilitator in einem geschützten Rahmen und in einer vertrauensvollen Atmosphäre Lösungen erarbeiten und dabei gleichzeitig sowohl individuelle als auch organisationale Lern- und Entwicklungsprozesse anstoßen. Die Arbeit im Set hat deutlichen Bezug zu Gruppen- bzw. Organisations-Coaching und soll daher genauer betrachtet werden. In ◘ Abb. 4.3 wird daher die Grundstruktur der Arbeit im Set dargestellt.

Obwohl es je nach den Erfordernissen und Möglichkeiten der Situation eine erhebliche Bandbreite gibt, wie Action Learning Sets eingerichtet werden können, ist das in einem langen Erfahrungsprozess bestätigte Grundformat deutlich spezifischer als im Gruppen-Coaching. Die Gruppengröße ist relativ eng begrenzt. Es gibt zwei Grundformen, nämlich ein Problem, welches das Set gemeinsam erarbeitet, oder jeder Teilnehmer bearbeitet eine eigene Herausforderung, wobei Kombinationen möglich sind, z. B. dass im Rahmen einer gemeinsamen Themenstellung wie der Zusammenarbeit zwischen Auslandsniederlassung und Unternehmenszentrale jeder Teilnehmer ein eigenes Problem einbringt.

Außerdem ist Action Learning ein Ansatz zur Lösung von Problemen und nicht zur Teamentwicklung. Praktisch bedeutet dies, dass das Zusammenbringen unterschiedlicher Sichtweisen und Perspektiven einen hohen Stellenwert besitzt, weil dadurch das kritische Hinterfragen der vorhandenen Praxis und damit das Lösungspotenzial steigen. In bereits

Das Set

- 4–7 Personen
- Bearbeitung von Problemen, Herausforderungen, Projekten
- Gemeinsames Problem des Sets oder jeder hat ein eigenes
- Grundregeln: Vertraulichkeit, Offenheit, hierarchiefreier Raum für alle Teilnehmer – fördern und fordern...
- Dauer: am besten 1/2 Jahr oder länger
- Turnus: ca. 4 bis 6 Wochen, halber bis ganzer Tag
- Freiwilligkeit und Perspektivenvielfalt
- Facilitator steuert den Prozess
- Unterstützung der Selbststeuerung

Abb. 4.3 Grundstruktur eines Action Learning-Sets

bestehenden Teams ist demgegenüber die Gefahr gegeben, dass ein bereits vorhandenes Gruppendenken (Janis 1982) weiter konserviert wird. Eine ausdrückliche Intention im Action Learning besteht darin, Selbststeuerungsprozesse in Organisationen zu fördern, um die Abhängigkeit vom Facilitator zu begrenzen. Es muss aber jeweils im Einzelfall entschieden werden, wann dieser Reifegrad erreicht ist.

4.3.3 Die Reichweite von Coaching und Action Learning in die Organisation

Um die Wirksamkeit von Coaching und Action Learning Facilitation zu analysieren, soll jetzt der Blick auf die Reichweite in der Organisation geworfen werden. Dazu werden in Anlehnung an Raelin (2010) die Ebenen Individuum, Interaktion, Gruppe, Organisation und Netzwerk unterschieden. Dies findet eine gewisse Entsprechung in einer Klassifizierung der Ausgangssituationen für Coaching, die von Dietz und Müller (2012, S. 30) vorgenommen wurde und in der in Bezug auf die Komplexität sozialer Systeme zwischen individuell, interaktional und organisational differenziert wird, um z. B. die verschiedenen Varianten von Mehr-Personen-Coaching zu differenzieren.

Im Einzel-Coaching liegt der Fokus auf den Themen des Individuums als Coachee. Persönliches Lernen und Sortieren steht im Vordergrund. Ein Einfluss auf die weiteren sozialen Systemebenen ist möglich, aber häufig eher gering, wie es in Abb. 4.4 zum Ausdruck kommt.

Diese These soll anhand des folgenden Beispiels verdeutlicht werden:

Einzel-Coaching für den General Manager

In einem weltweit operierenden Unternehmen bearbeitete der General Manager einer wichtigen Landesgesellschaft im Business-Coaching sein Dilemma und die damit verbundene Anspannung, gleichzeitig den hohen Anforderungen an Flexibilität und Schnelligkeit gerecht zu werden, die der lokale Markt an seine Serviceorganisation stellte, und den manchmal schwerfälligen Prozessen und Regelungen der deutschen Zentrale, die es ihm schwer machten, auf Kundenwünsche kurzfristig zu reagieren und Ersatzteile schnell zu liefern. Er fand in der Reflexion Ansätze, die Arbeitsweise in seiner Niederlassung zu verbessern und seine eigene Einstellung zu verändern, aber auch gegenüber der Zentrale entschlossener aufzutreten. Im Gespräch mit seinem zuständigen Betreuer in der deutschen Hauptverwaltung gelang es ihm dadurch, seine Situation und den potenziellen Schaden für das Unternehmen deutlich darzustellen. Der Betreuer hörte aufmerksam zu und äußerte Verständnis für seine Lage, meldete ihm aber auch zurück, dass er keine Möglichkeit sehe, die Abläufe in der Zentrale grundlegend zu verändern. Schließlich würden die meisten Landesgesellschaften seit Jahrzehnten erfolgreich operieren.

Natürlich ist davon auszugehen, dass es in der Auswirkung auf die Organisation eine beträchtliche

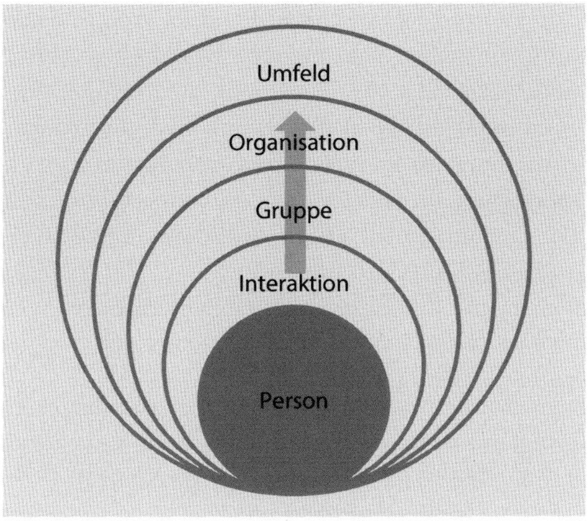

■ **Abb. 4.4** Die Reichweite von Coaching in die Organisation ist begrenzt

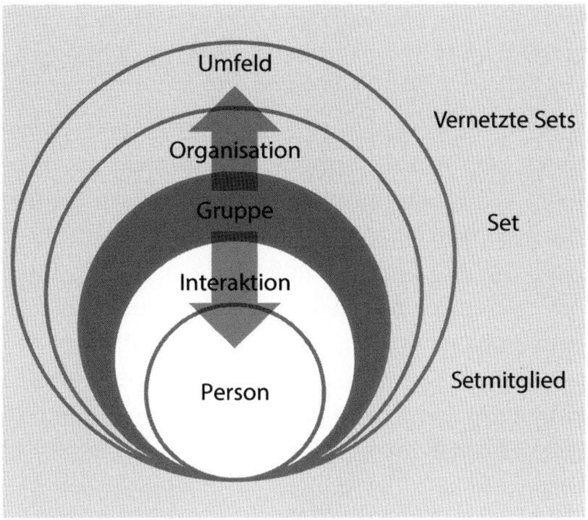

■ **Abb. 4.5** Die Gruppe als Motor des Wandels

Bandbreite gibt. Eine einflussreiche Persönlichkeit mit hoher Entscheidungsbefugnis und Durchsetzungsfähigkeit hat ein anderes Potenzial, Impulse aus dem Business-Coaching ins Umfeld setzen zu können als Persönlichkeiten, die stärker in ein Machtgefüge eingebettet sind, welches die im Coaching gewonnenen Erkenntnisse ja nicht teilt. Es bleibt jedoch auch dann dabei, dass eine einzelne Person aufgrund ihres Reflexionsprozesses Einfluss in ein Umfeld nimmt, welches in den Reflexionsprozess nicht eingebunden war und ihn daher ohne weitere Maßnahmen auch häufig nicht versteht.

In dem gewählten Beispiel kann natürlich nicht ausgeschlossen werden, dass der General Manager von sich aus weiter eskaliert und irgendwann Gehör findet. Wahrscheinlicher ist es, dass er sich mit für ihn nicht änderbaren Bedingungen abfindet, weil er auf die Systemkräfte einen zu geringen Einfluss hat – letztlich zum Schaden des Unternehmens.

Im Action Learning wird dagegen der Vereinzelung durch eine Gruppe, dem Set, entgegengewirkt. Der Einfluss auf die verschiedenen Systemebenen verändert sich daher grundlegend, wie es in ■ Abb. 4.5 zum Ausdruck kommt.

■ Abb. 4.5 zeigt, dass die Gruppe im Action Learning in zwei Richtungen wirksam wird. Eine übergreifende Zusammensetzung im Set ermöglicht es, eine Zelle zu schaffen, die durch eine ganzheitliche Sicht neue Wege zur Lösung einer Herausforderung der Organisation gehen kann. In der vom Facilitator begleiteten kritischen Reflexion wird einerseits an einem gemeinsamen Problemverständnis und Mindset gearbeitet und andererseits werden die individuellen Besonderheiten und Anliegen der einzelnen Setmitglieder thematisiert. Der vertrauliche Rahmen ermöglicht es, in die Tiefe zu gehen und den Schutz der Gruppe zu nutzen, um gemeinsam Impulse in die Organisation zu setzen. Im Folgenden soll das obige Beispiel noch einmal aufgegriffen und mit einer Action Learning Intervention weitergeführt werden.

Action Learning Facilitation mit allen General Managern

Wenig später wurde im selben Unternehmen ein Entwicklungsangebot für die General Manager weltweit an allen Standorten aufgelegt und dafür ein Vorgehen mit Action Learning über mehrere Monate gewählt. Im Kick-off, der für alle General Manager in einem Hotel durchgeführt wurde, bildeten sich zwei Sets, für die Offenheit nach innen und Vertraulichkeit nach außen vereinbart wurde und die anschließend mit dem Facilitator virtuell weiterarbeiten wollten. Alle Manager brachten ihre Herausforderungen und Probleme ein. In einem intensiven Prozess des Hinterfragens bearbeiteten die Setteilnehmer die Themen von jedem Einzelnen, indem unterstützt vom Facilitator Fragen gestellt wurden, die nicht nur den Sachverhalt, sondern auch handlungsleitende Annahmen und emotionale Aspekte betrafen, um es dem jeweiligen Fall- bzw. Problembringer zu ermöglichen, sein bisheriges Denken und Handeln auszuwerten und nächste Schritte zu definieren, die dann beim nächsten Setmeeting wiederum ausgewertet werden können. Dieser Prozess wurde analog zum Einzel-Coaching in einem durch Vertraulichkeit geschützten Umfeld durchgeführt. Das Hinterfragen wird im Action Learning von der gesamten Gruppe und nicht nur vom Facilitator durchgeführt. Dadurch entstand ein Lösungsraum mit zahlreichen anregenden Perspektiven, die es jedem Problembringer gestatteten, sein bisheriges Vorgehen zu überdenken und in einem kreativen Prozess neue Lösungen zu entwickeln. Gleichzeitig fand für alle Setteilnehmer ein Lernprozess statt, wie das oft ungewohnte Gebiet der Reflexion angegangen und gemeistert werden kann.

Der Prozess der Facilitation ging aber noch einen Schritt weiter: Es wurde auch ausgewertet, was das Set aus den verschiedenen Problemen der Setteilnehmer lernt, um zu entscheiden, was es mit diesen Erkenntnissen machen möchte. Im hier genannten Beispiel stellte sich heraus, dass eine ganze Reihe von General Managern Probleme mit ihrer Sandwichposition zwischen den hohen Anforderungen in ihren Märkten und den als zu langsam und unflexibel empfundenen Prozessen der deutschen Zentrale hatten. Die Tatsache, dass fast alle in dieser Hinsicht eine vergleichbare Situation hatten, war für die General Manager eine überraschende Erkenntnis, die sehr viel (Veränderungs-) Energie freisetzte. Nach einem längeren, vom Facilitator sorgfältig unterstützten Diskussionsprozess, in dem sie ihre Rolle und ihre Möglichkeiten abschätzten, trafen die Manager die Entscheidung, ihre Erkenntnis dem Unternehmen gezielt zur Verfügung zu stellen und sich für eine nachhaltige Änderung einzusetzen.

Im Rahmen eines Kamingesprächs diskutierten sie die Situation mit dem Vertriebschef. Der Schutz des Einzelnen im Set ermöglichte es ihnen, ihre Erkenntnisse als gemeinsame Erfahrung zu präsentieren und sich als Partner zu präsentieren, welche bereit sind, an einer Lösung mitzuwirken, die für das Unternehmen eine erhebliche Verbesserung der geschäftlichen Möglichkeiten bedeuten würde, gleichzeitig aber ein Umdenken in Zentrale und Niederlassung erfordert. Der Vertriebschef war sehr beeindruckt von der klaren und konstruktiven Positionierung seiner General Manager, ermutigte sie, ihre noch frische Zusammenarbeit weiter zu vertiefen und sagte zu, die erforderliche Weiterentwicklung der Organisation zu unterstützen.

Das Beispiel veranschaulicht, dass Action Learning einerseits das einzelne Setmitglied abholt und, unterstützt vom Facilitator, die Intelligenz der gesamten Gruppe aktiviert, um Tiefenbohrungen vornehmen zu können und dem Einzelnen zu ermöglichen, an seinen Themen weiterzukommen, Entscheidungen zu treffen und Maßnahmen zu ergreifen. Andererseits ist es immer auch das Anliegen des Sets, in die Organisation hineinzuwirken, was im Schutz der Gruppe deutlich leichter und mutiger zu bewerkstelligen ist.

4.3.4 Vernetzte Sets für größere Veränderungen der Organisation

Die Setarbeit eignet sich auch für umfangreiche organisationale Veränderungen, die aus dem Unternehmen heraus gesteuert werden sollen. Dazu ist es möglich, mit mehreren Sets zu arbeiten und diese in regelmäßigen Abständen zu vernetzen, um das Lernen zu vergemeinschaften und wechselseitig Impulse zu setzen. Dies stellt eine konsequente Erweiterung des Grundmotivs im Action Learning dar, dass Sets nicht nur für sich als Gruppe und Individuen lernen, sondern durch ihr Handeln auch Lernimpulse ins Umfeld setzen. Am Beispiel einer umfassenden Kulturveränderung bei einem großen Mittelständler soll das Prinzip skizziert werden (siehe dazu vertiefend Hauser 2012, S. 104 ff., 2014).

Ausgangspunkt war der Bedarf für einen veränderten Mindset in Richtung Verantwortungsübernahme und Empowerment, der bei der Geschäftsführung latent vorhanden war und sich in einer Mitarbeiterbefragung bestätigte. In einem Führungskräfte-Workshop wurde eine Gruppe aus Freiwilligen als Set etabliert, die den Auftrag erhielt, begleitet von einem Facilitator Vorschläge für das weitere Vorgehen zu erarbeiten. Ausgehend von der Reflexion der eigenen Erfahrung im Unternehmen machte das Set den Vorschlag, dass alle Führungskräfte sich in Sets organisieren, um ihre Situation zu reflektieren und Impulse zur Verbesserung sowohl individuell als auch für das Unternehmen insgesamt zu setzen. Der Vorschlag wurde zunächst von der Geschäftsführung mit den Führungskräften

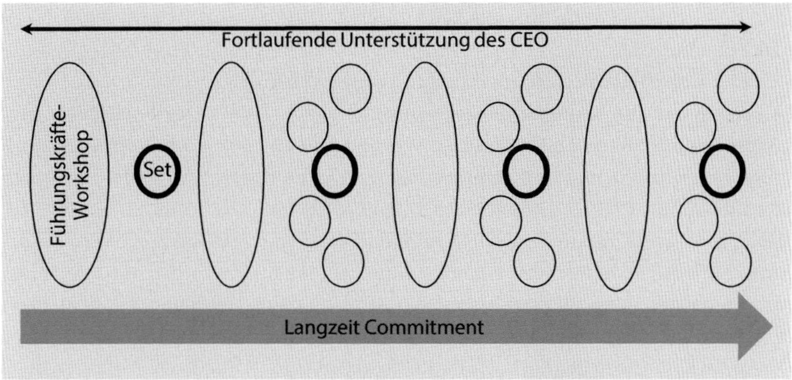

Abb. 4.6 Vernetzte Sets gestalten tiefgreifende Veränderungen in der Organisation

in einem Workshop diskutiert und schließlich beschlossen. Die weitaus meisten Führungskräfte (aber nicht alle – Prinzip Freiwilligkeit!) organisierten sich daraufhin in Sets, um als Reflexionsgruppen ihre Praxis zu hinterfragen und Aktionen für jeden Einzelnen, aber auch Impulse für das Unternehmen abzuleiten, ebenfalls begleitet von einem Facilitator. In regelmäßigen Abständen vernetzten sich die Sets in Führungskräfte-Workshops, um ihre Erfahrungen auszutauschen und Entscheidungen zu treffen. Zu den kulturverändernden Ergebnissen gehörten gemeinsam verabschiedete Leitlinien für die Zusammenarbeit im Unternehmen, die die Teilnehmer aus einer Auswertung der Differenz der positiven Erfahrung der Zusammenarbeit in den Sets zur Alltagserfahrung im Unternehmen ableiteten, aber z. B. auch Initiativen zur nachhaltigen Verbesserung der Verbindlichkeit von Vereinbarungen.

Das Vorgehen mit vernetzten Sets zur Gestaltung organisatorischer Veränderungen von innen ist in Abb. 4.6 schematisch dargestellt. In regelmäßigen Workshops (z. B. alle drei oder später sechs Monate) werden die Erfahrungen der Sets ausgetauscht und Entscheidungen über das weitere Vorgehen getroffen. Durch den Schutz, den die Sets dem Einzelnen bieten, können auch zunehmend schwierige und heikle Themen („das Eingemachte") offen adressiert werden. Zu den Aufgaben des Facilitators gehört auch die Begleitung solcher Vergemeinschaftungsvorgänge.

4.3.5 Coach vs. Facilitator – eine Bemerkung zur Terminologie

In der bisherigen Darstellung von Action Learning ist immer wieder der Begriff des Facilitators gefallen. Der Facilitator ist der Berater, der einen Action Learning-Prozess begleitet. Die Rolle ist damit analog zum Coach im Gruppen- oder Organisations-Coaching. Facilitator und Coach kommen ursprünglich aus verschiedenen Traditionen und Aufgabenfeldern, der Coach aus der personzentrierten (Einzel-)Beratung und der Facilitator aus der problemlösenden Gruppenberatung. In dem Maße, wie sich Mehr-Personen-Coaching etabliert und in der Facilitation, wie es im Action Learning der Fall ist, nicht nur die Gruppe, sondern auch der Einzelne in der Gruppe einen intensiven Beratungsprozess erfährt, ergeben sich Berührungspunkte und Überschneidungen. So ist es nicht verwunderlich, dass besonders in der angelsächsischen Coaching-Literatur die Begriffe auch kombiniert werden: „The coach facilitates …" (z. B. Mukherjee 2014, S. 108). Noch deutlicher ist die Kombination in der Action Learning-Literatur, wenn zwei international anerkannte Vertreterinnen wie Judy O'Neil und Victoria J. Marsick den Begriff „Action Learning Coaching" prägen (O'Neil und Marsick 2014, S. 202).

Berührungspunkte oder sogar Gemeinsamkeiten zwischen beiden Konzepten finden sich in Bezug auf individuelles und kollektives Lernen, auf Problemlösen sowie auf die Berücksichtigung des sozialen und organisationalen Kontexts, aber auch auf die Rolle von Facilitator und Gruppen- bzw. Organisations-Coach, auch wenn es im Detail und in der Gewichtung zweifellos auch sehr unterschiedliche Akzente gibt.

Der Begriff der Facilitation taucht in zahlreichen Ansätzen auf, die häufig einen systemischen, ganzheitlichen oder humanistischen Hintergrund haben. Beispiele sind Großgruppeninterventionen (Bunker und Alban 1997, S. 187) wie Open Space (Owen 1997, S. 61) oder Future Search, in dem als Werthaltungen eines Facilitators der Glaube an die Fähigkeit der Menschen zur Selbststeuerung, das Streben, offene Systeme zu schaffen, sowie eine demokratische Grundorientierung genannt werden (Weisbord und Janoff 1995, S. 158). Anwendung findet das Konzept des Facilitators besonders dort, wo sich der Fokus vom Instruieren oder Lehren vorgedachter Inhalte zur Unterstützung eines selbstgesteuerten aktiven Lernens in Gruppen verändert, um passende Lösungen für drängende Problemstellungen zu entwickeln. Beispiele dafür sind Work-Based Learning (Raelin 2000, S. 148) und Action Research (Wadsworth 2006, S. 322 ff.).

Heron (1999, S. 6 f.) trägt sechs Dimensionen der Facilitation zusammen. Neben Planen und Strukturieren benennt er:

- „Meaning" – welche Bedeutung können in den Erfahrungen der Gruppenmitglieder gefunden oder ihnen gegeben werden?
- „Confronting" – wie kann die Bewusstheit der Gruppe diesbezüglich erhöht werden?
- „Feeling" – wie soll mit Gefühlen und Emotionen, die in der Gruppe entstehen, umgegangen werden?
- „Valueing" – wie kann ein Klima der persönlichen Wertschätzung, der Integrität und des Respekts geschaffen werden?

Im deutschsprachigen Bereich gewinnt Facilitation erst in jüngerer Zeit an Bedeutung, siehe Hauser (2012) und Beutelschmidt et al. (2013).

4.3.6 Die Rolle des Facilitators im Action Learning – drei Konzepte oder Reifegrade

Im Action Learning werden drei verschiedene Rollenkonzepte für den Action Learning Facilitator unterschieden (Hauser 2012, S. 151 ff.; Pedler und Abbott 2008, S. 197; Pedler und Abbott 2013, S. 27 ff.).

- **Der Facilitator als Initiator und Designer von Action Learning**

Die Aufgabe, Action Learning in der Organisation zu initiieren, den Prozess aufzusetzen und sich dann zurückzuziehen, damit die Verantwortung für das Gelingen und das Ergebnis bei den Managern im Set liegt, war die ursprüngliche Rolle, die Reginald Revans, der Begründer von Action Learning, dem Facilitator zudachte. Er bezeichnete dies als eine Hebammenfunktion, die am besten von einem erfahrenen Senior Manager übernommen wird, der selbst gute Erfahrungen mit Action Learning gemacht hat (Revans 2011, S. 99). Revans befürchtete, dass professionelle Berater versuchen könnten, die Kontrolle über das Set an sich zu reißen, statt das Set selbst als Quelle und Zentrum der Energie im Action Learning zu respektieren (Hauser 2012, S. 152). Ein solches Rollenverständnis findet sich auch im deutschsprachigen Bereich in Konzepten zur Kollegialen Beratung, allerdings geht die Rolle des Initiators insofern deutlich darüber hinaus, als neben dem Fokus auf das Set auch die Verknüpfung mit der Organisation und die weitere Entwicklung des Systems zum Aufgabenspektrum des Facilitators gehören. Auch wenn heute die Einschätzung von Revans, dass Manager ohne professionelle Unterstützung Action Learning fast von Beginn an erfolgreich betreiben und verankern werden, kaum mehr geteilt wird, bleibt die Mahnung bestehen, dass der Facilitator seine Rolle sorgsam definiert und begrenzt und die Selbststeuerungskräfte im Set und in der Organisation gezielt unterstützt.

- **Der Facilitator als Rollenmodell für die Lernprozesse im Set**

In dieser deutlich aktiveren Rolle unterstützt und begleitet der Facilitator das Set dabei, zu einer wirksamen Quelle des Handelns, der Reflexion und des Lernens zu werden (Pedler und Abbott 2013, S. 4). Er hilft dem Set, Abläufe und Verhaltensweisen auszuformen, welche ein produktives Action Learning ermöglichen. Dazu gehört es beispielsweise, einen Kontrakt mit den Setteilnehmern zu schließen, Methoden der Problembearbeitung einzusetzen, auf die Balance zwischen Reflexion und Aktion zu achten und dies auch ins Set zurückzumelden sowie im Set Auswertungen des individuellen und gemeinsamen Lernens vorzunehmen.

- **Der Facilitator führt das Set zur Reife und ist Unterstützer für Organisationslernen**

In dieser Rolle erweitert der Facilitator gezielt die Perspektive und unterstützt das Set darin, wirksame Impulse in das weitere Umfeld zu leiten, um Organisationslernen anzustoßen. Die Sicht auf die individuellen Probleme der Setteilnehmer wird dadurch auf den kollektiven Lernbedarf in der Organisation erweitert. Der Facilitator macht wechselseitige Einflüsse aus den verschiedenen Systemebenen Individuum, Set und Organisation in einer geeigneten Lernarchitektur auswertbar und bezieht dabei auch die mentale Seite der handlungssteuernden Annahmen mit ein. Er begleitet das Set bis zu einem Stadium der Reife, in dem die Setteilnehmer selbstgesteuert kritische Reflexionsprozesse durchführen und dazu keine Unterstützung mehr benötigen (Hauser 2012, S. 152 f.; Pedler und Abbott 2013, S. 98 ff.).

Das letztgenannte Rollenkonzept ist zweifellos das anspruchsvollste, weil es eine kritische Auseinandersetzung mit der eigenen Position und den Rahmenbedingungen in der Organisation thematisiert. Dies lenkt den Blick auf Critical Action Learning (CAL) als der vielleicht anspruchsvollsten und tiefgehendsten Form des Action Learning.

4.3.7 Critical Action Learning und die Rolle des kritischen Facilitators

In der kritischen Perspektive erweitert sich die Betrachtung von der Fokussierung auf individuelles Lernen und Problemlösen auf die psychopolitischen Rahmenbedingungen in der Organisation, die Lernen unterstützen, erschweren oder verhindern können (Vince 2008, S. 93). Betrachtet wird damit, wie Machtdynamiken und Mikropolitik die Realisierung von Entwicklungspotenzialen beeinflussen und häufig behindern. Man begibt sich damit in den Bereich von Spannungen, denen jeder Manager ausgesetzt ist (Trehan 2012, S. 78), wie individuellen und kollektiven Emotionen, politischen Prozessen und kulturellen Einflüssen, um Freiheitsgrade und Handlungsspielräume zu erweitern und Unterdrückung zu reduzieren. Pedler und Abbott (2013, S. 121) bezeichnen dies als ein „gefährliches und unbehagliches Revier", in dem Bedeutungsgehalte oft nur schwer zu fassen sind und es zunächst wenig Verständnis und Rückhalt gibt. Gleichwohl gibt es deutliche Hinweise, dass vielen Managern die Bedeutung dieses Bereichs für den Erfolg des Unternehmens zumindest implizit klar ist, selbst wenn die Beschäftigung damit in der täglichen Praxis oft gemieden wird (Hauser 2012a). Der Lohn einer Auseinandersetzung damit ist die Chance, sich von alten Sehgewohnheiten, Denkweisen und Praktiken des Organisierens lösen zu können, um produktiver zu arbeiten. Critical Action Learning ist daher besonders geeignet für die Bearbeitung boshafter Probleme, die ein kollektives Lernen und Umdenken erfordern.

Organisationale Dynamiken und Machtverhältnisse spiegeln sich auch im Set und können dadurch bearbeitet werden. Hinweise auf die Wirkung von Machtdynamiken im Set sind beispielsweise Risikovermeidung von Setteilnehmern, eine kollektive Abwehr und Leugnung sowie die unbewusste Einhaltung bestimmter Gepflogenheiten, Normen und Erwartungen (Vince 2008). Die Kritik bezieht sich daher auf unhinterfragte Annahmen und widersprüchliche Anforderungen, die das Denken und Handeln prägen. Widersprüche und Spannungen für die Managerrolle ergeben sich beispielsweise daraus, gleichzeitig Treiber des Wandels und Bewahrer des Status quo zu sein. Alle Gruppen, also auch Sets, unterliegen unbewussten und unausgesprochenen Emotionen (sowohl individuell als auch kollektiv), welche für die Gruppe selbst-begrenzende Strukturen schaffen und dadurch die Handlungsfähigkeit nach außen einschränken können.

Inzwischen gibt es bereits eine reichhaltige Literatur zu Aufgabe und Rolle des kritischen Facilitators (z. B. Hauser 2014, S. 18 ff.; Pedler und Abbott 2013, S. 165 ff.; Rigg und Trehan 2004; Trehan 2011, S. 167). Vince (2004, S. 4) weist darauf hin, dass das vorrangige Interesse des kritischen Facilitators darin besteht, sicherzustellen, dass sich das Lernen nicht vom emotionalen und politischen Kontext entkoppelt, in dem individuelle Veränderungen stattfinden. Dies kann auf ganz unterschiedliche Weise geschehen, etwa dadurch, dass die emotionalen Dynamiken thematisiert werden, die Lernen und Veränderung begleiten, oder auch Spannungen und Mikropolitik im Set ausgewertet werden. Für den Facilitator kommt es dabei auch darauf an, ein feines Gespür für die Schwingungen und das Geschehen im Set zu entwickeln, da dies immer auch ein Spiegel der weiteren Organisation sein kann. Action Learning führt durch die gemeinsame Lernerfahrung häufig zu einem engen Zusammenhalt in einem Set und zu einem positiven Gruppenerleben, weil alle Verantwortung für das Ganze übernehmen (Raelin 2012, S. 48). Es kann aber auch dazu führen, dass die tatsächliche Unterschiedlichkeit, z. B. hinsichtlich Einfluss, Wissen, Begeisterung, Geschlecht und soziale oder kulturelle Diversity, die es in jedem Set gibt und die seine Effektivität beeinflussen, vermieden wird. Der individuelle und kollektive Wunsch, Konflikt und Unterschiedlichkeit zugunsten einer angeblichen Gleichheit zu minimieren, behindert Lernen über Machtdynamiken im Set und in der Organisation (Vince 2004, S. 4). Zur Wahrnehmung dessen, was im Set abläuft, ist das präsente, hinterfragende und verletzliche „Sein" des Facilitators die grundlegende Fähigkeit, die es ermöglicht, das Geschehen zu würdigen und besprechbar zu machen, in dem die Aufmerksamkeit bei der eigenen Person und ihren Reaktionen und bei den Teilnehmern im Set ist. Die kritische Facilitation fördert einen Diskurs, in dem die Setmitglieder nicht nur die eigenen Äußerungen und diejenigen der anderen hinterfragen, sondern auch die Annahmen, die diesen Äußerungen zugrunde liegen könnten. Der Facilitator gibt so ein Modell für eine kritische Praxis, die im Übrigen auch auf seine eigenen Äußerungen angewandt wird (Raelin 2008, S. 212).

Die wesentliche Aufgabe des kritischen Facilitators ist es, das Set darin zu unterstützen, das Augenmerk auf die verdeckten Dynamiken zu richten, die Erkenntnisse zu vergemeinschaften und so neue Handlungsoptionen zu eröffnen. Der Facilitator kann dieser emanzipatorischen Aufgabe nur nachkommen, wenn er auch sich selbst öffnet und sich mit seiner Persönlichkeit einbringt, um die verschiedenen emotionalen und mikropolitischen Strömungen wahrzunehmen und im Set bearbeitbar zu machen. Zu den beträchtlichen Anforderungen, die dies an die Persönlichkeit und an die professionelle Arbeit stellt, gehören (Hauser 2012, S. 155 f. und 2014, S. 21):

- **Innere Klarheit und Unbestechlichkeit** – sich nicht vereinnahmen zu lassen und Mut, die Dinge anzusprechen, aber auch die Fähigkeit, die eigene Wahrnehmung nicht mit „Wahrheit" zu verwechseln.
- Eine **hinterfragende und suchende Haltung** – auch in Bezug auf das eigene Denken und Handeln.
- Ein **bewusster Umgang mit Macht und Einfluss** – die Vertrauensposition erfordert, den eigenen Einfluss behutsam und nicht manipulativ zu nutzen, um dem Set einen sicheren Raum zur eigenen Entwicklung zu geben.
- **Respekt vor den Werten und Einschätzungen anderer** – verknüpft damit, den Beteiligten die Möglichkeit zu eröffnen, in der Reflexion ihre Überzeugungen zu überprüfen und ggf. weiterzuentwickeln.

Die kritische Facilitation stellt eine beständige Gratwanderung und Herausforderung für den Facilitator dar. Er bedarf dazu einer soliden Vorbereitung, um die eigene Wahrnehmung zu schärfen und Interventionsstrategien zur Verfügung zu haben, fortgesetzter praktischer Erfahrung, möglichst eingebettet in professionelle Netzwerke, sowie kontinuierlicher Supervision zur Auswertung des Geschehens und der eigenen Rolle darin. Auch in der Literatur zum Mehr-Personen-Coaching wird immer wieder darauf hingewiesen, dass es sich dabei um sehr anspruchsvolle Settings handelt. Der Vorteil im Bereich des Action Learnings ist ein Rahmen, in den eine langjährige Erfahrung mit solchen Prozessen eingeflossen ist und der gleichzeitig Orientierung gibt und offen ist für Neues.

4.3.8 Qualität im Action Learning

Der Qualitätsaspekt im Action Learning kann hier nur insoweit diskutiert werden, als er für das Thema Mehr-Personen-Coaching von Belang ist und Differenzen bietet. Er soll unter drei Gesichtspunkten thematisiert werden: Kundenbedürfnis, Prozessqualität und Evaluation von Ergebnissen mit Bezug zur Forschung.

Das Bedürfnis der Kunden wurde schon im vorhergehenden Kapitel im Abschnitt über Qualität im Mehr-Personen-Coaching angesprochen. Es geht darum, in einem Umfeld, welches von grundlegenden Veränderungen und vielfältigen Umbrüchen gekennzeichnet ist, Führungskräfte und Mitarbeiter mit in die Verantwortung für die Gestaltung der Organisation und der Leistungen zu nehmen, die das Weiterbestehen der Organisation sichern. Action Learning leistet dazu einen Beitrag, indem es einen Rahmen zur Verfügung stellt, in dem Mitarbeiter und Führungskräfte mit ihren Einschätzungen ernstgenommen werden und ihre Erfahrung und auch ihr Leiden in einem dialogischen Vorgehen für die Entwicklung der Organisation genutzt werden. Im Action Learning und Critical Action Learning können so Barrieren und insbesondere auch verdeckte Dynamiken, die Lernen verhindern, in einem kontinuierlichen und systematischen Prozess bearbeitet werden, um Veränderungsimpulse abzuleiten und aus den Wirkungen für die nächste Intervention zu lernen.

Für die Prozessqualität gibt es einen klaren und praxisbewährten Rahmen, der bei der Durchführung Sicherheit gibt und gleichzeitig eine hohe situative Offenheit lässt. Diese betrifft beispielsweise die Arbeitsweise der Gruppe (des Sets), die Einbindung der Organisation sowie Haltung und Aufgaben des Facilitators.

Als Forschungsstrategie und zur Evaluation steht die Action Learning Community der empirischen Sozialforschung skeptisch gegenüber, weil für die typischerweise hohe Komplexität im Organisationsumfeld mit boshaften Problemen, für die es noch keine Lösung gibt, generalisierte Forschungsergebnisse oft einen zu geringen Mehrwert beitragen. Verwendet wird daher die für die handlungsorientierten Ansätze übliche Form des Action Research (Aktionsforschung) bzw. spezifischer auch des Action Learning Research (Coghlan 2011) als fortlaufende Evaluation. Kennzeichen dafür sind unter anderem die Aufhebung der Subjekt-Objekt-Unterscheidung von Forscher und Beforschten und die Konzentration auf die Betrachtung des Einzelfalls mit seinen spezifischen Wirkfaktoren. Im Action Learning werden die Teilnehmer zu gleichberechtigten Forschern ihrer Situation, um Ergebnisse zu evaluieren und verbesserte Handlungsstrategien abzuleiten. Ziel der Forschung ist daher weniger generalisierbare Ergebnisse, als Fortschritte für die betrachtete Situation zu erzielen. Qualität misst sich dann am Lernen und an den Ergebnissen im Einzelfall sowie an der Meta-Kompetenz im Umgang mit Problemen. Der in der Organisationsentwicklung häufig praktizierte Ansatz der Aktionsforschung könnte auch durchaus für Organisations-Coaching in einem komplexen Umfeld ein geeignetes Vorgehen sein.

4.4 Action Learning für das Coaching von Gruppen, Projekten und Organisationen – Relevanz für die Praxis und Ausblick

Die zunehmende Komplexität und Dynamik, mit der Unternehmen konfrontiert sind, ist mit dem gehäuften Auftreten boshafter Probleme verknüpft, welche zu ihrer Bewältigung ein Umlernen und eine Veränderung des kollektiven Mindsets erfordern. Dies führt dazu, dass gruppenorientierte Verfahren, welche es erlauben, individuelle Erfahrungen zu verknüpfen, um gemeinschaftliche Lernprozesse anzustoßen und den kollektiven Mindset zu verändern, erheblich an Bedeutung gewinnen. Gruppen-Coaching bekommt dadurch eine neue Aktualität, und das Aufkommen von Organisations-Coaching kann als ein weiterer Beleg für diesen Bedarf gesehen werden.

Angesichts der Herausforderungen, vor denen Unternehmen stehen, ist schon jetzt erkennbar, dass der Anwendungsbereich steigt, bei dem es im Gruppen-Coaching und erst recht im Organisations-Coaching nicht um die Entwicklung bestehender oder neuer Teams geht, sondern funktions- und bereichsübergreifend und jenseits klassischer Organisationsstrukturen um die gemeinsame Bewältigung boshafter Probleme zur Entwicklung und Umsetzung neuartiger Lösungen. Begünstigt wird dies durch einen Einstellungswandel, der es erleichtert, in einem immer größeren Umfang persönliche Erfahrungen und Muster nicht nur in einer dyadischen Beziehung, wie sie im Einzel-Coaching geboten wird, sondern auch in Gruppen zu thematisieren, sofern diese ausreichenden Schutz bieten.

Bezogen auf diesen zentralen Bedarf für die Praxis kann im Gruppen-Coaching eine deutliche konzeptionelle Lücke diagnostiziert werden, da es nicht darum geht, eine preiswerte Alternative zum Einzel-Coaching zu schaffen. Es geht vielmehr darum, das spezifische Potenzial von Gruppen zu nutzen, um nicht nur das Individuum, sondern auch das Projekt oder die ganze Organisation zu entwickeln.

Mit Action Learning steht ein bewährtes praxisorientiertes Konzept zur Verfügung, welches durch eine intensive Reflexionsarbeit in kleinen Gruppen, den sog. Sets, die Entwicklung von Individuum und Organisation oder Netzwerk systematisch und jenseits von Hierarchie und klassischen Strukturen verknüpft. Aus diesem Grunde bezeichnet Raelin (2012, S. 48) Action Learning als Paradigma für Führung im 21. Jahrhundert.

Das Anforderungsprofil des Action Learning Facilitators hat viele Gemeinsamkeiten mit demjenigen des Coaches, geht aber andererseits noch beträchtlich darüber hinaus. Wesentlich höhere Anforderungen an den Coach werden auch in der Literatur zum Gruppen- und Organisations-Coaching immer wieder bestätigt. Es steht daher zu erwarten, dass die zunehmende Nachfrage nach Gruppen- und Organisations-Coaching einen deutlichen Qualifizierungsbedarf in Bezug auf solche Ansätze wie Action Learning Facilitation schaffen wird, die fundierte Theorien, Haltungen und Interventionsstrategien für das individuelle und kollektive Lernen und Problemlösen in Gruppen bereitstellen. Action Learning könnte daher als Modell oder Format einen wichtigen Beitrag dazu leisten, das Gebiet des Gruppen- und Organisations-Coaching weiter zu professionalisieren.

Literatur

Verwendete Literatur

Ansoff, I. (2007). *Strategic Management*. Houndmills Basingstoke: Palgrave Macmillan.

Beutelschmidt, K., Franke, R., Püttmann, M., & Zuber, B. (2013). *Facilitating Change – Mehr als Change Management: Beteiligung in Veränderungsprozessen optimal gestalten*. Weinheim: Beltz.

Bunker, B. B., & Alban, B. T. (1997). *Large group interventions – Engaging the whole system for rapid change*. San Francisco: Jossey-Bass.

Coghlan, D. (2011). Practical Knowing: The philosophy and methodology of action learning research. In M. Pedler (Hrsg.), *Action learning in practice* (S. 357–367). Aldershot: Gower.

Deutscher Bundesverband Coaching e. V. (DBVC) (Hrsg.). (2012). *Leitlinien und Empfehlungen für die Entwicklung von Coaching als Profession* (4. Aufl.). Osnabrück: DBVC.

Dierolf, K. (2013). *Lösungsfokussiertes Teamcoaching*. München: Solutions Academy.

Dietz, T., & Müller, G. (2012). Coaching-Leistungen. In Deutscher Bundesverband Coaching e. V. (Hrsg.), *Leitlinien und Empfehlungen für die Entwicklung von Coaching als Profession* (4. Aufl. S. 29–33). Frankfurt: DBVC.

Doppler, K., & Voigt, B. (2012). *Feel the Change – Wie erfolgreiche Change Manager Emotionen steuern*. Frankfurt: Campus.

Geißler, H. (2005). Was kommt nach der Coaching-Euphorie? – Strategien für eine zukunftsweisende Entwicklung. In U. Elsholz, R. Meyer, J. Gillen, G. Molzberger, & G. Zimmer (Hrsg.), *Berufsbildung heißt: Arbeiten und Lernen verbinden!* (S. 241–254). Münster: Waxmann.

Grint, K. (2008). *Leadership, Management & Command – Rethinking D-Day*. Basingstoke: Palgrave.

Hauser, B. (2012). *Action Learning – Workbook mit Praxistipps, Anleitungen und Hintergrundwissen für Trainer, Berater und Facilitators*. Bonn: managerSeminare.

Hauser, B. (2012a). Navigation in unbekannten Welten – Dekonstruktion als zukünftige Führungsaufgabe. In S. Grote (Hrsg.), *Die Zukunft der Führung* (S. 347–364). Heidelberg: Springer.

Hauser, B. (2014). Critical Action Learning: Das Selbst in der Arbeit des Veränderungsbegleiters. *Zeitschrift für OrganisationsEntwicklung, 14*(1), 18–22.

Heron, J. (1999). *The Complete Facilitator's Handbook*. London: Kogan Page.

Janis, I. L. (1982). *Groupthink* (2. Aufl.). Boston: Houghton Mifflin.

Kainz, G. (2010). *Projektcoaching: im Spannungsfeld zwischen fachlicher und sozialer Projektabwicklung*. Saarbrücken: VDM Publishing.

Kantor, D., & Lehr, W. (2003). *Inside the family*. Cambridge: Meredith Winter.

Königswieser, R. (2015). Vom Coaching zur systemisch-komplementären Beratung. Ein Gespräch mit Daniel Barczynski. *Coaching Magazin, 1*, 12–17.

Looss, W. (2006). *Unter vier Augen: Coaching für Manager*. Bergisch-Gladbach: EHP.

Marquardt, M. J. (1999). *Action learning in action – Transforming problems and people for world-class organizational learning*. Palo Alto: Davies-Black.

Meier, R. (2014). *Was ist Organisations-Coaching? Eine Replik. Coaching-Newsletter Nov/Dez 2014*. http://www.coaching-newsletter.de/archiv/2014/2014-11.html#c6058. Zugegriffen: 09.08.2015

Mukherjee, S. (2014). *Corporate Coaching – The Essential Guide*. Tousand Oaks: Sage.

Owen, H. (1997). *Open space technology – A user's guide*. San Francisco: Berrett-Koehler.

O'Neil, J., & Marsick, V. J. (2014). Action Learning Coaching. *Advances in Developing Human Resources, 16*(2), 202–221.

Özdemir, H. (2008). Organisations-Coaching – Wie Coaching und Organisationsentwicklung zusammen kommen. *Coaching Magazin, 3*, 28–32.

Pedler, M. (2008). *Action learning for managers* (2. Aufl.). Aldershot: Gower.

Pedler, M. (2012). All in a knot of one another's labours: self-determination, network organizing and learning. *Action Learning: Research and Practice, 9*(1), 5–28.

Pedler, M., & Abbott, C. (2008). Am I doing it right? Facilitating action learning for service improvement. *Leadership in Health Services, 21*(3), 185–199.

Pedler, M., & Abbott, C. (2013). *Facilitating Action Learning – A Practitioner's Guide*. Maidenhead: Open University Press.

Raelin, J. (2000). *Work-Based Learning – The New Frontier of Management Development*. Upper Saddle River, N.J.: Prentice Hall.

Raelin, J. (2008). *Work-based learning – The new frontier of management development* (2. Aufl.). San Francisco: Jossey-Bass.

Raelin, J. (2009). Seeking conceptual clarity in the action modalities. *Action Learning: Research and Practice, 6*(1), 17–24.

Raelin, J. (2010). *The leaderful fieldbook – Strategies and activities for developing leadership in everyone*. Boston: Davies-Black.

Raelin, J. (2012). Führung geht alle an – Joe Raelin im Gespräch über "Leaderful Practice". In B. Hauser (Hrsg.), *Action Learning – Workbook mit Praxistipps, Anleitungen und Hintergrundwissen für Trainer, Berater und Facilitators* (S. 47–50). Bonn: managerSeminare.

Rauen, C. (2003). *Coaching – Innovative Konzepte im Vergleich*. Göttingen: Hogrefe.

Rauen, C. (2005). *Handbuch Coaching*. Göttingen: Hogrefe.

Rauen, C. (2014). *Coaching*. Göttingen: Hogrefe.

Revans, R. W. (2011). *ABC of Action learning*. Aldershot: Gower.

Rieckmann, H. A. (2007). *Managen und Führen am Rande des 3. Jahrtausends* (4. Aufl.). Frankfurt: Peter Lang.

Rigg, C., & Trehan, K. (2004). Reflections on working with critical action learning. *Action Learning: Research and Practice, 1*(2), 149–165.

Rückle, H. (2005). Gruppen-Coaching. In C. Rauen (Hrsg.), *Handbuch Coaching* (S. 183–197). Göttingen: Hogrefe.

Schein, E. H. (1985). *Organizational Culture and Leadership. A Dynamic View*. San Francisco: Jossey-Bass.

Schley, V., & Schley, W. (2010). *Handbuch Kollegiales Teamcoaching – Systemische Beratung in Aktion*. Innsbruck: Studienverlag.

Schmid, B. (2005). Coaching und Team-Coaching aus systemischer Perspektive. In C. Rauen (Hrsg.), *Handbuch Coaching* (S. 199–212). Göttingen: Hogrefe.

Schmid, B. (2014). Was ist Organisations-Coaching? *Coaching-Newsletter, 9*, 1–3.

Topan, A. (2011). *Teamcoaching*. Schriftenreihe der Führungsakademie Baden-Württemberg. Stuttgart: Boorberg.

Trehan, K. (2011). Critical action learning. In M. Pedler (Hrsg.), *Action Learning in Practice* (S. 163–172). Aldershot: Gower.

Trehan, K. (2012). Die Rolle von Emotion und Macht – Kiran Trehan im Gespräch über Critical Action Learning. In B. Hauser (Hrsg.), *Action Learning – Workbook mit Praxistipps, Anleitungen und Hintergrundwissen für Trainer, Berater und Facilitators* (S. 72–82). Bonn: managerSeminare.

Vince (2004). Action learning and organizational learning: power, politics and emotion in organizations. *Action Learning: Research and Practice, 1*(1), 63–78.

Vince, R. (2008). Learning-in-action and learning inaction: Advancing the theory and practice of critical action learning. *Action Learning: Research and Practice, 5*(2), 93–104.

Wadsworth, Y. (2006). The mirror, the magnifying glass, the compass and the map: Facilitating participatory action research. In P. Reason, & H. Bradbury (Hrsg.), *Handbook of action research* (S. 322–334). London: Sage.

Webers, T. (2015). *Systemisches Coaching: Psychologische Grundlagen*. Wiesbaden: Springer.

Weisbord, M. R., & Janoff, S. (1995). *Future search – An action guide to finding common ground in organizations and communities*. San Francisco: Berrett-Koehler.

Whitmore, J. (1996). *Coaching for Performance*. London: Nicholas Brealey.

Wimmer, R. (2012). Erfolgreiche Führung fußt auf Reflexion – Ein Gespräch mit Rudolf Wimmer. In B. Hauser (Hrsg.), *Action Learning – Workbook mit Praxistipps, Anleitungen und Hintergrundwissen für Trainer, Berater und Facilitators* (S. 50–55). Bonn: managerSeminare.

Wolff, U. (2005). Strategie-Coaching. In C. Rauen (Hrsg.), *Handbuch Coaching* (S. 391–420). Göttingen: Hogrefe.

Wüntsch, O. (2014). Personzentriertes Organisationscoaching mit der Theorie U. *Gesprächspsychotherapie und Personzentrierte Beratung, 1*, 9–19.

Weiterführende Literatur

Hauser, B. (2008). *Action Learning im Management Development – Eine vergleichende Analyse von Action-Learning-Programmen zur Entwicklung von Führungskräften in drei verschiedenen Unternehmen* (2. Aufl.). Mering: Hampp.

Pedler, M. (2011). *Action learning in practice* (4. Aufl.). Aldershot: Gower.

Revans, R. (2011a). Action Learning: Its Origins and Nature. In M. Pedler (Hrsg.), *Action learning in practice* (S. 5–13). Aldershot: Gower.

Coaching im internationalen Vergleich – Angelsächsischer und deutscher Markt

Gerhard Fatzer

C. Triebel et al. (Hrsg.), *Qualität im Coaching*,
DOI 10.1007/978-3-662-49058-7_5,

Da ich selbst in beiden Kulturfeldern gearbeitet habe, aber einen Großteil meiner Professionsbildung in den USA bei Begründern der Organisationsentwicklung (OE) hatte, weise ich als einer der wenigen Autoren, der in beiden Kulturen praktisch und theoretisch tätig ist, auf unterschiedliche Entwicklungen hin. Diese sind nicht nur durch die Literatur illustriert, sondern durch jahrzehntelange enge Zusammenarbeit praktisch entstanden. Da ich seit über drei Jahrzehnten Führungskräfte und Berater in allen Kulturen ausbilde, ist mir diese Unterschiedlichkeit aufgefallen. In meiner Darstellung vergleiche ich zuerst den amerikanischen und den deutschen Coaching-Markt und setze dann Coaching in den Kontext anderer Beratungsformen wie Organisationsentwicklung und Supervision, um mit einem allgemeingültigen Beratungsmodell abzuschließen.

5.1 Coaching in den USA und im deutschsprachigen Raum – ein Vergleich

Sehen wir uns Coaching in den USA und in Deutschland an, so fallen große Unterschiede auf. Coaching hatte in den USA seit den 50er-Jahren im Gefolge von Organisationsentwicklung schon lange existiert. Jeder gute und professionelle Organisationsentwickler weiß, dass zu einer nachhaltigen Veränderungs- und Beratungsarchitektur ein Coaching des Führungsverantwortlichen oder des Führungsteams dazugehört. So hat mein langjähriger Mentor und Freund Edgar Schein in einem Artikel in „Profile" (Schein 2006) gefragt: „Coaching und Beratung – sind sie dasselbe?" Die Antwort ist klar: Natürlich nicht. Des Weiteren fällt auf, dass in den USA in der wichtigsten Dachorganisation für Management, der „Academy of Management", eine Vielzahl von Divisionen oder Abteilungen für Beratung und Change existieren, aber keine zum Coaching. Auch sind dort kaum Veranstaltungen zum Coaching zu finden. Es gibt zudem wenig akademisch orientierte Forschung zu Coaching. Coaching-Forschung kommt aus anderen Bereichen.

Die International Coaching Federation (ICF) ist eine Dachorganisation, die sich zum Ziel gesetzt hat, Ausbildungen, Zertifizierung und Qualitätsmerkmale zu definieren und zu überprüfen. Da in Coaching-Organisationen häufig zugleich Personalentwickler oder Organisationsentwickler sind, überschneiden sich die Gebiete nur im Hinblick auf die Personen.

Coaching stammt aus persönlichkeitsbildenden Ansätzen wie NLP, aus Therapiemethoden und aus dem Bereich der Karriereberatung. Coaching-Bücher sind meistens „How-to-do-books", die sehr rezeptartig und verkürzend geschrieben sind. Manchmal trifft der Buchtitel auch für eine Zielgruppe zu, wie etwa beim Buch von David Nadler, wo er den Coach als „Trusted Advisor des CEOs" sieht.

Sieht man die früheren klassischen Ausbildungen zum OE-Berater oder Gruppendynamiker an, wie sie beispielsweise durch das NTL (National Training Lab) angeboten wurde, so ist Coaching Bestandteil, aber nicht grundlegend für die Organisationsentwicklung. Entsprechend käme in den USA niemand auf die Idee, Coaching als Überbegriff für Beratung einzusetzen.

Sieht man sich die Entwicklung des Professionsfeldes des Coachings in Deutschland an, so fällt auf, dass sich das Feld im semiprofessionellen Stadium befindet. Es wurde eine Vielzahl von Konferenzen durchgeführt, die meistens durch Dachverbände oder Ausbildungsinstitute organisiert wurden. Hierbei ging es öfters um das Darstellen der eigenen Ansätze und eine unkritische Vermarktung derselben. Die Dachverbände beschäftigten sich damit, Qualitätsstandards aufzustellen. Ein Merkmal des semiprofessionellen Zustandes war die Bildung von Dutzenden von Dachverbänden, vielfach mit weniger als 100 Teilnehmern. Typisch für diese erste Phase war auch eine geschäftige Umtriebigkeit, die in Handbüchern gipfelte, welche meistens von immer denselben Herausgebern zusammengestellt wurden und die primär Rezeptbücher waren. Hier haben erfolgreiche und renommierte Berater ihre „Kochrezepte" oder Tools dargestellt (Coaching-Tools, Change-Tools etc.).

In der zweiten Phase begannen erste Hochschulen, Forschungskongresse zusammenzustellen, zu denen Repräsentanten möglichst unterschiedlicher Provenienz und auch der gesamte internationale Kontext, also Experten aus dem gesamten englischsprachige Raum, eingeladen wurde. Allen voran ist die regelmäßige Konferenz der FHNW Olten in der Schweiz („Coaching meets Research") zu nennen (Loebbert et al. 2012). In dieser Phase werden kritische Forschungen zu einzelnen Ansätzen und Methoden publiziert. Ähnlich wie in den professionelleren Gebieten der Beratung oder Therapie werden jetzt erstmals auch Faktoren des Erfolgs oder Misserfolgs veröffentlicht. Und es zeigt sich, dass es nicht die einzige und allein heilbringende Methode gibt.

Das Coaching-Feld wird sich weiterentwickeln und weitere Stufen der Professionalisierung erreichen. Wünschenswert wäre eine kritische Rezeption und dass z. B. Labels wie „systemisches Coaching" kritisch hinterfragt werden. Coaching kann nur systemisch sein, wenn es mit Ansätzen der Gesamtentwicklung der Organisation kombiniert wird (vgl. Fatzer 2005a).

5.2 Coaching im Kontext anderer Beratungsformen: Supervision und Organisationsentwicklung

Im deutschsprachigen Raum besteht die Tendenz, Coaching als ultimative Beratungsform zu sehen. Dies ist u. a. auf den wirtschaftlichen Erfolg dieser Beratungsform zurückzuführen. Durch die Gründung verschiedener Coaching-Dachorganisationen wie etwa des Deutschen Bundesverbands Coaching e. V. (DBVC) – einer der vielen deutschen Dachverbände für Coaching – wird der Anschein geweckt, dass Qualitätsstandards existieren. Inzwischen besteht eine Vielzahl von Dachorganisationen, und die Zahl der Anbieter auf diesem Markt hat sich vervielfacht. Die Tendenz von Firmen, Coaching als Ersatz für frühere umfassende Veränderungsprojekte heranzuziehen, muss in diesem Kontext gesehen werden.

Ich habe in verschiedenen Publikationen zu den Ähnlichkeiten und Unterschieden von Supervision, Coaching und Organisationsentwicklung festgestellt, dass diese Unterscheidung von konkurrierenden Feldern, die auch ihre eigenen Dachorganisationen, Ausbildungsstätten und Repräsentanten haben, immer weniger Sinn macht. Ich möchte daher im Folgenden weniger auf die Unterschiede als vielmehr auf die Hintergründe und Gemeinsamkeiten der drei Beratungsformen eingehen.

Hinsichtlich der Ausprägungen der drei Felder ist festzustellen, dass alle drei Beratungsformen mit der Begleitung von Lern-, Veränderungs- und Entwicklungsprozessen zu tun haben. Die Unterschiede sind in den Settings zu sehen, wo mit Einzelpersonen in Führungspositionen (Coaching), mit Einzelpersonen in anderen Positionen (Einzelsupervision, Konfliktbearbeitung bzgl. Arbeit oder Biografie), mit Gruppen, Teams oder Projekten (Supervision oder Organisationsentwicklung) oder mit ganzen Teilen der Organisation oder ihren Subsystemen (Organisationsentwicklung) gearbeitet wird. Für den Kunden, den Auftraggeber oder die Klientenorganisation ist es wichtig, dass professionelle Unterstützung geleistet wird. Die genaue oder sinnvolle Form wird im gemeinsamen Kontrakt entschieden. Hier ist der Kunde auf die fachgerechte Empfehlung und Indikation des Beraters angewiesen.

Worin unterscheiden sich denn jetzt die drei Formen? Die hauptsächliche Unterscheidung der drei Beratungsformen kann in der historischen Herkunft oder dem Professionsfeld gesehen werden, in dem sich Supervision, Coaching oder Organisationsentwicklung geformt haben. Supervision stammt aus dem Professionsfeld der Sozialarbeit und wurde ursprünglich als Qualitätskontrolle zur Qualifizierung zukünftiger Berufskollegen eingesetzt und entwickelt. Entsprechend kann Supervision als Bearbeitung von arbeitsbezogenen Themen und Konflikten definiert werden. Da sie ursprünglich vor allem als Einzelsupervision betrieben wurde, sind die Themen auf Person, Arbeit, Biographie und Rolle/Funktion bezogen (■ Abb. 5.1, ■ Abb. 5.2).

Hier sind mögliche Überschneidungspunkte mit Coaching zu erkennen. Durch die Generalisierung von Supervision im Modell von Balint kann die Supervision als Verfahren für jegliche Beziehungsarbeit generalisiert werden. Balint hat dies im Dreieck zwischen Arzt, Patient und Krankheit gezeigt. Dieses Modell kann auf alle Berufe ausgeweitet werden, die Beziehungsarbeit beinhalten wie z. B. Lehrer-Schüler und Unterricht/Lernen oder Sozialarbeiter-Klient und Thema/Institution. Rappe-Giesecke (1996) hat dieses Modell als generelles Modell für die Fallebene bezeichnet. Entsprechend hat sie der Supervision auf der Fallebene als nächste Ebene die Teamebene und als dritte Ebene die Institutionsebene beigefügt. In dieser Auswei-

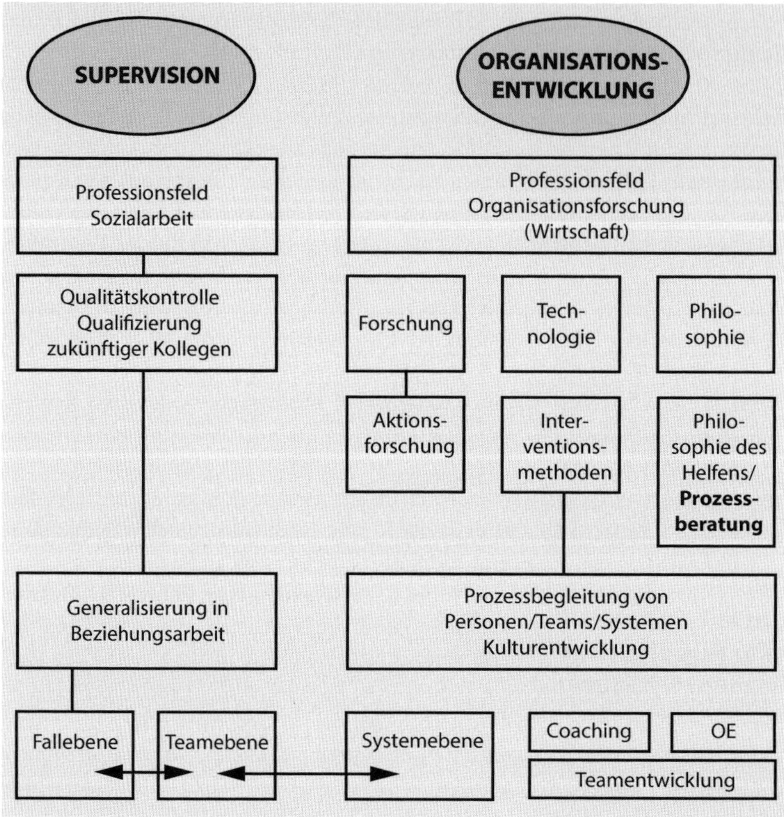

Abb. 5.1 Supervision und Organisationsentwicklung: Entstehungszusammenhänge und Zielsetzung (© TRIAS 2001)

tung von klassischer Supervision wird auch eine mögliche Ausweitung des Professionsfeldes Supervision angezeigt. Supervision ist hier eine besondere Herausforderung. Die Herausforderungen für Supervision zeigen sich in Abb. 5.3.

Im Unterschied zur Supervision stammt Coaching aus dem Professionsfeld des Sports, des Militärs und der Führungsausbildung. Deshalb ist Coaching auch sehr viel direkter und verhaltens-/aufgabenorientierter als Supervision. Natürlich werden auch biografische und arbeitsbezogene Themen reflektiert. Dennoch ist Coaching stärker auf Rollen- und Funktionsträger in einer Organisation wie etwa Führungskräfte, Projektleiter und Personalentwickler bezogen. Auch sie stehen – ähnlich wie in der Supervision – in der Beziehungsarbeit. So bezeichnet z. B. Looss (1999) das Coaching als Einzelsupervision von Beziehungsarbeitern. Neben der Biografiearbeit stehen im Coaching die Karriereentwicklung, die Rollenentwicklung und die Führungs-/Veränderungsarbeit im Mittelpunkt. Methodisch werden z. B. in der Biografiearbeit Elemente des Gestaltansatzes und direktiver Verfahren eingesetzt (z. B. Looss 1991, 1997). Zur Rollenentwicklung stehen klassischerweise die Rollenanalyse (Eck 1990; Schein 1994, 2000) und zur systemischen Reflexion des Kontexts die Prozessberatung (Fatzer 1990a; Schein 2000) zur Verfügung. So kann Coaching als Prozessbegleitung von Personen im Kontext von Führung, Veränderung, Stress, Burnout und Kulturentwicklung definiert werden. Coaching wird so auf der Systemebene durch Team- oder Organisationsentwicklung ergänzt.

Die Organisationsentwicklung entstammt dem Professionsfeld der Organisationsforschung/Wirtschaft. Sie wird in der klassischen Definition von Schein (1990) beschrieben und umfasst methodisch die Aktionsforschung. Sie ist eine Prozessbegleitung von Personen, Teams und Systemen zum Zweck der Kulturentwicklung.

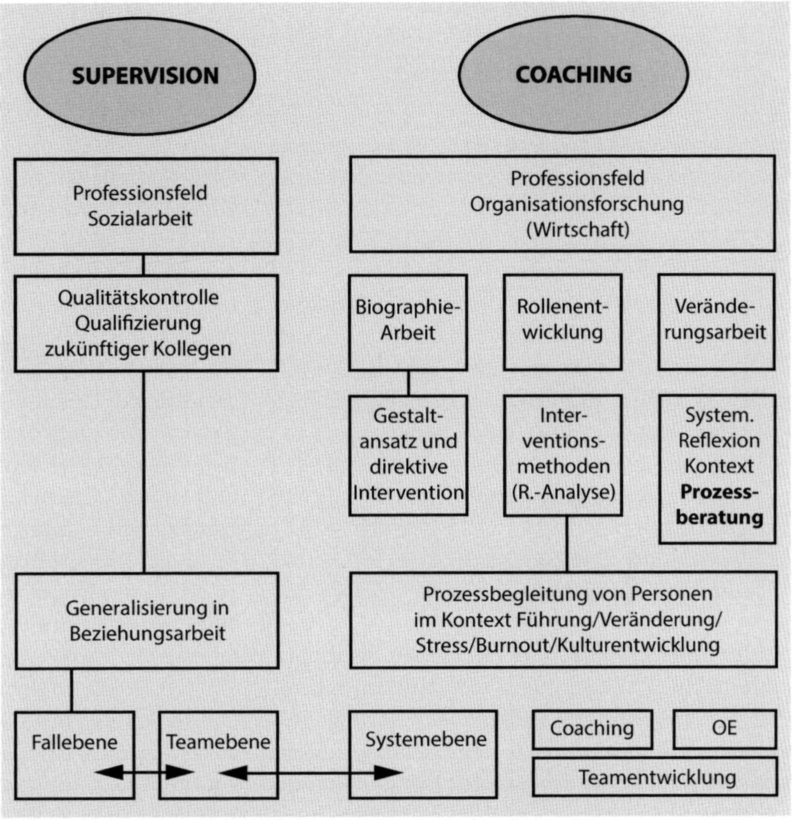

Abb. 5.2 Supervision und Coaching: Entstehungszusammenhänge und Zielsetzung (© TRIAS 2001)

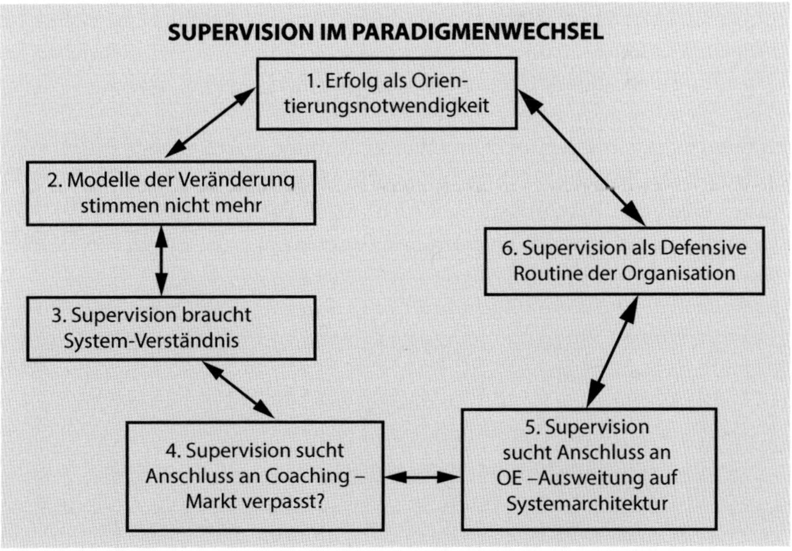

Abb. 5.3 Supervision in der Orientierung: Abgrenzung zu Coaching und OE (© TRIAS 2001)

5.3 Coaching und andere Beratungsformen in der Neuorientierung

Die Auswirkungen von Coaching auf die Beratung oder Supervision können folgendermaßen beschrieben werden:

1. Das Beratungssystem entspricht der Komplexität des Kundensystems.
2. Es entstehen Beraternetzwerke mit Spezialisierungen. Damit kann das weit verbreitete Einzelkämpfertum etwas verringert werden.
3. Es entstehen sinnvolle Arbeitsteilungen zwischen internen und externen Beratern.
4. Externe Supervision wird zur reflexiven Begleitung von Rolle, Führung und Veränderung eingesetzt.
5. Berater oder Beratergruppen bauen Infrastrukturen und eine gute Logistik auf.

In der Auseinandersetzung mit großen Beratungsunternehmen vornehmlich aus dem amerikanischen Raum, die im Gefolge von verschiedenen Bilanzfälschungsskandalen amerikanischer Konzerne negativ in die Schlagzeilen kamen und mitverantwortlich sind für einen hohen Imageverlust von Beratung, können kleinere Beratungsgruppierungen im Moment im Markt einen großen Vorteil genießen. Erhielten früher McKinsey, Andersen Consulting und andere Expertenberatungsfirmen alle großen Umstrukturierungsprojekte, sind viele einflussreiche Unternehmen momentan bemüht, umfangreiche Projekte zu stoppen und die Marktführer unter den Beratungsfirmen nicht mehr zu beschäftigen. Andersen Consulting ist sogar aufgelöst worden, da die Verbindung von Revisionsgesellschaften und Beratung unprofessionell war. Hier also können Prozessberatungsspezialisten im Moment stark auftreten.

6. Der Dialog mit den Kunden ist nötig geworden. Die Berater müssen herausfinden und gemeinsam mit den Kunden erforschen, welche Form von Beratung und welche Lernprozesse sinnvoll und nachhaltig sind. Zu diesem Zweck soll im Rahmen der von Kleiner und Roth (2001) entwickelten „Lerngeschichten" („learning histories") gezeigt werden, wie nachhaltige Lernprozesse bei Kunden aussehen.

5.3.1 Qualitätsentwicklung von Beratung und Ausbildungsinstituten als Kernthema

Die Unterscheidung in Coaching, Supervision und Organisationsentwicklung wird immer weniger vorgenommen werden, stattdessen werden die Beratungsformen als Begleitung von Veränderungs- und Lernprozessen bei Personen, Teams und Systemen gesehen. Die Titel des „Beraters" oder der „Beraterin" sollten geschützt werden, wie dies z. B. der Berufsverband BSO in der Schweiz im Moment initiiert. Das Beratungsfeld muss sich – ähnlich wie der Bereich der Unternehmensführung mit dem neuen Gebiet der Unternehmensethik oder „Corporate Governance" – mit der Frage befassen, was gute Beratung und gute Berater sind (s. dazu Fatzer et al. 1999). Es braucht bezogen auf Ausbildungsstätten eine Qualitätskontrolle, die frei ist von Verbandsinteressen oder wirtschaftlichen Verflechtungen, wie dies z. B. in einigen Berufsverbänden leider momentan der Fall ist. Die Grundlagen von Supervision, Coaching und Organisationsentwicklung sollten konzeptionell als Handwerk, Philosophie und Wissenschaft aufgefasst werden, so wie dies in der „Landkarte der Beratung" meines Mentors David Kantor, eines System- und Familientherapeuten aus Boston, beschrieben ist.

5.3.2 Organisation der „Professional Community" der Berater in Lernnetzwerken statt in politischen Berufsverbänden

Die Organisation der „Professional Community" der Berater in Lernnetzwerken gibt es bereits im Organisationsentwicklungsfeld, z. B. in Form des „OE-Forums" in der Schweiz. Die Supervisoren sind allerdings aus den bereits beschriebenen Gründen noch immer berufspolitisch organisiert, was im Moment bis zur politischen Durchsetzung des Titelschutzes Sinn macht, aber langfristig nicht die geeignete Form ist. Es geschieht sonst allzu leicht, dass sich Verbandsfunktionäre die Infrastruktur und die Marktmacht eines Berufsverbandes aneignen und damit marktverzerrend auftreten. Dies ist

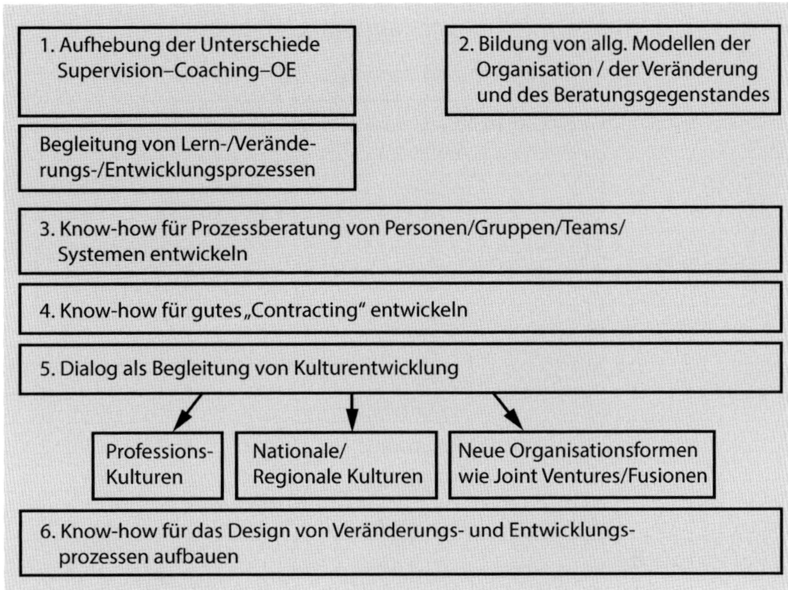

Abb. 5.4 Supervision, Coaching und OE – was ist zu tun? (© TRIAS 2001)

z. B. bei der „Agentur für Supervision" der Fall, wo eine GmbH gegründet wurde, bei der sich Funktionäre mit den Geldern der Vereinsmitglieder einen Wettbewerbsvorteil verschafft haben; eine Konstruktion, die in der Schweiz nicht akzeptiert würde. Dies würde auch dann nicht geschehen, wenn es zu netzwerkmäßigen Organisationen käme.

Darüber hinaus wird die Kundenperspektive durch die Einführung eines ständigen Dialogs mit Kunden eingebracht. Dies wird auch in diversen Konferenzen und Musterprojekten versucht. Es hat sich herausgestellt, dass die meisten Fachveranstaltungen noch immer zu sehr Zwiegespräche unter eingeweihten Fachkollegen darstellen. Kunden fühlen sich oft wenig angesprochen. Die Änderungen, auf die in den Bereichen Supervision, Coaching und Organisationsentwicklung zukünftig hingearbeitet werden sollte, sind in Abb. 5.4 dargestellt.

5.4 Grundlagen von Organisationsentwicklung

Organisationsentwicklung (OE) kann nach Schein (1990, 1993) als Wissenschaft, Philosophie und Technologie beschrieben werden. Im Folgenden werden die wissenschaftlichen Grundlagen von Organisationsentwicklung beschrieben, nämlich Aktionsforschung, Feldforschung und Ethnomethodologie (Fatzer 1987, 1996; Lewin 1947; Massarik 1997; Schein 1987/88; dazu ausführlich Fatzer 2005a).

Offiziell startete das Feld seine Existenz 1969 mit der von Dick Beckhard und Ed Schein herausgegebenen Reihe im Verlag Addison Wesley, in der sechs Autoren in sechs Büchern ihre Sichtweise des Feldes darlegten: Richard Beckhard zu „Organisationstransformation", Warren Bennis zu „Führung und OE", Blake und Mouton zu ihrem „GRID"-Ansatz von OE, Lawrence und Lorsch zum „Kontingenz-Ansatz der OE", Ed Schein zur „Prozessberatung" und Richard Walton zu „Konfliktansätzen der OE" – sechs sehr individuelle Perspektiven. Die Philosophie und die Zielsetzungen von OE waren stark geprägt durch den damaligen Zeitgeist und die politischen Umstände (Fatzer 1993). Viele der Zielsetzungen basierten auf den Grundannahmen der humanistischen Psychologie und der partizipativen Vorgehensweise in der Politik. Gekoppelt mit Lewins demokratischen Zielsetzungen von Wissenschaft oder Aktionsforschung zeigt sich dieses Erbe heute als überholungsbedürftig und manchmal als wenig anschlussfähig oder antiquiert. Dies ist öfters auch die Rückmeldung von Change-Managern und Führungsverantwortlichen. So fragt man sich, ob in Zeiten von Rezession und zunehmenden Turbulenzen durch die Globalisierung diese Grundphilo-

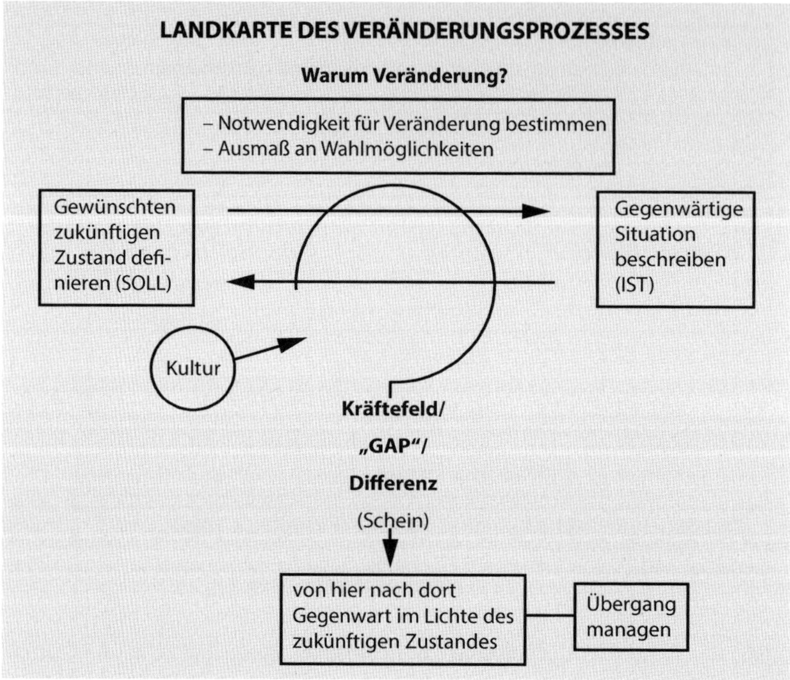

Abb. 5.5 Veränderungsprozesse in Organisationen (© TRIAS 2001)

sophie die Probleme von heutigen Organisationen noch abdecken kann.

Sieht man Coaching, Supervision und Organisationsentwicklung als Begleitverfahren von Lern-, Entwicklungs- und Veränderungsprozessen bei Einzelpersonen, Teams und Organisationen, so geht es hier auch darum, die Veränderungen in den Organisationen seit 1990 zu berücksichtigen, da Beratung ja eine Antwort auf die Veränderungen in den Organisationen bleiben muss.

5.4.1 Veränderungen in den Beratungsanliegen und in den Organisationen

Eine Grundthese dieses Beitrags lautet, dass sich die Komplexität der Anliegen für Beratungen des Organisationslebens generell erhöht hat. Dies wird im Folgenden anhand von Illustrationen aus dem Feld von Schule und Gesundheitsorganisationen dargestellt. Gleichzeitig gibt es Trends oder Tendenzen von Kunden oder Auftraggebern, diese Komplexitätszunahme reduzieren zu wollen, die massive Auswirkungen auf die Arbeit von Coaches, Supervisoren und OE-Beratern haben. Als „Landkarte" oder „mentales Modell" (im Sinne von Senge, s. Fatzer 1999b) wird das klassische systemische Modell der Organisationsveränderung verwendet (nach Beckhard 1987; Schein 1987/88). Diese Landkarte (Abb. 5.5) wurde durch einen der Begründer von Organisationsentwicklung als Quintessenz seiner Entwicklungsarbeit kreiert und hilft, die wichtigsten Fragen bei einer Beratungsanfrage zu stellen:

1. Was ist das sog. „Business-Problem" oder „Präsentierproblem" (Fatzer 1990a)? Welches Problem möchte der Klient oder Kunde lösen? Worin besteht der Leidens- oder Veränderungsdruck?
2. Warum braucht man Veränderung oder Entwicklung? Braucht man überhaupt Beratung? In welcher Form (Supervision – Coaching – OE)?
3. Wer ist der Klient? (Schein (2000) unterscheidet hier mindestens sechs Typen von Klienten oder Auftraggebern.)
4. Welches ist der Ist- oder Soll-Zustand des Systems? Das Wort „Zustand" suggeriert etwas Statisches, ist aber natürlich im Sinne von Lewins Feld- und Systemtheorie als „momentanes ho-

möostatisches Fließ-Gleichgewicht des Systems" oder als Feld zu sehen.
5. Wie sieht der „Gap" (oder „Veränderungs-Graben") oder – systemisch gesprochen – die Differenz aus? Welches ist das „Kräftefeld"?
6. Wie kann die „Kultur" des Teams oder der Organisation beschrieben werden? Dieser Teil der Landkarte wurde durch Schein (2000) ergänzt.

Wie sehen die unterschiedlichen Veränderungsanlässe in diversen Typen von Organisationen aus, in denen wir arbeiten? Ich möchte dies nicht anhand von Fallbeispielen präsentieren, sondern in Form von Trends oder Perspektiven andeuten (vgl. Fatzer 2005a).

5.4.2 Veränderungen in der Natur von Arbeit

Um als Führungskraft oder als Berater/Supervisor zu verstehen, was sich in heutigen Organisationen verändert, sollen einige wichtige Veränderungen der Natur von Arbeit und der dazu notwendigen neuen Strukturen von Organisationen aufgezeigt werden. Ich beziehe mich dabei primär auf die Ausführungen des amerikanischen Soziologen Richard Sennett, die er zum Stichwort des „flexiblen Menschen" gemacht hat. Organisationen von heute – allen voran die Wirtschaftsorganisationen – verlangen vom Mitarbeiter Flexibilität. Das Wort „Flexibilität" bedeutete ursprünglich, „dass ein Baum sich im Wind biegen kann, dann aber zu seiner ursprünglichen Gestalt zurückkehrt. Im Idealfall sollte menschliches Verhalten dieselbe Dehnfestigkeit haben, sich wechselnden Umständen anpassen, ohne von ihnen gebrochen zu werden. Die heutige Gesellschaft sucht nach Wegen, die Übel der Routine durch die Schaffung flexiblerer Institutionen zu mildern" (Sennett 1998, S. 57).

Sennett beschreibt die heutigen Erfahrungen von Arbeitnehmern und Führungskräften als „Driften". Er paraphrasiert damit das persönliche Erlebnis, dass sich übliche Arbeitskarrieren auflösen und die früher vermeintlich vorhandene Sicherheit des Arbeitsplatzes und damit einhergehend die Loyalität gegenüber der Organisation langsam verloren zu gehen scheint.

» Das sichtbarste Zeichen dieses Wandels könnte das Motto „nichts Langfristiges" sein. In der Arbeitswelt ist die traditionelle Laufbahn, die Schritt für Schritt die Korridore von ein oder zwei Institutionen durchläuft, im Niedergang begriffen. Dasselbe gilt für das Hinreichen einer einzigen Ausbildung für ein ganzes Berufsleben (Sennett 1998, S. 25).

Die Entsprechung zu diesem Trend liegt in der Tendenz, die flexible Organisation als Idealform zu sehen:

» Eckpfeiler des modernen Managements ist der Glaube, lockere Netzwerke seien offener für grundlegende Umstrukturierungen als die pyramidalen Hierarchien. Die Verbindung zwischen den Knotenpunkten ist loser, man kann einen Teil entfernen, ohne andere Teile zu zerstören, zumindest in der Theorie. Das System ist fragmentiert, hierin liegt die Gelegenheit zur Intervention. […] Die spezifischen Verfahren zur Umstrukturierung von Institutionen sind inzwischen weit entwickelt (Sennett 1998, S. 60).

Betrachtet man heutige Tendenzen zur Umstrukturierung von Organisationen, wie sie unter den Stichworten „Qualitätsmanagement", „teilautonome Schulen", „neue Steuerungsmodelle", „Verwaltungsreform", „New Public Management", „flache Hierarchie", „Teamorganisation", „Netzwerkorganisation", „Profit-Center" und anderen Schlagworten mehr lauten, so sieht man, dass Supervision, Coaching und Organisationsentwicklung immer mehr zu Dienstleistungen werden, die solche Umstrukturierungen begleiten.

Sind solche Umstrukturierungen in der Industrie und im Wirtschaftssektor besonders radikal, ergreifen sie nunmehr auch Verwaltungs-, Bildungs- und Gesundheitsorganisationen, welche z. T. in der Schnittstelle zwischen Profit- und Not-for-profit-Organisationen stehen. Ich halte diese Unterscheidung für fragwürdig und irreführend, da nunmehr auch Schulen und Gesundheitsorganisationen durch die Politik und die Gesellschaft dazu angehalten werden, kostenbewusst und kostenverantwortlich zu denken. Selbst kirchliche Organisationen werden von dieser Notwendigkeit erfasst, wie ich durch die Begleitung von Führungskräften aus kirchlichen Organisationen im Rahmen von Umstrukturierungsprogrammen feststellen konnte. Sennett benennt dies für die Industrie in drastischen Worten:

> » Der gewohnte Begriff für solche Praktiken ist „Re-engineering", und sein hervorstechendstes Merkmal sind Personaleinsparungen. […] Die Einsparungen standen in direktem Verhältnis zur wachsenden Ungleichheit in der Gesellschaft, da nur eine Minderheit der entlassenen Arbeitnehmer im fortgeschrittenen Alter andere Stellen gefunden hat (Sennett 1998, S. 61).

Er charakterisiert scharfsichtig und relativ schonungslos aus der soziologischen Sicht die „Kultur des neuen Kapitalismus".

Gleichzeitig zur Veränderung von Arbeit und Karriere wandelt sich auch deren gesellschaftliche Funktion. Es ist ein Phänomen fast aller europäischen hochindustrialisierten Gesellschaften, dass sie ein hohes Maß an Arbeitslosigkeit produzieren. Im „Bündnis für Arbeit" versucht man, dieses Problem auch politisch anzugehen. Immer mehr werden auch Firmen gezwungen, sich ihrer sozialpolitischen Verantwortung zu stellen. Dies geschieht durch Gesetzesänderungen und politische Initiativen. So soll verhindert werden, dass „Profit durch Firmen personalisiert wird und die gesellschaftlichen Folgeprobleme durch Entlassung sozialisiert, d. h. gesellschaftlich getragen werden müssen. Gleichzeitig wird durch flexible Arbeitszeitmodelle versucht, die immer knapper werdende Arbeit umzuverteilen".

Durch das „Gespenst der Globalisierung" werden alle Kritiken gegen den „neoliberalen Kapitalismus" abgeschmettert. In der Schweiz kann man infolge davon eine zunehmende Polarisierung der Bürger und der Politik beobachten. Amerika und sein krisengeschüttelter Präsident rühmen sich andererseits, immer mehr „Jobs" zu schaffen, was ein Beweis für die florierende Wirtschaft sein soll. Schaut man jedoch näher hin, handelt es sich zu einem großen Teil um schlechtbezahlte „Blue-collar"-Jobs. Dies wirkt sich in erster Linie auf Wirtschaftsunternehmen aus, in zweiter Linie und mit zeitlicher Verzögerung auf alle Organisationen im Bildungs-, Gesundheits-, Sozial- und Verwaltungsbereich.

Wie sehen nun die neu auftretenden Veränderungsanlässe aus? Ich möchte dies für die drei Teilbereiche Schulen/Bildungsinstitutionen, Sozialinstitutionen und Gesundheitsorganisationen aufzeigen. Gleichzeitig möchte ich andeuten, wie sich die Dienstleistung Supervision – Coaching – OE neu ausrichtet und wie dies die Arbeitsweisen und Organisationsformen von Beratung beeinflusst.

5.5 Beratung als Begleitung von Lern-, Veränderungs- und Entwicklungsprozessen

Die Grundlagen eines Beratungskonzepts und einer Beratungswissenschaft werden im Folgenden anhand der Landkarte von Beratung von Kantor dargestellt (◘ Abb. 5.6). David Kantor ist seit 1997 einer der Mentoren des Trias-Netzwerkes (Fatzer 1999a).

Folgende Fragen müssen beantwortet werden können durch den Berater/Coach:

1. Welches ist der Gegenstand der Beratung? („Theory of the Thing")
2. Welches Modell von Veränderung liegt vor? Wie findet Veränderung statt?
3. Wie kann die Veränderung durchgeführt werden? („Theory of Change")
4. Wie sieht die Praxis der Beratung aus? Welches praktische Vorgehen wird vorgeschlagen? Wie werden Interventionen durchgeführt? („Practice Model")
5. Welche Kernkompetenzen braucht ein Berater? Welche Methoden und Werkzeuge sind zentral? („Capacity Building")
6. Welches ist das Teamprofil des Beratungsteams? Wie sieht das „Grenzprofil" des Beraters aus?

Diese Punkte stehen auf Seiten der Beratung. Unabdingbar ist zudem die Seite der Kunden, von denen nach Schein (2000) mindestens sechs Typen unterschieden werden können:

- Kontaktkunde
- mittelbarer Kunde oder Klient (synonym) („Vermittler")

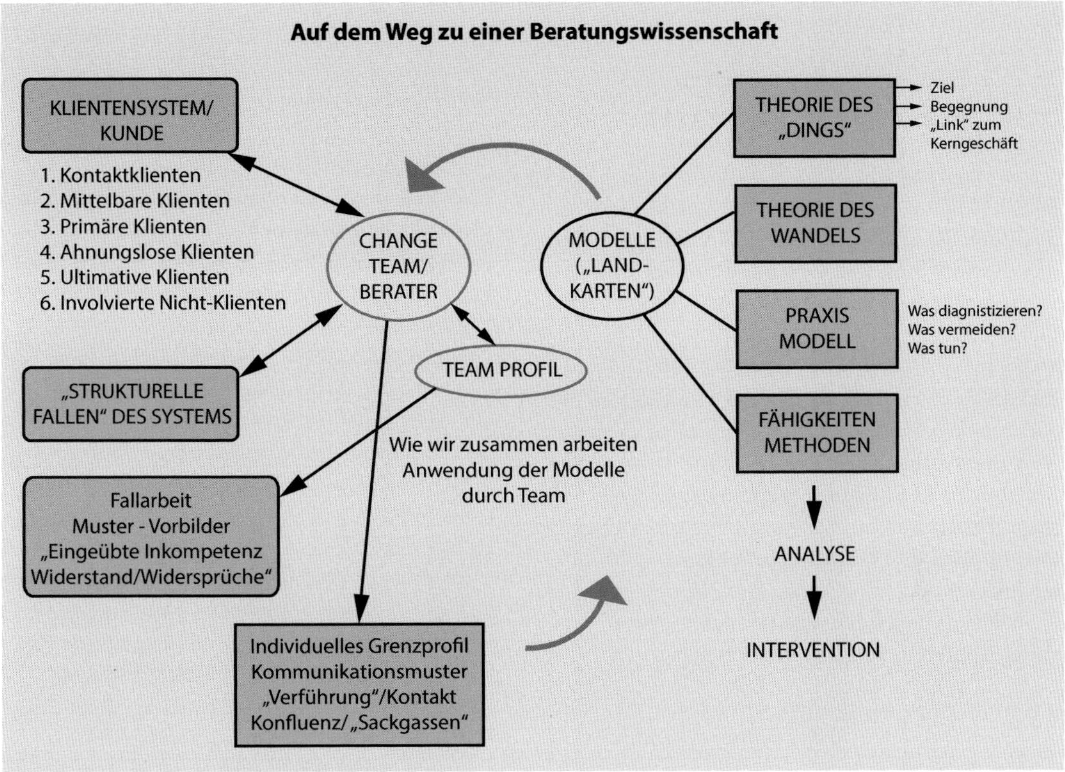

Abb. 5.6 Landkarte von Kantor (Fatzer 2005a, S. 90)

- primärer Klient („Auftraggeber")
- ahnungsloser Kunde („der betroffen ist")
- ultimativer Kunde („der bezahlt")
- nicht-involvierter Kunde oder Klient (z. B. Machtträger)

Rappe-Giesecke (2003) führt in einer eigenen Darstellung die „Theory of Consulting" ein, bei der sie die Dreiteilung in Expertenberatung, Arzt-Patient-Beratung und Prozessberatung vorstellt (Schein 2000). Ich finde diese Ergänzung von Rappe-Giesecke nur bedingt sinnstiftend, sondern subsumiere sie unter dem Bereich „Practice Model". Im Folgenden werden die einzelnen Aspekte des Beratungskonzepts näher erläutert.

Theory of the Thing

Hiermit ist der Beratungsgegenstand oder das Feld gemeint. Im Coaching oder in der Einzelsupervision ist die Vorstellung von der Persönlichkeit eines Klienten unabdingbar, wobei auf Persönlichkeitstheorien zurückgegriffen werden kann. Darüber hinaus sind bei der Begleitung von Gruppen oder Teams Vorstellungen von einer idealen Gruppen- oder Teamentwicklung, von den darin auftretenden Entwicklungsproblemen, von Merkmalen guter Teams usw. notwendig. Außerdem ist in der Begleitung einer Organisation oder einer fusionierten Organisation die Vorstellung einer idealen oder lernfähigen Organisation oder ein Modell einer guten Fusion hilfreich.

Theory of Change oder Veränderungsmodelle/-landkarten

Ein Berater sollte bei einem Beratungsprozess dem Kunden aufzeigen können, welche Vorstellung von Veränderung er hat. Viele Veränderungsprojekte scheitern daran, dass der Berater dies nicht klarmachen kann und der Klient dann desorientiert ist. Die gängigsten Veränderungsmodelle sind Veränderungslandkarten wie

- Veränderungskurve (Fatzer et al. 1999)
- Veränderungsmodell (nach Beckhard 1987)

- Veränderungsmodell 5-Basis-Prozesse (nach Glasl 1987)
- Kulturebenenmodell (nach Schein 2003)
- systemisches Mehrebenenmodell (nach Kantor 1997)

Diese Modelle oder Landkarten haben eines gemeinsam: Sie zeigen auf, dass Veränderung mit Lernen, Entwicklung und Krisen zu tun hat und dass sie ein hochemotionaler Prozess ist.

- **Practice Model oder Praxismodell**

Ziel des Praxismodells ist es, die Methoden und den persönlichen Stil der Beratung zu charakterisieren. Hier muss anhand der Beschreibung erfolgreicher Lerngeschichten in guten Beratungsprojekten herausgearbeitet werden, was nachhaltige Beratungsinterventionen sind (Fatzer 2005b; Fatzer und Schoefer 2004).

Mit den folgenden Reflexionen zu einer Coaching-Konferenz schließt dieser Beitrag:

Coaching: Zukunft der Branche – Branche der Zukunft

Diese Nachgedanken wurden anlässlich einer der ersten Coaching-Konferenzen in Deutschland formuliert, an denen ich als Hauptreferent teilnahm. Sie illustrieren Trends im Bereich des Coachings sowie kritische Einschätzungen und sind nach wie vor gültig.

Die „Professional Community" des Coaching-Feldes ist bunt, noch im semiprofessionellen Stadium und nicht durch Standesorganisationen verregelt. Man sieht alles: von fahrenden Händlern über Ethik verbreitende Professoren bis hin zu firmeninternen Organisationsentwicklern, die flächendeckende Coaching-Programme entwerfen. Gelungen ist der Dialog zwischen den Coaches und den Firmen.

Wie wissen wir, dass das Coaching der Mächtigen nicht zu einem „Emotions-Bordell" (Looss) verkommt? Wie wissen wir, dass Coaching nicht zu einer systemblinden „defensiven Routine" wird, sondern „Person und System zusammensieht" (Fatzer)? Ein guter Coach bettet sein Coaching ins System seines Kunden ein, da dieser meistens Veränderungsprozesse anleitet. Er macht den Kunden mit eigenen „Grenzprofilen" und „strukturellen Fallen des Systems" (Kantor) vertraut, vor allem wenn dieser Veränderungsprogramme leitet. Er verfügt über Veränderungslandkarten, Organisationsmodelle und eine gut fundierte Praxis und kann Musterbildungen benennen. Er hat Vorstellungen von unterschiedlichen „Typen von Klienten" (Schein) und verankert das Coaching in der Organisation. Methodisch setzt er Ansätze der Karriereentwicklung (Schein), der Gestaltpsychologie und des systemischen Arbeitens ein.

Es ist das Verdienst von Christopher Rauen und von verschiedenen Coaching-Netzwerken, diese anregende Konferenz organisiert zu haben. Angenehm waren auch die vielen firmenintern entwickelten Coaching-Programme, die durch Daimler Chrysler, Metro und andere Firmen vorgestellt wurden, sowie die vielen Medienvertreter der Fachzeitschriften und der Tagespresse. Neben neuesten Tools wurden auch interessante Forschungsstudien zur Wirksamkeit vorgestellt. Was sicher ansteht, ist die Vernetzung mit OE-Maßnahmen oder flächendeckenden Veränderungsprozessen. Die Coaching-Konferenz hat einmal mehr gezeigt, dass eine guter Coach solides Veränderungswissen braucht. Die Aussage, „Organisationsentwicklung ist out", kann in diesem Kontext nur als Falschmeldung des Tages bezeichnet werden. Es wurde auch klar ist, dass die Unterscheidung in Coaching, Supervision oder OE immer weniger Sinn macht und den Kunden schon gar nicht interessiert. Stattdessen spricht man von der „Begleitung von Lern-, Veränderungs- und Entwicklungsprozessen" bei Einzelpersonen, Teams und Systemen.

Literatur

Verwendete Literatur

Beckhard, R. (1987). *Organizational transitions*. Reading, MA: Addison-Wesley.

Eck, C. D. (1990). Rollencoaching als Supervision. In G. Fatzer (Hrsg.), *Supervision und Beratung* (S. 209–247). Köln: EHP.

Fatzer, G. (1987). *Ganzheitliches Lernen*. Paderborn: Junfermann.

Fatzer, G. (1990a). *Supervision und Beratung*. Köln: EHP.

Fatzer, G. (1993). *Organisationsentwicklung für die Zukunft*. Köln: EHP.

Fatzer, G. (1996). *Organisationsentwicklung und Supervision. Erfolgsfaktoren bei Veränderungsprozessen*. Köln: EHP.

Fatzer, G. (1999a). Der Gestaltansatz der Organisationsentwicklung. Gestalt und System. In R. Fuhr et al. (Hrsg.), *Handbuch der Gestalttherapie* (S. 1069–1076). Göttingen: Hogrefe.

Fatzer, G. (1999b). Unternehmens- und Organisationskultur als grundlegendes Konzept von Supervision und Organisationsentwicklung. *Supervision, 35*, 68–82.

Fatzer, G. (2005a). *Gute Beratung von Organisationen. Auf dem Weg zu einer Beratungswissenschaft*. Bergisch Gladbach: EHP.

Fatzer, G. (2005b). *Transformationsprozesse in Organisationen: Nachhaltige Organisationsentwicklung*. Bergisch Gladbach: EHP.

Fatzer, G., Rappe-Giesecke, K., & Looss, W. (1999). *Qualität und Leistung von Beratung*. Köln: EHP.

Fatzer, G., & Schoefer, S. (2004). Wissensentwicklung und Wissensmanagement in Beratungsnetzwerken. *Profile, 8*, 40–58.

Glasl, F. (1987) Die fünf Basisprozesse. Int. Arbeitspapier.

Kantor, D. (1988). *The Theory of the Thing*. Kantor-Institute: Int. Paper.

Kleiner, A., & Roth, G. (2001). Lerngeschichten von Organisationen. Wie sich Erfahrungen in der Firma besser nutzen lassen. *Profile, 1*, 91–98.

Lewin, K. (1947). *Lösung sozialer Konflikte*. New York: Harper.

Loebbert, M. et al. (2012). *Coaching meets Research*. Heidelberg: Springer.

Looss, W. (1991). *Coaching für Manager*. Landsberg: Moderne Industrie.

Looss, W. (1997). *Unter vier Augen*. Landsberg: Moderne Industrie.

Looss, W. (1999). Coaching – Qualitätsüberlegungen beim Einsatz von Coaching. In G. Fatzer, K. Rappe-Giesecke, & W. Looss (Hrsg.), *Qualität und Leistung von Beratung* (S. 105–132). Köln: EHP.

Massarik, F. (1997). The legacy of Kurt Lewin (NTL Proceedings). In G. Fatzer, & F. Massarik (Hrsg.), *Organisationsberatung und Feldtheorie. Die Bedeutung Kurt Lewins für Veränderungsprozesse in Organisationen* (S. 88–99). Bergisch Gladbach: EHP.

Rappe-Giesecke, K. (1996). Der Abschied von den eindimensionalen Modellen. Über das Verhältnis von Supervision und Organisationsentwicklung. In G. Fatzer (Hrsg.), *Organisationsentwicklung und Supervision* (S. 45–62). Köln: EHP.

Rappe-Giesecke, K. (2003). *Supervision für Gruppen und Teams*. Berlin: Springer.

Schein, E. (1987/88). *Process consultation*. Reading: Addison-Wesley.

Schein, E. (1990). Organisationsberatung. In G. Fatzer (Hrsg.), *Supervision und Beratung* (S. 409–419). Köln: EHP.

Schein, E. (1993). Informationstechnologie und Management – passen sie zusammen. In G. Fatzer (Hrsg.), *Organisationsentwicklung für die Zukunft* (S. 41–58). Köln: EHP.

Schein, E. (1994). *Überleben im Wandel*. Darmstadt: Lanzenberger.

Schein, E. (2000). *Prozessberatung für die Organisation der Zukunft*. Köln: EHP.

Schein, E. (2003). *Organisationskultur*. Bergisch Gladbach: EHP.

Schein, E. (2006). Die Rolle der Kunst und des Künstlers. *Profile, 12*, 5–7.

Sennett, R. (1998). *Der flexible Mensch. Die Kultur des neuen Kapitalismus*. Berlin: Berlin-Verlag.

Weiterführende Literatur

Argyris, C. (1993). Defensive Routinen. In G. Fatzer (Hrsg.), *Organisationsentwicklung für die Zukunft* (S. 179–226). Köln: EHP.

Argyris, C. (1993). Eingeübte Inkompetenz. In G. Fatzer (Hrsg.), *Organisationsentwicklung für die Zukunft* (S. 129–144). Köln: EHP.

Argyris, C. (1996). Wenn gute Kommunikation das Lernen verhindert. In G. Fatzer (Hrsg.), *Organisationsentwicklung und Supervision. Erfolgsfaktoren bei Veränderungsprozessen* (S. 109–126). Köln: EHP.

Beckhard, R. (1996). *Changing the essence*. San Francisco: Jossey Bass.

Bennis, W. (1995). *Führungskräfte*. Frankfurt a. M.: Campus.

Bennis, W. (1996). *Führung lernen*. Frankfurt a. M.: Campus.

Berker, P. (1998). Marketing für Supervision. *Supervision, 34*. Themenheft

Block, P. (1997). *Erfolgreiche Beratung*. Frankfurt a. M.: Campus.

Bobzien, M. et al. (1997). *Qualitätsmanagement*. München: Sandmann.

Bradford, L. et al. (1995). *Sensitivity Gruppen*. Stuttgart: Klett-Cotta.

Bunker, B., & Alban, B. (1997). *Large groups*. San Francisco: Jossey-Bass.

Burke, W. W. (1983). Gestalt, OE und Systemtheorie. *Gruppendynamik, 4*.

Burke, W. W. (1987). *Organization development*. Reading, MA: Addison-Wesley.

Burke, W. W. (1998). Die neue Agenda für Organisationsentwicklung. *Organisationsentwicklung, 3*, 30–38.

Cummings, T. G. (1993). *Organizational development and change* (5. Aufl.). Minneapolis: West Publ..

Emery, M. (1996). *Search Conference*. San Francisco: Jossey-Bass.

Fatzer, G. (1983). Neue Entwicklungen der OE in den Vereinigten Staaten. *Gruppendynamik, 4*, 10–20.

Fatzer, G. (1990b). Systemdenken als neues Paradigma der Arbeit mit Organisationen. *Gruppendynamik, 1*, 51–65.

Fatzer, G. (1997). Lernende Organisation – Mythos oder Realität. *Hernsteiner, 4*, 10–20.

Fatzer, G. (1998). Ansätze zur lernenden Organisation. In J. Howaldt, R. Kopp, & M. Winther (Hrsg.), *Kontinuierlicher Verbesserungsprozeß. KVP als Motor der lernenden Organisation* (S. 20–26). Köln: Wirtschaftsverl. Bachem..

Fatzer, G. (2011). Von der West zur Ostküste. *Profile, 22*, 85–95.

Fatzer, G., & Jansen, H. H. (1980). *Gruppe als Methode*. Weinheim: Beltz. neu: EHP 2012

Fatzer, G., & Schönenberger, B. (2015). *Organisation und Inspiration*. Köln: EHP.

Giesecke, M., & Rappe-Giesecke, K. (1997). *Supervision als Medium der Sozialforschung*. Frankfurt a. M.: Suhrkamp.

Grossmann, R., & Scala, K. (1994). *Gesundheit durch Projekte fördern*. München: Juventa.

Herman, S. (1994). *A force of ones*. San Francisco: Jossey-Bass.

Herman, S., & Korenich, H. (1977). *Authentic management*. Reading, MA: Addison-Wesley.

Lippitt, G., & Lippitt, L. (1980). *Beratung als Prozeß*. Goch: Bratt.

Marrow, A. A. (1977). *Kurt Lewin. Leben und Werk*. Stuttgart: Klett.

Morgan, G. (1997). *Bilder der Organisation*. Stuttgart: Klett-Cotta.

Morgan, G. (1998). *Löwe, Qualle, Pinguin. Imaginieren als Kunst der Veränderung*. Stuttgart: Klett-Cotta.

Nevis, E. (1988). *Organisationsberatung – ein gestalttherapeutischer Ansatz*. Köln: EHP.

Nevis, E. (1996). *Intentional revolutions*. San Francisco: Jossey-Bass.

Nevis, E., & Di Bella, T. (1997). *How organizations learn*. San Francisco: Jossey-Bass.

Rappe-Giesecke, K. (1994). *Supervision*. Berlin: Springer.

Rappe-Giesecke, K. (1996). Corporate Identity. *Supervision, 30*. Themenheft

Rappe-Giesecke, K. (1999). Supervision – Veränderung durch soziale Selbstreflexion. In G. Fatzer, K. Rappe-Giesecke, & W. Looss (Hrsg.), *Qualität und Leistung von Beratung* (S. 27–103). Köln: EHP.

Sackmann, S. (1983). Organisationskultur als unsichtbare Einflussgröße. *Gruppendynamik, 4*, 8–20.

Sackmann, S. (1990). Managing organizational culture. In S. Sackmann (Hrsg.), *Cultural knowledge in organizations* (S. 55–70). Beverly Hills: Sage.

Sackmann, S. (1997). *Cultural complexity in organizations*. Beverly Hills: Sage.

Schein, E. (1992). *Karriereanker*. Darmstadt: Wolfgang Looss.

Schein, E. (1998). Organisationsentwicklung und die Organisation der Zukunft. *Organisationsentwicklung, 3*, 45–55.

Schein, E. (2010). *Prozess und Philosophie des Helfens*. Köln: EHP.

Schein, E. (2015). *Humble Inquiry*. Köln: EHP.

Schein, E., & Fatzer, G. (2012). *Führung und das Management der Veränderung*. Köln: EHP.

Senge, P. (1996). *Die Fünfte Disziplin*. Stuttgart: Klett-Cotta.

Senge, P. et al. (1996). *Fieldbook zur fünften Disziplin*. Stuttgart: Klett-Cotta.

Vansina, L. S., & Taillieu, T. (1996). Business Process Reengineering oder: Soziotechnisches Systemdesign in neuen Kleidern?. In G. Fatzer (Hrsg.), *Organisationsentwicklung und Supervision* (S. 19–44). Köln: EHP.

Weisbord, M. (1992). *Future conference*. San Francisco: Berrett Koehler.

Wheeler, G. (1994). *Kontakt und Widerstand*. Köln: EHP.

Beziehungsqualität

Kompetenzen zur Steuerung des Coaching-Prozesses

Thomas Webers

C. Triebel et al. (Hrsg.), *Qualität im Coaching,*
DOI 10.1007/978-3-662-49058-7_6, © Springer-Verlag Berlin Heidelberg 2016

6.1 Kompetenzen

Erpenbeck und von Rosenstiel definieren Kompetenzen als „Dispositionen selbstorganisierten Handelns“ im Unterschied zu Qualifikationen, die man aufgrund von „davon abgetrennten, normierbaren“ Prüfungssituationen erwirbt (Erpenbeck und von Rosenstiel 2003, S. XI). Sie differenzieren drei Kompetenzklassen, die sich wiederum jeweils in einen Dispositions- und einen Performanzaspekt unterscheiden lassen:

- **fachlich-methodische Kompetenzen:** Das sind Kenntnisse, Fertigkeiten und Fähigkeiten, die selbst organisiertes Handeln im Sinne einer sachlich-sinnhaften Problemlösung mittels Fachwissen und dem Beherrschen von Instrumenten und Techniken ermöglichen.
- **personale Kompetenzen:** Das sind Kenntnisse, Fertigkeiten und Fähigkeiten, die selbst organisiertes Handeln als Selbstmanagement – Selbstkenntnis, -reflexion und -steuerung – ermöglichen.
- **sozial-kommunikative Kompetenzen:** Das sind Kenntnisse, Fertigkeiten und Fähigkeiten, die selbst organisiertes Handeln im sozialen Kontext, also kommunikativ, kooperativ und kulturell passende soziale Anschlusshandlungen ermöglichen.

In der Literatur finden sich einige Kompetenzkonzeptualisierungen fürs Coaching, die zumeist auf Coach-Kompetenzen fokussieren und mehrheitlich die o. g. Klassifikation übernehmen beziehungsweise durch die Differenzierung von Fach- und Methodenkompetenzen vier Kompetenzklassen beschreiben (Drexler 2013; Kuchen und Pedrun 2006; Merz und Frey 2011; Michel et al. 2014). Eine vergleichbare Unterscheidung trifft Staubach (2008), die für die vier „Kompetenzfelder der Co-Produktion“ die Fähigkeiten zur Orientierung an Theorie, zur Reflexion, zur Operation in relevanten Kontexten sowie zur Prozesssteuerung nennt. Und ebenfalls fast gleichlautend benennt Rettinger (2011): professional knowledge/expertise, knowledge of procedure, empathy und experience. Wird die Prozesssteuerung im Sinne von Methodenkompetenz als übergeordnete, performative Handlungskompetenz konzipiert, ergänzt sie die dispositionalen Kompetenzklassen nach Erpenbeck und von Rosenstiel (2003). Die Kompetenz zur Prozesssteuerung basiert also auf fachlichen, personalen und sozialen Dispositionen und integriert diese im selbstorganisierten, zielorientierten Handeln.

6.2 Kompetenzen des Coaches

In der populären Coaching-Literatur überwiegen normative Kompetenzbeschreibungen im Sinne von Tugenden, allgemeinen Erwartungen oder Anforderungen (Rauen 2008). Diese Kataloge werden in der Regel weder theoretisch hergeleitet noch empirisch überprüft und auch nicht vergleichend diskutiert, sondern lediglich gesetzt. Das kann einem wissenschaftlichen Erkenntnisinteresse nicht standhalten.

Die früheste Arbeit zur empirischen Überprüfung solcher Kompetenzbehauptungen entstand als Studienarbeit am Zürcher Institut für Angewandte Psychologie (IAP). Kuchen und Pedrun (2006) verweisen einerseits auf das dort angesiedelte Curriculum des Weiterbildungsmasters „MAS Coaching & Organisationsberatung“ und das dort enthaltene Kompetenzmodell sowie auf Literaturquellen. Andererseits befragen sie 134 Mitglieder des Schweizerischen Berufsverbands für Supervision, Organisationsberatung und Coaching (BSO) mittels Fragebogen zum Thema Coach-Kompetenzen. Die Ergebnisse werden auf vier Kompetenzklassen bezogen dargelegt (es werden jeweils die ersten drei Rangplätze der Ergebnisse aufgeführt; ◘ Tab. 6.1).

Weitere Studien zum Thema Coach-Kompetenz stammen von Drexler (2013) sowie Michel et al. (2014). Sie replizieren einerseits das Modell von Kuchen und Pedrun (2006), stellen zum Teil aber auch alternative Aspekte in den Vordergrund. An dieser Stelle könnte man nun über allerlei methodische und inhaltliche Aspekte streiten. Viel wichtiger erscheint allerdings die Frage, welchen Erkenntnisgewinn ein mögliches Master-Coach-Kompetenzmodell evozieren kann. Eine erste Antwort lautet: Es differenziert nach Kompetenzklassen und kann somit Coach und Klienten helfen, Anforderungen zu klären.

Doch Anforderungen sind weder zeitlos noch kontextfrei. Im Qualitätsmanagement heißt es: „Qualität ist der Grad, in dem ein Satz inhärenter

Tab. 6.1 Coach-Kompetenzen. (Nach Kuchen und Pedrun 2006)

Kompetenzklasse	Teilkompetenzen
Fachkompetenz	Wissensgebiete: allgemeines psychologische Wissen, Organisationspsychologie, Betriebswirtschaftslehre Bereiche: Problembearbeitung, Konfliktmanagement, Change-Management
Selbstkompetenz	Umgang mit sich selbst: Selbstvertrauen, Selbstreflexion, vernetztes Denken, Lern- und Veränderungsfähigkeit Haltung: Authentizität, kennt seine Grenzen, Integrität/Vertrauenswürdigkeit Erfahrungshintergründe: Selbst- und Lebenserfahrung, Beratungserfahrung, Berufserfahrung
Sozialkompetenz	Kommunikationsfähigkeit: aktiv und unvoreingenommen zuhören können, Sensibilität für verborgene Ursachen, offen und transparent kommunizieren Beziehungsfähigkeit: Fähigkeit, Beziehungen kooperativ zu gestalten, vertrauensvolle Atmosphäre schaffen, Nähe/Distanz flexibel handhaben Haltung: Empathie, Wertschätzung, Respekt Rollenverständnis: Rollenreflexion, -gestaltung, -flexibilität
Methodenkompetenz	Beratungsprozess: transparente Informationsgestaltung, Zielorientierung, geeignete Interventionswahl

(innewohnender) Merkmale Anforderungen erfüllt“ (ISO 2007). Qualität muss also in einem sozialen Prozess definiert werden. Die vorgestellten Coach-Kompetenz-Kataloge dürfen deshalb nicht statisch verstanden werden, sondern müssen in Bezug auf die zeitliche und räumliche Dimension spezifiziert werden. Dies wird auch schon in der Definition von Erpenbeck und von Rosenstiel (2003) deutlich, indem sie Kompetenz von Qualifikation abgrenzen sowie zwischen einem Dispositions- und einem Performanzeffekt unterscheiden.

6.3 Systemische Betrachtung

6.3.1 Prozessperspektive

Kompetenzen dürfen nicht als überdauernde Eigenschaften per se missverstanden werden, die der Coach zeitlos und ortsunabhängig mitbringt. Die Versuchung, so zu denken, besteht beispielsweise bei Fachkompetenzen wie der in den oben aufgeführten Modellen genannten Lebenserfahrung. Wird ein Coach automatisch mit einem Lebensalter von 40 Jahren kompetent? Vermutlich nicht. Auch wenn Coach-Einkäufer das Kriterium Alter gerne wie eine Heuristik als Auswahlkriterium nutzen (Lorenz 2014). Insbesondere bei der Selbstkompetenz könnte man auf die Idee verfallen, diese mit Persönlichkeitseigenschaften gleich zu setzen. Dies wäre jedoch unangemessen. Auch wenn Persönlichkeitseigenschaften in der Psychologie als Dispositionen betrachtet werden, die Verhalten vorgelagert gedacht werden, ist das konkrete Verhalten doch von allerlei weiteren Umständen abhängig – und zwar sowohl von personalen (z. B. differenzieren Liebenow et al. (2014) zwischen Fähigkeit, Fertigkeit und Bereitschaft) als auch situationalen Aspekten (Kontext, Zeit).

Kompetenz ist folglich eine zeitkritische Aussage. Wer gestern noch nicht kompetent erschien, dem kann man es heute zuschreiben und morgen vielleicht schon wieder absprechen. Denn Kompetenz will nicht bloß erworben werden – das unterscheidet sie von der Qualifikation –, sondern ist nie fertig und muss ständig gepflegt und weiterentwickelt werden, etwa durch Praxis, Supervision und Weiterbildung (Webers 2013). Den Prozesscharakter von Kompetenz können wir, wie das im Rahmen des Qualitätsmanagements geschieht, modellieren, indem wird Struktur-, Prozess- und Ergebnisqualität unterscheiden (Donabedian 1982).

- Die **Strukturqualität** umfasst die Qualität der eingesetzten Faktoren (persönliche, materielle und organisatorische Ressourcen). Als Arbeitshypothese könnte man eine positive

Korrelation zwischen der Qualität der eingesetzten Mittel und der Maßnahme postulieren. Damit stellt sich die grundsätzliche Frage: Was brauchen wir für das Coaching auf Coach- und Klientenseite als Voraussetzung? Der „Input" ist folglich ein Potenzial oder im Sinne von Erpenbeck und von Rosenstiel (2003) eine Disposition.
- Die **Prozessqualität** bezieht sich auf alle Aktivitäten und den indikationsgerechten Einsatz der vorhandenen Strukturen oder Ressourcen – sowie auf die Nebenwirkungen auch externer Einflüsse. Sie spiegelt das Potenzial der Prozessgestaltung wider, mit angemessenen Mitteln eine bestimmte Ergebnisqualität erbringen zu können. Damit stellt sich die Frage: Wie verläuft Coaching optimaler Weise? Der „Troughput" wäre im Sinne von Erpenbeck und von Rosenstiel (2003) eine Performanz zu nennen.
- Die **Ergebnisqualität** bezieht sich auf den Grad des erreichten Erfolgs einer Maßnahme, beispielsweise anhand eines Vorher-Nachher-Vergleichs. Sie resultiert möglicherweise aus einer gelungenen Prozessgestaltung und dem Einsatz angemessener Mittel. Womit sich die Frage stellt: Was soll das angemessene Ergebnis beim Coaching sein? Auch der „Outcome" wäre im Sinne von Erpenbeck und von Rosenstiel (2003) eine Performanz zu nennen.

Wenn wir uns auf die Prozessqualität fokussieren – also Voraussetzungen wie eine Coaching-Weiterbildung des Coaches oder summative Ergebnisse wie eine verbesserte Leistung des Klienten im Anschluss an das Coaching ausblenden – fällt auf, dass zur Beschreibung der Prozessqualität in der Coaching-Szene Phasenmodelle beliebt sind, die den Coach sicher durchs Coaching leiten sollen. Sie konzipieren eine Wegstrecke von A nach B, der entlang man sich bewegen muss, um das Ziel zu erreichen: Analyse/Diagnose – Intervention – Zielerreichung. So beispielsweise das COACH-Modell von Rauen (2008): Come together – Orientation – Analysis – Change – Harbour.

Aus systemischer Sicht ist ein solcher Verlauf unwahrscheinlich – wie schon Backhausen und Thommen (2006) dargelegt haben. Es wird damit impliziert, dass ein zu Beginn getroffener Kontrakt bis zum Ende hält, dass ein anfangs ins Auge gefasstes Ziel bis zum Ende weiter verfolgt wird. Ebenfalls wird zwischen einer Diagnose und einer Intervention unterschieden; und dass erst am Ende das Thema Evaluation wichtig wird. Rückfälle in (angeblich bewältigte) Phasen oder Sprünge in Phasen, die noch nicht möglich schienen, lassen Praktiker an der pauschalen Verlässlichkeit und Brauchbarkeit solcher Modelle, die beispielsweise auch zu den Themen Teamentwicklung (Tuckman 1965) und Unternehmensentwicklung (Glasl und Lievegoed 2011) vorliegen, immer schon zweifeln.

Ein weiteres, prominentes Phasenmodell ist das Rubikonmodell von Heckhausen und Gollwitzer (1987). Das Zürcher Ressourcenmodell (ZRM) baut hierauf auf (Krause und Storch 2006). Dieser Ansatz ist zwar für die motivationale Klärung hilfreich und als elaboriert zu bezeichnen, kann aber eben nicht für alle Coaching-Anliegen genutzt werden.

Um diesem Dilemma zu entgehen, haben wir (Webers, in Druck) vorgeschlagen, allgemein nicht sukzessive Schritte, sondern sog. Wirkfaktoren als gleichberechtigte Prozessebenen zu betrachten. Grawe (2005) entwickelt die Metaperspektive auf Wirkfaktoren im therapeutischen Prozess im Zuge seiner Kritik am Streit um die Effektivität einzelner Therapiemethoden und benennt fünf Faktoren:
- **Ressourcenaktivierung**: Änderungsbereitschaft und -fähigkeiten des Klienten werden genutzt.
- **Problemaktualisierung**: Problematische Situationen oder Kontexte werden aktuell wieder erlebt.
- **Problembewältigung**: Positive Bewältigungserfahrungen werden ermöglicht.
- **Motivationale Klärung**: Determinanten des Erlebens und Verhaltens werden bewusst.
- **Therapiebeziehung**: Die Qualität der Beziehung zwischen Therapeut und Patient wird gepflegt.

Greif (2008) adaptiert diese Liste von fünf Faktoren und erweitert ihre Anzahl für die Betrachtung des Coaching-Prozesses auf die Anzahl von acht (Prozess-)Erfolgsfaktoren. Triebel, der sich etwa zeitgleich mit dem Graweschen Modell beschäftigt, äußert sich jedoch kritisch: „Die Wirkprinzipien Grawes erscheinen gerade vor dem Hintergrund ihrer empirischen Bestätigung als ‚Zwischenergebnisse' innerhalb eines Beratungsprozesses. Sie beschreiben, was erreicht wird, nicht aber, wie dies geschehen soll" (Triebel 2009, S. 51). Er kritisiert zudem, dass „Begriffe wie ‚Wirksamkeit', ‚Wirkung', ‚Wirkprinzip' und ‚Wirkfaktor' in der Literatur weitgehend unsystematisch und gleichbedeutend miteinander benutzt" (Triebel 2009, S. 55) werden. Diese Begriffe würden jedoch auf unterschiedlichen Ebenen operieren, was er am Beispiel „Ressourcenorientierung" darlegt: Sie sei weder als Wirksamkeit (Ursache) noch als Wirkung verstehbar, sondern ein Prozessbegriff, „unter den unterschiedliche Interventionsschritte untergeordnet werden können, denen wiederum bestimmte theoretisch begründete Wirkungen zu Grunde liegen sollen, um wirksam zu werden" (Triebel 2009, S. 56).

Indem wir Triebel folgen und von Wirkprinzipien als Prozessfaktoren sprechen, ergibt sich das Bild einer mehrstimmigen Partitur für den Coaching-Prozess. Alle Einzelstimmen sind jederzeit im Einsatz – auch wenn sie gerade pausieren oder eine andere Stimme im Vordergrund spielt. Ob man nun die von Grawe genannten oder die durch Greif differenzierten Aspekte betrachtet, Therapiebeziehung oder Ressourcenorientierung sind im Coaching-Prozess jederzeit relevant.

6.3.2 Kontextperspektive

Im Coaching trifft Kompetenz auf Kompetenz, nämlich die des Coaches auf die des Klienten und seines Umfelds. Coaching zeichnet sich durch koproduktives Arbeiten aus. Es ist keine Autowerkstatt, in die man sein Auto zur Reparatur bringt, sondern eine individuelle, personenbezogene und wissensintensive Dienstleistung (Gross und Stephan 2011; Meffert und Bruhn 2006). Dienstleistungen sind immateriell. Man kann sie nicht lagern wie Produkte und auf Vorrat produzieren. Produktion und Konsumption fallen zeitlich zusammen (Simultanität). Weil Dienstleister und Kunde bei der Erstellung der Dienstleistung interagieren, gilt das Uno-actu-Prinzip. Jeder Coaching-Prozess ist einmalig. Und: It takes two to tango.

Kompetenz ist folglich abhängig von der Situation, vom Kontext. Es gibt kein „One fits all"-Setting oder ein „Gelingt immer"-Rezept. Es wäre unangemessen, die o. g. Kompetenzkataloge für Coaches als Maximalforderung auszulegen, die von jedem zu erfüllen seien (Liebenow et al. 2014). Konkrete Anforderungen (Zielgruppe, Themen etc.) können auch mit spezifischen Kompetenzprofilen (Spezialist) sehr gut bedient werden. Auch im Coaching misstrauen Einkäufer den sog. Bauchladenprofilen („eierlegende Wollmilchsau") und sprechen gezielt Spezialisten an (Lorenz 2014).

Und in der Tat herrscht bei Weitem keine Einigkeit in Bezug auf den Wert oder die Ausprägung bestimmter Teilkompetenzen bzw. -klassen (Webers 2014). Ob ein Coach betriebswirtschaftliche oder psychologische Kompetenzen benötigt, wird kontrovers (Bethlehem 2010; Kaul 2010). Ähnlich kontrovers wird der Nutzen der Feldkompetenz (Ellebracht 2012; Eyk 2012) oder das Alter, welches landläufig mit Lebenserfahrung assoziiert wird (Fischer-Epe 2012; Schwertl 2012), diskutiert. Ebenso wird das Thema „gemeinsame Augenhöhe", ein Kernpunkt der Beziehungsgestaltung (Sozialkompetenz), unterschiedlich bewertet (Kyburz 2010; Loebbert 2010), weil all dies situationsspezifisch unterschiedlich wichtig sein kann, aber auch von unterschiedlichen Anspruchsgruppen unterschiedlich bewertet wird. Hierzu zählen im Coaching:

- der Klient
- das Klientensystem (private und professionelle Bezugspersonen)
- das Professionssystem (scientific community, Supervision)
- die Öffentlichkeit/Gesellschaft

Deren Bewertungen können, müssen aber nicht konvergieren. Das Kompetenzurteil kann also unterschiedlich ausfallen. Beispielsweise erlebt der Klient den Coach als kompetent, das Klientensystem aber nicht (das Unternehmen hatte sich etwas anderes erhofft). Oder das Professionssystem bezeichnet ein Coaching-Ensemble als kompetent (= professionell), Klient und Klientensystem und Öffentlichkeit/Gesellschaft sind – möglicherweise auch aufgrund unterschiedlicher Perspektiven – jedoch anderer Meinung.

Das Kompetenzurteil ist abhängig vom Beobachter und daher kein absolutes, sondern ein relatives. Damit ist es abhängig von sozialen Aushandlungsprozessen und grundsätzlich potenziell strittig. Der Coach muss sich daher rechtfertigen, er muss sein Handeln den unterschiedlichen Anspruchsgruppen gegenüber erklären und begründen können. Dazu muss er triftige Argumente vorbringen können und Anschlussfähigkeit bei diesen Gruppen herstellen. Als Marktteilnehmer ist es für ihn hilfreich, diese Diskussionen nicht alleine zu führen, sondern sich auf einen Common Sense der Profession (Berufsverbände, Wissenschaft) berufen zu können.

Verstehen wir Coaching als koproduktives Geschehen (Staubach 2008), bedeutet das streng genommen, dass der Coach alleine nicht coachen kann. Er benötigt einen Anderen, den Klienten. Und er ist von dessen Input und Resonanz abhängig. Da diese Coaching-Dyade in einem weiteren Kontext situiert ist, hat auch dieser Kontext Einfluss auf das Coaching-Geschehen und seine Beurteilung. Aus der Transferforschung (Baldwin und Ford 1988; Kauffeld et al. 2012) wissen wir, dass drei Faktoren den Transfererfolg von Weiterbildungsmaßnahmen maßgeblich bestimmen:

- **Teilnehmerbedingungen:** hohe Leistungsmotivation, interne Kontrollüberzeugung, Selbstwirksamkeitserwartung, Intelligenz, Job-Involvement, Offenheit für Erfahrung und Extraversion
- **Trainingsdesign:** Je ähnlicher Trainings- und Transferbedingungen sind, desto wahrscheinlicher der Transfer; Vielfalt der Übungsbedingungen
- **Arbeitsumgebung:** Förderung durch das Management und unterstützendes Organisationsklima

Auch der Coach ist auf die Bedingungen im Kontext angewiesen. Unterstützt das Unternehmen oder das soziale Umfeld die Bemühungen des Klienten nicht oder nur unzureichend, wird ein Coaching-Erfolg schwierig bis weniger wahrscheinlich. Oder bringt der Klient kaum Veränderungsmotivation oder Offenheit für neue Erfahrungen mit, erhöht auch dies die Hürde. Es wäre Aufgabe des Coaches, solches nicht nur zu wissen, sondern auch geeignete Strategien zu kennen und zu beherrschen, trotz Widrigkeiten zu einem Erfolg in solchen Fällen zu finden.

Dreiecks- oder Viereckskontraktgespräche können allgemein helfen, eine gute Auftragsklärung zu erreichen. Im gemeinsamen Gespräch von Coach, Klient, Führungskraft und Personalentwickler können die Bedingungen, Voraussetzungen und gegenseitigen Erwartungen geklärt werden (Limpächer und Limpächer 2003; Schmid und Hipp 2003). Dies öffnet auch den Blick für Varianten in der Gestaltung des Beratungsauftrags, beispielsweise die Öffnung oder Verknüpfung des Coachings eines Klienten mit der Teamentwicklung.

Der Blick auf die Praxis im Coaching zeigt, dass der Fokus auf das Individuum stark ausgeprägt ist. Das greift jedoch zu kurz und kann zur Falle geraten. Die Design-Kompetenz des Coaches darf sich nicht nur auf die unmittelbare Arbeit mit dem Klienten beziehen, sondern muss darüber hinaus den organisatorischen Kontext immer miteinbeziehen. Viele, vermutlich die meisten Coachings laufen nach folgendem Muster ab: Der Klient erzählt dem Coach von seinen Problemen – und daran arbeiten beide in der Folge im „stillen Kämmerlein". Solches ist verbesserungsfähig: Coaching mit 360-Grad-Feedback oder mit Shadowing am Arbeitsplatz (ggf. mit Videoanalyse), Rollenspiele und so weiter wären Maßnahmen, mit denen das Coaching-Design verbessert werden kann.

Coaching sollte seine Wirksamkeit deutlich verbessern können, wenn der Arbeitskontext mit eingebunden wird. Nicht nur passiv durch Nutzung von 360-Grad-Feedback-Daten (Scherm und de Jonge 2012) oder Shadowing (König 2009), sondern aktiv. Es lässt sich ohnehin kaum vermeiden, dass Coaching öffentlich wahrnehmbar wird. Ein weiterführender und hilfreicher Schritt ist es, das Umfeld aktiv einzubinden – nicht nur mittels Dreieckskontrakten, sondern auch, wenn Coaching z. B. mit der Teamentwicklung verknüpft wird. Damit wird die Frage nach der Organisationskultur virulent, denn öffentliche Kommunikationsmaßnahmen müssen implementiert und Diskussionen geführt werden. Unternehmen sollten folglich vom Defizitmodell des Coachings (Nachhilfeunterricht, Sträflingsgaleere, Separee-Geschäft) Abschied nehmen und zum Potenzialmodell wechseln – und damit zur strategischen Personal- und Organisationsentwicklung.

6.4 Fazit: Kompetenz ist eine Frage der Passung

Da sich Anforderungen im Coaching als zeitkritisch und kontextsensibel erweisen, sollten wir Handlungskompetenz folglich als raumzeitliche Anschlussfähigkeit beschreiben. Hierbei können Fach-, Selbst- und Sozialkompetenzen betrachtet werden, die zusammen wirken. Es wäre abwegig, die spezifische Ausprägung der Anschlussfähigkeit berechnen zu wollen oder zumindest Guidelines für Best Practices aufzustellen. Dies würde einem Maschinenmodell entsprechen, wie es in den Ingenieurswissenschaften, aber auch noch im Bereich der Medizin weit verbreitet ist, aber systemischem Verständnis widerspricht.

Eine gewisse Affinität zu solchem Denken lässt sich allerdings auch in der Coaching-Szene ausmachen, besonders im Hang zur Tool-Verwendung. Dies sind spezifische Coaching-Designs, die dazu einladen, Coaching-Lösungen zu produzieren, wie man sonst Rezepte aus dem Kochbuch nachkocht. Ein Blick auf die Bestsellerlisten der (Online-) Buchhändler lässt da allergrößte Beliebtheit vermuten. Doch der Volksmund sagt andererseits auch: „A fool with a tool is still a fool."

Glücklicherweise sind wir im Coaching inzwischen einen Erkenntnisschritt weiter gekommen. Wechsler (2012) untersuchte handelsübliche Coaching-Tools auf deren Ausprägungen auf den Dimensionen der von Grawe (2005) und Greif (2008) vorgelegten Wirkprinzipien und kam zu einem ernüchternden Ergebnis. Einige Aspekte, wie beispielsweise die von Greif adressierte Umsetzungsunterstützung, werden von den meisten sog. Tools nicht oder nur kaum thematisiert. Mit Weick (2001) könnte man folglich „Drop your tools!" ausrufen und nicht nur Zurückhaltung im Tool-Einsatz fordern, sondern auch die Rückbesinnung darauf, was Coaching ausmacht: Es ist die lebendige Begegnung, der Dialog und die Koproduktion. Der Klient ist der Andere, der nicht berechenbar ist, nicht instruierbar oder gar konfigurierbar. Bateson hat dies folgendermaßen auf den Punkt gebracht: „Tritt man gegen einen Stein, dann bewegt er sich mit dieser Energie, die er durch den Tritt bekommen hat. Tritt man einen Hund, dann bewegt er sich mit der Energie, die er von seinem Stoffwechsel bezieht" (Bateson 1981, S. 618).

Die Qualität der Anschlussfähigkeit im Coaching ließe sich – wie schon von Radatz (2006) vorgeschlagen – anhand der Metapher des Paartanzens darstellen und über deren Ausführungen hinausgehend gestuft differenzierend beschreiben:

- **Die Hauruck-Methode** des Ziehen, Zerrens, Reißens am Tanzpartner, um so den gemeinsamen Tanz zu gestalten. (Manche mögen dies mit Führung verwechseln.) Einmal abgesehen davon, dass es nicht schön aussieht, bereitet es vor allem dem Tanzpartner wenig Freude – ebenso wenig wie eine Adhoc-Ansage von Figuren.
- **Die Verabredung einer Figurenfolge.** Dies mag zunächst Sicherheit suggerieren, die sich aber angesichts plötzlich im Wege stehender Wände oder weiterer Tanzpaare als inflexible Rigidität bemerkbar macht.
- **Eine subtile Steuerung** via Gewichtsverlagerung, Druck auf die Handfläche, Heben oder Senken von Armen oder mittels weiterer körpersprachlicher Zeichen. Hierbei wird eine hohe Flexibilität und (nicht nur) für Außenstehende hohe ästhetische Kongruenz erreicht.

Nun gilt im Paartanz eine Grundregel: Der Herr führt, die Dame folgt. Dies ist im Coaching nicht die Regel – auch bei Führung nicht, worauf Neuberger (2002) hingewiesen hat, aber das wäre nun noch einmal ein anderes Thema. Wenn systemisch betrachtet Coaching als Koproduktion verstanden wird, kann die Steuerungsfunktion des Coaches nicht absolut verstanden werden, wie dies mit Bezug auf die Unterscheidung von Experten- und Prozessberatung in der Tradition Scheins (2010) immer wieder gerne erfolgt. Loth (1998) spricht stattdessen von der Prozessmitsteuerung – um auszudrücken, dass da noch jemand Zweites steuert: der Klient. Der Steuerungsanspruch sowie die -verantwortung des Coaches kann somit nur relativ verstanden werden: Sich sensu Baldwin und Ford (1988) verantwortlich fühlen für

- **den Klienten,** indem dessen Selbstwirksamkeitserleben angeregt und gestärkt wird,
- **das Coaching-Design,** indem passende, anregende Settings ausgewählt werden,
- **das Coaching-Umfeld,** indem durch ein gutes Contracting soziale Unterstützung fokussiert

wird; denn Coaching mag zwar einerseits „unter vier Augen" (Looss 1991) stattfinden, andererseits aber nicht im luftleeren Raum.

Die Kompetenz des Coachs zeigt sich daher auch in der Haltung. Röckelein und Welge (2010) nennen als deren Basis: Respekt, Empathie und Wahrhaftigkeit. Nach Pörksen (2013) könnte man den Coach in vier Rollen agieren sehen:

- **Sokratischer Maieut:** Der Coach versteht sich als Geburtshelfer neuer Erkenntnis, nicht als besserwissender Experte.
- **Moderator:** Der Coach hält das Gespräch – eben auch zwischen diversen Stakeholdern – in Gang und konturiert es. Denn das Gespräch ist nicht bloßes Medium; es ist das Geschäft.
- **Expeditionsleiter:** Der Coach versteht sich als Forscher, und als solcher bemüht er sich, diese Einstellung auch beim Klienten(system) zu stimulieren und wach zu halten.
- **Irritationsagent:** Der Coach vertritt den Möglichkeitssinn (Musil 2014) und sorgt dafür, dass „ein rollender Stein kein Moos ansetzt".

Insofern ist Kompetenz eine Frage der Passung. Es gilt, dem Klienten „angemessen ungewöhnliche" (Andersen 1994) Anregungen in Raum und Zeit zu geben.

6

Literatur

Verwendete Literatur

Andersen, T. (Hrsg.). (1994). *Das Reflektierende Team*. Dortmund: Borgmann.

Backhausen, W., & Thommen, J.-P. (2006). *Coaching. Durch systemisches Denken zu innovativer Personalentwicklung*. Wiesbaden: Gabler.

Baldwin, T. T., & Ford, J. K. (1988). Transfer of training: A review and directions for future research. *Personnel Psychology, 1*, 63–105.

Bateson, G. (1981). *Ökologie des Geistes. Anthropologische, psychologische, biologische und epistemologische Perspektiven*. Frankfurt a. M.: Suhrkamp.

Bethlehem, T. (2010). Pro: Sind Psychologen die besseren Coachs? Coaching ist eine genuin psychologische Tätigkeit. *Coaching-Magazin, 3*(2), 44.

Donabedian, A. (1982). *The definition of quality and approaches to its assessment. Explorations in quality assessment and monitoring*. Ann Arbor: Health Administration.

Drexler, A. (2013). Coaching-Magazin. *Berufliche Kompetenzentwicklung von Coaches in Ausbildung, 6*(2), 49–53.

Ellebracht, H. (2012). Kontra: Feldkompetenz im Coaching? Dumme Bauern, dicke Kartoffeln – wider die Kompetenz im Feld. *Coaching-Magazin, 5*(3), 43.

Erpenbeck, J., & von Rosenstiel, L. (2003). Einführung. In J. Erpenbeck, & L.von Rosenstiel (Hrsg.), *Handbuch Kompetenzmessung* (S. IX–XL). Stuttgart: Schäffer-Poeschel.

van Eyk, P. (2012). Pro: Feldkompetenz im Coaching? Die entscheidende Eintrittskarte. *Coaching-Magazin, 5*(3), 42.

Fischer-Epe, M. (2012). Pro: Grauer-Schläfen-Faktor des Coachs? Gelassene Lebensweisheit – aber die altersbedingte Kompetenzzuschreibung ist nur ein kurzfristiger Kredit. *Coaching-Magazin, 5*(2), 42.

Glasl, F., & Lievegoed, B. (2011). *Dynamische Unternehmensentwicklung, Grundlagen für nachhaltiges Change Management* (4. Aufl.). Bern: Haupt.

Grawe, K. (2005). (Wie) kann Psychotherapie durch empirische Validierung wirksamer werden. *Psychotherapeutenjournal, 1*, 4–11.

Greif, S. (2008). *Coaching und ergebnisorientierte Selbstreflexion*. Göttingen: Hogrefe.

Gross, P. P., & Stephan, M. (2011). *Organisation und Marketing von Coaching. Aktueller Stand in Forschung und Praxis*. Wiesbaden: VS.

Heckhausen, H., & Gollwitzer, P. M. (1987). Thought Contents and Cognitive Functioning in Motivational versus Volitional States of Mind. *Motivation and Emotion, 2*, 101–120.

ISO (2007). *ISO 9000 Quality Management*. Berlin: Beuth.

Kauffeld, S., Lorenzo, G., & Weisweiler, S. (2012). Wann wird Weiterbildung nachhaltig? – Erfolg und Erfolgsfaktoren beim Lerntransfer. *PERSONALquarterly, 64*(2), 10–15.

Kaul, C. (2010). Kontra: Sind Psychologen die besseren Coachs? Akademisches Psychologie-Wissen macht nicht den Unterschied. *Coaching-Magazin, 3*(2), 45.

König, C. M. (2009). Coaching-Tool: Audiovisuelles Feedback – Coaching On-the-Job. *Coaching-Magazin, 2*, 37–40.

Krause, F., & Storch, M. (2006). Ressourcenorientiert coachen mit dem Zürcher Ressourcen Modell – ZRM. *Psychologie in Österreich, 1*, 32–43.

Kuchen, C., & Pedrun, P. (2006). *Welche Kompetenzen braucht ein Coach?* Zürich: HAP.

Kyburz, I. (2010). Coach und Klient – auf Augenhöhe? Kontra: Mit dem Vertrauenskapital angemessen umgehen. *Coaching-Magazin, 3*(4), 43.

Liebenow, D., Haase, C., von Bernstorff, C., & Nachtwei, J. (2014). Bestehen im War for Talent: Methodische Qualität des Kompetenzmodells als Überlebensstrategie. *Wirtschaftspsychologie, 16*(1), 25–38.

Limpächer, S., & Limpächer, M. (2003). Dreiecksverträge im Coaching: Vertraulichkeit versus Vertraglichkeit? *Wirtschaftspsychologie aktuell, 3*, 61–66.

Loebbert, M. (2010). Coach und Klient – auf Augenhöhe? Pro: Qualität von Coaching-Prozessen steuern. *Coaching-Magazin, 3*(4), 42.

Looss, W. (1991). *Coaching für Manager. Problembewältigung unter vier Augen*. Landsberg: mi.

Lorenz, S. (2014). *Kaufentscheidung Coaching – Imagebildungsprozesse betrieblicher Einkäufer bei der Suche in einer Expertendatenbank.* Unveröffentlichte Bachelorarbeit. Köln: Hochschule Fresenius.

Loth, W. (1998). *Auf den Spuren hilfreicher Veränderungen. Das Entwickeln Klinischer Kontrakte.* Dortmund: Verlag modernes Lernen.

Meffert, H., & Bruhn, M. (2006). *Dienstleistungsmarketing. Grundlagen – Konzepte – Methoden mit Fallstudien.* Wiesbaden: GWV.

Merz, C., & Frey, A. (2011). *Empirisch fundiertes Kompetenzmodell für den Bereich des Führungskräftecoachings.* Aachen: Shaker.

Michel, A., Merz, C., Frey, A., & Sonntag, K. (2014). Was zeichnet einen kompetenten Coach im HR-Management aus. *Organisationsberatung – Supervision – Coaching, 21*(4), 431–447.

Neuberger, O. (2002). *Führen und führen lassen.* Stuttgart: Lucius & Lucius.

Pörksen, B. (2013). Abschied von der Paukmaschine: Die Idee einer konstruktivistischen Universität. *Lernende Organisation, 72,* 27–40.

Radatz, S. (2006). *Einführung in das systemische Coaching.* Heidelberg: Carl Auer.

Rauen, C. (2008). *Coaching.* Göttingen: Hogrefe.

Rettinger, S. (2011). Construction and display of competence an (professional) identity in coaching interactions. *Journal of Business Communication, 4,* 426–445.

Röckelein, C., & Welge, K. (2010). Haltung im Coaching. *Coaching-Magazin, 2,* 18–21.

Schein, E. (2010). *Prozessberatung für die Organisation der Zukunft: Der Aufbau einer helfenden Beziehung* (3. Aufl.). Bergisch-Gladbach: EHP.

Scherm, M., & de Jonge, J. (2012). Coaching-Bedarfe: Klärung durch multiperspektivisches Kompetenzfeedback. *Coaching-Magazin, 2,* 44–48.

Schmid, B., & Hipp, J. (2003). Kontraktgestaltung im Coaching. *Organisationsberatung – Supervision – Coaching, 3,* 255–263.

Schwertl, T. (2012). Kontra: Grauer-Schläfen-Faktor des Coachs? Rapunzel, lass' dein graues Haar herunter! *Coaching-Magazin, 5*(2), 43.

Staubach, M. (2008). Co-Produktion – Ein Entwurf zur Konzeptionierung von Coaching. *Zeitschrift für systemische Therapie und Beratung, 26*(1), 6–13.

Triebel, C. (2009). *Kompetenzbilanzierung als psychologische Intervention. Wirkfaktoren und Wirkprinzipien in Laufbahnberatung und Coaching.* Dissertation. München: Universität der Bundeswehr München.

Tuckman, B. W. (1965). Developmental sequence in small groups. *Psychological Bulletin, 63,* 384–399.

Webers, T. (2013). Coaching-Kompetenzen: Behauptungen und Kritik. *Organisationsberatung – Supervision – Coaching, 20*(4), 479–487.

Webers, T. (2014). Hinführung zum Thema Coachingkompetenzen. In A. Ryba, D. Pauw, D. Ginati, & S. Rietmann (Hrsg.), *Professionell coachen: Das Methodenbuch: Erfahrungswissen und Interventionstechniken von 50 Coachingexperten* (S. 33–42). Weinheim: Beltz.

Wechsler, T. (2012). Das coachingtool-spezifische Wirkfaktorenmodell. *Organisationsberatung – Supervision – Coaching, 4,* 405–423.

Weick, K. E. (2001). „Drop your Tools!" Ein Gespräch mit Torsten Groth. In T. M. Bardmann, & T. Groth (Hrsg.), *Zirkuläre Positionen 3. Organisation, Management und Beratung* (S. 123–138). Wiesbaden: Westdeutscher Verlag.

Weiterführende Literatur

Webers, T. (2015). *Systemisches Coaching. Psychologische Grundlagen.* Wiesbaden: Springer Fachmedien.

Musil, R. (2014). *Der Mann ohne Eigenschaften.* Reinbek: Rowohlt.

Veränderungen durch Coaching: Wie lernt ein Coachee im Coaching-Prozess?

Katharina Ebner

C. Triebel et al. (Hrsg.), *Qualität im Coaching,*
DOI 10.1007/978-3-662-49058-7_7,

7.1 Ausgangslage: Veränderungen durch Coaching

Eine gute Arbeitsbeziehung zwischen Therapeut und Patient unterstützt den Erfolg einer Therapie maßgeblich (Horvath und Symonds 1991). Die Arbeitsbeziehung – die sog. „working alliance" – wird hinsichtlich ihrer Qualität und der Stärke der Zusammenarbeit zwischen einem Therapeut und seinem Klient beurteilt. Eine gute Arbeitsbeziehung ist gekennzeichnet durch gegenseitiges Vertrauen, positiven Affekt, Respekt und Fürsorge (Horvath 2001).

Die empirische klinische Literatur unterstützt das Credo der Psychotherapie, die einen direkten Zusammenhang zwischen einer positiven Arbeitsbeziehung und einem erfolgreichen Therapieprozess annimmt. Die Coaching-Literatur konstatiert diesen Zusammenhang ebenso, kann gemessen an empirischen Befunden aber weniger Belege dafür liefern (O'Broin und Palmer 2010).

Wirkt die Qualität der Arbeitsbeziehung im Coaching scheinbar vorrangig abhängig vom Können des Coaches und dessen interpersonalen Kompetenzen, weist die Literatur hingegen darauf hin, dass auch Eigenschaften des Klienten Einfluss auf die Arbeitsbeziehung nehmen. Zu diesen Klienteneigenschaften zählen beispielsweise die Art des Problems, das der Klient in den Prozess hineinträgt, oder sein grundsätzlicher Beziehungsstil (Horvath 2001). Eine weitere für Coaching-Klienten typische Eigenschaft ist ihre Offenheit gegenüber Veränderungen (Franklin 2005). Darüber hinaus zeichnen sich Coaching-Klienten – im Vergleich zu Patienten in der Psychotherapie – dadurch aus, dass sie ohne psychiatrische Auffälligkeiten in den Veränderungsprozess gehen (zumindest sollten Coaches, die eine psychiatrische Auffälligkeit bei ihrem Klienten feststellen, darüber nachdenken, ihren Coaching-Auftrag abzulehnen und den Klient stattdessen an einen Psychologischen Psychotherapeuten zu verweisen). Frei von auffälligen Beeinträchtigungen zu sein bedeutet genereller gesprochen, dass Klienten ein Coaching mit adäquaten Selbststeuerungsfähigkeiten beginnen, auf welche hingegen Psychotherapiepatienten je nach Störungsbild nicht mehr umfänglich zurückgreifen können. Somit ist das Bild eines Coaching-Klienten grob skizziert das eines Menschen, der über adäquate Selbststeuerungskompetenzen verfügt und sich grundsätzlich fähig fühlt, seine Probleme mit Hilfe eines zeitlich begrenzten Coaching-Prozesses bewältigen zu können.

Wesentlich für eine gute Arbeitsbeziehung im Coaching ist nach O'Broin und Palmer (2010) u. a., die Methoden an die individuellen Bedürfnisse und Kompetenzen des Klienten anzupassen. Um aber die individuellen Merkmale eines Klienten im Coaching zugunsten einer qualitativ hochwertigen Arbeitsbeziehung berücksichtigen zu können, müssen a) die Eigenschaften, die Coaching-Klienten grundsätzlich auszeichnen, und solche, die b) sich in einem Coaching zum Positiven verändern lassen, zunächst bekannt sein. Im Folgenden werden Antworten auf diese Fragen gegeben und abschließend hinsichtlich ihres Einflusses auf einen erfolgreichen Coaching-Prozess diskutiert. Die maßgeblichen Fragen für die folgenden Abhandlungen lauten also: Wie kann ein erfolgreicher Coaching-Prozess und in diesem Sinne ein **Lernen** des Klienten gefördert werden, und welche Implikationen ergeben sich daraus für die Gestaltung einer guten Arbeitsbeziehung?

7.1.1 Was lernt ein Coachee?

Bevor man die Frage stellt, wie ein Coachee lernt, muss man zunächst die Frage beantworten, was der Coachee lernen soll. Die Antwort auf diese Frage gehört zu den wesentlichen Bestimmungsgrößen eines erfolgreichen Coaching-Prozesses.

Nachdem Coaching in den 1970er- und 1980er-Jahren aus dem Sport in die Wirtschaft übertragen wurde, um Führungskräfte bei der Leistungssteigerung und Fähigkeitsbildung zu unterstützen (McGovern et al. 2001), und Coaching als Format der Führungskräfteentwicklung populär wurde, entstand ein Set an Kriterien zur Beurteilung erfolgreicher Coaching-Prozesse, die in erster Linie Leistungskomponenten aufwiesen.

Diese Leistungsorientierung kommt auch in Definitionen des Führungskräfte-Coachings (Executive Coachings) zum Ausdruck, die Coaching als Mittel zur Steigerung der professionellen und organisationalen Leistungsfähigkeit (Kampa und White 2002; Kinlaw 1997), des beruflichen Fortkommens des Klienten (Kiel et al. 1996) oder seiner Arbeitseffektivität beschreiben (Witherspoon 2000).

Im Gegenzug zum Executive Coaching, das die Frage, was ein Coachee lernt, also vorrangig mit Hinweisen auf Leistungsindikatoren beantworten würde (Parsloe und Leedham 2000), ist die Frage nach dem „Was" im Coaching ohne „elitäres Moment" – also im Coaching, das nicht nur Funktions- und Leistungsträgern in Organisationen zugedacht ist – im Sinne einer gesamtheitlichen Persönlichkeitsentwicklung weniger eindeutig zu beantworten (Grant 2003).

Aus Sicht eines Coaching-Klienten stellen sich bezüglich der Effektivität eines Coachings Fragen wie „Habe ich praktikable Lösungen für den Umgang mit meinem Problem an die Hand bekommen?" Aus Sicht des Coaches stellen sich Fragen wie: „Gelang es mir, Hilfe zur Selbsthilfe zu geben?" Aus Sicht der Wissenschaft stellt sich die Frage, ob das Coaching wirksam war und sich Haltungen, Einstellungen und Kompetenzen des Klienten verändert haben, die es ihm ermöglichen, sein Anliegen zufriedenstellend zu lösen (Ebner 2014, S. 74).

Diejenigen Einstellungen und Kompetenzen, die es im Coaching zu verändern gilt, um das individuelle Anliegen zu bewältigen, scheinen auf den ersten Blick sehr heterogen (Grant 2003). Grundsätzlich sind zu verändernde Überzeugungen und Kompetenzen abhängig vom Anliegen, das der Klient ins Coaching trägt, wie beispielsweise Probleme am Arbeitsplatz, Work-Life-Konflikte oder Entscheidungsschwierigkeiten (Ebner u. Volmer, im Druck). Auch das Verständnis von Coaching als Prozessberatung lässt offen, welches Anliegen mit welcher Zielsetzung geklärt werden soll. Grundsätzlich aber gilt, dass die Arbeit am Klientenanliegen unter der Prämisse der „Hilfe zur Selbsthilfe" erfolgen soll.

Die überwiegende Zahl an Definitionen von Coaching weisen darauf hin, dass das wesentliche Ziel in der „Hilfe zur Selbsthilfe" besteht (z. B. Greif 2008; Rauen 2001). Hilfe zur Selbsthilfe bietet ein Coach dann, wenn er den Lern- und Veränderungsprozess seines Klienten begleitet und dabei Veränderungen katalysiert. Diese Art der Beratung gelingt, wenn der Coach den Aufbau von Problemlösekompetenzen seines Klienten als implizites Arbeitsziel verfolgt (Elbing 2000). Dabei zeichnet sich sein Vorgehen dadurch aus, dass er als Experte für Lernprozesse und für das Anleiten eines selbstregulierten Problemlöseprozesses fungiert, nicht aber als inhaltlicher Experte, der Lösungsmöglichkeiten vorgibt (Jonas et al. 2007).

Diesem Coaching-Verständnis folgend soll also ein Klient sein Problem aus eigenem Antrieb heraus bewältigen lernen. Der „eigene Antrieb" wird dabei auch als Selbstorganisation oder Selbstmanagement bezeichnet (Ebner 2014) und kommt in der Rollenverteilung zwischen Coach und Coachee zum Ausdruck. Um die Lösungskompetenz des Klienten substanziell zu unterstützen und zu stärken, ist es wichtig, die Fähigkeit des Klienten, Kontrolle über seine Handlungen und über seine Umwelt zu gewinnen, aufzubauen. Hilfe zur Selbsthilfe impliziert also, dass der wesentliche Nutzen von Coaching im Auf- und Ausbau der selbstregulativen Fähigkeiten des Klienten besteht.

Zu den selbstregulativen Fähigkeiten – zum Selbstmanagement also – zählen laut Literatur beispielsweise die Kompetenz, sich selbst bei der Handlungsausführung zu beobachten (Selbstbeobachtung), Strategien, Ziele zu setzen und zu erreichen (Zielsetzung), sich bei der Zielverfolgung zu instruieren (Selbstinstruktion), zu bewerten (Selbstevaluation) oder an das Ziel zu erinnern (Selbsterinnerung) (vgl. Kanfer et al. 1996; Manz und Sims 1980). Diese Strategien werden in der Selbstmanagementliteratur drei grundsätzlichen Kompetenzklassen zugeordnet: den verhaltensbasierten Strategien, Selbstbelohnungsstrategien und konstruktiven Denkmustern (z. B. Andreßen und Konradt 2007; Houghton und Neck 2002). Die Selbstregulation – oder das Selbstmanagement – repräsentiert damit als Antwort auf die Frage, was ein Klient lernt, eine verhaltensnahe Operationalisierung für die Lösungskompetenz, die es im Coaching aufzubauen gilt.

Ob ein Coachee im Coaching-Prozess Fähigkeiten zur Verhaltenssteuerung erfolgreich aufbaut, ist somit eine mögliche Antwort auf die Frage, was der Coachee lernen soll, und gleichzeitig auch ein mögliches Kriterium zur Beurteilung, ob ein Coaching-Prozess erfolgreich verlaufen ist.

Fazit: Coaching-KlientInnen bauen Strategien zur Selbststeuerung auf.

Neben dem Auf- und Ausbau selbstregulativer Fähigkeiten zielt Coaching auch darauf ab, die Selbstwirksamkeitsüberzeugung des Klienten zu verändern. Coaching wird dabei als „Multi-Source-Intervention" zur Steigerung der Selbstwirksamkeitsüberzeugung verstanden, da es durch die Beziehung zum Coach und dem Einsatz von selbstwirksamkeitsförderlichen Methoden simultan mehrere Quellen der persönlichen Selbstwirksamkeit anspricht (Ebner u. Kauffeld, in prep.). Eine besonders wichtige Quelle für ein positives Selbstwirksamkeitserleben von Coaching-Klienten sind Bewältigungserfahrungen (Bandura 1977). Methodisch sind hier insbesondere die Umsetzungsversuche der neuen Verhaltensweisen im Heimatsystem des Klienten (z. B. als Hausaufgabe) erwähnenswert, aber auch retrospektive Reflexionen über erfolgreiche Aufgabenbewältigung in der Vergangenheit. Auf früheren Befunden zur positiven Wirkung von Coaching für die Selbstwirksamkeit des Klienten basierend (z. B. Baron und Morin 2009; McGonagle et al. 2014), ist eine andere Antwort auf die Frage, was ein Coaching-Klient grundsätzlich lernt, dass eine positivere Sicht auf die eigenen Kompetenzen entwickelt wird.

Fazit: Coaching-KlientInnen verbessern in einem Coaching ihre Kontroll- und Kompetenzüberzeugung.

7.1.2 Wie lernt ein Coachee?

Der grundsätzlichen Annahme, dass Selbstmanagementfähigkeiten und die Selbstwirksamkeit des Klienten durch Coaching gestärkt werden, folgt die Frage, welche Faktoren diesen Lernprozess positiv beeinflussen. Hat man also die Frage danach, was der Coachee an Fähigkeiten erwirbt, zufriedenstellend beantwortet, stellen sich weitere Fragen wie z. B. diejenige, wie der Coachee diese neuen Fähigkeiten aufbaut und festigt.

Eine besondere Bedeutung bei der Frage nach Voraussetzungen für den Aufbau neuer Fähigkeiten wird in der Coaching-Literatur in erster Linie Merkmalen des Coaches und der Arbeitsbeziehung zwischen Coach und Klient zugewiesen (z. B. Grant und Cavanagh 2007; Ianiro et al. 2013). Allerdings nehmen die Konstitution des Klienten, seine Werte und Einstellungen großen Einfluss auf den Beratungsprozess (Hill und Corbett 1993). Aus der Psychotherapieforschung ist bekannt, dass neben der Beziehung zwischen Klient und Therapeut und der speziellen methodischen Herangehensweise die inneren Gegebenheiten und der situationelle Kontext eines Patienten der entscheidende, 40 % der Varianz aufklärende Faktor für den Erfolg einer Therapie ist (McKenna und Davis 2009). Es scheint deswegen unabdingbar, Eigenschaften des Coaching-Klienten bei der Frage, wie der Klient lernt, zu berücksichtigen (Stober et al. 2006). Im Coaching spielen zwei wesentliche Klienteneigenschaften eine Rolle, die dabei helfen, zu erklären, wie ein Klient durch ein Coaching profitiert: die Proaktivität eines Klienten und seine Fähigkeit zur Selbstreflexion.

Unter Proaktivität versteht man die Motivation einer Person, eine gegebene Situation zu verändern und dabei sowohl Hindernisse wie auch Probleme zu antizipieren und zu bewältigen (Parker et al. 2010; Thomas et al. 2010). Im Coaching spielt dieses Bestreben eine entscheidende Rolle, denn Coaching lebt vom Wunsch des Klienten nach Veränderung (Ebner 2014, S. 76; Lang-von Wins und Triebel 2005). Die Forschung zeigt, dass Proaktivität ein Teil der beruflichen Anpassungsfähigkeit ist (Spurk et al. 2013) und Personen mit hoch ausgeprägter Proaktivität auch hoch ausgeprägte Selbstmanagementstrategien besitzen (Wiese 2008). Es kann folglich auch ein Zusammenhang zwischen der Proaktivität eines Coaching-Klienten und dem Erlernen grundlegender Selbstmanagementfähigkeiten im Coaching angenommen werden.

Fazit: Die Proaktivität eines Coaching-Klienten unterstützt den Auf- oder Ausbau von Selbstmanagementstrategien.

Von besonderer Bedeutung für die Wirkung von therapeutischen Interventionen ist nach Grawe (2000) auch die Aufnahmebereitschaft des Klienten, die sich in der Fähigkeit zur Selbstreflexion widerspiegelt. Die Bedeutung der Reflexivität des Klienten und seiner Fähigkeiten, in eine ergebnisorientierte Problem- und Selbstreflexion einzusteigen, wird nicht nur in der Coaching-Praktikerliteratur propagiert, sondern auch in wissenschaftlichen Publikationen, die sich mit den Wirkfaktoren im Coaching auseinandersetzen (z. B. Greif 2008). Im Rückgriff auf die Theorie der objektiven Selbstaufmerksamkeit sollten im Coaching durch die Selbstreflexion wünschenswerte Ziele und Standards klarer werden und Motivation zur Verhaltensveränderung auslösen (Duval und Wicklund 1972). Darüber hinaus wird vermutet, dass durch die Selbstreflexion auch eine verbesserte Selbst- und Kompetenzwahrnehmung möglich wird (Fejfar und Hoyle 2000; Silvia und Gendolla 2001).

Fazit: Die Selbstreflexion eines Coaching-Klienten leistet einen signifikanten Beitrag zur Vorhersage internaler Kompetenzattributionen.

Die Kompetenzwahrnehmung stellt einen wesentlichen Bestandteil der persönlichen Selbstwirksamkeitsüberzeugung dar. Die Selbstwirksamkeitsüberzeugung eines Individuums hat eine äußerst prominente Stellung in der psychologischen Forschung (Bandura und Locke 2003). Der Glaube an die eigenen Fähigkeiten hat grundsätzlich funktionale Konsequenzen (Bandura und Locke 2003), und die individuelle Überzeugung, über das eigene Leben bestimmen und Pläne und Ziele realisieren zu können, entscheidet beispielsweise darüber, welche Leistung im beruflichen Kontext gezeigt werden kann (Bandura und Locke 2003). Auch das Erreichen spezifischer Karriereziele profitiert von positiven Selbstwirksamkeitsüberzeugungen (Zhao et al. 2005). Mit gutem Grund ist anzunehmen, dass durch die kontinuierliche und strukturierte Arbeit an einem berufsbezogenen Problem während eines Coachings sukzessive auch die Überzeugung des Klienten steigt, seine Probleme final und erfolgreich zu bewältigen. Dabei wird der Auf- und Ausbau der Selbstmanagementkompetenzen als Voraussetzungen angenommen: Selbstmanagement unterstützt grundsätzlich bei der Ausführung eines wünschenswerten Zielverhaltens (Prussia et al. 1998). Als Konsequenz eines verbesserten Selbstmanagements sollte in einem Coaching also auch die Selbstwirksamkeit des Klienten ansteigen.

Fazit: Der Aufbau von Selbstwirksamkeit im Coaching wird als abhängig vom Aufbau selbstregulativer Strategien betrachtet.

7.1.3 Wodurch lernt ein Coachee?

Nachdem die Frage, was ein Coachee lernt, und Annahmen darüber, welche Wechselwirkungen es zwischen Dispositionen und Fähigkeiten des Klienten geben kann, die diesen Lernprozess beeinflussen, beantwortet sind, stellt sich die Frage nach einem Nachweis: Welche Belege gibt es für die Annahme, dass Coaching substanziell die Selbstmanagementfähigkeiten eines Klienten verändert und zu einer positiveren Einstellung den eigenen Kompetenzen gegenüber führt?

Neuere Befunde aus der Coaching-Literatur zeigen, dass das „Lernen“ eines Coachees – die Veränderung seiner Kompetenzüberzeugung und seiner Selbstmanagementfähigkeiten – von bestimmten Voraussetzungen abhängt und von Mechanismen beeinflusst wird, die auf der Ebene der Klientendispositionen liegen. Konkret gibt es Eigenschaften von Coaching-Klienten, die miteinander in Wechselwirkungen treten. Diese Eigenschaften liegen entweder bereits zu Beginn des Coaching-Prozesses vor oder werden im Verlauf des Coaching-Prozesses erworben.

Die im Weiteren zitierten Befunde, die dazu beitragen, Klienteneigenschaften als Antezedenzien oder vermittelnde Variablen auf den Lernerfolg im Coaching anzunehmen, entstammen einer Evaluations- und Wirkstudie, bei der Daten aus einer Grundgesamtheit von 371 Coaching-Klienten mit Daten einer äquivalenten, insgesamt 457 Personen umfassenden Kontrollgruppe ohne Coaching-Erfahrung in einem zwei Messzeitpunkte umfassenden Prä-Post-Design verglichen wurden (Ebner 2014).

7.2 Die Wirkstudie: Manifeste Veränderungen und ihre Wechselwirkungen

Das Coaching, aus dem die Daten stammen, auf die im vorangegangenen Abschnitt verwiesen wird, folgte einem Coaching-Verständnis, bei dem Coaching als zeitlich begrenzte Beratungs- und Veränderungsintervention definiert wird, die ein Coach als Experte für selbstregulierte Problemlöseprozesse begleitet (Ebner 2014).

Praktisch wurde ein zu Anliegen aus der beruflichen Lebensumwelt der KlientInnen (z. B. Stressbewältigung) passendes Coaching durchgeführt, das vier je zweistündige Sitzung umfasste. Dabei wurden grundlegende Methoden und das katalysierende Verhalten der Coaches durch eine mit den Coaches verabredete Standardisierung stabil gehalten. Strukturiert ablaufende und halbstandardisierte Coachings werden derzeit verstärkt als notwendig für die Qualitätssicherung von Coaching empfohlen (Griffiths und Campbell 2008; Schreyögg 2011).

Auf Grundlage systemischen Gedankenguts (z. B. Schweitzer und Schlippe 2007) und Methoden der kompetenzorientierten Beratung (z. B. Lang-von Wins und Triebel 2012) wurden Coaching-Methoden eingesetzt, die sowohl die Selbstreflexion des Klienten stimulierten als auch verhaltensnah auf die Selbststeuerung des Klienten ausgerichtet waren. Die eingesetzten Methoden und Materialien entsprachen dabei der in gängigen Praktikerbüchern zu Coaching ausgewiesenen Ansätzen (z. B. Lippmann 2013), wie etwa Zielformulierung- und Visionsübungen, der Einsatz von Tagebüchern und Selbstbeobachtungsbögen sowie kollegiale Gespräche und Hausaufgaben mit Reflexionsübungen.

Grundlage für die Arbeit an den Klientenanliegen bot ein phasisch ablaufender Coaching-Prozess. Bei Coaching-Prozessen, die einem phasischen Aufbau folgen, dienen die Interventionen und Methoden des Coaches in der Regel spezifischen Zielen, die je einer von vier Arbeitsphasen zugeordnet sind: Die **Anfangsphase** im Coaching ist der Orientierung und Sicherheit der Klienten im ungewohnten Kontext gewidmet. Gespräche über die Regeln für die Zusammenarbeit und die Identifikation des Auftrags an den Coach stehen im Mittelpunkt. Die nachfolgende **Klärungsphase** verfolgt das Ziel, das persönliche Anliegen und Kontextvariablen detailliert herauszuarbeiten und Interventionen zu planen, die der Klient zur Problemlösung ausprobiert. Während der darauffolgenden **Arbeitsphase** ist der Fokus darauf gerichtet, Hypothesen über Lösungswege und die Umsetzung der Lösungsversuche im Heimatsystem zu überprüfen. Grundsätzlich gilt dabei, dass der Einstieg in eine frühere Arbeitsphase möglich ist, wenn nötig. Die **Abschlussphase** ist dadurch gekennzeichnet, dass die umgesetzten (Verhaltens-)Veränderungen reflektiert werden und der Transfer – das über das Coaching hinausgehendes Aufrechterhalten der neuen Überzeugungen und Kompetenzen – gestützt wird.

7.2.1 Manifeste Veränderungen durch Coaching

Die grundsätzliche Veränderbarkeit von Klientenmerkmalen durch Coaching – also der manifeste Lerneffekt eines Coaching-Klienten – kann auch interpretiert werden als die Veränderung, die bei Klienten über die Zeit, in denen sie Coaching in Anspruch nehmen, signifikant anders verläuft als bei Personen ohne Coaching-Unterstützung. Statistisch wird dies in experimentellen Designs über Gruppenvergleiche nachgewiesen (z. B. T-Test, Varianzanalyse).

Studienergebnisse bestätigen, dass Coaching-KlientInnen im Vergleich zu Personen ohne Coaching über die Zeit sowohl besser in der Lage sind, selbstregulative Strategien anzuwenden als auch ein positiveres Selbstbild im Sinne der Kompetenz- und Kontrollüberzeugung entwickeln (Ebner 2014; Ebner et al., subm.). Diese Befunde weisen darauf hin, dass Coaching einen thesenkonformen positiven Effekt auf das Selbstmanagement und die Selbstwirksamkeitsüberzeugung von Klienten hat. Sie reihen sich damit in frühere Befunde zum selbstwirksamkeitsdienlichen Effekt von Coaching. Der Lerneffekt im Bereich Selbstmanagement hingegen unterstreicht die Annahme, dass Coaching eine effektive „Hilfe zur Selbsthilfe" bieten kann.

7.2.2 Einflussfaktoren auf die Veränderungen durch Coaching und ihre Wechselwirkungen

Die Frage, wodurch und wie das Lernen eines Coachees katalysiert wird, deutet darauf hin, dass es Vorbedingungen (Antezedenzien) und vermittelnde Mechanismen für die Veränderungen gibt. Antezedenzien werden statistisch als unabhängige Variablen aufgefasst. Vermittelnde Einflüsse von Drittvariablen werden über die Einführung von Mediatoren abgebildet. In der zitierten Effektivitätsstudie (Ebner 2014) wurde die Beziehungen zwischen Klienteneigenschaften und -fähigkeiten deswegen über Strukturgleichungsmodelle abgebildet, d. h. auf Regressionen basierende Modellierungen von Daten, die die Überprüfung gerichteter Zusammenhänge erlauben und damit kausale Wirkgefüge abzubilden in der Lage sind (Byrne 2012).

Die Modelle der Studie (Ebner 2014) zeigen, dass proaktive Einstellungen – gemessen zu Beginn eines Coaching-Prozesses – über die Zeit einen signifikanten Einfluss auf die Zielsetzungsfähigkeit, die Fähigkeit zur Selbstbeobachtung, die Tendenz, Einstellungen und Überzeugungen (neu) zu bewerten, und die Fähigkeit, sich für Erfolge zu belohnen, haben. Darüber hinaus wirken sich die über die Proaktivität stimulierten Zielsetzungsfähigkeiten positiv aus die Zuschreibung auf, sein Leben selbst bestimmen zu können und mit den eigenen Kompetenzen erfolgreich zu sein. Die Veränderung in der Selbstmanagementfähigkeit „Zielsetzung" ist ebenfalls ein signifikanter Prädiktor für ein positives Selbstkonzept und das Vertrauen, auch in mehrdeutigen Situationen die eigenen Wünsche realisieren zu können. Auch die Selbstreflexion trägt einen signifikanten Anteil zur Vorhersage, wie sich die internale Kompetenzattributionen über die Zeit entwickeln werden.

Auf die Frage, wodurch Coaching seine Wirkung entfaltet, kann hinsichtlich dieser Befunde vermutet werden, dass es dispositionelle und behaviorale Eigenschaften von Coaching-Klienten gibt, die den gesamten Effekt eines Coachings beeinflussen. Die Proaktivität, die Selbstreflexivität und die Fähigkeit zur Selbststeuerung tragen dazu bei, den Lern- und Veränderungsgewinn durch Coaching vorherzusagen.

7.3 Relevanz für die Praxis: Arbeitsschwerpunkte setzen

Die Frage, wie es zur Veränderung von Einstellungen, Überzeugungen und Kompetenzen im Coaching kommen kann, wurde im vorliegenden Kapitel im Hinblick auf Eigenschaften des Klienten beantwortet. Dabei wurde angenommen, dass Dispositionen (z. B. Proaktivität) und Fähigkeiten (z. B. Selbstreflexion) eines Klienten auf das Ergebnis des Lernprozesses im Coaching Einfluss nehmen.

Angesichts der empirischen Befunde stellt sich die wichtige abschließende Frage, was dies für die Gestaltung eines Coachings bedeutet. Oder anders: Wie kann ein Coach seinem Klienten beim Aufund Ausbau von Selbstmanagementfähigkeiten und Selbstwirksamkeit möglichst effektiv behilflich sein?

7.3.1 Fokus Selbstmanagement

Die empirischen Befunde (Ebner 2014; Ebner et al., subm.) deuten darauf hin, dass das Einüben von Selbstmanagementstrategien im Coaching einen positiven Einfluss darauf hat, wie stark der Klient sich selbst positive Attribute zuweisen wird, wie stark der Klient Erfolge auf die eigene Person zurückführt, und wie stark die Überzeugung ist, auch zukünftig problematische Herausforderungen erfolgreich meistern zu können. Für diesen Zusammenhang wurden insbesondere die Zielsetzungsfähigkeiten einer Person als verantwortlich identifiziert.

Dies stellt einen nahrhaften Boden für Ableitungen für die Coaching-Praxis dar. Für die Coaching-Praxis bedeutet das beispielsweise, dass eine solide Zielsetzungsarbeit (z. B. auf spezifische Ziele hinarbeiten, über Ziele nachdenken) den Aufbau von selbstwirksamen Überzeugungen unterstützt.

Wie müssen Ziele aussehen? Die Literatur gibt zahlreiche Hinweise: Ziele sollen einerseits herausfordernd, aber erreichbar, konkret und für den Klienten bedeutsam sein (Locke und Latham 2006). Ziele dürfen den persönlichen Werthaltungen und Interessen nicht widersprechen, sondern sollen selbstkongruent sein (Burke und Linley 2007). Wichtig im Coaching ist deswegen, im Gespräch mit dem Klient eine Vorstellung über die Werte des Klienten zu gewinnen, um Ziele darauf abstimmen zu können. Ebenfalls empfehlenswert ist die Dokumentation der Ziele des Klienten, wie beispielsweise das schriftliche Festhalten durch den Coach (Locke und Latham 2006).

7.3.2 Fokus Proaktivität

Der statistische Zusammenhang zwischen proaktiven Tendenzen einer Person (z. B. Probleme aktiv angehen, Hindernisse als Herausforderungen begreifen) und ihren selbstregulativen Fähigkeiten (z. B. die Fähigkeit, Ziele zu setzen oder ihr Verhalten zu beobachten) bestätigen die Rolle einer proaktiven Einstellung von Coaching-Klienten und entspricht auch der Psychotherapieforschung, die Proaktivität bereits als wichtige Pretreatment-Variable (Variable mit Einfluss auf den Effekt einer Intervention) kennt (Perrez und Baumann 2005).

So lässt sich für den Coaching-Kontext die Empfehlung formulieren, die Proaktivität des Klienten zu Beginn eines Coachings zu diagnostizieren und wenn nötig gezielt zu aktivieren. Da Coaching in der Regel freiwillig verlaufen sollte (Heß und Roth 2001), könnte eine geringe proaktive Einstellung als Hinweis verstanden werden, dass es sich beim Klienten um einen „Besucher" handelt, der erst auf die Intervention eingestimmt werden muss.

7.3.3 Fokus Selbstreflexion

Die Selbstaufmerksamkeit einer Person (die auf sich als Person bezogene Aufmerksamkeit) kann sich positiv auf die Zuschreibung von Bewältigungskompetenzen auswirken: Je stärker die Selbstreflexion, desto stärker die internale Kompetenzattribution. Der Einsatz selbstreflexiver Methoden im Coaching gehört deswegen zu den praktischen Implikationen, die sich aus den Befunden ableiten lassen.

Selbstreflexive Methoden gehören im Coaching zu den weit verbreiteten Methoden. Im systemischen Coaching stimulieren bestimmte Fragetechniken die Selbstreflexion besonders intensiv (z. B. Fragen zur Wirklichkeits- und Möglichkeitskonstruktion; Schweitzer und von Schlippe 2007). Aber auch zirkuläre Fragen oder kontraintuitive Fragen wie Verschlimmerungsfragen verfolgen das Ziel, automatische Gedankengänge zu unterbrechen und stattdessen die Aufmerksamkeit auf die eigene Person zu lenken, um bisherige Annahmen, Einstellungen und Verhaltensweisen zu reflektieren und zu evaluieren (Roberts und Stark 2008). Dies entspricht einem Routinebruch im selbstreferenziellen Denken und motiviert Verhaltensveränderungen.

7.4 Zusammenfassung und Ausblick

Welche Bedeutung haben die vorhergehenden Ausführungen zu Klienteneigenschaften, die einen erfolgreichen Coaching-Prozess positiv beeinflussen, für die Beziehungsgestaltung?

Global weisen die empirischen Befunde darauf hin, dass Coaching grundsätzlich wirkt. Konkreter wurde gezeigt, dass Klienten an bedeutsamen Kompetenzen gewinnen, z. B. an Selbststeuerungskompetenzen und selbstwirksamkeitsdienlichen Überzeugungen. Coaching kann mit seinen einschlägigen selbstreflexions- und selbstmangementförderlichen Methoden deswegen auch in die Unternehmenspraxis übertragen werden kann. Zwei gewichtige Gründe belegen dabei die Relevanz von Coaching speziell für den Bereich der Nachwuchsförderung. Zum einen spielt das Selbstmanagement im Bereich der Karriereentwicklung eine wichtig Rolle: Selbstmanagement wirkt nachweislich karriereförderlich (Abele und Wiese 2008). Zum anderen konnte Selbstmanagement sogar als eine derjenigen erlernbaren Fähigkeiten einer Person nachgewiesen werden, die zu einem produktiveren Umgang mit Stress führen (Ebner et al., in prep.) – ein Befund, der insbesondere angesichts des stressigen Alltags einer Führungskraft bedeutsam ist und Coaching als Möglichkeit kennzeichnet, mit den Herausforderungen einer Führungsposition zurechtzukommen.

Für die Coaching-Praxis bieten die Antworten auf die ideenleitenden Fragen, wie und wodurch Coaching wirkt, aber nicht nur Hinweis auf Transfermöglichkeiten und Ansatzpunkte für die Wahl von bestimmten Coaching-Methoden, sondern auch für die Beziehungsgestaltung. Für die Beziehungsgestaltung im Coaching sind mehrere Folgerungen denkbar. Diese betreffen in erster Linie die Anpassung des Verhaltens des Coaches an die sich verändernden Selbststeuerungsfähigkeiten und selbstwirksamkeitsdienlichen Überzeugungen seines Klienten. So impliziert der Zuwachs an Selbststeuerungsfähigkeiten des Klienten zur gleichen Zeit, dass der Coach die Intensität seiner Strukturierung (in diesem Sinne der „Fremdsteuerung") zurückziehen kann. Diese zunehmende Verantwortungsübergabe des Coaches an den Klienten (der Coach zieht sich als Prozessmoderator zurück) kann vom Klienten als Zeichen der Wertschätzung seiner guten Selbststeuerungskompetenzen und Vertrauen des Coaches in seine Fähigkeiten gedeutet werden. Vertrauen und positive Wertschätzung unterstützen Menschen nicht nur bei

Veränderungs- und Lernprozessen, sie sind auch die wesentlichen Variablen einer positiven Arbeitsbeziehung (Rogers 2005). Darüber hinaus erleben Personen, deren Selbststeuerung hoch ausgeprägt ist, häufiger positive Affekte (Stewart et al. 2011) wie beispielsweise Freude. Da positive Affekte zu den substanziellen Kennzeichen einer guten Beziehung gehören (Karver et al. 2006), stellt die Förderung von Selbstmanagementkompetenzen von Coaching-Klienten also auch einen ganz elementaren Baustein der Beziehungsgestaltung per se dar.

Auch die Selbstreflexion des Klienten zu stimulieren kann zu einem gelingenden Coaching beitragen. Was bedeutet die Förderung von Selbstreflexion des Klienten für die Beziehung? Mit Blick auf das, was das Wesen der Selbstreflexion ist – ein Zustand erhöhter Aufmerksamkeit sich selbst und anderen gegenüber, der sowohl in der Psychotherapieforschung wie auch im Coaching als ganz wesentlicher Vorgang beim Klienten betrachtet wird (Grant et al. 2002; Trapnell und Campbell 1999) –, wird die Verbindung zwischen erhöhter Selbstaufmerksamkeit des Klienten und seiner Beziehung mit dem Coach klarer: Selbstaufmerksamkeit ist der Zustand, in dem Menschen die Bedeutung und die Motivation für Verhaltensweisen, Gedanken und Gefühle von sich und anderen klarer wird (Farber 1985). Dieser Zugang zu Verhaltensweisen und Gefühlen erlaubt es, sich selbst (als Klient) und auch andere (den Coach) besser zu verstehen und erleichtert dadurch eine von gegenseitigem Vertrauen geprägte Beziehung.

Letztlich gehört auch die Proaktivität von Klienten zu den Eigenschaften, die Einfluss auf Veränderungsprozesse im Coaching haben. Wird Proaktivität (die Motivation, eine gegebene Situation aktiv zu verändern) dabei auch als Ausdruck von Dominanz aufgefasst (vgl. interpersonale Theorien), so lassen sich interessante Befunde aus der Coaching-Literatur zitieren, die Hinweise geben, wie die Beziehungsgestaltung im Coaching danach ausgerichtet werden kann. Ianori und Kauffeld (2014) stellten in einer Untersuchung von 48 Coach-Klienten-Paaren fest, dass ein komplementärer Interaktionsstil (Stil des sozialen Austauschs) von Coach und Klient die Zufriedenheit des Klienten mit dem Coaching positiv beeinflusst und dass auch die Beziehungsqualität von Coaching-Klienten positiver wahrgenommen wird, wenn Coach und Klient sich ähnlich verhalten. Da Coaching-Klienten also in der Regel mit einer ausgeprägten proaktiven Einstellung ein Coaching beginnen, bedeuten die zitierten Befunde für das Beziehungsverhalten des Coaches, dass dieses an die veränderungsorientierte Erregung des Klienten anzupassen ist. Zurückhaltendes Moderieren, vergangenheitsorientierte Problemreflexionen oder Phasen problemorientierter Gespräche hingegen passen weniger gut zu einem proaktiven Klienten.

Zusammenfassend kann man davon ausgehen, dass die Beziehungsqualität im Coaching nicht allein durch die interpersonalen Kompetenzen eines Coaches bestimmt wird. Auch der Klient trägt mit seinen Fähigkeiten und Eigenschaften stark zur gelingenden Beziehungsgestaltung bei. Das Kapitel widmete sich deswegen fokussiert solchen Klienteneigenschaften, die sich innerhalb eines Coaching-Prozesses verändern lassen oder die Veränderungen durch Coaching positiv beeinflussen. Es ist davon auszugehen, dass die Berücksichtigung dieser Dispositionen und Befindlichkeiten des Klienten den Erfolg des Coaching-Prozesses beeinflusst, auch indem sie Einfluss nehmen auf die Beziehung zwischen Klient und Coach – einem der erklärungsträchtigsten Faktoren für den Erfolg kurativer Beratungsprozesse (Lambert und Barley 2001).

Literatur

Verwendete Literatur

Abele, A. E., & Wiese, B. S. (2008). The nomological network of self-management strategies and career success. *Journal of Occupational and Organizational Psychology, 81*(4), 733–749.

Andreßen, P., & Konradt, U. (2007). Messung von Selbstführung: Psychometrische Überprüfung der deutschsprachigen Version des Revised Self-Leadership Questionnaire. *Zeitschrift für Personalpsychologie, 6*(3), 117–128.

Bandura, A. (1977). Self-efficacy: Towards a unifying theory of behavioral change. *Psychological Review, 84*(2), 191–215.

Bandura, A., & Locke, E. A. (2003). Negative self-efficacy and goal effects revisited. *Journal of Applied Psychology, 88*(1), 87–99.

Baron, L., & Morin, L. (2009). The coach-coachee relationship in executive coaching: A field study. *Human Resource Development Quarterly, 20*(1), 85–106.

Burke, D., & Linley, P. A. (2007). Enhancing goal self-concordance through coaching. *International Coaching Psychology Review, 2*(1), 62–69.

Byrne, B. M. (2012). *Structural Equation Modeling with Mplus. Basic Concepts, Applications, and Programming*. London: Routledge.

Duval, S., & Wicklund, R. A. (1972). *A theory of objective self-awareness*. New York, NY: Academic Press.

Ebner, K. (2014). *Ohne Klient kein Coaching. Der Einfluss von Klienteneigenschaften auf die Wirkung von Coaching*. Berlin: wvb.

Elbing, E. (2000). Beratung. In G. Wenninger (Hrsg.), *Lexikon der Psychologie* (S. 200–204). Heidelberg: Spektrum.

Farber, B. A. (1985). The genesis, development, and implications of psychological-mindedness in psychotherapists. *Psychotherapy, 22*(2), 170–177.

Fejfar, M. C., & Hoyle, R. H. (2000). Effect of private self-awareness on negative affect and self-referent attribution: a quantitative review. *Personality and Social Psychology Review, 4*, 132–142.

Franklin, J. (2005). Change readiness in coaching: Potentiating client change. In M. Cavanagh, A. M. Grant, & T. Kemp (Hrsg.), *Evidence-based coaching: Theory, research and practice form the behavioral sceinces* (S. 193–2000). Bowen-Hills: Australian Academic Press.

Grant, A. M. (2003). The impact of life coaching on goal attainment, metacognition and mental health. *Social Behavior and Personality, 31*(3), 253–264.

Grant, A. M., Franklin, J., & Langford, P. (2002). The self-reflection and insight scale: A new measure of private self-consciousness. *Social Behaviour and Personality, 30*(8), 821–836.

Grant, M. A., & Cavanagh, M. J. (2007). The Goal-Focused Coaching Skills Questionnaire: Preliminary findings. *Social Behavior and Personality, 35*(6), 751–760.

Grawe, K. (2000). *Psychologische Therapie*. Göttingen: Hogrefe.

Greif, S. (2008). *Coaching und ergebnisorientierte Selbstreflexion. Theorie, Forschung und Praxis des Einzel- und Gruppencoachings*. Göttingen: Hogrefe.

Griffiths, K. E., & Campbell, M. A. (2008). Regulating the regulators: Paving the way for international, evidence-based coaching standards. *International Journal of Evidence Based Coaching and Mentoring, 6*(1), 19–31.

Heß, T., & Roth, W. L. (2001). *Professionelles Coaching. Eine Expertenbefragung zur Qualitätseinschätzung und -entwicklung*. Heidelberg: Asanger.

Hill, C., & Corbett, M. M. (1993). A perspective on the history of process and outcome research in counseling psychology. *Journal of Counseling Psychology, 40*(1), 3–24.

Horvath, A. O. (2001). The alliance. *Psychotherapy, 38*(4), 365–372.

Horvath, A. O., & Symonds, B. D. (1991). Relation between working alliance and outcome in psychotherapy: A meta-analysis. *Journal of Counseling Psychology, 38*(2), 139–149.

Houghton, J. D., & Neck, C. P. (2002). The Revised Self-Leadership Questionnaire. Testing a hierarchical factor structure for self-leadership. *Journal of Managerial Psychology, 17*(8), 672–691.

Ianiro, P., Schermuly, C., & Kauffeld, S. (2013). Why interpersonal dominance and affiliation matter: an interaction analysis of the coach-client relationship. *Coaching, 6*(1), 25–46.

Jonas, E., Kauffeld, S., & Frey, D. (2007). Psychologie der Beratung. In D. Frey, & L. v. Rosenstiel (Hrsg.), *Wirtschaftspsychologie* Enzyklopädie der Psychologie, (Bd. D/III/6, S. 283–24). Göttingen: Hogrefe.

Kampa, S., & White, R. P. (2002). The effectiveness of executive coaching: What we know and what we still need to know. In R. L. Lowman (Hrsg.), *The California School of Organisational Studies Handbook of organisational consulting psychology* (S. 139–158). San Francisco, CA: Jossey-Bass.

Kanfer, F. H., Reinecker, H., & Schmelzer, D. (1996). *Selbstmanagementtherapie. Ein Lehrbuch für die klinische Praxis*. Berlin: Springer.

Karver, M. S., Handelsman, J. B., Fields, S., & Bickman, L. (2006). Meta-analysis of therapeutic relationship variables in youth and family therapy: The evidence for different relationship variables in the child and adolescent treatment outcome literature. *Clinical Psychology Review, 26*(1), 50–65.

Kiel, F., Rimmer, E., Williams, K., & Doyle, M. (1996). Coaching at the top. *Consulting Psychology Journal, 48*(2), 67–77.

Kinlaw, D. C. (1997). *Coaching: Winning strategies for individuals and teams*. Brookfield, VT: Gower.

Lambert, M. J., & Barley, D. E. (2001). Research summary on the therapeutic relationship and psychotherapy outcome. *Psychotherapy, 38*(4), 357–361.

Lang-von Wins, T., & Triebel, C. (2005). *Kompetenzorientierte Laufbahnberatung*. Berlin: Springer.

Lang-von Wins, T., & Triebel, C. (2012). *Karriereberatung. Coachingmethoden für eine kompetenzorientierte Laufbahnberatung* (2. Aufl.). Berlin: Springer.

Lippmann, E. (2013). Methoden im Coaching. In E. Lippmann (Hrsg.), *Coaching* (3. Aufl. S. 427–454). Wiesbaden: Springer.

Locke, E. A., & Latham, G. P. (2006). New directions in goal-setting theory. *Current Directions in Psychological Science, 15*(5), 265–268.

Manz, C. C., & Sims Jr., H. P. (1980). Self-Management as a substitute for leadership: A social learning theory perspective. *The Academy of Management Review, 5*(3), 361–367.

McGonagle, A. K., Beatty, J. E., & Joffe, R. (2014). Coaching for workers with chronic illness: Evaluating an intervention. *Journal of Occupational Health Psychology, 19*(3), 385–398.

McGovern, J., Lindemann, M., Vergara, M., Murphy, S., Barker, L., & Warrenfeltz, R. (2001). Maximizing the impact of executive coaching. behavioral change, organizational outcomes, and return on investment. *The Manchester Review, 6*(1), 1–9.

McKenna, D. D., & Davis, S. L. (2009). Hidden in plain sight: The active ingredients of executive coaching. *Industrial and Organizational Psychology, 2*, 244–260.

O'Broin, A., & Palmer, S. (2010). Exploring key aspects in the formation of coaching relationships: Initial indicators from the perspective of the coachee and the coach. *Coaching, 3*(2), 124–143.

Parker, S. K., Bindl, U. K., & Strauss, K. (2010). Making things happen: A model of proactive motivation. *Journal of management*.

Parsloe, E., & Leedham, M. (2009). *Coaching and mentoring. Practical conversations to improve learning* (2. Aufl.). London: Kogan Page.

Perrez, M., & Baumann, U. (2005). Psychotherapie: Systematik und methodenübergreifende Faktoren. In M. Perrez, & U. Baumann (Hrsg.), *Lehrbuch Klinische Psychologie – Psychotherapie* (3. Aufl. S. 430–455). Bern: Huber.

Prussia, G. E., Anderson, J. S., & Manz, C. C. (1998). Self-leadership and performance outcomes: The mediating influence of self-efficacy. *Journal of Organizational Behavior, 19*(5), 523–538.

Rauen, C. (2001). *Coaching. Innovative Konzepte im Vergleich* (2. Aufl.). Göttingen: Hogrefe.

Roberts, C., & Stark, P. (2008). Readiness for self-directed change in professional behaviours: Factorial validation of the Self-reflection and Insight Scale. *Medical Education, 42*, 1054–1062.

Rogers, C. R. (2005). The interpersonal relationship in the facilitation of learning. In R. Harrison, F. Reeve, A. Hanson, & J. Clarke (Hrsg.), *Supporing lifelong learning* (S. 25–39). London: Routledge.

Schreyögg, A. (2011a). Die Wissensstruktur von Coaching. In B. Birgmeier (Hrsg.), *Coachingwissen* (S. 50–62). Wiesbaden: Springer.

Schweitzer, J., & von Schlippe, A. (2007). *Lehrbuch der systemischen Therapie und Beratung* (10. Aufl.). Göttingen: Vandenhoeck u. Ruprecht.

Silvia, P. J., & Gendolla, G. H. (2001). On introspection and self-perception: Does self-focused attention enable accurate self-knowledge? *Review of General Psychology, 5*(3), 241.

Spurk, D., Volmer, J., Hagmaier, T., & Kauffeld, S. (2013). Why are proactive people more successful in their careers? The role of career adaptability in explaining multiple career success criteria. In E. E. Crossman, & M. A. Weiler (Hrsg.), *Personality Traits: Causes, Conceptions and Consequences* (S. 27–48). New York: Nova.

Stewart, G. L., Courtright, S. H., & Manz, C. C. (2011). Self-leadership: A multilevel review. *Journal of Management, 37*(1), 185–222.

Stober, D. R., Wildflower, L., & Drake, D. (2006). Evidence-Based practice: A potential approach for effective coaching. *International Journal of Evidence Based Coaching and Mentoring, 1*(1), 1 8.

Thomas, J. P., Whitman, D. S., & Viswesvaran, C. (2010). Employee proactivity in organizations: A comparative meta-analysis of emergent proactive constructs. *Journal of Occupational and Organizational Psychology, 83*, 275–300.

Trapnell, P. D., & Campbell, J. D. (1999). Private self-consciousness and the Five-Factor Model of Personality: Distinguising Rumination from Reflection. *Journal of Personality and Social Psychology, 7*(2), 284–304.

Wiese, B. S. (2008). Selbstmanagement im Arbeits- und Berufsleben. *Zeitschrift für Personalpsychologie, 7*(4), 153–169.

Witherspoon, R. (2000). Starting smart: Clarifying coaching goals and roles. In M. Goldsmith, L. Lyons, & A. Freas (Hrsg.), *Coaching for leadership: How the world's greatest coaches help leaders learn* (S. 165–185). San Francisco, CA: Jossey-Bass.

Zhao, H., Hills, G. E., & Seibert, S. E. (2005). The mediating role of self-efficacy in the development of entrepreneurial Intentions. *Journal of Applied Psychology, 90*(6), 1265–1272.

Weiterführende Literatur

Ebner, K. (2013). Standardisiertes Coaching für Nachwuchswissenschaftler und Studierende: Konzeptions- und Implementierungshinweise im Peer-Coaching. In R. Wegener, M. Loebbert, & A. Fritz (Hrsg.), *Coaching-Praxisfelder. Forschung und Praxis im Dialog* (S. 191–203). Wiesbaden: Springer.

Ebner, K., & Kauffeld, S. (in prep.). *Relations of within-person incongruities with life satisfaction and self-efficacy: The moderating role of career coaching.* Manuscript in preparation.

Ebner, K., & Kauffeld, S. (subm.). *Coaching as organizational stress management intervention: Psychological processes linking self-leadership and coping.* Manuscript submitted for publication.

Ebner, K., & Volmer, J. (im Druck). Karrierecoaching. In J.-P. Pahl (Hrsg.), *Lexikon der Berufsbildung*. Bertelsmann.

Hofmann, S. G., & Heinrichs, N. (2002). Disentangling self-descriptions and self-evaluations under conditions of high self-focused attention: Effects of mirror exposure. *Personality and Individual Differences, 32*, 611–620.

Ianiro, P., & Kauffeld, S. (2014). Take care what you bring with you: How coaches mood and interpersonal behavior affect coaching success. *Consulting Psychology Journal, 66*, 231–257.

Multon, K. D., Brown, S. D., & Lent, R. W. (1991). Relation of self-efficacy beliefs to academic outcomes: A meta-analytic investigation. *Journal of Counseling Psychology, 38*(1), 30–38.

Parker, S. K., Bindl, U. K., & Strauss, K. (2010). Making things happen: A model of proactive motivation. *Journal of Management, 36*(4), 827–856.

Wissemann, M. (2006). *Wirksames Coaching. Eine Anleitung.* Bern: Huber.

Reflexion und Management von Fehlern im Coaching

Stephanie Rascher

C. Triebel et al. (Hrsg.), *Qualität im Coaching*,
DOI 10.1007/978-3-662-49058-7_8, © Springer-Verlag Berlin Heidelberg 2016

8.1 Einleitung

Ein Coach (weiblich, 48 Jahre) berichtet:

„Herr M. war seit rund vier Monaten mein Klient, als ich zunehmend Zweifel an der Richtigkeit meiner Beratung und meines Verhaltens ihm gegenüber bekam. Herr M. war auf Empfehlung meines ehemaligen Vorgesetzten auf mich zugekommen und äußerte den Wunsch, ihn bei seiner geplanten beruflichen Neuorientierung zu begleiten. Er sei mit seiner aktuellen beruflichen Position als Abteilungsleiter Marketing nicht mehr zufrieden und sehe auch keine Chance zur beruflichen Weiterentwicklung. Herr M. trat von Anfang an sehr dominant auf und stellte meine Kompetenz als Coach regelmäßig in Frage. Seine Disziplin nahm im Laufe der Beratung zusehends ab, was sich darin äußerte, dass er zu spät zu Coaching-Sitzungen kam, die verabredeten Hausaufgaben nicht oder nur unzureichend erledigt hatte und permanent vom Thema abkam. Seine bisherige Erfolgslosigkeit bei der Stellensuche schrieb er mir zu und unterstellte mir, ihn hierbei unzureichend zu unterstützen. Nachdem sein Verhalten in der letzten Sitzung immer unverschämter geworden war und er auf die Reflexion seines Verhaltens kaum reagiert hatte, trug ich mich ernsthaft mit dem Gedanken, das Coaching von meiner Seite aus abzubrechen."

Hat der Coach in dieser Beratung etwas falsch gemacht? Und wenn ja, was? Oder liegt das Problem beim Coachee? Wenn ja, wo? Um diese Fragen eindeutig beantworten zu können, müsste der geschilderte Fall und seine Vorgeschichte in allen Details bekannt sein. Mit welchen Erwartungen kam der Klient in das Coaching und was wurde im Vertragsschluss vereinbart? Wie lief bisher der Beratungsprozess, welche Ziele wurden gesetzt und welche Verantwortlichkeiten vereinbart? Welche Interventionen wurden bisher durchgeführt und wie wurde der Beratungsprozess evaluiert?

Der Umgang mit Fehlern fällt Menschen, die beratend tätig sind und ihre Klienten bei der Vermeidung oder Korrektur von Fehlern unterstützen möchten, oft besonders schwer. Das offene Bekenntnis zum eigenen Scheitern gehört zu einem der letzten Tabus unserer Gesellschaft. Gleichzeitig haben aber Systeme mit null Fehlern zumeist auch eine Effizienz der gleichen Größenordnung (vgl. Rauen 2009c). Anders als in Hochrisikobranchen wie der Luftfahrt, die sich seit Jahrzehnten mit einer konstruktiven Sicherheitskultur und professionellem Fehlermanagement auseinandersetzt, liegen im Bereich Coaching (vgl. Rauen 2009c), in der Beratung (vgl. Burmeister und Steinhilper 2011) oder in verwandten Kontexten wie der Psychotherapie (vgl. Bienenstein und Rother 2009) noch wenige Arbeiten vor, die sich mit Fehlern detailliert auseinandersetzen. Dies mag daran liegen, dass in diesen Arbeitsbereichen meist nicht eindeutig bestimmbar ist, welche Handlungen richtig und welche falsch sind. Darüber hinaus ist die Tragweite von Fehlern im Coaching meist weniger dramatisch als in Hochrisikobranchen. Unter Umständen bieten gerade Fehler auch ein großes Lernpotenzial für den Klienten und den Coach.

Der folgende Beitrag setzt sich mit dieser Frage auseinander und betrachtet die Reflexion von und den Umgang mit Fehlern im Coaching. Hierbei sollen Fehler aus zwei verschiedenen Perspektiven beleuchtet werden:

- Fehler, die dem Coach im Verlauf des Coachings-Prozesses unterlaufen
- Fehler des Coachee, die im Coaching-Prozess gemacht werden beziehungsweise Fehler, die zum Coaching-Anliegen werden

Bevor auf mögliche Fehler von Coach und Coachee Bezug genommen wird, sollen zunächst die Begrifflichkeiten genauer definiert werden.

8.2 Was ist Coaching?

Was genau ist unter Coaching zu verstehen? Nach Rauen (2003, S. 273) ist Coaching „eine absichtlich herbeigeführte, tragfähige Beratungsbeziehung für Personen mit Führungsverantwortung und/oder Managementaufgaben. Im Coaching können Themen bearbeitet werden, die häufig vernachlässigt oder lange aufgeschoben werden und deren Klärung ein hohes Verbesserungspotenzial birgt. Formal ist das Coaching primär eine Prozessberatung, das heißt, der Coach unterstützt den Klienten, eigenständig Lösungen zu entwickeln (Hilfe zur Selbsthilfe) und fungiert als neutraler Feedbackgeber".

Ein klassischer Coaching-Prozess ist auf ca. sechs bis zwölf Monate angelegt. In diesem Zeitraum finden ca. zehn Sitzungen statt, die durchschnittlich zwei Stunden dauern. Hiervon abweichende Vereinbarungen sind möglich und vom Anliegen des Klienten sowie dem Beratungskonzept des Coaches abhängig. Eine mittel- bis längerfristige Begleitung des Coachee ist jedoch wichtig, um eine nachhaltige und wirksame Beratung bieten zu können (vgl. Rauen 2003). Coachings werden entweder als Einzel-Coaching oder als Gruppen-Coaching durchgeführt, wobei meistens externe Coaches eingesetzt werden. Alternativ hierzu können Coachings auch durch interne Stabs-Coachs oder durch Vorgesetzte durchgeführt werden, die als Linien-Coach tätig sind.

8.3 Was sind Fehler?

Was genau ist unter einem „Fehler" zu verstehen? Interessanterweise gibt es eine Vielzahl von Fehlerdefinitionen, bis heute jedoch keinen Konsens über eine allgemein anerkannte Begriffsklärung. Dies mag daran liegen, dass sich Forscher verschiedenster Fachrichtungen mit Fehlern und ihren Folgen beschäftigen und hierbei auch unterschiedliche Interessen verfolgen. Nach Hofinger (2012) gibt es dennoch einen gemeinsamen Kern, den alle Fehlerdefinitionen beinhalten:

> Fehler sind eine Abweichung von einem als richtig angesehenen Verhalten oder von einem gewünschten Handlungsziel, das der Handelnde eigentlich hätte ausführen bzw. erreichen können (Hofinger 2012, S. 40).

Dieser Definition nach geht es bei Fehlern immer um menschliches Handeln (nicht um technische Störungen). Der Fehler kann sowohl im Handlungsprozess wie im Handlungsergebnis liegen. Im Gegensatz zum Irrtum, bei dem das nötige Wissen und Können zu einer richtigen Handlungsausführung nicht verfügbar war (vgl. Weimer 1925), setzen Fehler eine Absicht (Intention) voraus, die nicht wie geplant ausgeführt wird. Was ein Fehler ist, wird immer von einem Zielkriterium entschieden. Damit setzt die Bezeichnung eines Fehlers immer eine subjektive Bewertung voraus.

In Anlehnung an Reason (1990) geht es in diesem Beitrag um eine systemische Sicht auf Fehler. Demnach sind Fehler nicht eine falsche Handlung per se, sondern ein unerwünschtes Ereignis innerhalb eines komplexen Systems. Ähnlich wie in Hochrisikobereichen führt auch im Coaching selten ein einziger Fehler zu einem unerwünschten Ergebnis, sondern fast immer die Verkettung mehrerer Fehler und der Ausfall verschiedener Sicherheits- bzw. Qualitätsmaßnahmen (vgl. auch Rascher und Schröder i. D.). Bei der Ursachenanalyse sollten stets die verschiedenen Rahmenbedingungen und Faktoren auf allen Systemebenen berücksichtigt werden. Dies kann den gesamten Coaching-Prozess von der ersten Kontaktaufnahme des Klienten, dem Vertragsschluss, der Problemanalyse und anschließenden Intervention bis zur Evaluation des Coachings einschließen.

8.3.1 Ursachen von Fehlern

Auf der Suche nach generellen Ursachen von Fehlern wird deutlich, dass es nicht *die eine* Fehlerursache gibt. Die meisten Fehler werden sowohl durch Faktoren außerhalb der Person als auch durch motivationale oder kognitive Ursachen ausgelöst (vgl. Senders und Moray 1991).

Fehlerursachen, die außerhalb der betroffenen Personen liegen, sind beispielsweise Organisationsfaktoren (z. B. Sicherheitskultur, Zielprioritäten) und Rahmenbedingungen der Arbeitsumgebung (z. B. Lärm, Arbeitszeiten, technische Ausstattung). Darüber hinaus können Merkmale der Arbeitsaufgabe (z. B. hohe Komplexität, geringe Strukturiertheit) und des Arbeitsteams (z. B. fehlende Kommunikationsregeln, geringe Erfahrung) Fehler verursachen.

Zu den Fehlerursachen, die innerhalb der betroffenen Personen liegen, zählen physiologische und biologische Faktoren (z. B. Müdigkeit, Ablenkung durch Lärm), das Niveau des individuellen Wissens, der Fertigkeiten und Kompetenzen sowie die menschliche Informationsverarbeitung und die Motivationsregulation (vgl. Hofinger 2012).

Während es in technischen Systemen die Möglichkeit gibt, ihre Zuverlässigkeit aufgrund der möglichen Fehler und ihrer Auftretenswahrscheinlichkeit zu berechnen (vgl. z. B. Kirwan 1994), ist die Einschätzung einer Fehlerwahrscheinlichkeit bei komplexeren kognitiven Aufgaben deutlich schwerer. Im Bereich Coaching, in dem es um eine komplexe Beratungsbeziehung zwischen Coach und Klient geht, dürfte dies nahezu unmöglich sein. Hilfreich könnte aber die Betrachtung verschiedener Fehlertypen sein, mit denen sich die US-Forscherin Amy Edmondson (2011) beschäftigt hat.

8.3.2 Fehlertypen

Eine Klassifikation von Fehlern soll bei der Analyse von Fehlern helfen, Systemprobleme zu entdecken und dafür Gegenmaßnahmen zu entwickeln. Edmondson (2011) unterscheidet in ihrer Klassifikation drei verschiedene Typen von Fehlern.

Vermeidbare Fehler in planbarem Umfeld

Hierbei halten Personen Regeln genau definierter Prozesse für Massenprodukte oder Standarddienstleistungen nicht ein. Die Fehler beruhen meist auf einem Verstoß gegen Vorschriften, Unachtsamkeit oder fehlendem Wissen. Fehler solcher Art werden beispielsweise bei der Medikamentengabe im Krankenhaus oder bei der Fertigung am Fließband gemacht. Als Gegenmaßnahmen werden Schulungen, Einführung von Checklisten oder Verbesserung durch beständiges Lernen an kleinsten Fehlern (vgl. Toyota-Produktionssystem) empfohlen.

Unvermeidbare Fehler in komplexem Umfeld

Fehler bei unvorhersehbaren Ereignissen in komplexen Strukturen treten beispielsweise bei der Behandlung in der Notaufnahme eines Krankenhauses oder bei der Leitung eines rasant wachsenden Start-up-Unternehmens auf. Als Gegenmaßnahme schlägt Edmondson (2011) die strikte Einhaltung höchster Sicherheitsstandards, eine gründliche Untersuchung jeder auftretenden Abweichung sowie ein schnelles Erkennen und Beheben der Fehler vor.

Kluge Fehler

Kluge Fehler werden gemacht, weil exakt diese Situation zuvor noch nie aufgetreten ist. Dies kann beispielsweise bei der Erforschung neuer Medikamente, beim Aufbau neuer Geschäftsfelder oder beim Designprozess eines innovativen Produktes der Fall sein. Wer an die Grenzen seines Wissens stößt, kommt durch die richtige Art von Experimenten rasch zu „konstruktiven Misserfolgen". Wenn aus solchen Misserfolgen bewusst gelernt wird, kann für die Organisation und die in ihr arbeitenden Mitarbeiter ein großes Lernpotenzial entstehen und Mittelmäßigkeit vermieden werden. Hierzu gehört aber auch das Tolerieren von Rückschlägen. Die Idee, dass Fehler in einem komplexen Umfeld und in einer neuen Situation zu hoch interessanten Erkenntnisgewinnen führen können, wird vom Konzept der organisationalen Resilienz aufgegriffen.

8.3.3 Das Konzept der organisationalen Resilienz

Die Übertragung der Grundidee organisationaler Resilienz (vgl. Weick und Sutcliffe 2010) auf den Bereich Coaching dürfte interessante Aspekte beinhalten. Nach Ansicht der Deutschen Akademie der Technikwissenschaften e. V. (acatech 2014, S. 16) umschreibt organisationale Resilienz „die Fähigkeit eines Unternehmens, ein mit geringer Wahrscheinlichkeit eintretendes Ereignis unterschiedlicher Art, welches extreme geschäftskritische Auswirkungen haben kann, durch eine gute Vorbereitung (Prävention) und eine unmittelbare Steuerung im Eintrittsfall (Reaktion) zu vermeiden oder abzumildern und somit eine starke Widerstandsfähigkeit gegenüber unvorstellbaren Situationen in betrieblichen Prozessen zu etablieren, um den Fortbestand des Unternehmens zu sichern".

Überträgt man das Konzept der organisationalen Resilienz auf die Beratungsbeziehung zwischen Coach und Klient, bedeutet dies nichts anderes, als dass der Coach durch eine gute Vorbereitung des Coachings und unmittelbare Gegensteuerung bei unerwünschten Reaktionen unvorhersehbare Fehler vermeiden oder zumindest abschwächen kann. Wie dies in den einzelnen Phasen des Coachings aussehnen kann, wird im folgenden Abschnitt beschrieben. Um mögliche Fehler und Fehlermanagement-Tools des Coaches möglichst detailliert und praxisnah beschreiben zu können, werden diese den drei Coaching-Phasen „Vorphase", „Hauptphase" und „Abschlussphase" zugeordnet. Hierfür wird auf das von Rauen (2009a) beschriebenen COACH-Modell sowie auf die Qualitätsdimensionen Struktur-, Prozess- und Ergebnisqualität (vgl. Heß und Roth 2001) zurückgegriffen.

8.4 Fehler und Fehlermanagement-Tools des Coaches

In jeder Phase des Coachings können Fehler auftreten. Diese kann der Coach entweder präventiv vermeiden oder, falls sie bereits aufgetreten sind, durch unterschiedliche Maßnahmen des Fehlermanagements professionell handhaben.

8.4.1 Vorphase des Coachings

In der ersten Phase des Coachings geht es um die Wahrnehmung des Coaching-Bedarfs, die Kontaktaufnahme mit dem Berater sowie die vertraglichen Vereinbarungen eines Coachings. Aspekte der personellen, materiellen und räumliche Ausstattung beziehungsweise Qualifizierung spielen eine zentrale Rolle, so dass eine enge Verbindung zur Strukturqualität (vgl. Heß und Roth 2001) gesehen werden kann.

Wahrnehmung des Coaching-Bedarfs

In der Vorphase des eigentlichen Coachings geht es zunächst um die Wahrnehmung des Coaching-Bedarfs durch den Klienten. Nachdem der Coachee sich entschieden hat, für ein bestimmtes Anliegen professionelle Beratung zu nutzen, beginnt die Suche nach einem fachlich und persönlich passenden Coach. Dies setzt auf einem unübersichtlichen und intransparenten Markt der Coaching-Anbieter voraus, dass der Coach durch einen professionellen und prägnanten Marktauftritt zu finden ist. Darüber hinaus sollte die fachliche Qualifizierung, mögliche Spezialisierungen, das zugrunde liegende Beratungsverständnis sowie die eingesetzten Methoden transparent und für Laien verständlich dargelegt werden.

Mehr als zwanzig Coaching-Verbände bemühen sich in Deutschland um einheitliche Ausbildungsstandards. Bis heute konnten sich die Verbände noch nicht auf einheitliche Gütekriterien einigen. Dennoch ist es in den letzten Jahren gelungen, die Transparenz durch verschiedene Kriterienkataloge (vgl. z. B. Stiftung Warentest) oder Coach-Datenbanken (vgl. z. B. Deutscher Bundesverband Coaching e. V. oder Christopher Rauen GmbH) zu erhöhen. Angebote dieser Art erleichtern Klienten die Orientierung bei der Auswahl eines Coaches und geben Weiterbildungsanbietern Impulse bei der Gestaltung ihrer Coaching-Ausbildungen.

Kontaktaufnahme

Hat der Klient mit dem Coach Kontakt aufgenommen, erfolgt das erste persönliche Kennenlernen im Rahmen eines Erstgesprächs. Der Coach muss in dieser Phase klären, ob Coaching für das Anliegen des Coachees die adäquate Maßnahme ist. Kommen beispielweise Klienten mit physischen oder psychischen Störungen (z. B. Rückenbeschwerden, depressiven Symptomen, Angststörungen etc.) in die Beratung, ist es Aufgabe des Coaches, den Klienten an einen klinischen Therapeuten zu verweisen. Dies setzt voraus, dass der Coach ein ergebnisoffenes Erstgespräch führt sowie seine eigenen Kompetenzen und die Grenzen von Coaching und Therapie aufgrund seines klinischen Basiswissens einschätzen kann.

Die persönliche Passung von Coach und Klient ist neben der rein fachlichen Qualifizierung des Beraters mindestens genauso entscheidend für den Erfolg des Coachings. Der Coach hat daher die Aufgabe, eine tragfähige, positive Beziehung zum Klienten vor die Aussicht auf finanziellen Gewinn zu stellen. Dies bedeutet im Umkehrschluss, dass er auch den Klienten dazu ermutigen sollte, auf sein „Bauchgefühl" (also sein implizites Wissen) zu achten und im Fall einer nicht vorhandenen, persönlichen Passung einen Kollegen zu empfehlen.

Darüber hinaus dient das Erstgespräch dazu, das eigentliche Beratungsanliegen herauszuarbeiten. Ist der Klient selbst der Auftraggeber („Selbstzahler"), geschieht dies im direkten Austausch mit dem Coachee. Nicht immer ist der anfangs genannte Grund für das Coaching aber auch das eigentliche Anliegen, weswegen der Klient in die Beratung kommt. Besonders schwierig kann das Herausarbeiten des Coaching-Anliegens in den Fällen werden, in denen es als externe Maßnahme eines Unternehmens durchgeführt wird. Kommt ein Klient beispielsweise mit dem Wunsch nach einem Karriere-Coaching in die Beratung, was ihm durch seine Führungskraft nahegelegt wurde, sollte der Coach sorgfältig prüfen, welches Motiv hier vom Auftraggeber verfolgt wird. Ist das Coaching Teil einer „hidden agenda", mit dem der Berater die unliebsame Aufgabe der Führungskraft übernehmen und den Klienten zur Kündigung bei seinem aktuellen Arbeitgeber motivieren soll? Unter dieser Voraussetzung dürfte das Vertrauensverhältnis zwischen Coach und Coachee in Kürze nachhaltig gestört sein und die Seriosität und Neutralität des Beraters in Frage stehen. Eine klare Auftragsklärung und eine eindeutige Ergebnisverantwortung von Coach und Klient sind geeignete Maßnahmen, um Fehlern dieser Art rechtzeitig vorzubeugen.

Machtspiele können aber auch vom Klienten bewusst eingesetzt werden, um die Passung und die Belastungsfähigkeit des Coaches zu testen. Der Coach sollte daher mit Provokationen gelassen umgehen und das Verhalten des Klienten auf der Prozessebene offen thematisieren. Neben den inhaltlichen Aspekten muss der Coach darüber hinaus sicherstellen, dass er die zugesagte Beratung auch dann sicherstellen kann, wenn er ungeplant verhindert ist oder länger ausfällt. Arbeitet der Coach nicht bereits im Rahmen eines größeren Beratungsunternehmens, lässt sich das rechtzeitige Organisieren einer adäquaten Vertretung am besten über kollegiale Netzwerke gestalten.

Vertragsschluss

Kommen Coach und Coachee bezüglich einer gemeinsamen Zusammenarbeit überein, müssen die Ziele des Coachings, die vertraglichen Bedingungen und die „Spielregeln" der Beratung schriftlich festgehalten werden. Fehlt ein offizieller Vertragsschluss, äußert sich dies meist in mangelnder Verbindlichkeit, fehlender Zielorientierung und unklaren Honorarvorstellungen. Ein professioneller Coaching-Vertrag beinhaltet neben einer detaillierten Prozessbeschreibung eine ausführliche Zielklärung, Alternativziele, die voraussichtliche Dauer des Beratungsprozesses, das vereinbarte Honorar und die Zahlungsbedingungen sowie den verantwortlichen Coach beziehungsweise mögliche Vertreter.

Ein wesentlicher vertraglicher Bestandteil beinhaltet die Diskretion und Verschwiegenheit des Coaches, die in allen Phasen des Coachings und darüber hinaus vorausgesetzt werden muss. Dies betrifft insbesondere Coaches, die nicht wie Psychologen oder Ärzte durch § 203 Abs. 1 StGB der gesetzlich geregelten Schweigepflicht unterliegen.

8.4.2 Hauptphase des Coachings

In der Hauptphase des Coachings geht es zunächst um die Klärung der Ausgangssituation und die Erarbeitung des gewünschten Soll-Zustands. Daraufhin werden konkrete Ziele und Lösungswege erarbeitet, die durch den Klienten in Form konkreter Maßnahmen umgesetzt werden. In dieser Coaching-Phase geht es in erster Linie darum, eine zielführende, methodisch fundierte und menschlich passende Beratung anzubieten, so dass Aspekte der Prozessqualität (vgl. Heß und Roth 2001) im Mittelpunkt stehen.

Klärung der Ausgangssituation und des Zielzustands

In der Hauptphase des Coachings geht es zunächst um die Bestimmung des Ist-Zustands und die Beschreibung des gewünschten Soll-Zustands. Dies verlangt vom Coach offene Kommunikation, eine klare Prozesssteuerung und eine sorgfältige Vor- und Nachbereitung der Coaching-Sitzungen. Startet der Coach unvorbereitet in die Sitzung, vergeht viel Zeit, bis Berater und Klient mit einer konstruktiven Arbeit beginnen können. Eine kurze Vorbereitungszeit von fünf bis zehn Minuten, in der Fragen notiert und die Aufzeichnungen aus der letzten Sitzung vergegenwärtigt werden, hilft dem Coach dabei, den Klienten sofort dort abzuholen, wo er gerade steht (vgl. Rauen 2012a).

Die Analyse des Ist-Zustands und Erarbeitung des Soll-Zustands findet in einer Phase statt, in der die Beziehung zwischen Klient und Coach noch relativ jung ist. Das Ergreifen einer Partei, besonders wenn es die des Klienten ist, kann verführerisch sein, denn sie ermöglicht einen schnellen Beziehungsaufbau zum Coachee. Der Verlust der Neutralität macht es aber für den Berater schwer, Prozesse aus einer übergeordneten Perspektive zu beleuchten. Eine

Sensibilisierung für solche Solidarisierungsprozesse im Rahmen der Coaching-Ausbildung oder der Supervision ist entscheidend, um sich als Coach einer Instrumentalisierung entziehen zu können.

Bei der Bestimmung des Ist- und des Soll-Zustands treten auf beiden Seiten gehäuft psychologische Wahrnehmungsfehler wie beispielsweise der sog. „Halo-Effekt" auf. Hierbei erzeugt eine einzelne Eigenschaft beziehungsweise ein Merkmal einen Gesamteindruck, der die Wahrnehmung weiterer Eigenschaften „überstrahlt". So kann beispielsweise die Überzeugungsfähigkeit eines Klienten davon ablenken, dass dieser im Bereich Fachwissen größere Defizite hat.

Coaches sind bei der Analyse des Ist- und des Soll-Zustands immer auch der Gefahr ausgesetzt, in Schuld- statt in Lösungskategorien zu denken. Dies mag für den Klienten zwar auf den ersten Blick entlastend sein, besonders wenn er als „unschuldig" gesehen wird. Langfristig schafft der Blick auf vermeintliche Schuldige aber keine Lösungen, sondern behindert das Erkennen eigener Anteile an der aktuellen Situation. Darüber hinaus ist bei der Analyse eines Fehlers meist nicht entscheidend, *wer* ihn verursacht hat, sondern *warum* der Fehler entstanden ist und *wie* man ihn zukünftig vermeiden kann.

Ziele und Lösungswege erarbeiten

Nachdem Ist- und Soll-Zustand erarbeitet worden sind, folgt die Erarbeitung der konkreten Ziele und Lösungswege. Viele Klienten verhaften in dieser Phase in der Beschreibung des Ist-Zustands und geraten immer stärker in ein Gefühl der Hilflosigkeit. Übernimmt der Coach die Sicht des Klienten und lässt sich von diesem Gefühl mitreißen, wird es zunehmend schwerer, von der Defizitbeschreibung zu einer Lösungsorientierung zu kommen. Dies liegt auch an der Funktionsweise unseres menschlichen Gedächtnisses. Lernen und Erinnern sind hoch emotionsabhängig. Erinnerungen sind daher meist eher Rekonstruktionen als genaue Wiedergaben der ursprünglich abgespeicherten Erinnerungen. Über das Prinzip der Bahnung („was oft aufgerufen wird, ist am leichtesten wieder zugänglich") neigen Menschen dazu, das zu denken, was sie schon wiederholt gedacht haben. Der Coach kann in dieser Phase unterstützen, indem er den Klienten mit Techniken wie dem Kontingenzprinzip („es könnte auch anders sein"; vgl. Rauen 2012a) aus dieser gedanklichen Sackgasse hilft.

Das verlangt vom Berater auch, Kritik offen und konstruktiv anzusprechen. Seine Rolle sollte die eines „Advocatus diaboli" sein, der im Rahmen des Urteils- und Entscheidungsprozesses durch die Einnahme einer gegnerischen Position einer voreingenommenen Informationssuche entgegenwirkt. Um diese Technik erfolgreich einsetzen zu können, bedarf es einer tragfähigen Beziehung zwischen Coach und Klient, des richtigen Zeitpunkts sowie eines entsprechenden Rahmens für das Feedback.

Die Qualität der Beziehung ist im gesamten Coaching-Prozess entscheidend für den Erfolg der Beratung. Viele Coaches konzentrieren sich zu sehr auf die erlernten Techniken und vernachlässigen dabei die Beziehungsebene. Methoden können zwar als Hilfsmittel hilfreich sein, sind aber nur Mittel zum Zweck, um das Anliegen des Klienten lösen zu können.

Im Prozess der Zielsetzung möchten viele Klienten die Klärung des Ziels voreilig abschließen. Dies lässt sich mit einem Phänomen erklären, das im Rahmen der Komplexitätsreduktion (vgl. Dörner 1999) eine wichtige Rolle spielt. Menschen suchen nach bekannten Mustern und wenden bekannte Regeln an, bevor sie neue Lösungen erdenken. Aufgabe des Coaches ist es demnach, den Klienten beim problemlösenden Denken zu unterstützen, um so auf neue Lösungswege kommen zu können.

Umsetzung der Ziele

Geht es an die Umsetzung der Ziele, ist oft ein plötzliches Vermeidungsverhalten des Klienten zu beobachten. Tausend Gründe sprechen auf einmal dafür, konkrete Maßnahmen aufzuschieben oder abzusagen. Diese Tendenz wird durch die menschliche Motivauswahl verstärkt (vgl. Dörner 1999). Besteht ein aktuelles und handlungsleitendes Motiv, werden konkurrierende Motive abgeschirmt. Dies lässt Menschen zwar ohne Ablenkung zielgerichtet handeln, führt aber auch zu einer kurzfristigen Ausrichtung des Handelns. In der Praxis werden so nur die Probleme gelöst, die aktuell bestehen. Herausforderungen, die schon klar vorhersehbar sind, werden demgegenüber vernachlässigt. Ein professioneller Coach weist seinen Klienten auf diese Fluchttendenzen hin und unterstützt ihn durch Techniken der

Komplexitätsreduktion (z. B. Priorisieren, Strukturieren, Hinterfragen).

Zu den klassischen Fehlern in Coaching und Beratung gehört die Projektion eigener Themen und Wünsche auf den Klienten. Obwohl Fehler dieser Art im Rahmen einer fundierten Coaching-Ausbildung immer wieder thematisiert werden, ist es in der Praxis nicht immer leicht, sich diesen zu entziehen. Regelmäßige Selbsterfahrungen und Supervision durch erfahrene Kollegen können für Projektionen sensibilisieren, um diese rechtzeitig zu erkennen.

Nach detaillierter und aufwändiger Erarbeitung der Ziele vernachlässigen Coaches auf den letzten Metern zum Ziel oft die Umsetzung der nächsten Schritte. Während manche Coachees keine intensive Unterstützung bei ihren Maßnahmen benötigen, brauchen andere gerade in dieser Phase eine enge Begleitung ihrer nächsten Schritte. Hier kann der Coach durch detaillierte Maßnahmenpläne unterstützen, die der Coachee mit seiner Hilfe ausarbeitet. Konkrete, messbare, attraktive und realistische Ziele unter Angabe konkreter Zeitvorgaben (vgl. z. B. „GROW-Modell" nach Ingham 2008) lassen einen positiven Anreiz entstehen, diese auch umzusetzen.

8.4.3 Abschlussphase des Coachings

In der Abschlussphase des Coachings geht es um die Überprüfung der Zielerreichung sowie die formale Beendigung des Coachings. Das Hauptanliegen von Ergebnisqualität, nämlich die Analyse des Nutzens (vgl. Heß und Roth 2001), steht im Mittelpunkt dieser letzten Phase.

Evaluation

Die Bewertung des Coachings kann sich sowohl auf die Erreichung der Ziele (Ziel-Evaluation), auf den Coaching-Prozess (Prozess-Evaluation), auf das Verhältnis von Aufwand und Nutzen (Input/Output-Evaluation) oder auf das Ergebnis (Outcome-Evaluation) beziehen. Viele Coaches verwenden zu wenig Zeit darauf, sich überhaupt mit der kritischen Bewertung ihrer eigenen Arbeit zu beschäftigen. Diese kann durch die subjektive Einschätzung des Klienten, den Abgleich der ursprünglichen Erwartungen mit dem Erreichten oder dem Einholen von Fremdmeinungen erfolgen. So wie die kritische Überprüfung der Zielerreichung oft vernachlässigt wird, rückt bei vielen Coaches auch die eigene Weiterbildung in den Hintergrund des Interesses. Gerade bei Coaches, die beruflich als Einzelunternehmer arbeiten und wenig kollegialen Austausch haben, sind regelmäßige Fortbildungen, Austausch mit Kollegen, Supervision und Netzwerkarbeit besonders wichtig. Sie bieten Möglichkeiten, das eigene Vorgehen kritisch zu reflektieren, neue Ansätze und Methoden kennen zu lernen und sich von anderen inspirieren zu lassen.

Abschluss

Ein professionelles Coaching beinhaltet ein klares und offizielles Ende der Beratung. Dies ist wichtig, um keine langfristige Abhängigkeit des Klienten vom Coach aufkommen zu lassen und das oft enge Verhältnis zwischen Coach und Klient behutsam, aber eindeutig zu lösen. Insbesondere bei sehr positiven Beziehungen zwischen Coach und Coachee bedarf es einer großen Sensibilität, um im Sinne des Klienten keine neuen Abhängigkeiten entstehen zu lassen und den Klienten selbstbewusst und autark „gehen" zu lassen.

8.4.4 Übersicht Fehler und Fehlermanagement-Tools

Der Coach sollte sich mögliche Fehler nicht nur bewusst machen und diese regelmäßig reflektieren. Zentral ist auch die Vorbildfunktion, die der Berater seinem Klienten gegenüber im Umgang mit eigenen Fehlern hat. ◘ Tab. 8.1 fasst die möglichen Fehler des Coaches und die jeweiligen Fehlermanagement-Tools in den verschiedenen Phasen des Coaching-Prozesses zusammen.

8.5 Fehler und Fehlermanagement-Tools des Klienten

Wie der Coach können auch Coachees im Beratungsprozess verschiedenen Wahrnehmungs- und Beurteilungsfehlern unterliegen. Gleichzeitig sind oft auch bereits erkannte Fehler, die der Klient in der Vergangenheit verursacht hat, Beratungsanliegen im Coaching.

Tab. 8.1 Fehler des Coaches und Fehlermanagement-Tools in den einzelnen Phasen des Coachings

Phase	Inhalte	Möglicher Fehler des Coaches	Fehlermanagement-Tool
Vorphase	Wahrnehmung des Coaching-Bedarfs	Fehlende Positionierung/Sichtbarkeit im unübersichtlichen Markt der Coaching-Anbieter	Professioneller und prägnanter Marktauftritt und zielgruppengerechte Verkaufsstrategie
		Unzureichende räumliche bzw. materielle Ausstattung	Organisation entsprechender Räumlichkeiten, Infrastruktur bzw. IT-gestützte Coaching-Tools
		Unzureichende Qualifizierung für die Tätigkeit als Coach	Fachlich ausgewiesene und anerkannte Coaching-Ausbildung, Einsatz von Qualitätssicherungsmethoden
	Kontaktaufnahme (Erstgespräch und Kennenlernen)	Coaching als adäquate Maßnahme?	Ergebnisoffenes Erstgespräch führen
		Eigene Kompetenzen überschätzen (z. B. bei physischen oder psychischen Problemen des Klienten)	Kritische Selbstreflektion, Supervision
		Passung von Coach und Klient vernachlässigen	Implizites Wissen ernst nehmen. Tragfähige Beziehung geht vor Gewinn.
		Nicht erkennen einer „hidden agenda"	Klare Auftragsklärung (Ergebnisverantwortung von Coach und Klient)
		Machtspiele missverstehen	Thematisierung des Verhaltens auf der Prozessebene
		Eigenen Ausfall nicht mit einplanen	Rechtzeitiges Organisieren einer Vertretung/Netzwerk
	Vertragsschluss (Aushandeln der „Beratungsspielregeln")	Mangelnde Verbindlichkeit	Schriftlicher Vertrag mit klaren Vereinbarungen
		Fehlende Zielorientierung und Erarbeitung von Alternativen	Detaillierte Zielklärung, Erarbeitung von Alternativzielen
		Unklare Honorarvorstellung	Transparente Honorargestaltung
		Diskretion und Verschwiegenheit	Vgl. § 203 Abs. 1 StGB, professionelle Coaching-Haltung
Hauptphase	Klärung der Ausgangssituation (Bestimmung von Ist- und Soll-Zustand)	Intransparenter Prozess	Offene Kommunikation und klare Prozesssteuerung (transparente Strukturen, Dokumentation der Coaching-Sitzungen, ausreichende Vor- und Nachbereitung der Sitzungen)
		Verlust der Neutralität	Supervision
		Wahrnehmungs- und Beurteilungsfehler (z. B. Halo-Effekt)	Kritische Reflexion der Eigenschaftszuschreibungen
		In Schuld- statt in Lösungskategorien denken	Zur Reflexion eigener Anteile an der Situation anregen. Durch Fragen zur Lösungsorientierung führen.

Tab. 8.1 *(Fortsetzung)*

Phase	Inhalte	Möglicher Fehler des Coaches	Fehlermanagement-Tool
	Zielsetzung (Ziele und Lösungswege werden erarbeitet)	Übernahme der Klientensichtweise („Hilflosigkeit")	Anwendung des Kontingenzprinzips („Es könnte auch anders sein")
		Kritikscheue (Rolle als „Advocatus diaboli")	Schaffung einer tragfähigen Beziehung, richtiges Timing, entsprechender Rahmen für Feedback
		Technik- statt Beziehungsorientierung	Methoden als Hilfsmittel aber nicht als Kern des Coachings
		Voreilige Zielklärung	Ziele und Motive genau und hartnäckig hinterfragen
	Interventionen (Umsetzung der gefundenen Ziele)	Vermeidungsverhalten des Klienten ungeklärt lassen	Techniken der Komplexitätsreduktion (Priorisieren, Strukturieren, Hinterfragen, auf Fluchttendenzen ansprechen)
		Projektion eigener Themen und Wünsche auf den Klienten	Selbsterfahrung/Supervision
		Konkrete Umsetzung der nächsten Schritte vernachlässigen	Detaillierter Maßnahmenplan mit konkreten, messbaren, attraktiven, realistischen Zielen und konkreten Zeitvorgaben
Abschlussphase	Evaluation (Überprüfung der Zielerreichung) Ziel-Evaluation Prozess-Evaluation Input- und Output-Evaluation Outcome-Evaluation	Fehlende Evaluation des Coachings	Überprüfung der Zielerreichung durch subjektive Einschätzung des Klienten, Abgleich der ursprünglichen Erwartungen mit dem Erreichten, Einholen von Fremdmeinungen
		Eigene Weiterentwicklung vernachlässigen	Weiterbildung, Supervision, Neugier auf Neues
	Abschluss (formales Ende des Coaching)	Langfristige Abhängigkeit des Klienten vom Coach	Klarer Abschluss und Lösung des Coach-Klienten-Verhältnisses

8.5.1 Wahrnehmungs- und Beurteilungsfehler des Klienten im Coaching-Prozess

Wahrnehmungs- und Beurteilungsfehler des Klienten sind im Verlauf des Coachings oft zu beobachten und sollten vom Coach achtsam gespiegelt und gemeinsam reflektiert werden.

Halo-Effekt

Wahrnehmungsfehler wie der Halo-Effekt, bei dem von einer bekannten Eigenschaften einer Person auf unbekannte Attribute geschlossen wird (Beispiel: wer sehr dominant ist, wird nicht hilfsbereit sein), können die Sichtweisen und die vermuteten Handlungsoptionen des Klienten stark einschränken. Aufgabe des Coaches muss es daher sein, solche kognitiven Verzerrungen zu erkennen und den Klienten zum Perspektivwechsel anzuregen („Sind Sie da sicher?" „Haben Sie das schon einmal so erlebt?", „Was würde passieren, wenn Sie es ausprobieren?").

Systematische Beurteilungstendenzen

Klienten sind sowohl sich selbst als auch anderen Personen gegenüber für zu strenge beziehungsweise zu milde Beurteilungen anfällig (Milde- bzw. Strengefehler). Der Coach kann den jeweils auftretenden Fehler durch Vergleich mit möglichst besseren beziehungsweise schlechteren Leistungen spiegeln und den Klienten so zur kritischen Reflexion seiner Beurteilungstendenz anregen.

Wahrgenommene Ähnlichkeit

Eine subjektiv wahrgenommene Ähnlichkeit kann zu einer positiveren Verhaltens- oder Persönlichkeitseinschätzung gemäß dem Motto „das mache ich ja auch immer so" führen. Diese kognitive Verzerrung kann sich sowohl auf das Verhältnis zwischen Coach und Klient, aber auch auf die Beziehung zwischen Klient und andere Personen auswirken. Ähnlichkeitsfehler dieser Art sollten vom Coach aufgrund seiner Ausbildung und Supervision erkannt und berücksichtigt werden. Bezieht sich der Ähnlichkeitsfehler auf Einschätzungen, die der Klient für andere Personen vornimmt, sollte der Coach diesen Fehler bewusst machen und mit dem Klienten Anhaltspunkte für eine faire Einschätzung erarbeiten.

Systematischer Attributionsfehler

Das eigene Verhalten wird meist der Umwelt zugeschrieben, besonders wenn wir nicht mit dem Ergebnis zufrieden sind („Ich hatte nicht genug Zeit", „Ich wurde nicht richtig vorbereitet"). Das Verhalten anderer sehen wir aber meist durch die Person verursacht („XY kann das einfach nicht!"). Der Coach kann seinen Klienten auf diese kognitive Verzerrung hinweisen und mit ihm daran arbeiten, keine zu schnellen Rückschlüsse auf vermeintliche Persönlichkeitseigenschaften zu ziehen. Darüber hinaus kann der Klient durch entsprechende Fragen zu einem Vergleich mit dem eigenen Verhalten angeregt werden („Würden Sie in der Praxis ähnlich handeln?").

Rückschaufehler

Der Rückschaufehler, im Englischen auch als „hindsight bias" bezeichnet, beschreibt das Phänomen, dass Menschen sich systematisch falsch an ihre früheren Vorhersagen erinnern, nachdem sie den Ausgang von Ereignissen erfahren haben („Das habe ich ja gleich gesagt!"). Der Effekt führt dazu, dass Menschen nach einem wichtigen Ereignis nicht mehr in der Lage sind, die Umstände und Gründe, die zum Ereignis führten, so zu beurteilen, wie sie es vor dem Bekanntwerden des Ereignisses getan haben. Im Rückblick überschätzen sie viel mehr systematisch die Möglichkeit, dass man das Ereignis hätte voraussehen können. Die Kenntnis des Ereignisses ändert die Deutung und Wertung aller damit zusammenhängenden Sachverhalte und verschiebt somit das gesamte kognitive „Koordinatensystem" in Richtung auf sein Eintreten. Auch hier sollte der Berater durch Spiegelung dieser kognitiven Verzerrung dazu anregen, sich kritisch mit der eigenen Einschätzung und dem Umgang mit fehleranfälligen Bewertungen auseinanderzusetzen.

8.5.2 Fehler des Klienten als Coaching-Anliegen

Fehler des Klienten werden nicht nur im Coaching-Prozess relevant, sondern sind oft Teil oder Ursache des Beratungsanliegens („Wie kann ich mit meiner personenbedingten Kündigung im nächsten Vorstellungsgespräch umgehen?", „Wie kann ich zu einer besseren Streitkultur mit meinem Partner kommen?", „Wie schaffe ich es, mich im beruflichen Alltag besser durchzusetzen?").

Bei der Bearbeitung solcher Fragen kann ein Blick auf die Definition (▶ Abschn. 8.3) von Fehlern für den Coach hilfreich sein. Wenn Fehler „eine Abweichung von einem als richtig angesehenen Verhalten oder von einem gewünschten Handlungsziel, das der Handelnde eigentlich hätte ausführen bzw. erreichen können" (Hofinger 2012, S. 40) sind, ergeben sich verschiedene Implikationen.

Die Einschätzung eines Verhaltens als Fehler oder die fehlende Zielerreichung sind immer subjektiv, woran sich die Fragen anschließt, wie der Klient selbst das Verhalten bzw. die Zielabweichung sieht. Kann sich der Klient auch aus eigener Sicht nur unzureichend im beruflichen Kontext durchsetzen? Und möchte er das überhaupt? Wenn ja, kann klar an den konkreten Maßnahmen gearbeitet werden, die zur Zielerreichung führen können. Wenn nicht, stellt sich die Frage, ob es nicht einen generellen Perspektivwechsel braucht („Ich möchte gar keinen Job haben, in dem ich mich ständig durchsetzen muss"). Aus solchen Erkenntnissen ergeben sich neue Ideen, in welchen Bereichen der Klient seine Fertigkeiten und Kompetenzen womöglich besser und passender einbringen kann als im aktuellen Tätigkeitsbereich.

Der Coach sollte gemeinsam mit dem Klienten reflektieren, warum und unter welchen Umständen die Fehler zustande gekommen sind. Dies ermöglicht eine konstruktive und lösungsorientierte Betrachtung der Fehler mit der Chance, aus diesen Misserfolgen zu lernen. Ein wesentlicher Erfahrungsgewinn sollte im Coaching die generelle Bewertung von Fehlern sein. Im Qualitätsmanagement werden Fehler oft als „Schatz" bezeichnet. Diesen kann man „heben" und durch Veränderung der Strukturen und Prozesse beziehungsweise durch Qualifizierung dafür sorgen, dass dieser nicht erneut gemacht wird.

Gleichzeitig sind Fehler auch Lerngelegenheiten (vgl. Ingold und Sánchez 2008; Oser und Spychiger 2005). Nach Wehner (1984, 1992) führen sie zu einem „tieferen Verständnis des jeweiligen (Arbeits-) Systems und schaffen das Potenzial für Kreativität, weil Zielverfehlungen immer auch einen Perspektivwechsel anregen sowie Skepsis und Reflexion fördern". Besonders geeignet ist die Schaffung solcher Lerngelegenheiten im Rahmen von Simulationen, Experimenten oder minimalen Ereignissen, wie sie in Hochrisikobranchen eingesetzt werden. Bevor der angehende Pilot zum ersten Mal ein Linienflugzeug steuert, hat er seine fliegerischen Fähigkeiten und sozialen Kompetenzen im Rahmen vieler Simulatorstunden nachgewiesen. Auch in der Industrie werden neue Produkte vor ihrer Einführung im Markt in repräsentativen Teilmärkten getestet, um aus diesen Testergebnissen Schlussfolgerungen für die flächendeckende Einführung zu ziehen. Im Coaching lässt sich dies beispielsweise in Form von Rollenspielen umsetzen, in denen ein Gespräch, eine Präsentation oder ein Bewerbungsinterview simuliert und wiederholt geübt werden.

8.6 Zusammenfassung

Niemand macht gerne Fehler, und besonders Personen, die beratend tätig sind, haben meist einen hohen Anspruch an die Qualität ihrer Arbeit. Gleichzeitig wird es in einem hoch komplexen und interaktiven Beratungsprozess wie dem Coaching niemals möglich und auch wenig sinnvoll sein, keine Fehler zu machen. Denn Fehler bergen auch immer eine Chance, zu lernen und sich weiterzuentwickeln. Der Umgang mit Fehlern kann im Coaching eine wesentliche Lernerfahrung sein, die der Coach entsprechend vorleben und mit dem Klienten reflektieren kann. Aus der Biologie lässt sich hierfür das Konzept der „Fehlerfreundlichkeit" nutzen. Ziel der Evolution ist niemals Fehlerlosigkeit, sondern Vielfalt. Denn nur ein Reichtum an Unterschiedlichkeit und verschiedenen Optionen stellt sicher, dass die Natur sich schnell an sich verändernde Rahmenbedingungen anpassen kann. Mit der Vererbung hat die Natur eine geniale Erfindung geschaffen, in der rezessiv vererbte Abweichungen für die Zukunft aufbewahrt werden, ohne dass sie aktuell Schaden anrichten können. So wie ein vielfältiges Ökosystem widerstandsfähiger als eine Monokultur ist, schafft auch Vielfalt in Denk- und Lösungsansätzen, in Prozessen und Strukturen erst Flexibilität und Zukunftsfähigkeit (vgl. Weizsäcker und Weizsäcker 2008). Dieser Gedanke lässt sich gut auf Coaching-Prozesse übertragen. In unserer heutigen Welt, in der Anforderungen, Komplexität und Vernetzung immer schneller voranschreiten, kann Vielfalt die Resilienz von Organisationen und Menschen erhöhen. Unser Umgang mit Fehlern in der Arbeitswelt, in Kindergärten, Schulen oder im Privatleben sieht aber ganz anders aus. Bestenfalls sehen wir über Fehler großzügig hinweg und gehen nach wie vor davon aus, die eine richtige Lösung zu kennen. Zukunftsoffenheit setzt aber voraus, einen Schutzraum zu schaffen, in dem man Fehler machen und offen reflektieren kann. Die Schaffung einer solchen Lernumgebung im Coaching benötigt einen entsprechenden Kontext, Zeit zur Reflexion, eine offene und angstfreie Kommunikation sowie eine tragfähige Beziehung zwischen Coach und Klient. Sie zu schaffen sollte Aufgabe und Anliegen jedes Coaches sein.

Literatur

Verwendete Literatur

Acatech Deutsche Akademie der Technikwissenschaften (2014). *Resilien-Tech – „Resilience-by-Design": Strategie für die technologischen Zukunftsthemen*. http://www.acatech.de/de/publikationen/stellungnahmen/acatech/detail/artikel/resilien-tech-resilience-by-design-strategie-fuer-die-technologischen-zukunftsthemen-1.html

Bienenstein, S., & Rother, M. (2009). *Fehler in der Psychotherapie. Theorie, Beispiele und Lösungsansätze für die Praxis*. Wien: Springer.

Burmeister, L., & Steinhilper, L. (2011). *Gescheiter scheitern. Eine Anleitung für Führungskräfte und Berater*. Heidelberg: Carl Auer.

Dörner, D. (1999). *Bauplan für eine Seele*. Reinbek bei Hamburg: Rowohlt.

Edmondson, A. C. (2011). Die Kunst, zu lernen. *Harvard Business Manager*, *6*, 28–39.

Heß, T., & Roth, W. (2001). *Professionelles Coaching. Eine Expertenbefragung zur Qualitätseinschätzung und -entwicklung*. Heidelberg: Asanger.

Hofinger, G. (2012). Fehler und Unfälle. In P. Badke-Schaub, G. Hofinger, & K. Lauche (Hrsg.), *Human Factors. Psychologie sicheren Handelns in Risikobranchen* (S. 39–60). Berlin: Springer.

Ingham, G. (2008). *Motivieren: Sich selbst und andere zu Bestleistung befähigen*. Offenbach: Gabal.

Ingold, F. P., & Sánchez, Y. (2008). *Fehler im System: Irrtum, Defizit und Katastrophe als Faktoren kultureller Produktivität*. Göttingen: Wallstein.

Kirwan, B. (1994). *A guide to practical human reliability assessment*. CRC press.

Oser, F., & Spychiger, M. (2005). *Lernen ist schmerzhaft: Zur Theorie des negativen Wissens und zur Praxis der Fehlerkultur*. Weinheim: Beltz.

Rauen, C. (2003). *Coaching – Innovative Konzepte im Vergleich*. Göttingen: Hogrefe.

Rauen, C. (2009a). Coaching von Mitarbeitern und Führungskräften. In L. v. Rosenstiel, E. Regnet, & M. E. Domsch (Hrsg.), *Führung von Mitarbeitern – Handbuch für erfolgreiches Personalmanagement* (S. 237–248). Stuttgart: Schäffer-Poeschel.

Rauen, C. (2009c). *Coaching-Newsletter 9(4)*. http://www.coaching-newsletter.de/archiv/2009/2009_04.html. Zugegriffen: 20.06.2015

Rauen, C. (2012a). *Coaching-Newsletter 12(3)*. http://www.coaching-newsletter.de/archiv/2012/2012_03.htm. Zugegriffen: 20.06.2015

Reason, J. (1990). *Human Error*. Cambridge: Cambridge University Press.

Senders, J. W., & Moray, N. P. (1991). *Human error: Cause, prediction, and reduction*. Hillsdale, N. J.: Erlbaum.

Wehner, T. (1984). *Im Schatten des Fehlers – Einige methodisch bedeutsame Arbeiten zur Fehlerforschung*. Bremer Beiträge zur Psychologie, Bd. 34. Bremen: Universität Bremen.

Wehner, T. (1992). *Sicherheit als Fehlerfreundlichkeit*. Opladen: Westdeutscher Verlag.

Weick, K. E., & Sutcliffe, K. M. (2010). *Managing the unexpected: Resilient performance in the age of uncertainty* (2. Aufl.). San Francisco, CA: Wiley.

Weimer, H. (1925). *Psychologie der Fehler*. Leipzig: Klinkhardt.

v Weizsäcker, C., & v Weizsäcker, E. U. (2008). v., & Weizsäcker, E. U. v. *Erwägen, Wissen, Ethik*, *19*(3), 291–299.

Weiterführende Literatur

Deutscher Bundesverband Coaching e. V. (DBVC) (o.J.). http://www.dbvc.de/unsere-mitglieder/coaches.html. Zugriff: 25.06.2015.

Hörmann, H. J. (1995). FOR-DEC. A prescriptive model for aeronautical decision making. In R. Fuller, N. Johnston, & N. McDonald (Hrsg.), *Human factors in aviation operations* Proceedings of the 21st Conference of the European Association for Aviation psychology (EAAP), (Bd. 3, S. 17–23). Aldershot Hampshire: Avebury Aviation.

Luhmann, N. (1987). *Soziale Systeme: Grundriss einer allgemeinen Theorie*. Frankfurt: Suhrkamp.

Rascher, S., & Schröder, R. (in Druck). Die Gestaltung einer konstruktiven Fehlerkultur als Führungsaufgabe in High Reliability Organizations (HRO) am Beispiel der zivilen Luftfahrt. In C. v. Au (Hrsg.), *Leadership und angewandte Psychologie, Band 2: Struktur und Kultur einer Leadershiporganisation*. Wiesbaden: Springer.

Rauen, C. (2009b). *Coaching-Newsletter 9(3)*. http://www.coaching-newsletter.de/archiv/2009/2009-03.html. Zugegriffen: 20.06.2015

Rauen, C. (2012b). *Coaching-Newsletter 12(4)*. http://www.coaching-newsletter.de/archiv/2012/2012_04.htm. Zugegriffen: 20.06.2015

Rauen, C. (o. J.) Coach-Datenbank. http://www.coach-datenbank.de/suche.html. Zugriff: 23.06.2015.

Schäfer, J. (2014). *Lob des Irrtums. Warum es ohne Fehler keinen Fortschritt gibt*. München: Bertelsmann.

Stiftung Warentest (2013). *Coachen lernen. Was ein guter Lehrgang für Einsteiger bieten sollte*. https://www.test.de/Coachen-lernen-Was-ein-guter-Lehrgang-fuer-Einsteiger-bieten-sollte-4605169-4608241/. Zugegriffen: 26.06.2015

Top-Manager coachen

Annelen Collatz

C. Triebel et al. (Hrsg.), *Qualität im Coaching,*
DOI 10.1007/978-3-662-49058-7_9,

Das Coaching von Top-Managern mag für viele Coaches das erklärte Ziel sein: Geschafft – man kann an der Spitze der Macht mitwirken! Die folgende Darstellung will aber keine Handreichung dafür sein, wie sich jemand erfolgreich als Top-Manager-Coach anbieten und präsentieren kann. Vielmehr soll der Top-Manager selbst im Fokus stehen: Was zeichnet ihn aus, welche Eigenschaften sind relevant, welche Werte? Welche Prioritäten muss der Top-Manager setzen, um für eine „Ganz-oben-Position" der Richtige zu sein? In welche Rahmenbedingungen ist er eingebunden? Welche Erwartungen werden an ihn gestellt?

Aus diesen Überlegungen heraus ergeben sich dann Folgerungen für den Coaching-Prozess. Die Beachtung und das Wissen um die Wirkfaktoren sind im Coaching-Prozess für den Aufbau und die Gestaltung der Beziehungsqualität zwischen den Partnern in besonderer Weise relevant. Die Akzeptanz des Coaches durch die zu coachende Person – und damit der Erfolg des Coaching-Prozesses – beruht auf dem Eingehen und dem Verstehen sämtlicher Wirkfaktoren.

Damit erweist sich, dass der Coach der Aufgabe gewachsen ist, einen Top-Manager zu begleiten, denn die Kompetenzeinschätzung des Coaches ist Voraussetzung dafür, dass die zu coachende Person sich für den Begleitungsprozess öffnet und determiniert damit die Qualität und Intensität in diesem Prozess: Coaching basiert auf der Beziehung zwischen Coach und Coachee, und nur bei einer tragfähigen Beziehung kann das Coaching wirkliche Ergebnisse bringen (Rauen 2003). Zusammenarbeit auf Augenhöhe wird damit ermöglicht, denn ein Beziehungsgefälle stört den gesamten Prozess.

9.1 Begriffsklärung: Top-Manager

Zunächst ist zu klären, wer als Top-Manager anzusehen ist. Nach Müller (2004) werden Top-Manager als Angehörige einer sehr kleinen, elitären Kaste verstanden. Sie stehen aufgrund ihrer Besetzung wirtschaftlicher Schlüsselpositionen, die mit weitreichenden Machtbefugnissen ausgestattet sind, im öffentlichen Interesse.

Einer der Gründe, warum das Interesse für diesen Personenkreis in den letzten Jahren stark zugenommen hat, liegt in der unmittelbaren Verbindung von Top-Management und Erfolg oder Misserfolg eines Unternehmens. Gleichzeitig wird in Deutschland über Ethik und Werte der Top-Entscheider in den Firmen debattiert. Dabei stehen die Vorstandsbezüge im Mittelpunkt der Auseinandersetzungen (Müller und Werle 2005). Die Globalisierung der Wirtschaftsmärkte, die Interessen der Anteilseigner und verschiedener Gruppen wie Mitarbeiter und Gewerkschaften sowie rechtliche und politische Rahmenbedingungen bestimmen das Arbeitsfeld eines Top-Managers (Speckbacher 2004). Das dadurch entstehende Spannungsfeld der unterschiedlichen Interessen ist stark; welche Handlungsalternativen ein Top-Manager favorisiert, wird letztendlich von der Persönlichkeit des Top-Managers mitbestimmt (Hambrick 1984).

Grunwald (2000, S. 194) definiert Manager als „Personen, die sozial verantwortlich[e] Einstellungen und Verhaltensweisen unterstellter Mitarbeiter zielorientiert beeinflussen, und zwar auf der 1. und 2. Führungsebene". Als oberste Führungskräfte – teilweise als Synonym für den Begriff „Top-Manager" gebraucht – werden weitestgehend Vorstände und Geschäftsführer von größeren mittelständischen und Großunternehmen verstanden (Schieffer 1998). Mit der polemisch anmutenden Definition „Top-Manager ist, wer unter Aufgabe der Übersicht die Weitsicht erlangt und mit dem Mut zur Lücke seinen Durchblick erweitert hat" (Dräger 1997, S. 66) wird schon eine Verschiebung der Tätigkeitsbereiche und damit eine Grundlage für eine weitere Differenzierungsmöglichkeit zwischen den einzelnen Managementebenen aufgezeigt. ◘ Tab. 9.1 spannt die Definition von Top-Managern durch verschiedene Autoren auf.

◘ Tab. 9.1 folgend ist eine explizite und übergreifende Definition nicht zu finden.

9.2 Kriterien für beruflichen Erfolg

Da die Bedeutung eines Menschen in einem Unternehmen oder einer Institution an dem bemessen wird, was die Person zur Zielerreichung der Organisation beiträgt, ist auch der Erfolg eines Coachings damit verknüpft. Denn Coaching ist ein absichtsvoll herbeigeführter Prozess mit ei-

▫ Tab. 9.1 Gegenüberstellungen der Definitionen von Top-Managern

Definition	Autoren
Manager, die der CEO als Mitglieder des Top-Management-Teams benennt	Hambrick (1995)
Alle „Inside board Members"	Haleblian und Finkelstein (1993)
Manager ab der Hierarchiestufe „Vice-president" (höchster Manager eines Bereichs) aufwärts	Keck und Tushman (1993)
Die zwei höchsten Managementstufen im Unternehmen	Wiersema und Bantel (1992)
Gründer von Unternehmen	Eisenhardt und Schoonhoven (1990)
Die einflussreichsten Manager an der Organisationsspitze (CEO oder General Manager) und diejenigen, die direkt an ihn berichten	Finkelstein und Hambrick (1996)
Alle durch den CEO ausgewählten Personen, die genügend Macht für organisationelle Entscheidungen, Handlungen, Bedingungen und Beschränkungen inne haben	Henke (1998)
Top-Manager (verantwortlich für strategische und konzeptionelle Angelegenheiten) Middle Manager (verantwortlich für eine Hauptabteilung) First-line Manager (nicht zwingend notwendig)	McNamara (1999, Online-Quelle)

nem oder mehreren erklärten Zielen, für die der Coach die Verantwortung der Prozesssteuerung hat. Das heißt, dass der Erfolg des Coachings im Zusammenhang mit dem Erfolg des Managers steht. Der persönliche Erfolg eines Managers, der sich beispielsweise an der erreichten Position, dem Gehalt, den Entscheidungsbefugnissen, der subjektiven Zufriedenheit u. ä. ablesen lässt, ist aber nicht zwangsläufig gleichzusetzen mit dem Erfolg eines Unternehmens.

Die Kriterien zur Erfolgsmessung müssen allgemeinen Anforderungen gerecht werden, um als wirksames Kriterium benutzt werden zu können. Erfolg wird per se definiert als positives Handlungsergebnis, das eine Person in einer bestimmten Situation erreicht (Burchard 2000). Inwieweit subjektiver und objektiver Berufserfolg parallel oder unabhängig voneinander laufen, ist Ansichtssache (Mayrhofer et al. 2005). Objektiver Erfolg wird determiniert durch Erfolgskomponenten, die auch Außenstehende bei der Beurteilung und Bewertung nachvollziehen können, wohingegen subjektiver Erfolg individuelle Vergleichsmaßstäbe beinhaltet, die jeder einzelne für sich selbst definiert. Wenn diese Maßstäbe verwirklicht werden, empfindet die betreffende Person Zufriedenheit und Glück.

▫ Abb. 9.1 stellt die Korrespondenz von objektiven und subjektiven Erfolgsmaßen dar, wobei die objektiven durch zwei Quadrate repräsentiert sind und die subjektiven ellipsenförmig.

Kriterien für die Messung von beruflichem Erfolg sind also nicht binär und nicht als eindimensionales Konstrukt zu sehen. Aber Erfolg und Karriere werden weitgehend als zusammengehörend empfunden. Und die Kriterien für Erfolg sind sowohl implizit als auch explizit Kriterien für einen erfolgreichen Coaching-Prozess.

9.3 Erfolgsdeterminanten

Da Coaching ein Prozess ist, der sich an den individuellen Bedürfnissen der zu coachenden Person orientiert, und es dabei gilt, Fragen zu klären, die ansonsten häufig unausgesprochen bleiben, also die „wunden Punkte" aufgreift, bei denen im Normalfall die Gefahr bestünde, einen „Gesichtsverlust" zu erleiden, braucht der Coach Kenntnisse, welche Faktoren mehr oder weniger beeinflussbar und trotzdem relevant, also erfolgsdeterminierend sind. So kann der Coach diese Themen im Blick haben und bei Bedarf aufgreifen. Denn gerade die

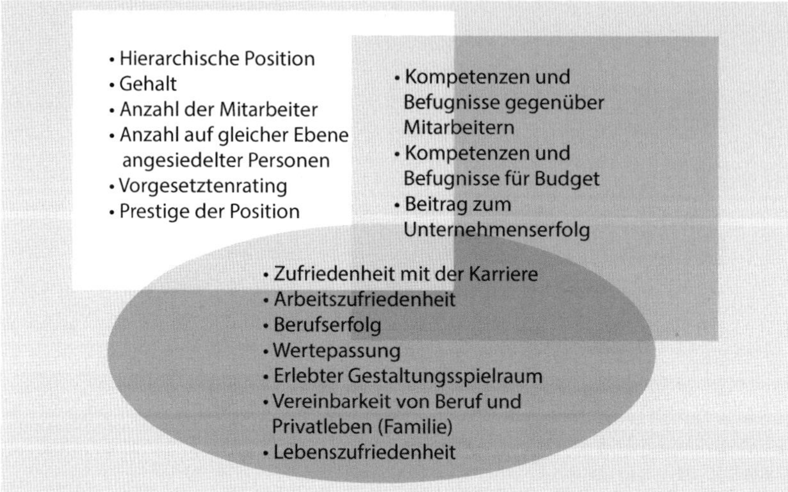

Abb. 9.1 Subjektive und objektive Erfolgskriterien

folgenden Aspekte werden gern jahrelang oder sogar generell verdrängt bzw. vernachlässigt, die Bearbeitung birgt aber ein großes Optimierungspotenzial in sich.

Will man die zahlreichen sich ergänzenden oder auf den ersten Blick einander widersprechenden Determinanten für Karriere analysieren, kann man sich in dem Spannungsfeld leicht verlieren. Hinter allen angebotenen Faktoren leuchtet die Frage nach Ursächlichkeiten in der Karriere auf, ob explizite Determinanten den Aufstieg beeinflussen und inwieweit eine Einflussmöglichkeit auf diese Faktoren wahrgenommen werden kann (Abb. 9.2).

Beleuchtet werden im Folgenden nur die Determinanten mit besonderer Relevanz für das Top-Management.

9.3.1 Soziale Herkunft

Sofern man sich mit Top-Managern beschäftigt, ist man schnell in der derzeit verstärkt geführten Debatte um Eliten involviert, denn Top-Manager gelten aufgrund ihrer hierarchischen Position als Wirtschaftselite. Die Biographien, die uns den Weg vom einfachen Mann zum Milliardär zeigen, suggerieren, dass es nur an der Genialität des Einzelnen und etwas Glück liegt, um beruflich erfolgreich zu sein. Doch empirische Befunde sprechen eine andere Sprache. Die westlichen Gesellschaften sind sozial wenig durchlässig. Normen und Mechanismen sorgen dafür, dass die soziale Herkunft einen wesentlichen Einfluss darauf hat, was eine Person beruflich erreicht. Trotz der Öffnung der Bildungssysteme wird die Qualität der Schul- und Berufsausbildung, die sich wiederum auf die Karrierechancen auswirkt, durch die familiäre Sozialisation beeinflusst (Mayer und Blossfeld 1990). Die soziale Schicht bestimmt das „Woher" und größtenteils auch das „Wohin" der Karriere (Böckmann 1983).

Hartmann (2002) untersuchte in einer vielzitierten Studie vier Jahrgänge (1955, 1965, 1975 und 1985) von 6 544 Promovierten mit der zugrundeliegenden Fragestellung nach der Rolle der sozialen Herkunft bei der Besetzung von Spitzenpositionen. Es zeigte sich ein deutlicher Zusammenhang zwischen sozialer Herkunft und dem Erreichen einer exponierten Position in der Wirtschaft. Die Ergebnisse widersprechen somit der weit verbreiteten Auffassung, dass Rekrutierung nach reinen Leistungskriterien vorgenommen wird. Für Promovierte, die aus der Arbeiterklasse und der Mittelschicht stammen, ergeben sich massive Einschränkungen auf dem Weg in die Führungsetagen deutscher Unternehmen. Tab. 9.2 verdeutlicht diese Problematik.

Hartmann (2002) sieht die Ursache der genannten Bevorzugung großbürgerlicher Personen vor allem in Persönlichkeitsmerkmalen, die vom Aufwachsen im großbürgerlichen Milieu abhängen. Manager wählen Kandidaten auf Basis ihrer Ähnlichkeit zum aktuellen Positionsinhaber aus, und Merkmale wie Vertrautheit mit relevanten

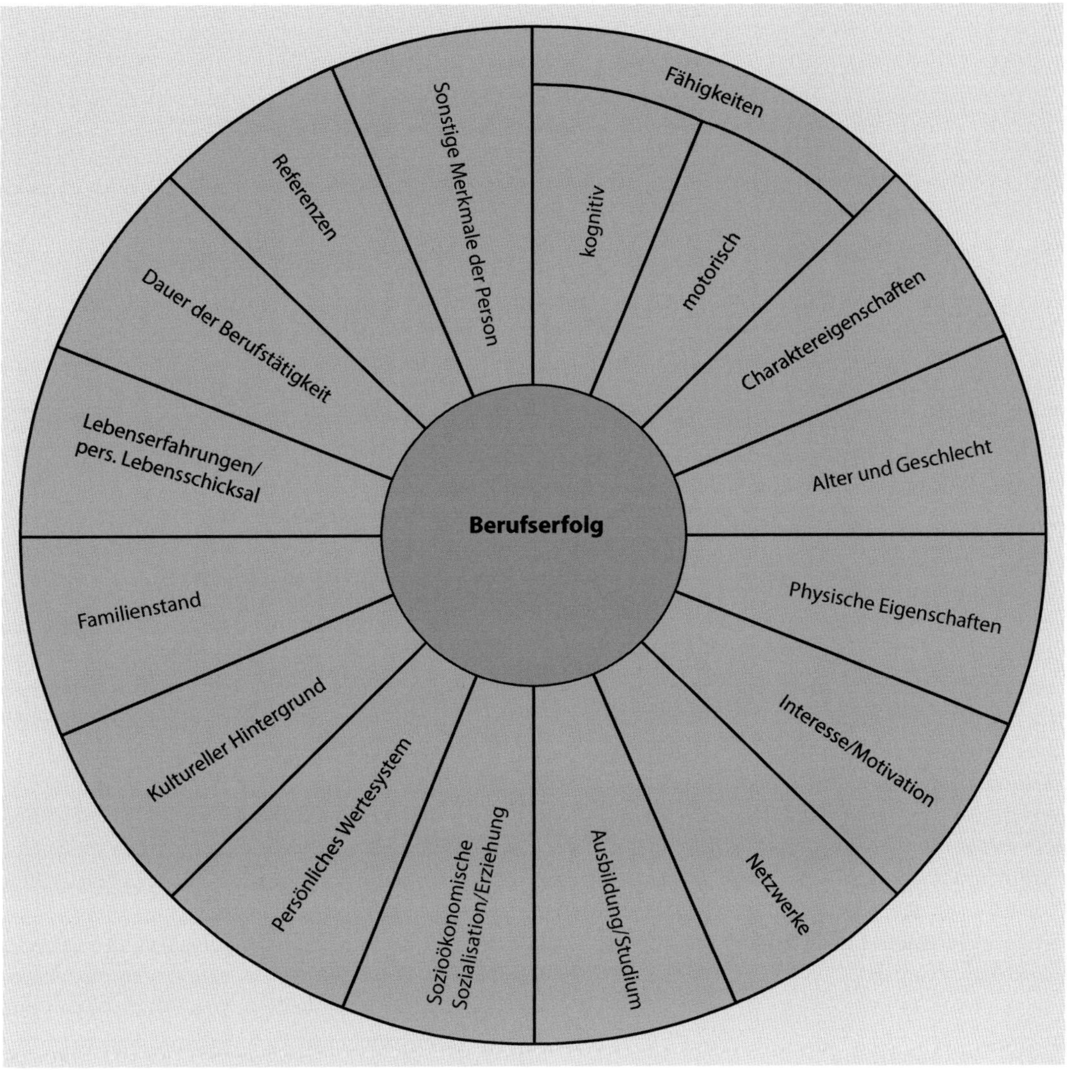

Abb. 9.2 Determinanten des beruflichen Erfolgs (Wottawa et al. 2004, S. 83)

Dress- und Verhaltenscodices, ein großes Maß an Allgemeinbildung – orientiert an alten bildungsbürgerlichen Vorstellungen –, unternehmerisches Denken und persönliche Souveränität im Auftreten und Verhalten sind dabei bedeutsam (Simon 2003). Über die genannten Merkmale hinaus kennzeichnen häufig ein in die Wiege gelegter Optimismus, hohe Selbstsicherheit und erhöhte Risikobereitschaft Personen aus den genannten gesellschaftlichen Kreisen (Hartmann 2002).

Die Karrieren der Manager beginnen in der Regel in gut situierten, überwiegend in der Privatwirtschaft tätigen Familien (Pohlmann et al. 2013). Die Autoren sprechen aber von einer Aufstiegsmobilität, nicht von harten, sozialen Schließungsprozessen.

In einer Studie mit 91 Top-Managern (vgl. Finkelstein und Hambrick 1996) konnte Collatz (2006) das Ergebnis von Hartmann nicht replizieren. Ursachen könnten im Altersunterschied von ca. 20 Jahren bei den Testpersonen der beiden Stichproben zu suchen sein. Möglicherweise greift aber der von Hartmann beschriebene Effekt heute weniger, da es einen Angleich der Chancen im Zugang zum Bildungssystem gibt.

Tab. 9.2 Karriere in der Wirtschaft in Abhängigkeit von der sozialen Herkunft und dem Promotionsjahr. (Nach Hartmann 2002, S. 64)

Soziale Herkunft	Jahrgang				Gesamt
	1955	1965	1975	1985	
Arbeiterklasse/Mittelschicht	11,7 % 470	12,1 % 506	6,0 % 402	5,3 % 284	9,3 % 1 662
Gehobenes Bürgertum	15,8 % 563	14,3 % 670	10,5 % 543	10,1 % 286	13,1 % 2 062
Großbürgertum	22,3 % 188	19,6 % 148	16,7 % 84	8,0 % 50	18,9 % 470
N (gesamt)	1 221	1 324	1 029	620	4 194

Anmerkung: Die Werte geben an, welcher Teil der Promovierten mit einer bestimmten sozialen Herkunft und einem bestimmten Jahrgang eine hohe Führungsposition in der Wirtschaft erreicht hat.

Die soziale Herkunft ist in einem Coaching nicht zu verändern. Aber das Wissen darum und die Reflexion der Gegebenheiten können dem Erkennen von Problemursachen dienen und zur Lösung der zum Problem führenden Prozesse sowie bei der Bearbeitung von Problemsymptomen hilfreich sein. Besonders, wenn man nicht über die „Kinderstube" verfügt, die einem das Auftreten auf internationalem Parkett in die Wiege legt, kann man sich Souveränität auf diesem Gebiet erarbeiten. Gerade im Top-Management sind Aspekte des klassenspezifischen Habitus ein Erfolgsfaktor, der implizit eine hohe Bedeutung hat.

9.3.2 Geschlecht

Ist Karriere ein Attribut des Geschlechts? Immer häufiger findet man in der Fach- und Wirtschaftspresse Artikel zu dieser Thematik – wir haben seit 2005 eine Bundeskanzlerin, neben anderen sogar eine Verteidigungsministerin, aber es rücken auch vor dem Hintergrund sich verändernder demographischer Gegebenheiten weibliche Führungskräfte in den Fokus des Interesses (ohne Autor 2005). Doch in der Realität zeigt sich, dass der Frauenanteil im Topmanagement nur marginal ist (ohne Autor 2014).

Jüngste evolutionsbiologische Diskussionen fokussieren auf die Verknüpfung der Faktoren Gehirnstruktur und hormonelle Ausstattung (Pool 1995). Geschlechterdifferenzen werden als historisches Erbe aus der Frühzeit betrachtet. Der Argumentation des Ansatzes folgend erzeugte die Arbeitsteilung in prähistorischen Jäger- und Sammlergesellschaften einen unterschiedlichen Selektionsdruck und ist somit ursächlich für Differenzen in Dispositionen und Verhalten (Bischof-Köhler 1997). Hierdurch ist begründbar, dass Männer eine spezifische Wettkampfmotivation sowie Bereitschaft zu stabilen Rangordnungen und Dominanzstreben aufweisen, während für Frauen die Gruppenstruktur relevanter ist und sich diese Dispositionen in einem offeneren Umgang, der Bereitwilligkeit zu Diskussionen und einer größeren Sensitivität niederschlagen.

Sozialisationstheoretische Erklärungsansätze vertreten die Auffassung, dass Geschlechterdifferenzen sich aufgrund gesellschaftlicher Einflüsse entwickeln (Bilden 1991). Vertreter dieses Ansatzes gehen davon aus, dass alle Geschlechterunterschiede – ausgenommen die biologische Reproduktionsfunktion – auf die aktuellen gesellschaftlichen Verhältnisse zurückzuführen sind. Dabei ist dem Sozialisationsprozess eine Vermittlerrolle zuzuschreiben, aber die eigentliche Ursache ist in der geschlechtsspezifischen Arbeitsteilung zu sehen, die ursächlich für geschlechtstypische Verhaltensmuster ist (Ostner 1978). Die Gender-Debatte, die diesem Ansatz folgt und eine Differenzierung zwischen dem biologischen („sex") und dem sozialen

Geschlecht („gender") vornimmt, geht davon aus, dass typisches maskulines und feminines Verhalten nicht genetisch determiniert sind, sondern eine „Konstruktion" der Gesellschaft darstellen. Demzufolge beschreiben die Begriffe „Männlichkeit" und „Weiblichkeit" nur kulturell geprägte Unterschiede und Stereotypen, die verhaltensregulierende Wirkung ausüben (Domsch 1996). Beide Erklärungsansätze sind aber nicht eindeutig belegt, und inwieweit biologische und gesellschaftliche Faktoren zusammenspielen, lässt sich beim derzeitigen Kenntnisstand nicht zweifelsfrei sagen.

Die Ursachen für die geringe Anzahl von Frauen im Top-Management sind vielfältig und erstrecken sich von Vorurteilen der männlichen Vorgesetzten über den Mangel an Vorbildern, männlich geprägte Netzwerke bis zum Verhalten der Frauen selbst, da es ihnen an Willen fehle. All diese Argumente haben ihre Berechtigung, es lassen sich für jedes Beispiele finden (Fietze et al. 2011).

Gründe abseits dieser Erklärungsansätze könnten darin zu finden sein, dass das Bild des „Managers" sehr viel eher mit dem Stereotyp des Mannes als mit dem der Frau deckungsgleich ist (Mohr und Günster 2004). In einer Interviewbefragung von Managerinnen und Managern konnte gezeigt werden, dass Frauen und Männer gleichermaßen das Erklärungsmuster präferierten, das die jeweilige eigene Geschlechtsgruppe entlastet. So sahen Frauen als Ursachen die Diskriminierung durch männliche Vorgesetzte und die ungünstigen gesellschaftlichen Rahmenbedingungen, Männer sahen sie eher darin, dass es einen Mangel an fachlich qualifizierten Frauen mit ausgeprägtem Führungswillen gebe (Hannover und Kessels 2003).

Durch Sozialisationsprozesse bedingt, ergibt sich, dass Frauen überproportional häufiger als Männer die Führung im Haushalt und in der Kindererziehung übernehmen. Hier tritt auch kaum Änderung ein, wenn die Frau berufstätig ist. Somit ist die Frau in Führungsposition deutlich stärker belastet als der Mann in vergleichbarer Position (Rosenstiel et al. 1986). Viele Männer sind aber nicht gewillt oder nicht in der Lage, Hilfe bei der Kindererziehung und im Haushalt zu bieten, gleichzeitig tritt ein Image-Problem zu Tage, da Medien immer noch Männer, die diesen Anforderungen nachkommen, als etwas trottelhaft darstellen (Kleinschmidt 2004). Darüber hinaus fehlt der weiblichen Topführungskraft häufig das unbezahlte „back office", da die Top-Managerin und ihr „Hausmann" einander schwer aushalten können (Friedel-Howe 1990). Die Frau, die es dann in eine Top-Führungsposition schafft, steht aber aufgrund ihres Minderheitsstatus, der ihr nur selten zum Vorteil gereicht, unter Beobachtung und in der Gefahr, dass ihre Fehler generalisiert werden und sie somit die Karriere künftiger Kolleginnen gefährdet (Scholl 2002).

Dieser Erfolgsfaktor beeinflusst den gesamten Coaching-Prozess und die Gestaltung der Inhalte enorm. Beide Geschlechter sollten die Wirkung dessen reflektieren und herausarbeiten, wie mit den Unterschieden im speziellen Fall umzugehen ist. Denn eine Frau zu einem besseren Mann zu coachen, kann nicht das Ziel sein und würde zudem die positiven Aspekte des eigenen Geschlechts mindern. Sich aber über die Unterschiede und deren Wirkung Klarheit zu verschaffen, erscheint ein sinnvolleres Ziel, damit eventuell auftretende Machtspiele identifiziert werden können und ein sinnvoller, konstruktiver Umgang damit erarbeitet wird.

9.3.3 Physische Größe

Es scheint eine gängige Sichtweise zu sein, dass größere Menschen mehr Erfolg im Berufsleben haben. Forschungsergebnisse konnten tatsächlich bestätigen, dass sich das Leben für größere Menschen in einigen Aspekten einfacher gestaltet, da Körpergröße als gesellschaftlich wünschenswert suggeriert wird (Roberts und Hermann 1986). In evolutionsbiologischen Erklärungsansätzen wird die physische Größe als Index von Kraft und Stärke hervorgehoben, um Flucht- oder Kampftendenzen zwischen zwei Individuen zu begründen (Dawkins 1994).

Aber frühere Studien konnten auch einen Nachweis zwischen Größe, Persönlichkeitseigenschaften und Verhalten nachweisen. So formulierte Adler (1936) den sog. Napoleon-Komplex, indem er feststellte, dass kleinere Männer aufgrund mangelnder Körpergröße ein Minderwertigkeitsgefühl empfinden und dieses mit enormer Power und einem überaggressiven Verhalten kompensieren (Martel und Biller 1987).

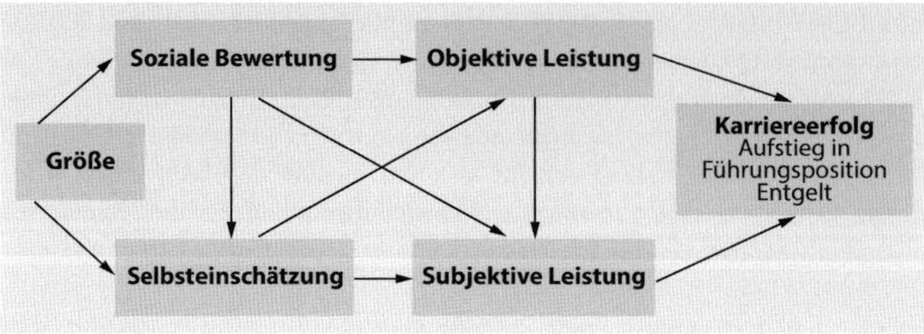

Abb. 9.3 Modell zu Zusammenhängen von Größe und Karriereerfolg. (Modifiziert nach Judge und Cable 2004, S. 429)

Darüber hinaus existieren Befunde, die einen Zusammenhang von Größe und Berufserfolg zeigen konnten: Ergebnisse qualitativer Studien weisen darauf hin, dass Größe und Leistung bzw. Führungswirksamkeit in einem positiven Zusammenhang stehen (Hensley und Cooper 1987).

Aufbauend auf diesen Zusammenhängen entwickelten die Autoren Judge und Cable (2004) ein theoretisches Modell, das generelle Trends zu diesem Forschungsthema aus den vergangenen 75 Jahren integriert und zusammenfasst (Abb. 9.3).

In dem Begriff „soziale Bewertung" subsumieren die Autoren visuelle Wahrnehmung und soziale Normen, die das Kriterium „physische Größe" determinieren. Die beschriebenen Befunde von Adler (1936) finden sich u. a. in dem Begriff „Selbsteinschätzung". Dass die Fremdeinschätzung die Selbsteinschätzung beeinflusst (und mitdeterminiert; Müthing 2005), ist durch die Verbindungslinie gekennzeichnet. Beide Einschätzungen fungieren in dem Modell als Moderatorvariable zwischen der Größe, objektiver Leistung (u. a. Tätigkeit an sich) und subjektiver Leistung (u. a. Vorgesetztenbeurteilung), die dann schlussendlich den Karriereerfolg mitbestimmen.

In einer Meta-Analyse konnten Judge und Cable (2004) den beschriebenen Zusammenhang an dem Erfolgskriterium „berufliches Entgelt" nachweisen, der auf einer Stichprobengröße von 8 590 Personen fußt und bei Männern stärker als bei Frauen greift.

In der allgemeinen Wahrnehmung scheinen größere Menschen für Führungsaufgaben eher geeignet, fähig oder kompetent zu sein (Anderson und Brion 2014), was für einen Coaching-Prozess durchaus relevant ist. Der Faktor der physischen Größe ist bei Männern bedeutsamer als bei Frauen. Besonders bei der Begleitung von kleineren Männern sollte dieser Aspekt thematisiert werden, da er selten angesprochen wird, aber die Person durchaus in ihrer Persönlichkeitsentwicklung geprägt hat.

9.3.4 Partner/-innen

Inwieweit Partner/-innen eine Determinante des Aufstiegs darstellen, ist ein kontrovers diskutiertes Thema. Es fällt auf, dass in der Literatur zumeist die feminine Form gewählt wird.

In der Wirtschaftspresse dominieren Bilder von Top-Managern mit ihren Ehefrauen, die sich im Hintergrund halten und das gesamte Privatleben managen. Ist es eine Notwenigkeit, eine Unabdingbarkeit, wenn man Belastungen in der Top-Führungsebene gerecht werden will, einen Partner/eine Partnerin an der Seite zu haben, der/die in allen Belangen unterstützend wirkt?

In einer Längsschnittstudie wurden Ehen von Managern hinsichtlich ihres Rollenverständnisses analysiert. Hierbei kristallisierte sich heraus, dass sich in dem grundsätzlich tradierten Rollenverständnis bei der neuen Generation von Top-Managern etwas Bewegung zeigt, da die Ehefrauen der jüngeren Manager in der Regel studiert haben. Aber je höher die Position des Mannes, desto eher passt sich die Frau der Karriere des Mannes an (Blossfeld und Schulz 2010).

Ein prototypisches Beispiel dafür, dass es auch anders geht, ist das Ehepaar Achleitner: er u. a. Aufsichtsratsvorsitzender bei der Deutschen Bank, sie doppelt promovierte Betriebswirtin und Juristin, die u. a. als Professorin an der TU München lehrt. Und das Ehepaar zieht gemeinsam ihre beiden Söhne groß (Dowideit und Ertinger 2012). Zukunftsweisend? Oder wird doch eher das Bild einer Ehefrau vorherrschen, die den Mann von allem, was nicht das Unternehmen betrifft, fernhält und zugleich den Kontakt zur Außenwelt aufrecht erhält?

König (2011) präzisiert die Anforderungen an eine Ehefrau noch dahingehend, dass sie nicht nur keinerlei Anforderungen an den Mann heranträgt, sondern ihn im Gegenteil Entlastung und Befreiung von Alltagssorgen bietet. Scheuch und Scheuch (1995) zeigen in einer Untersuchung auf, dass 96 Prozent aller Top-Manager dauerhaft verheiratet sind und nur 22 Prozent der Ehefrauen einer bezahlten beruflichen Tätigkeit nachgehen, 78 Prozent sind also „nur" Ehefrauen.

Die Ehe gilt als gesellschaftliche Konvention in den elitären Kreisen. Sie lässt eine Aussage über die Seriosität des Mannes zu und wird als ein Indikator für disziplinierte Lebensweise verstanden. Gleichzeitig steht sie dafür, dass der verheiratete Mann sich in einem emotionalen Gleichgewicht befindet und es somit keine Ablenkung von der Arbeit geben wird (König 2011).

Aufgrund der repräsentativen Pflichten, die der Frau eines Top-Managers zukommen, erhält sie gesellschaftliche Anerkennung, und die schichtspezifische Erziehung der Kinder ist identifikationsbildend (Böhnisch 1999).

Vielleicht ist in dem tradierten Rollenverständnis – das Erfolg versprechend zu sein scheint – auch eine Ursache zu finden, warum es so wenige Frauen in einem Unternehmen bis in Spitzenpositionen schaffen. Auf den Punkt gebracht: A woman has no wife.

Im Coaching gilt es, diesen Faktor aufzugreifen, die Bedeutung herauszuarbeiten, denn eine Beziehungskrise macht vielen Managern zu schaffen, ohne dass sie es nach außen zeigen. Denn die Beziehung und ihre Qualität ist für viele Top-Manager eine wichtige Basis, eine Ressource. Aufgrund der zeitlichen Inanspruchnahme im Job bleibt aber wenig Zeit für die Partnerin, um die Beziehung zu pflegen. Viel Verantwortung im Privaten und die häuslichen Verpflichtungen werden auf die Frau verlagert. Die nicht so gut ausgeprägte Fähigkeit vieler Top-Manager, über emotionale Themen zu sprechen, macht diesen Aspekt relevant. Sofern hier bei Bedarf Unterstützung gegeben werden kann, um wieder ein Gleichgewicht herzustellen, ist eine wichtige Problemursache einer Lösung zugeführt. Der Hinweis auf weiterführende Angebote wie Paarberatung kann hier den Prozess abrunden.

9.3.5 Persönlichkeit

In Studien konnte die Bedeutsamkeit der Passung von personenspezifischen Faktoren und Situationskontingenzen nachgewiesen werden, die mit Hierarchieebenen in Wirtschaftsunternehmen und den Berufsgruppen variiert (Lent et al. 2000). Eine hohe Übereinstimmung von Persönlichkeitsmerkmalen und beruflichen Positionsanforderungen führt danach zu einer verbesserten beruflichen Zufriedenheit, die wiederum die berufliche Leistung determiniert.

Die ViCapp-Studie (Strunk und Steyrer 2005) konnte geringe Effekte der Persönlichkeit auf den beruflichen Erfolg nachweisen, dafür aber umso stärker die Einflüsse geschlechtsspezifischer Unterschiede. Frauen benötigen eine extrem hohe Führungsmotivation – erhoben durch eine Skala des Bochumer Inventar zur berufsbezogenen Persönlichkeitsbeschreibung (BIP) –, um zur Spitze zu gelangen, wogegen dies bei Männern nicht notwendig ist. Ihnen wird grundsätzlich die Wahrnehmung von Führungsaufgaben schneller zugesprochen.

Bei einer Befragung von 335 Führungskräften, welche Kriterien sie bei der Auswahl zukünftiger Führungskräfte als bedeutsam erachten, wurden Menschenkenntnis, Teamfähigkeit, Organisationsvermögen, Konfliktfähigkeit, Lernfähigkeit und Kommunikationsfähigkeit als besonders wichtig eingeschätzt (Hofmann 2000). Zieht man in Betracht, dass zwischen 70 und 90 Prozent der Zeit von Managern für Gespräche verwandt werden und die durchschnittliche Wochenarbeitszeit bei über 50 Stunden liegt (Neuberger 2002), erscheint es einleuchtend, dass viel Zeit für soziale Interaktionen aufgewandt wird und welche Bedeutung damit den für diesen Bereich relevanten Eigenschaften zukommt. Mangelnde soziale Kompetenz und eine geringe emotionale Stabilität werden als ursächlich für Inkompetenz im Management gesehen (Spurk und Abele 2011).

Das Spannungsfeld zwischen Handlung und Reflexion, in das jede Aktion des Managements eingebettet ist, betonen Gosling und Mintzberg (2004, S. 48) und schlussfolgern: „Handlung ohne Reflexion bedeutet Gedankenlosigkeit, Reflexion ohne Handlung Passivität." Diese beiden Pole müssen ihres Erachtens gute Manager in Einklang bringen, und die Autoren streichen Kooperation als Kernkomponente heraus. Alpha-Tier-Attitüden können dem genauso entgegenstehen wie „Schön-Wetter-Kapitäne", die bei starkem Druck einknicken (Ludemann und Erlandson 2004).

Bei einer Studie, in der Führungskräfte und freie Unternehmer mit Angestellten verglichen wurden, zeigte sich, dass Leistungsmotivation, Durchsetzungsbereitschaft und Ungewissheitstoleranz Differenzierungen zwischen Personen mit und ohne unternehmerischer Verantwortung zulassen (Müller et al. 2002).

Schmidt (2005), einer der renommiertesten Psychologen in der praktischen Managementdiagnostik, folgt dem und erweitert die Eigenschaftsaufzählungen dahingehend, dass zu einer reifen Persönlichkeit, die er von Top-Managern fordert, auch gehöre, Zwischentöne wahrzunehmen, klar, aber nicht unreflektiert zu sein, Leistungsstreben zu haben, Kooperationsverhalten an den Tag zu legen und neben den maskulinen Qualitäten auch die weichere Seite anklingen zu lassen.

Aus Gesprächen mit 20 Führungskräften extrahierte Chowdhury (2000) als das wertvollste Gut einer Top-Führungskraft die Fähigkeit, zu träumen, und die Fähigkeit, im Kommunikationsverhalten zwischen der Kommunikation selbst und dem Medium zu unterscheiden. Er sieht die Begründung dafür in der Herausforderung, im Zuge der Globalisierung nicht die geographischen, sondern die kulturellen Entfernungen zu überbrücken.

In einer Studie, die anhand von konzeptgeleiteten Tiefeninterviews mit Diagnostikern durchgeführt wurde, kristallisierten sich Einschätzungskriterien zur Beurteilung von Spitzenmanagern heraus (Micks 2005):

- authentisches Auftreten
- Trittsicherheit mit gleichzeitig politisch geschmeidigem Agieren
- Fähigkeit, Prozesse und Strukturen in der Ganzheit zu erfassen, aber auch Einzelheiten betrachten zu können
- Bestreben, ein Unternehmen voranbringen zu wollen und diesem eine eigene Noten zu geben, ohne dass Macht zum Selbstzweck wird
- Bereitschaft, Verantwortung für Tun und Handeln zu übernehmen, gepaart mit Risikofreude, aber auch mit Risikobewusstsein
- Willen, Visionen und Ideen zu entwickeln und Zukunftsszenarien zu berücksichtigen
- Linien zu verfolgen und durchzuhalten
- stabiles Selbstbewusstsein als Grundvoraussetzung, belastende Veränderungen meistern zu können
- Fähigkeit, seine eigenen Kompetenzen realistisch einzuschätzen
- ausgeprägtes Beziehungsmanagement betreiben zu können
- auf der „Klaviatur der Macht" spielen zu können, dabei aber das rechte Maß zu finden

Fink und Kälin (2002) konstatieren, dass mit zunehmender Verweildauer in hierarchisch hohen Positionen die Selbstreflexion und die Fähigkeit zur Selbstkritik abnehmen. Die Autoren verschärfen die Aussage von Peter und Hull (2000) – bekannt unter dem Begriff „Peter-Prinzip" – dass man bis zur Grenze der eigenen Unfähigkeit befördert würde, indem sie sagen, heute gehe es sogar darüber hinaus. Eine zur Selbstreflexion fähige Person würde sich allerdings nicht in diese Situation bringen lassen.

Dieter Stolte (2005), Herausgeber der Tageszeitungen „Die Welt" und „Die Berliner Morgenpost", wandelte den berühmten Fragebogen von Marcel Proust ab und befragte Top-Manager nach ihren Lebenserfahrungen und -einsichten und u. a. auch nach Charaktereigenschaften, die auf dem beruflichen Weg geholfen hätten. Dabei kristallisieren sich Persönlichkeitsmerkmale wie Durchhaltevermögen, Optimismus, Ehrlichkeit, Neugier und Lernbereitschaft, Phantasie, Loyalität, Ausdauer, Beharrlichkeit, soziale Kompetenz, Emotionalität, die Fähigkeit zuhören zu können, werteorientiert zu handeln und Vorbilder zu haben als relevant heraus.

Die Untersuchung von langfristig erfolgreichen Unternehmen erbrachte bei einem Vergleich der Managerprofile unterschiedlich erfolgreicher Unternehmen, dass sich Manager, die ein Unternehmen auf Erfolgskurs halten, durch eine Mischung aus Bescheidenheit hinsichtlich ihrer eigenen Person und enormer Willenskraft in den Unternehmensbelangen auszeichnen (Collins 2004).

Einen roten Faden in den vielfältigen Nennungen zu finden erscheint schwer, da die Begrifflichkeiten mit Ausnahme von Leistungsstreben, Reflexionsfähigkeit, strategisch und planerisch denkend,

Aufrichtigkeit, Werte verfolgend, Selbstbewusstsein und Durchsetzungsstärke sich nicht wiederholen. Den Studien folgend wird deutlich, dass Frauen andere Eigenschaften benötigen, um erfolgreich zu sein: Führungsmotivation, Durchsetzungsstärke und Dominanz, die bei Männern keine differenzierende Variable ist. Dies unterstreicht die Notwendigkeit der systematischen Beschäftigung mit der Person, um individuell an bedeutsamen Persönlichkeitsskalen arbeiten zu können.

Persönlichkeit ist von den hier aufgeführten Erfolgsdeterminanten der Faktor, an dem am besten im Coaching gearbeitet werden kann. Der Einsatz von eignungsdiagnostischen Instrumenten wie Persönlichkeitsfragebögen, um das Selbstbild schneller und effizienter zu erheben und besprechbar zu machen, wäre eine Option für den Coaching-Prozess. Der Abgleich von Selbst- und Fremdbild kann darüber hinaus andere bearbeitungsbedürftige Aspekte hervorbringen. Die Bedeutung der eigenen Persönlichkeit und deren Wirkung auf andere – und damit auf den eigenen Erfolg – ist vielen Top-Managern nicht bewusst. Deshalb können in diesem Bereich Problemursachen liegen, die eine große Wirkung und Ausstrahlung haben. Um als Coach angemessen und verantwortungsvoll an der Persönlichkeit eines Menschen arbeiten zu können und nicht nur eine kurzfristige Verhaltensmodifikation zu bewirken, ist eine fundierte Ausbildung unabdingbar.

9.4 Zusammenfassende Schlussfolgerungen

Hinsichtlich der im Coaching-Prozess zu beachtenden Faktoren ist zwischen gegebenen, nicht änderbaren und erworbenen, beeinflussbaren Faktoren zu differenzieren: Zur ersten Kategorie zählen u. a. Geschlecht, Herkunft, Größe und zur zweiten solche Determinanten wie Studium, Netzwerke, Hobbies, Familienstand, Persönlichkeit, Wissen.

Um die gegebenen Faktoren und deren Bedeutung sollte man wissen und diese auch als unumgänglich annehmen. Andererseits sollte man sich bewusst sein, dass diese Faktoren günstige Voraussetzungen, aber auf Dauer kein Garant für Erfolg sein können.

In Bezug auf die zweite Kategorie, die änderbaren und beeinflussbaren Faktoren betreffend, ist es geraten, diese im Coaching gründlich zu reflektieren und an ihnen zu arbeiten. Die Persönlichkeitskomponenten sind hierbei zentral. Gerade durch die Komplexität der Aufgaben sind diese neben analytischer Denkfähigkeit als Erfolgsdeterminante besonders relevant. Denn der Top-Manager steht besonders im Fokus der Aufmerksamkeit. Durch Coaching kann hier ein unabhängiger Blick von außen, natürlich auf Augenhöhe, zugelassen und eingeholt werden. So könnten „blinde Flecken" aufgedeckt werden, die ansonsten bei Interaktionspartnern zu Irritationen führen könnten oder schon geführt haben. Abhängige Personen geben zumeist aus Sorge um die Konsequenzen ein beschönigtes Feedback.

Häufig wird Fachwissen als *die* Kernkompetenz eines Top-Managers angesehen; dass diese von hoher Bedeutung ist, sei nicht in Frage gestellt. Doch auf diesem Gebiet ist es am ehesten möglich, auf Zuarbeit zu setzen. Soziale Kompetenzen hingegen haben für Top-Manager eine herausgehobene Bedeutung, sie lassen sich nicht an andere delegieren.

Gerade im Coaching mit Top-Managern ist das Wissen um die Komplexität der Erfolgsfaktoren im Top-Management unabdingbar. Der Coach muss das Zusammenspiel und die gegenseitige Bedingtheit der Faktoren reflektieren und der zu coachenden Person bewusst machen können.

Coaching mit Top-Managern bedeutet also: Das vielgestaltige Geflecht aus gegebenen und erworbenen Faktoren, die für eine erfolgreiche Arbeit an der Spitze eines Unternehmens bedeutsam sind, in seiner Komplexität zu kennen, die konkrete Situation des Unternehmens und des Managers zu eruieren und dann gemeinsam mit ihm zu bearbeiten. Diese zu coachende Person ist es aber gewohnt, in hohem Maße Verantwortung zu tragen und Entscheidungen, auch schwerwiegende und einsame, zu treffen. Für einen Coach, der den Eindruck vermittelt, alles schnell zu durchschauen und optimale Lösungskonzepte vermitteln zu können, oder für jemanden, der verunsichert wirkt, wird es schwer sein, eine Vertrauensbasis und damit eine erfolgversprechende Arbeitsatmosphäre zu schaffen.

Literatur

Adler, A. (1936). *The individual psychology of Alfred Adler*. New York: Basic Books.

Anderson, C., & Brion, S. (2014). Perspectives on Power in Organizations. *Annual Review of Organizational Psychology and Organizational Behavior, 1*(1), 67–97.

Bilden, H. (1991). Geschlechtsspezifische Sozialisation. In K. Hurrelmann, & D. Ulich (Hrsg.), *Neues Handbuch der Sozialisationsforschung* (4. Aufl. S. 279–301). Weinheim: Beltz.

Bischof-Köhler, D. (1997). Geschlechtstypische Besonderheiten im Konkurrenzverhalten: Evolutionäre Grundlagen und entwicklungspsychologische Faktoren. In R. Wunderer, & P. Dick (Hrsg.), *Frauen im Management: Kompetenzen-Führungsstile-Fördermodelle* (S. 209–240). Neuwied: Luchterhand.

Blossfeld, H.-P., & Schulz, F. (2010). *Hausarbeit im Eheverlauf. Ergebnisse einer Längsschnittanalyse. Neue Verhältnisse in Konkurrenz, Autonomie oder Kooperation*. Wiesbaden: VS.

Böckmann, W. (1983). Karriere – cui bono? *Personal, 6*, 215–219.

Böhnisch, T. (1999). *Gattinnen – die Frauen der Elite*. Münster: Verlag Westfälisches Dampfboot.

Burchard, U. (2000). *Managerkarrieren – Eine empirische Untersuchung des Karriereerfolges in mittleren Führungsebenen deutscher Großunternehmen*. Frankfurt a. M.: Peter Lang.

Chowdhury, S. (2000). Die Zukunft des Managements. In S. Chowdhury (Hrsg.), *Management 21. Century. Globales Business und Organisation im 21. Jahrhundert* (S. 11–28). München: Financial Times Prentice Hall.

Collatz, A. (2006). *Zur Relevanz von Persönlichkeit und deren adäquater Erfassung im Bereich des Topmanagements*. Publiziert mit Genehmigung der Ruhr-Universität Bochum.

Collins, J. (2004). *Der Weg zu den Besten* (3. Aufl.). München: Deutscher Taschenbuch Verlag.

Dawkins, R. (1994). *Das egoistische Gen* (2. Aufl.). Heidelberg: Spektrum.

Domsch, M. (1996). *Weibliche Angestellte im deutschen Transformationsprozess: eine Analyse des Wandels „weiblicher" Arbeitsbedingungen und die Entwicklung zukünftiger Strategien der betrieblichen Personalpolitik für weibliche Angestellte in der privaten Wirtschaft der neuen Bundesländer*. München: Rainer Hampp.

Dowideit, M., & Ertinger, S. (2012). *Die Deutschland-WG*. http://www.handelsblatt.com/unternehmen/management/koepfe/ehepaar-achleitner-die-deutschland-wg/7515912.html. Zugegriffen: 07.01.2015

Dräger, H. (1997). Topmanagement – Oft im Irrtum wie im Zweifel. *Der Siebdruck, 43*(5), 66.

Eisenhardt, K., & Schoonhoven, C. (1990). Organizational Growth: Linking founding team, strategy, environment, and growth among US semiconductor ventures. *Administrative Science Quarterly, 35*, 504–529.

Fietze, S., Holst, E., & Tobsch, V. (2011). Germany's Next Top Manager: Does Personality Explain the Gender Career Gap? *Management Revue, 22*(3), 240–273.

Fink, R., & Kälin, K. (2002). *Topschrott – Unwahres und Falsches zu Führung und Management*. Zürich: Orell Füssli.

Finkelstein, S., & Hambrick, D. (1996). *Strategic Leadership: Top Executives and Their Effects on Organisation*. St. Paul, MN: West.

Friedel-Howe, H. (1990). Ergebnisse und offene Fragen der geschlechtsvergleichenden Führungsforschung. *Zeitschrift für Arbeits- und Organisationspsychologie, 34*(8), 3–16.

Gosling, J., & Mintzberg, H. (2004). Die fünf Welten des Managers. *Harvard Business Manager, 4*, 46–54.

Grunwald, W. (2000). Aufgaben und Schlüsselqualifikationen von Managern. In W. Sarges (Hrsg.), *Management-Diagnostik* (3. Aufl. S. 194–205). Göttingen: Hogrefe.

Haleblian, J., & Finkelstein, S. (1993). Top management team size, CEO dominance, and firm performance: The moderating roles of environmental turbulence and discretion. *Academy of Management Journal, 36*, 844–863.

Hambrick, D. C. (1984). Upper Echolons: The Organization as a Reflection of Ist Top Managers. *Academy of Management Review, 9*(2), 193–206.

Hambrick, D. C. (1995). Die Sorgen des Chefs mit der Spitzencrew. *Harvard Business Manager, 4*, 17–28.

Hannover, B., & Kessels, U. (2003). Erklärungsmuster weiblicher und männlicher Spitzen-Manager zur Unterrepräsentanz von Frauen in Führungspositionen. *Zeitschrift für Sozialpsychologie, 34*(3), 197–204.

Hartmann, M. (2002). *Der Mythos von den Leistungseliten*. Frankfurt a. M.: Campus.

Henke, K. (1998). *Topmanagement-Team Analyse – Möglichkeiten und Grenzen der Beurteilung der Unternehmensspitze im strategischen Kontext*. Bamberg: Difo-Druck.

Hensley, W. E., & Cooper, R. (1987). Height and occupational success: A review of critique. *Psychological Reports, 60*, 843–849.

Hofmann, L. M. (2000). *Führungskräfte in Europa: empirische Analyse zukünftiger Anforderungen*. Wiesbaden: Gabler.

Judge, T. A., & Cable, D. M. (2004). The Effect of Physical High on Workplace Success and Income: Preliminary Test of a Theoretical Model. *Journal of Applied Psychology, 89*(3), 428–441.

Keck, S., & Tushman, M. (1993). Environmental and organizational context and executive team structure. *Academy of Management Journal, 36*, 1314–1344.

Kleinschmidt, C. (2004). „Megatrend Frauen" – und die Zukunft der Männer. *Personalführung/Special, 1*, 70–89.

König, T. (2011). Werte und Orientierungen der Gattinnen. In M. Pohlmann, & G. Lämmlin (Hrsg.), *Neue Werte in den Führungsetagen? Kontinuität und Wandel in der Wirtschaftselite* (S. 259–269). Karlsruhe.

Lent, R. W., Brown, S. D., & Hackett, G. (2000). Contextual supports and barriers to carrier choice: A social cognitive analysis. *Journal of Counseling Psychology, 47*, 36–49.

Ludemann, K., & Erlandson, E. (2004). Das Alpha-Tier zähmen. *Harvard Business Manager, 4*, 8–11.

Martel, L. F., & Biller, H. B. (1987). *Stature and stigma: The biopsychosocial development of short males*. Lexington, MA: Lexington Books.

Mayer, K.-U., & Blossfeld, H.-P. (1990). Die gesellschaftliche Konstruktion sozialer Ungleichheiten im Lebenslauf. In P. A. Berger, & S. Hradil (Hrsg.), *Lebenslagen, Lebensverläufe, Lebensstile* (S. 297–318). Göttingen: Otto Schwartz.

Mayrhofer, W., Schiffinger, M., Dunkel, A., & Meyer, M. (2005). *Spieglein, Spieglein an der Wand. Zum Verhältnis von objektivem und subjektivem Karriereerfolg* (S. 25–50). Wien: Linde.

McNamara, C. (1999). *Basic-Definitions (and Misconceptions) About Management. Free Management Library*. http:www.managementhelp.org/mgmnt/defntion.htm. Zugegriffen: 07.02.2015

Micks, T. (2005). *Psychologische Einschätzungskriterien zur Beurteilung der Vorstandsbefähigung: Ein Beitrag zur Eignungsdiagnostik bei Spitzenmanagern*. Wissenschaftliche Gesellschaft für Intensivberatung e. V. Köln: Unveröffentlichte Untersuchung.

Mohr, G., & Günster, A. C. (2004). Neue Arbeitswelt – neue Chancen für Frauen an der Spitze? *New Management, 3*, 16–21.

Müller, G. F. (2004). Eignungsvoraussetzungen von Spitzenführungskräften. *Wirtschaftspsychologie, 3*, 5–11.

Müller, G. F., Garrecht, M., Pikal, E., & Reedwisch, N. (2002). Führungskräfte mit unternehmerischer Verantwortung. *Zeitschrift für Personalpsychologie, 1*, 19–26.

Müller, H., & Werle, K. (2005). Die blockierte Elite. *Manager-Magazin, 6*, 146–155.

Müthing, K. (2005). *Der Einfluss von Selbst- und Fremdbild auf die Verarbeitung von persönlichkeitsbezogenem Feedback*. Unveröffentlichte Diplomarbeit. Bochum: Ruhr-Universität Bochum.

Neuberger, O. (2002). *Führen und führen lassen: Ansätze, Ergebnisse und Kritik der Führungsforschung*. Stuttgart: Lucius & Lucius.

Ohne Autor. (2005). Frauen führen anders. *Frankfurter Allgemeine Sonntagszeitung*22, 38/39.

Ohne Autor. (2014). *Frauenanteil in DAX-30-Vorständen steigt wieder*. Pressemitteilung DIW Berlin vom 24.10.2014.

Ostner, I. (1978). *Beruf und Hausarbeit. Die Arbeit der Frau in unserer Gesellschaft*. Frankfurt a. M.: Campus.

Peter, L. J., & Hull, R. (2000). *Das Peter-Prinzip*. Reinbek bei Hamburg: Rowohlt Taschenbuch.

Pohlmann, M., Liebold, R., Bär, S., Schanne, S., & Schmidt, G. (2013). *Anatomie einer Elite – Top-Manager in Deutschland*. Wiesbaden: VS.

Pool, R. (1995). *Evas Rippe. Das Ende des Mythos vom starken und vom schwachen Geschlecht*. München: Droemer.

Rauen, C. (2003). *Coaching*. Göttingen: Hogrefe.

Roberts, J. V., & Hermann, C. P. (1986). The psychology of height: An empirical review. In C. P. Hermann, M. P. Zanna, & E. T. Higgins (Hrsg.), *Physical appearance, stigma, and social behaviour* (S. 113–140). Hillsdale: Erlbaum.

v Rosenstiel, L., Nerdinger, F. W., Opitz, G., Spieß, E., & Stengel, M. (1986). *Einführung in die Bevölkerungspsychologie*. Darmstadt: Wissenschaftliche Buchgesellschaft.

Scheuch, E. K., & Scheuch, U. (1995). *Bürokraten in den Chefetagen. Deutsche Karrieren: Spitzenmanager und Politiker heute*. Reinbek bei Hamburg: Rowohlt.

Schieffer, A. (1998). *Führungspersönlichkeit – Struktur, Wirkung und Entwicklung erfolgreicher Top-Führungskräfte*. Wiesbaden: Gabler.

Schmidt, A. (2005). *Entwicklung eines Instruments zur Erfassung relevanter Persönlichkeitsdimensionen im Topmanagement*. Unveröffentlichte Diplomarbeit. Bochum: Ruhr-Universität Bochum.

Scholl, J. (2002). Tango tanzen immer zwei. *Management & Training, 9*, 16–17.

Simon, C. P. (2003). Der Mythos von den Leistungseliten. Interview mit Michael Hartmann. *Geowissen, 31*, 178–179.

Speckbacher, G. (2004). Shareholder- und Stakeholder-Ansatz. In G. Schreyögg, & A. v. Werder (Hrsg.), *Handwörterbuch Unternehmensführung und Organisation* (4. Aufl. S. 1319–1326). Stuttgart: Schäfer-Poeschel.

Spurk, D., & Abele, A. E. (2011). Who earns more and why? A multiple mediation model from personality to salary. *Journal of Business and Psychology, 26*(1), 87–103.

Stolte, D. (2005). *Karriere-Fragen – wer nach vorne will, braucht Vorbilder*. Berlin: Ullstein.

Strunk, G., & Steyrer, J. (2005). Dem Tüchtigen ist die Welt nicht stumm – es ist alles eine Frage der Persönlichkeit. In M. Mayrhofer, M. Meyer, & J. Steyrer (Hrsg.), *Macht? Erfolg? Reich? Glücklich?. Einflussfaktoren auf Karrieren* (S. 51–77). Wien: Linde.

Wiersema, M., & Bantel, K. (1992). Top Management Team Demography and Corporate Strategic Change. *Academy of Management Journal, 35*, 91–121.

Wottawa, H., Kirbach, C., Montel, C., & Oenning, S. (2004). *Recruiting und Assessment im Internet*. Göttingen: Vanderhoeck & Ruprecht.

Interkulturalität als zentrale Herausforderung für Coaches

Claas Triebel, Hans G. Bauer

C. Triebel et al. (Hrsg.), *Qualität im Coaching*,
DOI 10.1007/978-3-662-49058-7_10,

10.1 Was ist Kultur?

Der lateinische Begriff „cultus" bezog sich zunächst einmal vor allem auf Glaubensinhalte, beinhaltet aber auch „colere", die Haupttätigkeiten des Bauern (agricola): Feldbau, Landpflege, Bodenkultur u. ä. Erst später erfolgt die Erweiterung des Bezugs auf die physische und geistige Pflege des Individuums. Wie Erpenbeck berichtet, wird im 17. Jahrhundert „cultura zum unspezifischen Gegenbegriff zu natura – eine Entgegensetzung, die dann im 19. und 20. Jahrhundert bis zur scharfen Trennung von Naturwissenschaft und Kulturwissenschaft ... getrieben wird. Im 20. Jahrhundert wird der Kulturbegriff inflationär" (Erpenbeck 2012a, S. 160).

Im Alltag wird der Kulturbegriff häufig gleichbedeutend mit nationaler Herkunft oder Ethnie verwendet. Ein Mensch aus einer anderen Kultur, das ist jemand, der eine andere Sprache spricht, der anders aussieht, einer anderen Religion angehört, eine andere Nationalität hat, andere Werte verfolgt, anders denkt – der anders ist!

Kultur denkt man oft in Differenzen, also z. B. in Unterscheidung und Abgrenzung, und man merkt häufig erst in der Differenz, wodurch eigentlich die eigene Kultur gekennzeichnet ist. Kulturelle Differenzen sind häufig schwer zu ertragen. Es stellt eine hohe Herausforderung dar, mit kultureller Differenz umzugehen. Die Frage ist somit zum einen, womit Differenz, also Andersartigkeit beginnt, und zum anderen, worin sich Kultur im positiven Sinne auszeichnet. Kultur äußert sich ja nicht nur in Abgrenzung zu anderen Kulturen. Oder noch konkreter bezüglich unserer Fragestellung: Gibt es auch so etwas wie ein dynamisches, prozessuales, kommunikatives Verständnis von Kultur, das im Blick auf Coaching und Beratung dafür hilfreich sein könnte, die Frage nach den vielbeschworenen „interkulturellen Kompetenz(en)" eher in der Richtung zu verfolgen: Was ist dafür nötig, um mit den vielen und zunehmenden „(inter-)kulturellen Überschneidungssituationen" kompetent umgehen zu können?

Wir unterscheiden in diesem Text zwischen deterministischen und prozessualen Kulturmodellen. Im Folgenden stellen wir kurz dar, was wir mit diesen Begriffen meinen.

■ Deterministische Kulturmodelle

Als typischen Repräsentanten eines Kulturmodells, das wir als „deterministisch" bezeichnen, verstehen wir das Kulturmodell des niederländischen Kulturwissenschaftlers Geert Hofstede, das wir aufgrund seiner Verbreitung im Folgenden kurz erläutern wollen. Hofstede (1993) versteht Kultur als eine Form von „kollektiver Programmierung des Geistes". Diese Programmierung vollziehe sich bei Mitgliedern von Organisationen, Gemeinschaften oder Gruppen in jeweils ähnlicher Form und betreffe in der Folge deren Denken und Handeln, ihre Werte, Normvorstellungen und Konventionen. Hofstede (1997) beschreibt überdies in seinem anthropologischen Modell „drei Ebenen der Einzigartigkeit": Als grundlegend für die „menschliche Programmierung" erachtet er die universelle und ererbte menschliche Natur. Über dieser entwickele sich die erlernte und gruppenspezifische Kultur, aus der sich schließlich, individuumsspezifisch erlebt und erlernt, die Persönlichkeit entwickele.

Kultur bildet sich einigen ähnlich orientierten Autoren zu Folge in unterschiedlichen Kategorien bzw. Dimensionen ab bzw. lässt sich als Programmierung insbesondere im Hinblick auf bestimmte Verhaltens- und Denkweisen beobachten. Es gibt zahlreiche Autoren (vgl. etwa Thomas 1993 oder hinsichtlich der Beschreibung von Organisationskultur Deal und Kennedy 2000), die ebenfalls Systeme kultureller Dimensionen und Kategorien entwickelt haben.

Wo sehen wir das Problem in solchen Ansätzen? Modelle wie die genannten bieten den charmanten Vorteil, dass sich in ihnen Alltagsbeobachtungen abbilden und systematisieren lassen. Sofern ich eine Kultur erkannt, kategorisiert und eine Person dieser Kultur zugeordnet habe, beginnt eine Verzerrung in der sozialen Wahrnehmung: Alle Handlungen dieser Person werde ich im Folgenden auf die Kulturkategorie beziehen, in die ich die jeweilige Person einsortiert habe. Der Mensch neigt dazu, konsonante Informationen zu suchen und vermeidet dissonante Informationen, die das einmal – wenn auch vorläufig – gefällte Urteil in Frage stellen. Die einmal zugeschriebene Kultur dominiert somit die Wahrnehmung.

Solchen Ansätzen von festgelegten und messbaren Kategorien und Dimensionen, in denen sich

Kultur angeblich äußert, misstrauen wir nicht zuletzt auch hinsichtlich ihrer Gültigkeit und Nützlichkeit. Die Gefahr dieser Modelle liegt besonders darin, dass sich in ihnen kulturelle Vorurteile abbilden und erhärten lassen, die in besonderer Weise die Ausbildung interkultureller Kompetenzen erschweren.

Wir gehen davon aus, dass die Vorstellung, ein Mensch einer bestimmten Kultur sei zwangsläufig auf eine bestimmte Art und Weise programmiert, der individuellen und indviduumsbezogenen Betreuung und Beratung fundamental im Wege steht.

Ein kurzes Beispiel: Selbstverständlich unterscheiden sich kulturelle Konventionen in unterschiedlichen Gegenden der Welt. Es wäre naiv, in Frage zu stellen, dass in islamisch geprägten Ländern eine patriarchalische Struktur vorherrscht. Es wäre jedoch im Coaching oder einer Beratung völlig unangemessen und anmaßend, eine Frau aus einem islamisch geprägten Land ausschließlich unter dem Aspekt des Unterdrückt-Seins zu betrachten und sich ihr gegenüber entsprechend zu verhalten. Wir wissen weder, ob diese besondere Person in ihrem Leben Unterdrückung erfahren hat, noch wissen wir, ob sie die Verhaltensweise von Männern, die *wir* als diskriminierend klassifizieren würden, überhaupt als solche erlebt.

Kulturkategorien dieser Art sind damit nicht weniger als Vorurteile, weil sie ihr kategoriales System als über andere Kulturen hinweg gültig sehen (vgl. Dominanzkultur). Denn Dimensionen wie die Unterscheidung in polychrome vs. monochrome oder ähnliche bipolare Kulturen sind ihrerseits von einer spezifischen „Programmierung" abhängige Denkweisen, keineswegs aber Universalien, die ein vertieftes Verständnis anderer Kulturen behaupten könnten. Im Gegenteil: Sie erzeugen ein falsches, ein Pseudo-Verständnis. Modelle, die Kultur als deterministisch-statisches Skript von Verhaltensweisen verstehen, werden somit der Komplexität kulturellen Handelns und Erlebens nicht gerecht und sind überdies in methodisch-empirischer Hinsicht umstritten. Für die Bereiche Coaching und Beratung erachten wir deshalb prozessuale Modelle als fruchtbarer und beschäftigen uns im Folgenden mit solchen.

■ Prozessuale Modelle von Kultur

Als Repräsentanten für ein prozessuales Modell von Kultur stellen wir das Modell von Hatch (1993) vor. Er entwickelte dieses Modell als Organisationsberater und führt deshalb insbesondere Unternehmen als Beispiele für seine Ausführungen an. Er hat erkannt, dass es neben einer (in Unternehmen z. B. in Form eines Leitbilds) kommunizierten Kultur eine Reihe von Kulturen gibt, die zum Teil abhängig, aber auch unabhängig von der propagierten Kultur existieren. Dem kann man entnehmen: Kultur zeichnet sich in diesem Sinne durch ein gleichzeitiges Vorhandensein unterschiedlicher Kulturen aus. Jedoch nimmt auch Hatch bestimmte, mehr oder weniger feststehende Kulturbegriffe an, die ihrerseits wieder in ein kategoriales System münden.

Ein deutlicher „verstehendes" Prozessmodell von Kultur, das auf kategoriale Zuschreibungen verzichtet, bietet Ed Schein (1999, 2003) an. Sein Kulturebenenmodell ist zwischenzeitlich zum modernen Klassiker avanciert. Es wurde zwar entwickelt, um Organisationskulturen zu beschreiben, lässt sich aus unserer Sicht jedoch sehr gut auch auf andere Kontexte erweitern. Schein zufolge ist Kultur „ein Muster grundlegender Annahmen [...], die gut genug funktionieren, um [von einer Gruppe] als gültig angesehen zu werden" (Schein 2003). Ein solches Modell legt nahe, dass Kultur nicht aus Kategorien besteht, die einem sozialen System oder einzelnen Personen übergestülpt werden, sondern eher als ein Bottom-Up-Prozess entsteht.

Wenn man „Kultur" beschreiben will, muss man daher drei Ebenen in den Blick nehmen:

- Ebene der Artefakte (Sachebene)
- öffentlich propagierte Werte
- grundlegende unausgesprochene Annahmen (auch Emotionen)

Man kann diese Ebenen als ein Modell betrachten, das sich zur Beschreibung und für das Verständnis unterschiedlichster Kulturen anwenden lässt, ganz gleich, ob es sich um Unternehmenskulturen oder Kulturen unterschiedlicher Ethnien handelt. Konflikte und Missverständnisse sind, nach Schein, häufig auf Differenzen auf einer dieser drei Ebenen zurückzuführen.

Triebel und Hürter (2012) haben das Modell von Schein als Grundlage für ihr Modell „kooperativen

Handelns" interpretiert. Da Coaching im weiteren Sinne seinerseits als kooperatives Handeln verstanden wird (z. B. Augenhöheprinzip, Prozessverantwortung des Coaches, Inhaltsverantwortung des Coachees), eignet es sich aus unsere Sicht besonders für die Erläuterung der Frage, welche interkulturellen Kompetenzen Coaches ausbilden müssen, um eine tragfähige Beziehung zum Coachee aufbauen zu können.

Triebel und Hürter postulieren, dass eine sorgfältige und vollständige Kommunikation Grundlage für den Aufbau von Kooperationsbeziehungen ist. Kommunikation wird in diesem Modell analog zu Schein in unterschiedliche Inhaltsebenen unterteilt, nämlich in

- eine Sachebene,
- eine Interessen- und Werteebene und in
- eine emotionale Beziehungsebene.

Eine funktionierende Kooperationsbeziehung kann entstehen, wenn auf all diesen Ebenen eine Übereinstimmung zwischen den Kooperationspartnern vereinbart werden kann. Überdies steht jede Kooperationsbeziehung in einem situativen Kontext. Dieser „moderiert", meist indirekt-unbewusst, die Inhalte der drei genannten Kooperations- bzw. Kulturebenen.

Im Coaching bedeutet dies: Coach und Coachee müssen genügend große Übereinstimmungen auf allen Ebenen des Modells erreichen, um eine produktiv-kooperative Arbeitsbeziehung aufbauen zu können. Eine einmalige Überprüfung dieser Übereinstimmung im Coaching- bzw. Beratungsprozess ist nicht hinreichend, denn im Laufe des Prozesses können sich durch situationale Veränderungen Sach-, Wert- oder Emotionsthemen verschieben. In der Kompetenz des Coaches muss es liegen, hinsichtlich der drei genannten Ebenen stets aktuell informiert zu sein. Auf diese drei Ebenen werden wir bei der Betrachtung des Kompetenzverständnisses zurückkommen. Jedenfalls lässt sich bereits hier sagen: Kommunikation und Situation werden hiermit zu bestimmenden Ebenen des Verständnisses von und des Umgangs mit Kultur. Genau das ist mit „interkulturellen Überschneidungssituationen" gemeint, für die gilt: „Man kann noch so viel über soziale, kommunikative Situationen gelernt haben und wissen – die Fähigkeit, sich in Sekundenbruchteilen auf eine solche Situation kreativ und selbstorganisiert einzustellen, adäquat zu reden und zu handeln, also die entsprechende sozial-kommunikative Kompetenz zu besitzen, setzt zwar das Wissen voraus, ist aber etwas gänzlich anderes. Wissen und Handeln klaffen da oft fundamental auseinander. [...] Kultur ist das, was die Menschen aus sich und ihrer Welt machen und was sie dabei denken und sprechen" (Erpenbeck 2012a, S. 160/161).

Bereits auf Basis dieser Darstellungen gehen wir bezüglich der praktischen Konsequenzen für Beratung und Coaching von folgenden Annahmen aus:

- Gutes Coaching und gute Beratung zeichnen sich zunächst dadurch aus, dass eine kooperative Beziehung aufgebaut wird: eine Beziehung, die die drei oben genannten Kultur- oder Kommunikationsebenen in den Blick nimmt und dauerhaft im Blick behält.
- Um gut mit einer oder mehreren anderen Personen kooperieren bzw. diese gut kooperativ beraten zu können, müssen alle Ebenen der Kommunikation sowie die aktuelle Situation berücksichtigt werden. Das verlangt von den handelnden Personen psychologisches Fachwissen und ein tiefes Verständnis von Kommunikationsprozessen. Gleichzeitig verlangt die kooperative Beziehung auch ein entsprechendes Ambiente sowie ein Zeitpolster, das Platz für Reflexion und Meta-Ebenen lässt.

10.2 Was ist „Kompetenz", was „interkulturelle Kompetenz"?

> » ... ein allgemein gültiges oder „ideales" Modell [für interkulturelle Kompetenz, d. Verf.] kann es schon deshalb nicht geben, weil interkulturelle Kompetenz selbst in hohem Maße kulturspezifisch ist (Bolten 2007, S. 21).

10.2.1 Ist „interkulturelle Kompetenz" so etwas wie eine „Fettnäpfchen-sicher-umgehen-Kompetenz"?

Die Überflutung mit als Kompetenz bezeichneten Fähigkeiten hat uns neben der Tiefkühl-Kompetenz,

Abb. 10.1 Elektrofahrrad-Kompetenz

der Elektrofahrrad-Kompetenz (Abb. 10.1), der Medien-Kompetenz u. ä. auch die interkulturelle Kompetenz an Land gespült.

Wir können also darüber sehr erleichtert sein, dass wir dank des Wissens und Könnens der Tiefkühlfachleute etwa vor den Gefahren einer Salmonellenvergiftung weitgehend gefeit sind. Auch die Freude an der Fortbewegung mit dem Elektrorad kann dann eine völlig unbeschwerte sein, wenn wir in Sachen der richtigen Auswahl eines solchen Geräts und seiner richtigen Abstimmung fachkompetente Hilfe erhalten haben. Und so könnte man ja auch erwarten, dass wir, etwa durch ein pointiertes Training ausgestattet mit ausreichend interkultureller Kompetenz, dann auch jene tückischen Gewässer gut und trocken befahren können, die sich auftun, wenn wir auf kulturell Andersartiges, Fremdes, Unbekanntes, Neues stoßen. Wenn man also gewappnet ist und weiß, wie man mit „dem Russen“ trinkt, „dem Japaner“ nicht fälschlicherweise die Hand gibt und nicht in die Falle tappt, „dem Amerikaner“ die Frage „How are you?“ höchst ausführlich zu beantworten. Ist es das, was Interkulturalität ausmacht – und sind das schon Kompetenzen? Zudem: Atmet das nicht etwas von jenem o. a. statisch-deterministischen Kulturverständnis?

Das folgende Beispiel, ein Statement in dem Blog „karrierebibel.de“, markiert für uns ein klassisch statisches bzw. deterministisches Kulturverständnis, in dem interkulturelle Kompetenz auf die oben beschriebene Kompetenz, Fettnäpfchen sicher umgehen zu können, eingedampft wird.

Interkulturelle Kompetenz: Fettnäpfchen sicher umgehen

Die Welt wächst zusammen und wird gefühlt immer kleiner. Dabei ist auch die Arbeitswelt internationaler geworden. Viele deutsche Unternehmen haben Standorte im Ausland, unterhalten Geschäftsbeziehungen zu Partnern auf allen Kontinenten, und auch in heimischen Teams arbeiten Menschen aus den unterschiedlichsten Ländern. Doch immer, wenn Menschen mit unterschiedlichen kulturellen Hintergründen aufeinander treffen, sind auch Fettnäpfchen nicht weit. Denn Kommunikation ist mehr als das Verbalisieren von Sätzen und Wörtern. Neben zahlreichen weiteren Faktoren spielt unsere kulturelle Prägung eine entscheidende Rolle. Interkulturelle Kompetenz erleichtert das Verständnis für andere Kulturen und hilft dabei, Fettnäpfchen sicher zu umgehen. Gut, dass sie sich lernen und trainieren lässt …
(Quelle: Karolina Warkentin, 11.12.2014, ► http://karrierebibel.de/interkulturelle-kompetenz/)

Bliebe man im Duktus des Umbenennens von allem und jedem in eine Kompetenz, könnte man die obigen Beispiele auch ganz einfach als „Fettnäpfchen-sicher-umgehen-Kompetenz“ bezeichnen – und sich getrost auf seinem Elektrofahrrad weiter zu seinem Tiefkühlfachmann bewegen, um diesem beispielsweise die medial packend formulierte frohe Botschaft aus der oben zitierten „Karrierebibel“ mitzuteilen: „Gut, dass sie sich lernen und trainieren lässt … die interkulturelle Kompetenz!“

Auf diese Fragen des „Trainierens" und/oder „Lernens" gehen wir später noch ein. Was aber ist die sog. interkulturelle Kompetenz, worin bzw. woraus besteht sie? John Erpenbeck, einer der prominentesten Protagonisten des Ansatzes, Kompetenzen seien „Dispositionen selbstorganisierten Handelns" (z. B. Erpenbeck 2003, S. XI) und ein „Programm und kein Begriff" (Erpenbeck 2003, S. XXXI), berichtet genüsslich von seinen Vorlesungserfahrungen. Da bitte er die Studierenden gerne, in kurzer Zeit ohne viel Nachdenken „interkulturelle Kompetenzen" aufzuschreiben. „60 Sekunden reichen", so berichtet er, „um einen imponierenden Kompetenzkatalog zusammen zu bekommen." Seine Erfahrung: So gut wie keine der genannten Kompetenzen gälten „allein für interkulturelle Situationen. Im Gegenteil: sie sollten fast ausnahmslos auch – beispielsweise – für eine gute Ehe gelten." Folgerichtig stellt er die Frage: „Interkulturelle Kompetenzen – gibt es die überhaupt?" (Erpenbeck 2012a, 146 f.).

Auch die Wissenschaft hält eine ganze Reihe von potenziellen Fettnäpfen bereit, seriöserweise als „Ansätze" oder „Paradigmen" bezeichnet, und es ist nicht unwichtig zu wissen, wohin man gerade „tappt" (ebenfalls seriös formuliert: in welchem Diskurs man sich bewegt). Wie sich so gut wie beispielhaft für die gesamte Kompetenzdiskussion an der Thematik der interkultureller Kompetenz aufzeigen lässt: „... die Entwickler zahlreicher Konzepte der interkulturellen Kompetenz gehen sehr schnell dazu über, mehr oder minder willkürlich ausgewählte Persönlichkeitseigenschaften und Fähigkeiten von, ihrer Sicht nach, interkulturell kompetenten Personen aufzuzählen, ohne vorab zu klären, was unter dem Begriff der Kompetenz zu verstehen ist und welche die konstitutiven Bestandteile von Kompetenzen sind" (Wozniak 2009, S. 11). Das allerdings wäre notwendig gerade zur „Formulierung methodisch-didaktischer Leitlinien für Lernarrangements, die die interkulturelle Kompetenz ganzheitlich entwickeln möchten" (ebd.).

Betrachtet man, wie auch wir das tun, Kompetenzen als Fähigkeiten zu selbstorganisiertem, kreativem Handeln insbesondere in offenen, neuen, nicht planbaren Situationen (vgl. zu aktuellen Darlegungen etwa Arnold und Erpenbeck 2014), greifen z. B. kognitionsorientierte Ansätze (die den großen Schulleistungstests wie PISA zugrunde liegen) zu kurz. Sie erheben bereits Kenntnisse und Wissen zur Kompetenz und klammern zudem auch motivationale und emotional-affektive Aspekte aus dem Kompetenzverständnis aus (vgl. Klieme et al. 2007). Wer kompetent handeln kann, muss sicherlich viel wissen, aber wer viel weiß, handelt deshalb noch lange nicht kompetent. Wissen, Fertigkeiten, auch z. B. Qualifikationen sind, so gesehen, zwar Voraussetzungen für Kompetenzen, nicht aber schon Kompetenzen selbst. Hinzu kommt: Kompetentes Handeln basiert auf eigenen, interiorisierten, also verinnerlichten Werten. Sie „steuern also nicht nur das Handeln gemeinschaftlicher, gesellschaftlicher Subjekte, sie beeinflussen das Handeln jedes Einzelnen. Mehr noch: Ohne das Eingehen in die Handlungsfähigkeit jedes Einzelnen haben Werte, die höchsten wie die geringsten (...) gar keine Existenz, sind bestenfalls Wunschvorstellungen" (Erpenbeck 2012b, S. 98).

Bringt man Kompetenzen nun in Zusammenhang mit Interkulturalität, stellt sich die Frage, welche Fähigkeiten bzw. Kompetenzen denn für die Bewältigung solcher Situationen handlungsentscheidend sind, die in der Literatur als „(inter-) kulturelle Überschneidungssituation" bezeichnet werden (vgl. z. B. Thomas 2005) – dies interessanterweise in Anlehnung an die „sozialen(!) Überschneidungssituationen" in der Feldtheorie von Kurt Lewin.

Theoretische Ansätze zur Beschreibung einer heute durchweg sog. „interkulturellen Kompetenz" gibt es nun seit gut 50 Jahren. Die anfänglich vorherrschenden, wenngleich in interkulturellen Trainings durchaus noch anzutreffenden „Listen-, Strukturmodelle" – relativ willkürlich zusammengestellte Listen von Persönlichkeitsmerkmalen, Fähigkeiten und Fertigkeiten, die dann entlang der Dimensionen der Kognition, Emotion und des Verhaltens strukturiert wurden – sind zwar weitgehend von „Prozessmodellen" abgelöst worden (vgl. Bolten 2007; Erpenbeck 2012a). Letztere, verstanden als „erfolgreiches ganzheitliches Zusammenspiel von individuellem, sozialem, fachlichem und strategischem Handeln in interkulturellen Kontexten" (Bolten 2007, S. 25), weisen gerade im Blick auf diese Grundkompetenzgruppen, zu denen es in der Kompetenzdiskussion zwischenzeitlich weitgehende Übereinstimmung gibt, zwar deutliche Nähe zu unserem Kompetenzverständnis auf. So große Nähe sogar, dass ein Konstrukt „interkulturelle Kompetenz" als eigenständige Teilkompetenz verstanden wird. Allerdings drängt sich damit gleichzeitig auch die Frage auf, ob es sich bei diesem Konstrukt überhaupt um einen eigenständigen Kompetenzbereich handeln kann. Lassen sich nämlich keine grundsätzlichen Unterschiede zwischen allgemeinen und interkulturellen Kompetenzmerkmalen ausfindig machen, „liegt es nahe, interkulturelle Handlungskompetenz als eine auf interkulturelle Kontexte bezogene Variante einer allgemeinen Handlungskompetenz (…) zu verstehen" (a. a. O., S. 25). Konkret führt Bolten an: „Zunächst fällt auf, dass immer wieder als signifikant beschriebene Merkmale interkultureller Kompetenz wie ‚Empathie', ‚Rollendistanz', ‚Ambiguitätstoleranz', ‚(Meta)kommunikationsfähigkeit' usw. auch über den Erfolg oder Nicht-Erfolg von Handlungen entscheiden, die nicht durch kulturelle Überschneidungssituationen gekennzeichnet sind. Eine Führungskraft wäre auch in ‚intrakulturellen' Handlungszusammenhängen vermutlich schlecht beraten, wenn sie ohne hinreichendes Einfühlungsvermögen, Rollendistanz oder Ambiguitätstoleranz agieren würde" (a. a. O., S. 25).

Wie oben skizziert, beinhaltet der Ansatz einer allgemeinen Handlungskompetenz aber auch den Aspekt der Werte. Nicht nur für die Feststellung, sondern gerade auch für die Entwicklung von Kompetenzen ist daher bedeutsam: „Kompetenzen werden durch Werte, Regeln und Normen konstituiert, durch Interiorisationsprozesse individualisiert, durch Erfahrungen konsolidiert und durch Willensprozesse realisiert" (Erpenbeck 2012c, S. 121). Werte sind als „Kompetenzkerne" (Erpenbeck 2012b, S. 99), wie Lang-von Wins und Triebel es plastisch beschreiben, die „Leuchtfeuer des Handelns" (Lang-von Wins und Triebel 2006, S. 28). Ohne Werte gibt es keine Kompetenzen, und, von besonderer Bedeutung für deren Entwicklung: „Nur interiorisierte Werte sind handlungswirksam. Kompetenzentwicklung muss Wertinteriorisation einschließen. Es gibt das eine nicht ohne das andere" (Erpenbeck und von Rosenstiel 2009, S. 7).

Was aber bedeutet dies für die Frage nach den Kompetenzen, die für ein erfolgreiches Handeln in interkulturellen Überschneidungssituationen benötigt werden? Aus den obigen Überlegungen zum Kompetenzverständnis ableitbar ist u. E. jedenfalls die Notwendigkeit auch eines Verständnisses von „Kultur", das ebenfalls einen Zugang zu dem Aspekt der Werte und damit eine Anschlussmöglichkeit an das Kompetenzkonzept erlaubt. Dies ist bei näherer Betrachtung der Vielschichtigkeit dessen, was unter „Kultur" verstanden wird, keineswegs selbstverständlich. Denn auch die Auffassungen über „Kultur" sind (im engeren Sinne beginnend mit der Kulturphilosophie, vgl. insbesondere Stein 1899) umstritten. Den wohl klarsten Bezug zwischen „Kultur" und „Werten" hat wahrscheinlich der Soziologe Max Weber hergestellt: „Kultur ist ein Wertbegriff" (Weber 1989, zit. n. Schweitzer et al. 2010). Wer es noch tiefer haben mag: „Der Begriff der Kultur ist ein Wertbegriff … ‚Kultur' ist ein vom Standpunkt des Menschen aus mit Sinn und Bedeutung bedachter endlicher Ausschnitt aus der sinnlosen Unendlichkeit des Weltgeschehens" (a. a. O.). Werte wie Wertungen werden in dieser Sicht zu Zentralkategorien des Verständnisses von „Kultur".

Eine solche wertzentrierte Kulturauffassung ist damit auch deshalb anschlussfähig an einen ebenso orientierten Kompetenzansatz, als mit den Werten und Wertungen nicht nur gesellschaftliche Normen, sondern auch subjektiv-individuelle Werte und Bewertungen Anerkennung finden: „Kultur ist das, was die Menschen aus sich und ihrer Welt machen und was sie dabei denken und sprechen. (…) Eckdaten für das Handeln und Kommunizieren der Mitglieder sozialer Systeme sind *Wirklichkeitsmodelle als soziale Sinnsysteme*. (…) Sie sind affektiv und normativ besetzt, integrieren also kognitive, emotionale und normative Aspekte auf der individuellen Ebene, d. h. *individuelle Wertungen*, sowie Wirklichkeitsbilder, Menschenbilder, Normen und *Wertsysteme auf der gesellschaftlichen Ebene*" (Erpenbeck 2012a, S. 161 ff.). Den Hintergrund für diese Darstellungen bilden die sehr aufschlussreichen Erörterungen von Schmidt (insbes. 1994, 2005). Schon ein „kulturelles Wissen" umfasst daher nicht nur kognitive, sondern auch normative und emotional-affektive Bestandteile.

Versteht man „Kulturalität" als die Zugehörigkeit eines Menschen zu einer Kultur, so setzt „Interkulturalität" dementsprechend, „sofern sie nicht nur durchdacht, sondern gelebt wird, das emotional verankerte Begreifen von Wertähnlichkeiten wie Wertdifferenzen zur eigenen Kultur voraus" (Erpenbeck 2012a, S. 165).

Eine interkulturell kompetente Person ist somit in der Lage, sowohl die eigene Kultur in Abhängigkeit zur aktuellen Situation zu verstehen und den Ebenen der eigenen Kultur adäquat Ausdruck zu verleihen, als auch die Kultur anderer Personen zu verstehen und sowohl mit Ähnlichkeiten wie auch Differenzen auf unterschiedlichen Kulturebenen angemessen zu reagieren.

10.3 Interkulturelle Kompetenz als Querschnittskompetenz für Coaching

In den vergangenen zehn Jahren sind einige Arbeiten entstanden, in denen Kompetenzmodelle von Coaches vorgestellt werden. Kuchen und Pedrun (2006) stellten erstmals ein solches Kompetenzmodell vor, das auf der Befragung von 134 Mitgliedern des Schweizerischen Berufsverbands für Supervision, Organisationsberatung und Coaching (BSO) beruht. Thomas Webers (2016) referiert in diesem Buch einige weitere Kompetenzmodelle von Coaches und kommt zu dem Schluss, dass sich beispielsweise die Kompetenzmodelle von Drexler (2013) und auch Michel et al. (2014) jeweils ähneln, wenn sie auch ihrerseits andere Akzente setzen als das Modell von Kuchen und Pedrun (2006).

Betrachten wir diese Kompetenzmodelle, so entsteht ein Katalog von Kompetenzen, der an die oben dargestellte Erfahrung von Erpenbeck zur Studentenbefragung nach der „interkulturellen Kompetenz" erinnert und Ähnliches zu Tage fördert: Psychologisches Wissen wird erwartet, Coaches sollten Grundlagen über betriebswirtschaftliche Vorgänge beherrschen, sie sollten selbstreflektiert sein, bereit sein, zu lernen und sich zu verändern – dabei auch authentisch sein, die eigenen Grenzen kennen, gut kommunizieren können, Beziehungen kooperativ gestalten können, Nähe und Distanz flexibel handhaben können, die Perspektive anderer übernehmen können, Prozesse gestalten und managen können, über ein Repertoire von Methoden verfügen, im Sinne der Klient/innen handeln und hierbei zielorientiert vorgehen können.

Solche Kataloge sind im Sinne einer phänomenologischen Suche durchaus sinnvoll, aber selbst sie warten noch auf empirische Bestätigung. Bezogen auf unser Thema der interkulturellen Kompetenzen lässt sich jedoch auch hier wiederum feststellen: Es gibt kaum eine der genannten Kompetenzen, die nicht auch im Umgang mit Menschen aus unterschiedlichen Kulturen hilfreich wäre. Auch Anforderungen wie: „... sich selbst und die Anderen ... zu hinterfragen" ... Wissen um Ethnozentrismus, Kulturkonzepte, Fähigkeiten wie Selbst- und Fremdreflexion, Perspektivwechsel und Fertigkeiten wie der Umgang mit sogenannten kritischen Ereignissen und Kommunikationskompetenz" (Thomas 2011) sind letztendlich keine spezifisch und allein interkulturelle Handlungsfähigkeiten.

Die Tatsache, dass eine spezifische Kompetenz, die sich erst im Handeln in einer komplexen, differenzierten Situation erweist, nicht auf speziellen, sondern „eigentlich ganz alltäglich erforderlichen Komponenten" beruht, findet sich beispielsweise auch bei den von Erpenbeck daher zutreffend als „Querschnittskompetenzen" bezeichneten Handlungsfelder wie z. B. der „Führungs-, Innovations-, Medienkompetenz u. ä." (Erpenbeck 2012a, S. 147). Es beinhaltet ja in keiner Weise eine Degradierung, interkulturelle Kompetenz als Querschnittskompetenz zu verstehen. Vielmehr bietet sich vor dem Hintergrund der bisherigen Betrachtungen damit ein Verständnis an, „interkulturelle Handlungskompetenz nicht als eine einzige Fähigkeit zu sehen, sondern als ein erfolgreiches ganzheitliches Zusammenspiel von ‚individuellem, sozialem, fachlichem und strategischem Handeln in interkulturellen Kontexten" (Bolten 2007, S. 87). „Jemand ist dann interkulturell kompetent, wenn er es schafft, das Zusammenspiel dieser verschiedenen Komponenten interkultureller Kompetenz ausgewogen und zielgerichtet ein- und umzusetzen (...). Manches Wissen, manche Fähigkeiten und Fertigkeiten können durch interkulturelles Lernen erlangt und verbessert werden, andere können als allgemeine Handlungskompetenzen gesehen werden. Interkulturelle Handlungskompetenz ist somit keine isolierte Fähigkeit, über die Menschen an sich nicht verfügen und die von Grund auf neu erlernt werden müsste" (Thomas 2011, mit Hinweisen auf Bolten 2007, S. 87 f.).

Gerade im Zusammenhang mit Interkulturalität wird ja insbesondere Toleranz als Beziehungsmerkmal gefordert. Eine Ausprägung der Toleranz ist Gleichgültigkeit. „Sind einem die eigenen Werte so ziemlich egal, sind es auch die konfligierenden fremden. Es ist leicht, Toleranz gegenüber kulturellen Werten zu entwickeln, die einen nichts angehen" (Erpenbeck 2012a, S. 169). Somit kann interkulturelle Kompetenz nicht bedeuten, „alles und jeden einfach so hinzunehmen und gutzuheißen" (Thomas 2011). Unter den dargestellten Gesichtspunkten zum Kultur- und Kompetenzverständnis lässt sich folgende Überlegung als zentrale Anforderung an Coaches für die Coaching-Situationen formulieren: „Toleranz ist Anerkennung des nicht Verstandenen im gemeinsamen Handeln" (Schwemme 1997, S. 187).

Was aber bedeutet das Verständnis von interkultureller Kompetenz als Querschnittskompetenz bezüglich unserer Frage, welche Beziehungsgestaltung notwendig ist, um in einem interkulturellen Setting erfolgreich coachen zu können? Und: Wie kann man das erlernen? Aus unserer Beschäftigung mit der Entwicklung von Kompetenz wissen wir: Kompetenzentwicklung hat immer mit Wertfragen zu tun. Werte aber müssen sich immer einzelne Menschen individuell aneignen. Schlüssel hierfür ist die individuelle Wertinteriorisation. Grob skizziert: Ausgangspunkt für die Wertinteriorisation ist die Existenz bereits angeeigneter Werte – seien sie interiorisiert oder lediglich angelernt. Immer dann, wenn in sozialen Situationen Entscheidungen gefällt werden müssen, kann man diese unter Rückgriff auf akkumuliertes Wissen oder auf bereits interiorisierte Werte tun. Das aber erweist sich in neuen, offenen, komplexen u. ä. Situationen – insbesondere dann also, wenn eine nicht bestehende, sondern noch zu gestaltende Interkulturalität das Ziel ist – als nicht ausreichend. Man gerät dadurch in einen Zustand der Ungewissheit oder der kognitiven Dissonanz. Diese erlebte, insbesondere emotionale Labilisierung ist jedoch die entscheidende Voraussetzung für eine Auflösung der Dissonanz und für die Interiorisation neuer, anderer Werte. Notwendig ist dann die situationsadäquate Erprobung neuer Werte und Handlungen. Denn nur die Verankerung von als positiv erlebten Handlungsergebnissen verhilft zu einer Interiorisierung.

Eine „gelebte Interkulturalität" – die so etwas wie ein Ideal-Modell für Coaching im Umgang mit Menschen aus anderen Kulturen sein könnte und viele der oben angeführten Gedanken zusammenfasst – gelingt also wohl nur dann, wenn „Werte der ‚fremden Kultur' in einem Interiorisationsprozess (…) angeeignet und damit den eigenen Wertbezügen eingegliedert wurden". Dazu müssen sie „erstens bekannt gemacht, gelernt werden". Zweitens müssen „individuelle Präferenz- und Entscheidungssituationen vorhanden sein oder in pädagogischen, künstlerischen oder Trainingssituationen gesetzt werden, (…) welche die Aneignung der fremdkulturellen Werte ermöglichen. Drittens muss dieses Handeln auch zu einem auch von der sozialen Bezugsgruppe als solchen bewerteten Erfolg führen. Viertens müssen sich durch Kommunikation, Reflexion und Normierung die neugewonnenen Werte und Normen sozialfunktional sinnvoll dem bisherigen Werte- und Normensystem eingliedern" (Erpenbeck 2012a, S. 167).

Wissen ist also erforderlich, ist aber nicht alles. Es hilft zwar, viel über andere Länder und Sitten zu wissen, aber das ist nicht hinreichend – unter Wertgesichtspunkten reicht es weder ins eigene Ich, noch in ein anderes. Hinzu kommt: Es ist ein Kerngedanke der Kompetenzentwicklung, dass diese am wirkungsvollsten in realen, praktischen Handlungssituationen gelingt. Ich muss mich also in interkulturelle Überschneidungssituationen begeben und die entstehenden Dissonanzen und Verunsicherungen selbst erleben und anschließend kritisch reflektieren, um meine Kompetenz im Umgang mit solchen Situationen zu entwickeln.

Gerade auch im Coaching kann es ja nicht darum gehen, Fettnäpfchen (s. o.) einfach zu umgehen, sondern darum, zu erkennen, wenn man selbst in ein solches getreten ist, die negativen Folgen dieses Handelns abzufangen und es auch zu ertragen, wenn jemand anderes in ein solches tritt. Deshalb kann es grundsätzlich keinen seriösen Coaching-Knigge geben, in dem ein Katalog von Umgangsweisen mit Menschen aus anderen Kulturen aufgeführt wäre. Das mag unbefriedigend klingen, muss es aber nicht sein. Denn: Andere Menschen zu verstehen, sich mit ihrem Wertverständnis auseinanderzusetzen, dabei auch die eigenen Werte immer wieder in Frage zu stellen und Spannungen auszuhalten – das alles berührt den Kern dessen, was gutes Coaching ausmacht. Deshalb verstehen wir „gelebte Interkulturalität" im oben beschriebenen Sinne als ideales Modell und zentrale Herausforderung für Coaches und die Qualität im Coaching.

Literatur

Verwendete Literatur

Arnold, R., & Erpenbeck, J. (2014). *Wissen ist keine Kompetenz. Dialoge zur Kompetenzreifung*. Hohengehren: Schneider.

Bolten, J. (2007). Was heißt ‚Interkulturelle Kompetenz'? Perspektive für die internationale Personalentwicklung. In V. Künzer, & J. Berninghausen (Hrsg.), *Wirtschaft als interkulturelle Herausforderung* (S. 21–42). Frankfurt a. M.: Iko.

Deal, T. E., & Kennedy, A. A. (2000). *Corporate cultures: The rites and rituals of corporate life*. New York: Perseus.

Drexler, A. (2013). Berufliche Kompetenzentwicklung von Coaches in Ausbildung. *Coaching-Magazin*, *6*(2), 49–53.

Erpenbeck, J. (2003). *Handbuch Kompetenzmessung. Erkennen, verstehen und bewerten von Kompetenzen in der betrieblichen, pädagogischen und psychologischen Praxis*. Stuttgart: Schäffer-Poeschel.

Erpenbeck, J. (2012a). Interkulturelle Kompetenz. In W. Faix (Hrsg.), *Kompetenz* (S. 143–170). Stuttgart: Steinbeis.

Erpenbeck, J. (2012b). Konfliktkompetenz. In W. Faix (Hrsg.), *Kompetenz* (S. 95–107). Stuttgart: Steinbeis.

Erpenbeck, J. (2012c). Führungskompetenz. In W. Faix (Hrsg.), *Kompetenz* (S. 109–140). Stuttgart: Steinbeis.

Erpenbeck, J., & v Rosenstiel, L. (2009). Vom Oberlehrer zur Kompetenzhebamme. *Weiterbildung*, *2*, 6–9.

Hatch, M. J. (1993). The dynamics of organizational culture. *Academy of Management Review*, *18*(4), 657–693.

Hofstede, G. (1993). Cultural constraints in management theories. *The Academy of Management Executive*, *7*(1), 81–94.

Hofstede, G., Hofstede, G. J., & Minkov, M. (1997). *Cultures and organizations*. New York, NY: McGraw Hill.

Klieme, E. et al. (2007). *Möglichkeiten und Voraussetzungen technologiebasierter Kompetenzdiagnostik*. Berlin: Bundesministerium für Bildung und Forschung (BMBF).

Kuchen, C., & Pedrun, P. (2006). *Welche Kompetenzen braucht ein Coach?* Zürich: HAP.

Lang-von Wins, T., & Triebel, C. (2006). *Kompetenzorientierte Laufbahnberatung*. Heidelberg: Springer.

Michel, A., Merz, C., Frey, A., & Sonntag, K. (2014). Was zeichnet einen kompetenten Coach im HR-Management aus. *Organisationsberatung – Supervision – Coaching*, *21*(4), 431–447.

Schein, E. H. (1999). *Process consultation revisited: Building the helping relationship*. Reading, MA: Addison-Wesley.

Schein, E. H. (2003). *Organisationskultur: The Ed Schein corporate culture survival guide*. EHP, Ed. Humanistische Psychologie.

Schmidt, S. J. (1994). *Kognitive Autonomie und soziale Orientierung. Konstruktivistische Bemerkungen zum Zusammenhang von Kognition, Kommunikation, Medien und Kultur*. Münster: LIT.

Schmidt, S. J. (2005). *Lernen, Wissen, Kompetenz. Vorschläge zur Bestimmung von vier Unbekannten*. Heidelberg: Carl Auer Verlag.

Schweitzer, G. et al. (2010). *Wert und Werte im Bildungsmanagement*. Bielefeld: Bertelsmann.

Schwemme, O. (1997). *Die kulturelle Existenz des Menschen*. Berlin: Akademie.

Stein, L. (1899). *An der Wende des Jahrhunderts. Versuch einer Kulturphilosophie*. Freiburg: Mohr.

Thomas, A. (1993). *Kulturvergleichende Psychologie. Eine Einführung*. Göttingen: Hogrefe.

Thomas, A. (2005). Das Eigene, das Fremde, das Interkulturelle. In A. Thomas, E. Kinast, & S. Schroll-Machl (Hrsg.), *Handbuch Interkulturelle Kommunikation und Kooperation* (S. 43–49). Göttingen: Vandenhoeck & Ruprecht.

Thomas, A. (2011). *Interkulturelle Kompetenz*. http://www.ikud-seminare.de/LINKNAME.HTML. Zugegriffen: 20.07.2015

Triebel, C., & Hürter, T. (2012). *Die Kunst des kooperativen Handelns*. Zürich: Orell Füssli.

Weber, M. (1989). Rationalisierung und entzauberte Welt. In M. Weber (Hrsg.), *Die Objektivität sozialwissenschaftlicher und sozialpolitischer Erkenntnisse*. Leipzig: Reclam.

Webers, T. (2016). Kompetenzen zur Steuerung des Coaching-Prozesses. In T. Triebel, J. Heller, B. Hauser, & A. Koch (Hrsg.), *Qualität im Coaching*. Heidelberg: Springer.

Wozniak, M. (2009). *Der KOMMUNICODE – Der Schlüssel für ein erfolgreiches webbasiertes Training zur Entwicklung interkultureller Kompetenz?* Masterarbeit. Frankfurt/Oder: Europa-Universität Viadrina.

Weiterführende Literatur

Lippitt, G., & Lippitt, R. (1999). *Beratung als Prozess* (4. Aufl.). Leonberg: Rosenberger.

10

Prozessqualität

Nicht ohne Diagnostik!? Anspruch und Wirklichkeit

Silja Kotte, Heidi Möller

C. Triebel et al. (Hrsg.), *Qualität im Coaching*,
DOI 10.1007/978-3-662-49058-7_11,

11.1 Einleitung

Coaching hat sich in der Praxis etabliert: Laut der Marktanalysen des Coaching-Verbandes DBVC und der Philipps-Universität Marburg (u. a. Stephan und Gross 2013) sind in Deutschland ca. 8 000 Coaches tätig, die zwischen 2006 und 2010 einen deutlichen Auftragszuwachs zu verzeichnen hatten. Auch in Studien über die Zukunft der Personalentwicklung in Deutschland zeigte sich, dass der zweithöchste Bedeutungsgewinn aller Personalentwicklungsinstrumente dem Coaching zugesprochen wird (Schermuly et al. 2012). Allerdings ist der Coaching-Markt „bunt", denn es gibt Coaches sehr unterschiedlicher Professionshintergründe, Herangehensweisen, Erfahrungen und vermutlich auch Erfolge. Dies spiegelt sich auch in der Coaching-Forschung wider, die derzeit noch einem Flickenteppich oft unverbundener Ansätze mit sehr heterogener Qualität, uneinheitlichen Coaching-Definitionen, kaum definierten Qualitätsanforderungen an Coaches, oft schwacher theoretischer Fundierung und wenig standardisierten Methoden gleicht. Zwar gibt es inzwischen erste grundlegendere Befunde zu Wirkfaktoren und Wirksamkeit des Formats Coaching (Kotte et al. 2015; Möller und Kotte 2011) – der „body of knowledge" der Coaching-Forschung wächst –, eine gründliche Eingangsdiagnostik ist allerdings eher die Ausnahme als die Regel; dabei ist sie für Coaching-Forschung und -praxis gleichermaßen relevant.

11.2 Warum Diagnostik?

Was die Forschung betrifft, kann eine Wirksamkeitsforschung ohne eine differenzierte Erfassung der Coachee-Charakteristika, der die Coachees umgebenden Teamdynamik und der organisationalen Rahmenbedingungen des Coachings nicht sinnvoll erfolgen. Darüber hinaus sind Prä-post-Messungen ohne Eingangsdiagnostik nicht und eine Erfolgskontrolle nur sehr eingeschränkt möglich.

Aber auch in der Praxis zeigt sich, dass Auftraggeber den Einsatz standardisierter diagnostischer Verfahren zur Erfolgskontrolle von Coaching einfordern (McDowall und Smewing 2009). Für die Coaching-Prozesse selbst gilt ebenfalls, dass eine saubere Diagnostik im Sinne eines genauen Erkundens der Ausgangssituation, des Kontextes und der konkreten Anliegen des Coachees wichtig ist, denn Coachees benennen als eine der wichtigsten Kompetenzen von Coaches deren Einblick in und Klarheit über die Probleme ihrer Coachees. Eine geringe Fokussierung der im Coaching bearbeiteten Themen hängt mit mehr negativen Effekten von Coaching zusammen (Schermuly et al. 2014). Eine systematische Diagnostik dagegen hilft, förderliche Interventionen für den Coaching-Prozess abzuleiten. Der vorliegende Beitrag möchte als Plädoyer für eine systematische Coaching-Eingangsdiagnostik verstanden werden (Teile dieses Beitrags sind Möller und Kotte 2014b entnommen). Darüber hinaus gibt er einen ersten empirischen Einblick in die diagnostische Praxis von Coaches.

11.3 Zur Bedeutung diagnostischen Vorgehens im Coaching

Erste Versuche einer Systematisierung diagnostischer Zugänge im Coaching liegen zum aktuellen Zeitpunkt lediglich zum Einsatz psychometrischer Tests vor (Passmore 2012). In diesem Bereich gibt es zudem erste empirische Untersuchungen, in welchem Umfang und warum Coaches psychometrische Verfahren überhaupt einsetzen. Eine Studie aus Großbritannien (McDowall und Smewing 2009) ergab, dass fast 90 % der befragten Coaches psychometrische Verfahren nutzen, am häufigsten Persönlichkeitsfragebögen (86 %) und Mehr-Perspektiven-Feedback (56 %). Coaches wollen mit dem Einsatz psychometrischer Tests unter anderem die Selbstexploration des Coachees fördern und die eigene Wahrnehmung verfeinern, also diese Tests als Grundlage für die Prozessplanung und -steuerung nutzen.

Grundsätzlich lassen sich eine profil- von einer kriteriumsorientierten Diagnostik im Coaching unterscheiden: Während die profilorientierte Diagnostik sich auf Kompetenzen, Einstellungen und andere persönliche Charakteristika des Coachees bezieht, berücksichtigt die kriteriumsorientierte Diagnostik explizit Stellenanforderungen und damit die Frage der Passung zwischen Person und Unternehmenskontext.

An dieser Unterscheidung wird deutlich, dass neben personenbezogenen Faktoren auch Anforderungen aus dem Arbeitsumfeld des Coachees in die Coaching-Diagnostik mit aufgenommen werden müssen. Coaching unterscheidet sich gerade durch die Einbettung in den organisationalen Kontext von anderen, nicht arbeitsweltbezogenen Beratungsformaten. Die Coaching-Diagnostik umfasst daher neben einer Individual-Diagnostik des Coachees notwendigerweise auch die Ebenen der Rolle(n) des Coachees, des Teams, in das der Coachee eingegliedert ist oder welches er führt, sowie der Organisation als ganzer.

11.4 Die Spezifika psychologischen Coachings

Das diagnostische Vorgehen von Coaches ist immer auch Ausdruck ihres professionellen Hintergrunds. Anders als in Großbritannien, wo der Markt an Coaching-Anbietern stark von der „Coaching Psychology" geprägt wird, ist der deutschsprachige Coaching-Raum stark diversifiziert. Ökonom/-innen, Theolog/-innen, Jurist/-innen, Sozialarbeiter/-innen, Politolog/-innen, Philosoph/-innen, Pädagog/-innen etc. haben ihre professionsspezifischen „Brillen", die ihre Wahrnehmung zu Beginn eines Coachings lenken. Sie setzen ihre jeweils beruflich sozialisierten Schwerpunkte und betreiben implizit in jedem Fall Diagnostik: Sie sammeln Informationen, um den Coachee und sein Umfeld zu verstehen und ihr eigenes beraterisches Handeln darauf abzustimmen. Je nachdem, welche Ausbildung sie genossen haben, werden ihre Kenntnisse unterschiedlich psychologieaffin sein. Ihre Referenztheorien über Veränderung von Erleben und Verhalten von Menschen in Organisationen werden wissenschaftlich fundiert – aktuell oder veraltet – oder eher dem Feld implizierter oder subjektiver Theorien zuzuordnen sein. Diese Personen stehen im Wettbewerb mit den Coaches, die über ein Psychologiestudium verfügen und für die Diagnostik ein vertrauter Kompetenzbereich ist. Psychologen, die coachen, kennen psychometrische Verfahren und wissen um deren jeweilige methodische Intentionen, Implikationen und Limitationen im Vergleich zu anderen, etwa projektiven oder qualitativen Verfahren. Gleichzeitig sehen auch viele Nicht-Psychologen die Bedeutsamkeit und Sinnhaftigkeit eines systematischen diagnostischen Vorgehens und möchten in diesem Bereich kompetenter werden. Denn auch innerhalb der Psychologie ist es keineswegs so, als bestehe bezüglich der Haltung zur Diagnostik überhaupt und zu spezifischen Verfahren ein Konsens. Es existieren sehr unterschiedliche Einstellungen zur Diagnostik, die von der vehementen Ablehnung eines strukturierten Vorgehens als verwerflichem „Menschen-Schubladieren" bis zur Forderung nach einem einheitlichen diagnostischen Vorgehen als einzig möglichem Professionshandeln reichen.

In der Tat besteht die Gefahr eines unreflektierten Umgangs mit diagnostischen Verfahren. Coachees können vorschnell in unpassende Typisierungen und/oder Kategorien einsortiert werden, insbesondere wenn der Coach nur wenige diagnostische Verfahren kennt und diese immer wieder anwendet, ganz im Sinne von Watzlawick: „Wer als Werkzeug nur einen Hammer hat, sieht in jedem Problem einen Nagel." Der Einsatz diagnostischer Verfahren kann dem Coach dazu dienen, eigene Unsicherheiten im Erstkontakt vorschnell „wegzustrukturieren" und dadurch Möglichkeiten zur Diagnostik innerhalb der sich entfaltenden Beratungsszene, wie die Kontaktdiagnostik oder das szenisches Verstehen, verhindern.

11.5 Die Vorteile eines systematischen Vorgehens in der Diagnostik

Ein systematisches diagnostisches Vorgehen im Coaching wird ja nur dann erfolgen, wenn der Coach der Auffassung ist, dass er damit die Wirksamkeit seiner Arbeit erhöht. Im Folgenden werden einige Argumente aufgeführt, die für ein solches Vorgehen sprechen.

1. Was zu Beginn in gründliche Diagnostik investiert wird, zahlt sich später aus, zumal Diagnostik immer zugleich auch Intervention ist. Die Diagnostik selbst regt zur Selbstreflexion an. Die Spiegelung der Ergebnisse und deren Interpretation eröffnen Gesprächsmöglichkeiten und können als Erarbeitung eines gemeinsa-

men Verständnisses von Problemlagen und Lösungswegen von Coach und Coachee betrachtet werden, welches die weitere gemeinsame Arbeit erleichtert.
2. Wenn Coaches unstrukturiert im Erstgespräch nachfragen, sind sie in Gefahr, Wesentliches zu übersehen und handeln damit fahrlässig. Hier hilft vielleicht eine Analogie zur Personalauswahl: Erfahrene Personaler sind häufig überzeugt davon, dass sie ein „Gespür" für die richtigen Kandidaten haben. Dennoch ist die prädiktive Validität von (unstandardisierten) Einstellungsinterviews gering. Auch Coaches können von ihrer Wirksamkeit überzeugt sein, ohne dass dies mit der von den Coachees wahrgenommenen Erlebnisqualität zusammenhängt (De Haan et al. 2013). Durch eine Standardisierung im diagnostischen Prozess ist der Coach gezwungen, sich und dem Coachee Fragen zu stellen, die gemäß seiner jeweiligen Coaching-Orientierung erst einmal nicht naheliegen, aber blinde Flecken aufdecken und zentrale neue Erkenntnisse bringen könnten.
3. Im Coaching-Prozess kann – mit Ausnahme von Verhaltensbeobachtungen in der Beratungsinteraktion – in der Regel nur mit den Konstruktionen der Coachees gearbeitet werden. Coaches stehen somit immer in der Gefahr, zu stark die Wirklichkeitskonstruktion der Kund/-innen zu übernehmen. Durch den Einsatz diagnostischer Verfahren wie Multi-Perspektiven-Feedback oder Job Shadowing entsteht die Möglichkeit, etwas „Drittes" neben die Erzählungen der Coachees und die Eindrücke des Coach zu stellen.
4. Die Coaching-Forschung hat inzwischen die Zielklärung, Zieldefinition und Zielbindung im Coaching als zentrale Prozessvariablen (neben dem Arbeitsbündnis) identifiziert, die mit positiven Coaching-Effekten in Verbindung gebracht werden (Kotte et al. 2015; Möller und Kotte 2011). Auch die Studie von Schermuly et al. (2014) kann so interpretiert werden, dass eine mangelnde Zielfokussierung den Coaching-Erfolg beeinträchtigen kann. Eine systematische Diagnostik kann einen wertvollen Beitrag zur Zielklärung und damit zum Coaching-Erfolg leisten.
5. Viele Coachees empfinden diagnostische Einschätzungen als hilfreich. Zahlen, Daten und Fakten helfen ihnen, die Angst vor dem schwer greifbaren Prozess zu reduzieren. Sie sehen sich weniger der Willkür eines Coaches ausgesetzt, wenn dieser auf wissenschaftlich fundierte Verfahren zurückgreift.
6. Diagnostische Verfahren helfen der Kompetenzdarstellungskompetenz (Galdynski und Kühl 2009) des Coaches. Der „Diagnosekoffer" macht in der Regel Eindruck und unterstützt die Selbstdarstellung des Coaches in organisationalen Kontexten. Ist Coaching als Format noch wenig etabliert, ist die Wissenschaftlichkeit eines Beratungsformates sicherlich auch durch standardisierte diagnostische Zugänge zu demonstrieren und fördert die Implementierung.

11.6 Systematische Eingangsdiagnostik für die Praxis: das „Kasseler Coaching Inventar"

Mit dem „Kasseler Coaching Inventar" haben wir einen Leitfaden für die Praxis vorgeschlagen, der – ähnlich wie ein Anamnese-Bogen in der Psychotherapie – für die Eingangsdiagnostik im Coaching im Sinne eines „Minimalvorgehens" genutzt werden kann. Je nach Fragestellung kann dies bereits völlig ausreichend sein oder aber durch spezifische, in Möller und Kotte (2014a) ausführlich beschriebene Verfahren ergänzt werden. Darüber hinaus kann dieser Leitfaden die Dokumentation und – durch die strukturierte Erfassung der Ausgangssituation – die praktische Evaluation von Coaching-Prozessen erleichtern. Das „Kasseler Coaching Inventar" ist unterteilt in fünf Abschnitte: Coaching-Hintergrund, Berufsbiographie und organisationale Einbettung, (persönliche) Kurzbiographie, Interaktionsdiagnostik und Managementaufgaben. Das Inventar als Kopiervorlage, die für die Praxis genutzt werden kann, steht online als Zusatzmaterial zu Möller und Kotte (2013), Diagnostik im Coaching, zur Verfügung. Diese können Sie unter folgendem Link nach Eingabe der ISBN 978-3-642-37965-9 herunterladen: ► http://extras.springer.com/.

11.7 Blick in die diagnostische Praxis von Coaches: erste Ergebnisse einer explorativen Interviewstudie

Wie sieht die Praxis in der deutschsprachigen Coaching-Szene aus? Im Gegensatz zu Großbritannien (McDowall und Smewing 2009) ist über die diagnostische Praxis von Coaches in Deutschland bisher fast nichts bekannt.

In einer explorativen Interviewstudie wurden daher 15 Coaches befragt, wie sie bei der Diagnostik bzw. Exploration zu Beginn von Coaching-Prozessen vorgehen. Der Begriff „Exploration" wurde zusätzlich zum Begriff „Diagnostik" eingeführt, da weniger die – oft kontroverse und emotional aufgeladene – Einstellung zum Begriff „Diagnostik" erfasst werden sollte, sondern vorrangig die Art und Weise interessierte, wie diese in der Praxis gestaltet wird. Die Coaches sollten zunächst schildern, wie sie vorgehen, wenn ein Coachee zu ihnen kommt, um sich einen ersten Einblick in dessen Themen, Hintergrund und Umfeld zu verschaffen. Anschließend wurde vertiefend gefragt, welche Bedeutung die Coaches der Exploration beimessen, wodurch sie sich bei der Exploration leiten lassen und welche Methoden und Instrumente sie bei der Eingangsdiagnostik einsetzen. Die Interviews, die durchschnittlich 35 Minuten dauerten (Spannbreite von 20 bis 55 Minuten) wurden transkribiert und mittels qualitativer Inhaltsanalyse (Mayring 2010) ausgewertet.

Da eine Interviewstudie mit 15 befragten Coaches keinen Anspruch auf Repräsentativität erheben kann, wurde versucht, bei der Auswahl der Befragten ein möglichst breites Spektrum abzudecken, um der Heterogenität der Coaching-Szene in Deutschland gerecht zu werden. Die befragten Coaches waren zwischen 39 und 61 Jahren alt (Mittelwert: 52,1 Jahre) und jeweils etwa zur Hälfte Männer und Frauen. Sie kamen aus einem breiten Spektrum unterschiedlicher Professionen, wobei Sozialpädagogik/Erziehungswissenschaften, Betriebswirtschaftslehre und Psychologie mehrfach vertreten waren. Vor ihrer Tätigkeit als Coaches waren die Befragten in der Organisations- und Managementberatung ($n=5$), dem kaufmännischen Bereich ($n=4$), dem psychosozialen Bereich ($n=3$), in Öffentlichkeitsarbeit und Marketing ($n=2$) oder der Wissenschaft ($n=1$) tätig; knapp die Hälfte von ihnen verfügte über Führungserfahrung. Im Schnitt waren die Befragten seit 12,6 Jahren als Coach tätig (Spannbreite: 3–30 Jahre) und verbrachten 36 % ihrer beruflichen Tätigkeit mit Coaching (Spannbreite: 5–95 %). Die eigene Coaching-Schule bezeichneten sie am häufigsten als systemisch ($n=11$), gefolgt von kognitiv-verhaltensorientiert und klientenzentriert (jeweils $n=4$), wobei gut ein Drittel ($n=6$) der Coaches angab, sich mehr als einer Coaching-Schule zugehörig zu fühlen – oder auch explizit eine Schulenzuordnung abzulehnen.

Die inhaltsanalytische Auswertung der Interviews ergab mehrere aus dem Interviewleitfaden deduktiv abgeleitete sowie induktiv ergänzte Oberkategorien, die im Folgenden genauer beschrieben werden: (1) Bedeutung und Bewertung der Diagnostik, (2) Inhalte der Diagnostik, (3) „Wegweiser" für die Exploration, (4) Einsatz von Methoden und Instrumenten in der Diagnostik sowie (5) Grenzen der Auskunftsfähigkeit zum eigenen diagnostischen Vorgehen.

11.7.1 Bedeutung und Bewertung der Eingangsdiagnostik

Die Relevanz eines diagnostischen Vorgehens im Coaching wurde insgesamt sehr unterschiedlich bewertet: Die meisten Befragten ($n=9$) schätzten es als sehr wichtig für die Auftrags- und Anliegenklärung und die Ausrichtung des weiteren Coaching-Prozesses ein („Der ganze Weg vorher, die ganze Analytik bis zur Diagnose ist enorm wichtig"). Diagnostik wurde sowohl als Bewusstseinsförderung für den Coachee als auch als erste Intervention verstanden:

» Sie ist das Wichtigste überhaupt, weil dort, in der Exploration, die Erkenntnisgewinnung für den Kunden liegt und nicht in dem, was ich ihm sage.

» Häufig passiert ja schon während der Exploration etwas.

Von einigen Befragten wurde eine ausführliche Diagnostik hingegen als ambivalent oder irrelevant beurteilt. Diese zwiespältige bzw. negative Einstellung wurde in Verbindung mit einem stark lösungsorientierten Vorgehen gebracht, in dem teilweise sogar inhaltsfrei gearbeitet wird:

» Es spielt natürlich immer eine Rolle, wo kommt was her. Aber mir persönlich ist es im Coaching wichtiger zu sagen, wo will ich hin und was unterstützt mich auf dem Weg dahin. Klar kommt es, warum hat es in der Vergangenheit nicht funktioniert, oder was war da, was mich behindert hatte oder. Aber mir geht es eher darum, aufzubauen, was kann ich nutzen, um da hin zu kommen. [...] Also es ist nicht, dass ich nicht verstehen will, aber die Lösung ist für mich stärker im Vordergrund.

» Bei Diagnostik bin ich ganz stark am Inhalt interessiert. An dem „Was". In meinem Verständnis von Coaching löse ich damit gar nichts. Je mehr „Was"-Informationen ich bekomme [...]. Coaching ist sehr oft genau das Gegenteil von Informationssammlung. Diagnostik ist ja Informationssammlung. Im Coaching geht es eher darum, Informationen zu reduzieren. Und das Herstellen von relevanten Informationen.

Es zeigte sich darüber hinaus, dass die Assoziationen zum Begriff „Diagnostik" eher negativ ausfielen, entweder für die Coaches selbst oder im vermuteten „Beigeschmack", den der Begriff für Coachees hat:

» „Diagnostisch" klingt immer so nach Therapie und nach eng.

» Ich denke, dass ich an der Stelle [gegenüber meinem Klienten] eher den Begriff „Diagnostik" vermeide, noch dazu wenn er sich gar nicht auskennt. Weil er verunsichern kann, weil wir es ja eher aus der Medizin kennen den Begriff. [...] Ja, aber ich sage jetzt mal so, ganz klar in der Lehre, da sage ich natürlich Diagnose und Analyseinstrumente, ja.

Zudem wiesen einige Befragte explizit auf die Grenzen des diagnostischen Vorgehens hin, sowohl im Hinblick auf das eigene Verstehen als auch auf die Bereitschaft der Coachees:

» Und ich denke dann, nein, ich habe keine Ahnung, was das bei ihm ist. Und da ist mir so dieser Wert, ich versuche nicht, es besser zu wissen als mein Klient, der ist mir besonders wichtig an der Stelle.

» Also ich hatte eine, die dann aber nach drei Mal gesagt hat, ja, sie käme jetzt schon ganz gut zurecht, und ich wollte eigentlich noch viel mehr aufrollen, aber das hat die auch gar nicht gebraucht. Ja, das muss man immer schauen, was der Coachee überhaupt will.

11.7.2 Inhalte der Diagnostik

Die Themen und Inhalte, die Gegenstand der Eingangsdiagnostik sind, bezogen sich auf den Coaching-Anlass (Problematik, Zielsetzung, Veränderungsmotivation) und die Frage, ob Coaching dafür das richtige Beratungsformat ist, auf die Person des Coachees im engeren Sinn (Gesamteindruck, körperliche Symptomatik, Ressourcen und Kompetenzen, Biographie), auf sein privates Umfeld sowie auf sein professionelles Umfeld.

Im Hinblick auf den Coaching-Anlass wurden drei Bereiche benannt, die in der Eingangsdiagnostik herausgearbeitet werden: erstens die vom Coachee erlebte Problematik, zweitens die Ziele, die der Coachee mit dem Coaching erreichen möchte, und drittens das Ausmaß an Veränderungsmotivation, das der Coachee mitbringt:

» Rauszukriegen, was ist da das Problem und was ist das Problem hinter den Problemen.

» Und als erstes geht es wirklich darum zu verstehen, wo will der Mensch hin, was sind seine Ziele.

» Auf einer Skala von 1 bis 10, mit 10, ja ich will [...]. Denn was sie brauchen, die Leute, ist immer wirklich eine Bereitschaft, Zeit, Aufmerksamkeit, was Neues, wirklich selbst neue Schritte zu gehen.

Zudem gaben drei der befragten Coaches an, bei der Klärung des Coaching-Anlasses zu prüfen, ob Coaching oder nicht eher Psychotherapie das geeignete Beratungsformat ist.

Was die Person des Coachees im engeren Sinne betrifft, versuchten sich die Coaches einen Gesamteindruck zu verschaffen („Schaue mir auch immer den gesamten Menschen an“). Darüber hinaus richteten sie die Aufmerksamkeit gezielt auf das körperliche Wohlbefinden sowie auf die Ressourcen, Potenziale und Kompetenzen des Coachees und auf seine Biographie:

» Ich lasse mir auch immer schildern, was so körperliche Symptome einfach so sind.

» Da habe ich so ein Arbeitsheft, also wo man wirklich so schaut, was sind meine Kompetenzen, wo kommen die her?

» Und ausgehend davon versuche ich zu verstehen, wo kommt jemand her, was für einen Hintergrund hat er, was bringt er an Erfahrung mit, das ist eigentlich ein bisschen den Lebenslauf erzählen zu lassen.

Acht der 15 befragten Coaches gaben an, auf das private Umfeld des Coachees einzugehen, allerdings unterschieden sie sich darin, ob das private, insbesondere das familiäre Umfeld systematisch exploriert oder nur anlassbezogen eingebunden wurde:

» Ich frage grundsätzlich nach Vater und Mutter, ja, auch wenn da etwas ist. Auch das Verhältnis und Geschwister natürlich, weil ich ganz gut mit den Geschwisterkonstellationen bin, das ist so ein Fachgebiet von mir, weil ich sehr viel in Familienunternehmen arbeite.

» Also wenn jemand ein rein berufliches Thema hat, dann muss er mir nicht seine komplette familiäre Situation schildern, es sei denn, sie spielt da mit rein.

Sechs der Befragten erwähnten ausdrücklich, das berufliche Umfeld des Coachees zu explorieren. Hier unterschieden sich die Aussagen deutlich in ihrem Detaillierungsgrad:

» Dann lasse ich mir relativ genau den Kontext zu seiner Arbeit beschreiben. Also die Firma ist ja wichtig, um auch die Kultur des Unternehmens oder der Institution nachvollziehen zu können. Es ist ja ein Unterschied, ob Sie mit einer Einrichtung für behinderte Menschen oder ob Sie mit einer Firma, die Gummischläuche herstellt, arbeiten. Das hat ja eine Bedeutung. [...] Ich lasse auch beschreiben, zum Beispiel wie in etwa er hierarchisch eingebunden ist, wem er berichten muss, wie viele Mitarbeiter er hat. Also erstmal so Daten und Fakten so am Anfang.

» Ich versuche nicht in diesen ganz breiten Bereich zu gehen [...], sondern es geht um den beruflichen Bereich für mich. Das versuche ich dann schon nachzufragen.

11.7.3 „Wegweiser“ für die Exploration

Die Coaches wurden nicht nur nach Inhalten gefragt, die sie explorieren, sondern auch danach, wodurch sie sich bei der Exploration leiten lassen. Dabei wiesen einige der Befragten darauf hin, dass der Verlauf der Diagnostik sich in Abhängigkeit vom Setting (Privatzahler versus Dreiecks- oder Viereckskontrakt) und damit dem Auftraggeber des Coachings unterscheidet:

» Was dann anders ist [beim Dreieckskontrakt], dass ich langsamer einsteige, sehr viel vorsichtiger frage, [...] dass die hier langsam ankommen können. Also dass Vorbehalte, die da sind, noch dazu wenn man noch nie sowas gemacht hat, dass wir die abbauen können.

Viele Äußerungen bezogen sich darauf, sich bei der Exploration vom Coachee leiten zu lassen, also von dessen Zielsetzung für das Coaching, von seiner Persönlichkeit, seiner Sprache und Ausdrucksweise (z. B. bildhafte vs. faktenorientierte Schilderungen) und von seinem nonverbalen Verhalten, d. h. von Veränderungen in Mimik und Gestik.

Ebenso häufig gaben die Coaches an, dass sie ihre Exploration an ihrer Intuition ausrichteten. Neben generellen Aussagen zur wichtigen Rolle der

Intuition bei der Exploration („Es ist intuitiv und weil jeder Mensch einfach auch anders ist und ich mich auf jeden anders einstelle“) versuchten einige der Befragten, Intuition näher zu definieren, entweder als „so ein inneres Gefühl“, das größtenteils unbewusst sei, oder als Kondensat von über die Zeit gesammelten Erfahrungen und Wissen.

Darüber hinaus gaben einige Coaches an, sich bei der Exploration an den eigenen Resonanzen auf den Coachee zu orientieren, die bei möglichst unvoreingenommenem Zuhören entstehen, oder Deutungen oder Hypothese anzubieten und die weitere Exploration an der Reaktion des Coachees auszurichten:

» Also das geht so dann eher in die Richtung, was man so aus der Supervision kennt oder aus dem Erstinterview in der Psychiatrie [...], dass ich erstmal so frei flottierend aus dem Fenster gucke und mal gucke, was kommt da so bei mir an.

» Es ist auch ein Austesten. Also ich weiß nicht immer, ob es das Richtige ist.

11.7.4 Einsatz von Methoden und Instrumenten in der Diagnostik

Im Hinblick auf den Einsatz von Methoden und Instrumenten ergab sich ein vielfältiges Bild, das dem heterogenen Ausbildungs- und „Schulen“-Hintergrund der befragten Coaches entsprach. Da die vorliegende Stichprobe zu klein ist, um generalisierbare Aussagen zur Verbreitung verschiedener Instrumente treffen zu können, wird hier lediglich ein kurzer Überblick gegeben, in welche Kategorien die eingesetzten Methoden und Instrumente unterteilt werden können. Sie werden nach der Häufigkeit geordnet aufgeführt: (1) Fragetechniken (z. B. zirkuläre Fragen, Skalenfragen und andere lösungsorientierte Fragen), (2) (kreative) Methoden zur Visualisierung und Dokumentation (z. B. Malen, Einsatz von Bildern, Aufstellungen, Metaplan, Mindmaps), (3) sprachliche Mittel (z. B. Metaphern und Umbenennungen, Spiegeln und Zusammenfassen), (4) psychometrische Tests und (5) Verwendung verfügbarer Unterlagen und Dokumente (z. B. Organigramm, Lebenslauf).

Die Befragten äußerten sich zudem dazu, ob sie einen Leitfaden für die Exploration verwenden. Hier reichte das Spektrum von keinem über implizite bis zu expliziten Leitfäden, wobei deutlich wurde, dass mit zunehmender Erfahrung explizite Leitfäden als weniger relevant erachtet wurden:

» Ich hab also keine vorgefertigte Fragenliste; solche Schemata gibt es ja. [...] Ich bin da sehr situativ in den Fragen.

» Ja, ich hab' so einen Fünf-Punkte-Fahrplan.

» Ich glaube, wenn ich das irgendwann gelernt und begriffen habe, dann brauche ich keinen Zettel mehr, auf dem erstens, zweitens, drittens steht.

» Nun, ich habe ganz viele Leitfäden geübt [...]. Und ich unterrichte diese Leitfäden ja auch, aber ich habe die natürlich so sehr verinnerlicht.

11.7.5 Grenzen der Auskunftsfähigkeit zum eigenen diagnostischen Vorgehen

In Übereinstimmung mit der hohen Bedeutung, die die befragten Coaches der Intuition zumaßen, wurde in den Interviews deutlich, dass sie ihr Vorgehen bei der Eingangsdiagnostik teilweise nur sehr eingeschränkt verbalisieren konnten. Dies zeigte sich in häufigen Gesprächspausen oder -abbrüchen, wenn das diagnostische Vorgehen expliziert werden sollte, und wurde teilweise von den Befragten auch direkt geäußert:

» (Pause, überlegt) Also ganz bestimmt, es entwickeln sich ja Routinen. Ich/es fällt mir aber schwer, sie zu benennen, weil die kommen dann so.

» Interviewer: Und gibt es dann bestimmte Methoden oder Instrumente, die häufig eingesetzt werden? Haben sie eventuell ein Beispiel? – Befragter: Das weiß ich jetzt nicht.

11.8 Fazit und Ausblick

In der explorativen Interviewstudie zeigt sich deutlich, wie unterschiedlich sowohl die Einstellung zu einem systematischen diagnostischen Vorgehen im Coaching als auch die tatsächliche Praxis der Eingangsdiagnostik ausfallen. Zu Beginn des Coaching-Prozesses findet überwiegend eine intensive Exploration statt – allerdings nicht unter dem Begriff „Diagnostik", da dieser eher negative Assoziationen weckt. Besonders die Schulenzugehörigkeit scheint zu beeinflussen, als wie bedeutsam die Exploration bewertet wird: Coaches, die einen stark lösungsorientierten Ansatz vertreten, messen der Exploration, insbesondere im Sinne einer Problemanalyse, eine nachgeordnete oder sogar hinderliche Rolle bei. Dass es den Coaches teilweise schwer fiel, Auskunft über das eigene diagnostische Vorgehen zu geben, verdeutlicht, dass zusätzlich zu Selbsteinschätzungen Audio- und Videoaufnahmen analysiert werden müssten, um einen Einblick in das tatsächliche diagnostische Handeln von Coaches zu gewinnen. Zudem wird deutlich: Eine systematische Eingangsdiagnostik wird bei Weitem nicht durchgängig praktiziert. Damit belastbare Wirksamkeits- und Prozessforschung im Coaching möglich ist, sind Praktiker aufgerufen, sich zumindest punktuell an systematischer Forschung zu beteiligen, im Rahmen derer eine solche systematische Eingangsdiagnostik erfolgt.

Literatur

Verwendete Literatur

De Haan, E., Duckworth, A., Birch, D., & Jones, C. (2013). Executive coaching outcome research: The contribution of common factors such as relationship, personality match, and self-efficacy. *Consulting Psychology Journal, 65*, 40–57.

Galdynski, K., & Kühl, S. (Hrsg.). (2009). *Black-Box Beratung? Empirische Studien zu Coaching und Supervision*. Wiesbaden: VS.

Kotte, S., Oellerich, K., Schubert, D., & Möller, H. (2015). Das ambivalente Verhältnis von Coachingforschung und -praxis: Dezentes Ignorieren, kritisches Beäugen oder kooperatives Miteinander?. In A. Schreyögg, & C. Schmidt-Lellek (Hrsg.), *Die Professionalisierung von Coaching. Ein Lesebuch für den professionellen Coach* (S. 23–45). Wiesbaden: VS.

Mayring, P. (2010a). *Qualitative Inhaltsanalyse. Grundlagen und Techniken* (11. Aufl.). Weinheim: Beltz.

McDowall, A., & Smewing, C. (2009). What assessments do coaches use in their practice and why? *The Coaching Psychologist, 5*, 98–103.

Möller, H., & Kotte, S. (2011). Die Zukunft der Coachingforschung. *Organisationsberatung – Supervision – Coaching, 4*, 445–456.

Möller, H., & Kotte, S. (2014a). *Diagnostik im Coaching*. Heidelberg: Springer.

Passmore, J. (Hrsg.). (2012). *Psychometrics in Coaching: Using Psychological and Psychometric Tools for Development* (2. Aufl.). London: Kogan Page.

Schermuly, C. C., Schermuly-Haupt, M.-L., Schölmerich, F., & Rauterberg, H. (2014). Zu Risiken und Nebenwirkungen lesen Sie … Negative Effekte von Coaching. *Zeitschrift für Arbeits- und Organisationspsychologie, 58*, 17–33.

Schermuly, C. C., Schröder, T., Nachtwei, J., Kauffeld, S., & Gläs, K. (2012). Die Zukunft der Personalentwicklung. Eine Delphi-Studie. *Zeitschrift für Arbeits- und Organisationspsychologie, 56*, 111–122.

Stephan, M., & Gross, P.-P. (2013). *Zusammenfassung Coaching-Marktanalyse 2013. Ergebnisse der 3. Marburger Coaching-Studie 2013*. Osnabrück/Marburg: Bundesverband Coaching e. V./Phillips-Universität Marburg. http://www.coachcommunity.de/networks/files/file.162286. Zugriff: 08.05.2015

Weiterführende Literatur

Möller, H., & Kotte, S. (2014b). Standardisierung tut not: Diagnostik im Coaching. *Wirtschaftspsychologie aktuell, 2*, 36–39.

„Einmal verstehen bitte!" – Coaching und Hermeneutik

Stephan Daniel Richter

C. Triebel et al. (Hrsg.), *Qualität im Coaching*,
DOI 10.1007/978-3-662-49058-7_12, © Springer-Verlag Berlin Heidelberg 2016

» Der zentrale Begriff der Hermeneutik lautet „Verstehen". […] Insbesondere wenn wir den vorwissenschaftlichen Raum verlassen, ist es notwendig, das zunächst selbstverständlich erscheinende Verstehen in die Theorie zu heben: die Aufgabe der Hermeneutik. Verstehen ist dann nicht mehr ein unmittelbarer, unreflektierter Vorgang, sondern es soll sich in seiner Struktur, in seiner Leistungsfähigkeit, in seiner Komplexität zeigen (Danner 1979, S. 32).

12.1 Hinführung

Der vorliegende Beitrag beschäftigt sich mit der Bedeutung der Hermeneutik für Coaching-Prozesse. Coaching wird dabei verstanden als eine interpersonale Begegnung zweier oder mehr Menschen in einer speziellen Situation, bei welcher der Prozessqualität besondere Bedeutung zu kommt (vgl. Looss und Rauen 2005, S. 174 ff.). Business-Coaching wird definiert als ein Format, welches in prozesshafter Weise der individuellen Beratung, Begleitung und Unterstützung von gesunden Personen mit Führungs- und Steuerungsfunktionen in Organisationen oder von Selbstständigen und Experten dient. Es geht um eine zielgebundene Entfaltung individueller Kompetenzen und um konkrete Strategien zur Erfolgsverbesserung (in Anlehnung an Migge 2011, S. 10; ähnlich im Kompendium des DBVC, vgl. Dietz et al. 2012, S. 20).

Hermeneutik kann vereinfacht in zweifacher Hinsicht gefasst werden: zum einen als „die Praxis der Auslegung […], die zum Verstehen führt", zum anderen als „die Theorie der Auslegung als einer Reflexion auf die Bedingungen und Normen des Verstehens und seiner sprachlichen Kundgabe" (Veraart u. Wimmer 2004, S. 85). Stand traditionell die (schriftliche) Rede im Mittelpunkt, können jedoch prinzipiell alle Lebensäußerungen (z. B. ein Coaching-Prozess) Gegenstand der Auslegung und Interpretation, d. h. der hermeneutischen Bemühungen sein (vgl. a. a. O., S. 86).

Das weite Feld der Hermeneutik, welches sich bis in die griechische Antike hinein untersuchen ließe (vgl. Danner 2006, S. 34 ff.; Grondin 2009, S. 13 ff.), zwingt dazu, eine Auswahl zu treffen. Ursprünglich als „Technik" verstanden (τέχνη ἑρμηνευτική) wird der Begriff „hermeneutica" erst im 17. Jahrhundert von Johann Conrad Dannhauer verwendet. Bei ihm bezeichnet er eine Methode zur Auslegung der Heiligen Schrift (vgl. Grondin 2009, S. 13). Klassischerweise beschäftigte sich die Hermeneutik also mit der Deutung von Texten (vgl. a. a. O., S. 9), was allerdings zu kurz greift:

» Verstehen im hermeneutischen Sinn erstreckt sich […] nicht nur auf Texte. Vielmehr können wir ganz allgemein und vorwegnehmend sagen, dass wir immer dann hermeneutisch vorgehen, wenn wir mit Menschen und mit menschlichen Produkten im weitesten Sinn umgehen. […] Hermeneutisches Verstehen geschieht überall dort, wo ein Mensch auf einen anderen Menschen oder auf menschliche Erzeugnisse trifft (Danner 2006, S. 35 f.).

Gerade in den letzten Jahren sind, neben einer wachsenden Anzahl an empirischen Studien, Bemühungen erkennbar, auch Philosophie und Ethik als Grundlagen im Coaching auszuleuchten (vgl. hierzu Birgmeier 2011b; Busse und Hausinger 2013; Graf et al. 2011; Krall et al. 2008; Schmidt-Lellek und Schreyögg 2011a; Wegener et al. 2011). Dabei ist die Grundidee, dass sich „durch Distanznahme veränderte Perspektiven, Bewertungen und Handlungsoptionen erschließen. Und mit diesen ‚neuen' Voraussetzungen kehren wir zu unserer konkreten – jetzt noch umfassender reflektierten – Praxis zurück" (Schmidt-Lellek und Schreyögg 2011b, S. 7). Hier lässt der „hermeneutische Zirkel" grüßen, insofern es sich auch dort um ein „Wechselspiel" vom Verständnis des Einzelnen zum Verständnis des Ganzen und wieder zurück handelt (vgl. Schneider 1998, S. 269).

12.2 Der Verstehenshorizont

In der Landschaft personenbezogener Beratung gibt es ein dialogisches Muster, welches uns immer wieder begegnet und damit die Verstehensfrage in den Fokus rückt:

» Ein Berater, eine Beraterin repräsentiert keine Instanz über den Beratungsklienten, sondern

» steht neben ihnen, er bzw. sie hat eine andere Perspektive. [...] Zweifellos sind dazu der Fundus einer möglichst breiten Berufserfahrung und eine jeweilige Feldkompetenz des Beraters oder der Beraterin erstrebenswert; aber die Grundorientierung ist nicht Belehrung, sondern der Dialog (Schmidt-Lellek 2001, S. 200 f.).

Ähnliches findet man in den Leitlinien des DBVC e. V. aus dem Jahr 2012:

» Die Interaktion im Coaching ist zielbezogen im Hinblick auf Inhalte, Ergebniserwartung und Zeitlimit. Dabei steht der Mensch im Mittelpunkt. Als dialogischer Prozess, der freiwillig, eigenverantwortlich und in einem Setting stattfindet, das Vertraulichkeit zusichert, bleibt Coaching trotz Zielorientierung ergebnisoffen (Dietz et al. 2012, S. 20).

Lippmann (2009b) sieht in einer „dialogischen Grundhaltung" das Fundament für ein wirksames Coaching (vgl. a. a. O., S. 326), Schreyögg (2003) beschreibt eine Funktion von Coaching als „Dialogform über Freud und Leid im Beruf" (a. a. O., S. 66 f.). König und Volmer (2009) legen Wert darauf, dass Coaching immer ein Interaktionsprozess ist (vgl. a. a. O., S. 13), ebenso Kühl (2008), wenn er Coaching respektive personenorientierte Beratung als eine Face-to-Face-Interaktion auffasst, d. h. „eine verbale oder auch nonverbale Kommunikation, die unter Anwesenden stattfindet" (a. a. O., S. 65). Backhausen und Thommen (2006) definieren Coaching direkt als „Kommunikationsprozess" (a. a. O., S. 108 ff,), und Weisbach stellt fest:

» Das aktive Handeln als Coach findet ausschließlich auf der kommunikativen Ebene statt, verbal und nonverbal. Auch wenn andere Medien gestaltend einbezogen werden, erfolgt die Reflexion stets im Gespräch (Weisbach 2012, S. 22).

Hinzu kommt, dass man es im Coaching nicht mit einer „Wirklichkeit an sich" zu tun bekommt, sondern nur mit den *„weichen Wirklichkeitskonstruktionen im Heimatsystem des Klienten"* [im Original auch kursiv; der Verf.] (Backhausen und Thommen 2006, S. 137). Ausgehend vom Symbolischen Interaktionismus kann das Verhältnis zwischen „Realität" und Sprache als ein wechselseitiges bestimmt werden, d. h. Umwelt und Erfahrung prägen die Sprache und zugleich „prägt aber auch die Sprache die menschliche Erfahrung und damit das Erkennen der Umwelt" (Burkart 2002, S. 100).

Ein treffendes Bild liefert Alfred Korzybski, der von Wörtern und Dingen, Landkarten und Gebieten spricht:

» A map is not the territory it represents, but, if correct, it has a similar structure of the territory, which accounts for its usefulness. [...] If we reflect upon our languages, we find that at best they must be considered only as maps. A word is not the object it represents; and languages exhibit also this peculiar self-reflexiveness, that we can analyse languages by linguistic means (Korzybski 2000, p. 58).

Diese Sicht auf Sprache als ein sich selbst korrigierendes, kybernetisches System hat den Vorteil, dass die verbal-visuellen Karten als provisorisch und hypothetisch verstanden werden und damit auch jederzeit revidiert und integriert werden können (vgl. Hampden-Turner 1991, S. 140). Es bestätigt die Grundthese, dass das Erfassen der subjektiven Wirklichkeit des Anderen, das „Lesen" der sprachlichen und mentalen Landkarte, als zentralste Grundaufgabe überhaupt in allen Formen personenbezogener Beratung postuliert werden kann. „Verstehen" in Beratungskontexten gibt sich zudem nicht mit der Oberflächenstruktur zufrieden. Es geht (auch) darum, einen bedeutsamen, verborgenen Mitteilungsgehalt zu erhellen, der sich z. B. in der Mehrdeutigkeit einer Aussage verbirgt (vgl. Münch 2012, S. 150). Supervision – und natürlich Coaching – können als eine „bedeutsame Verstehenssuche mit unbekanntem Ausgang bezeichnet werden" (a. a. O., S. 151). Oder wie es Gadamer ausdrückt:

» Was „bedeutsam" ist, hat eine [ungesagte oder] unerkannte Bedeutung (Gadamer 1990, S. 95).

Um es vorweg zu nehmen: Hermeneutik im Verständnis Gadamers zeigt sich als dialogischer Vorgang, wobei es sich im Gespräch sozusagen um die „Urform hermeneutischen Verstehens" handelt (vgl. Grätzel 2007, S. 9). In Bezug auf das Ungesagte, aber Bedeutsame verwendet Edith Jacobsen den Begriff der „Tiefensensibilität" (vgl. Müller-Pozzi 2002, S. 36), und Luhmann differenziert zwischen dem „Verstehen von Kommunikation" und dem „Verstehen einer Person", welche „als Urheber einer Mitteilung an der Kommunikation beteiligt ist" (Schneider 2009, S. 159). Diese hermeneutische Unterschiedsbildung ist in Beratungsprozessen dann bedeutsam, wenn der Fokus verlagert wird weg davon, „was" der Andere gesagt hat, hin zu dem, „wie" er es gesagt hat – oder was er *nicht* gesagt hat.

12.3 Hermeneutische Spurensuche

Die Frage lautet: Was bedeutet es, einen anderen Menschen zu verstehen? Hierzu sollen verschiedene philosophische Positionen befragt werden. Besondere Aufmerksamkeit verdient Paul Ricoeur mit seiner „hermeneutischen Phänomenologie des ‚fähigen Menschen'" (Grondin 2009, S. 94).

12

12.3.1 Philosophische Meilensteine

In der Literatur tauchen – angefangen bei Schleiermacher – besonders folgende Namen auf: Wilhelm Dilthey, Edmund Husserl, Martin Heidegger, Hans-Georg Gadamer und für die neueste Zeit (neben der Ansätzen der Dekonstruktion) Paul Ricoeur.

Schleiermacher hat, eingebunden in den deutschen Idealismus, als erster den Blick auf das Verstehen überhaupt gelenkt. Noch ganz aus der rhetorischen Tradition kommend, sieht er „Verstehen" mehr oder weniger als „Umkehrung" des Akts des Redens, und die Hermeneutik hat die Aufgabe der Reproduktion eines „ursprünglichen Sinnes" (vgl. Grätzel 2007, S. 4; Grondin 2009, S. 17 ff.). Schleiermacher hat die bis dahin übliche Trennung von „hermeneutica sacra" und „hermeneutica profana" aufgehoben und die Hermeneutik von der Bestimmung als einer Hilfsdisziplin befreit – sie wird als eine „Kunst des Verstehens" neu definiert. Davon ausgehend konnte die Hermeneutik zu einer Grundlagendisziplin der Philosophie avancieren (vgl. Birus 1982, S. 7).

Dilthey ist es zuzurechnen, dass er das „Verstehen" in den Vordergrund wissenschaftlicher Betrachtung gestellt und in einen lebensphilosophischen Zusammenhang gebracht hat. Er strebt eine erkenntnistheoretische Grundlegung der Geisteswissenschaften an, wofür er Schleiermachers Konzeption aufnimmt und „Verstehen" in das Zentrum der Geisteswissenschaften rückt (vgl. Tratter 1993, S. 17). Es geht nunmehr nicht nur um Texte, sondern das menschliche Erleben selbst gilt als authentische Quelle für eine Auslegung (vgl. Grätzel 2007, S. 6). Eine Hermeneutik des individuellen Erlebens, wie sie in Beratungsprozessen notwendig ist, wurde mehr oder weniger von Dilthey angestoßen. Den Lebenszusammenhang und die Individualität einer anderen Person zu verstehen, war bei ihm aber noch nicht intendiert (vgl. Anz 1982, S. 79 ff.). Ohne Dilthey wäre allerdings Heideggers Entwurf einer „existenzialen Hermeneutik" kaum möglich gewesen, und auch Gadamers Versuch, die philosophische Hermeneutik als „prima philosophia" zu entfalten, hätte keinen Nährboden gehabt (vgl. a. a. O., S. 59).

Eine existenziale Wende erfuhr die Hermeneutik mit Martin Heidegger, der dabei auf Husserls Phänomenologie zurückgreift[1]. Fremdverstehen bei Husserl beruht immer auf einer „Ich-Analogie" – das Wissen über mich selbst wird analog auf andere übertragen. Zudem vollzieht sich Fremdverstehen über einen Verstehensentwurf, der sich bewähren muss – woran sich der hermeneutische Charakter festmachen lässt (vgl. Kapsch 2010, S. 68 ff.).

Mit Heidegger wird die gesamte Funktion der Hermeneutik phänomenologisch, und „Verstehen" wird von ihm zur ursprünglichen Vollzugsform des Daseins erhoben. Es geht um eine „fundamental-ontologische" Radikalisierung des hermeneutischen Verstehens (vgl. Tratter 1993, S. 31):

> » Jetzt wird die Hermeneutik völlig aus dem wissenschaftlichen Betrieb der Auslegung von

1 Zahlreiche humanistische Modelle beanspruchen für sich ein „phänomenologisches Vorgehen", so z. B. die Gestalttherapie, die Existentialtherapie (Rollo May) und die Neo-Adlerianer (vgl. Tratter 1993, S. 25).

> Texten herausgeführt und zu einer universellen Form menschlichen Verstehens. […] Der Mensch kann die Situation *da* zu sein, nicht einfach so erleben, sondern muss sie sinnhaft ausgestalten (Grätzel 2007, S. 7).

Dabei bedient sich Heidegger einer ganz eigenen Sprache, indem er z. B. vom „In-der-Welt-sein" spricht und die Existenz an Befindlichkeiten wie „Angst" und „Sorge" bindet (ausgeführt in Heidegger 1967). Im „Verstehen" sieht Heidegger weniger ein Erkennen als ein Können oder eine Fähigkeit, in welcher das „Sich-Verstehen" aufgehoben ist. Unsere Vorwegnahmen in der Sorge um das eigene Dasein liegen jedem Verstehensentwurf zugrunde, womit Heidegger die Zirkularität des Verstehens ins Gespräch bringt (vgl. Grondin 2009, S. 41 f.). Heideggersche Begrifflichkeiten wie „Angst", „Sorge" oder „Geworfen-Sein" haben große Wirkung entfaltet und zeigen menschliche Existentiale jenseits von Funktionalität (vgl. Tratter 1993, S. 50). So ist auch Gadamer als Heidegger-Schüler maßgeblich von ihm beeinflusst worden.

Mit Hans-Georg Gadamer und seinem Hauptwerk „Wahrheit und Methode" wurde der Begriff „Hermeneutik" „ins Zentrum philosophischer Debatten katapultiert" (Grondin 2009, S. 50). Wurde bei Husserl das Fremdverstehen noch ungenügend expliziert, griff Gadamer diesen Aspekt auf und verband ihn mit der Frage nach der Moral (vgl. Kapsch 2010, S. 87):

> » Im mitmenschlichen Verhalten kommt es darauf an […] das Du als wirklich zu erfahren, d. h. seinen Anspruch nicht zu überhören und sich etwas von ihm sagen zu lassen. Dazu gehört Offenheit. Aber diese Offenheit ist am Ende nicht nur für den einen da, von dem man sich etwas sagen lassen will. Vielmehr, wer sich überhaupt etwas sagen lässt, ist auf eine grundsätzliche Weise offen. Ohne eine solche [Offenheit] füreinander gibt es keine echte menschliche Bindung. […] Offenheit für den anderen schließt also die Anerkennung ein, dass ich in mir etwas gegen mich gelten lassen muss, auch wenn es keinen anderen gäbe, der es gegen mich geltend machte (Gadamer 1990, S. 367).

Ähnliche Aussagen lassen sich auch bei Rogers finden[2]. Vor dem Hintergrund einer dem Menschen innewohnenden Aktualisierungstendenz, so die personenzentrierten Therapeuten, steht die unmittelbare Begegnung von Person zu Person im Mittelpunkt der therapeutischen Beziehung. Das Ziel ist eine wechselseitige Anerkennung, ohne dabei Widerstand und Konfrontation zu leugnen oder zu verharmlosen (vgl. Schmid 1995, S. 51 ff.; Schmid 2007, S. 35 ff.). In der Coaching-Literatur können zwar einige Verweise auf Rogers gefunden werden (z. B. „Grundhaltungen" bei Finger-Hamborg 2005, S. 386; „Wertschätzung" bei Schreyögg 2003, S. 190 f.; ausführlich in Joseph 2011), Gadamer allerdings spielt kaum eine Rolle. Dabei hat gerade er auf einige hermeneutische Grundprobleme aufmerksam gemacht. So betont er aufgrund der geschichtlichen Vorstruktur allen Verstehens die Unmöglichkeit einer neutralen Perspektive, Menschen bleiben stets an ein Vorverständnis gebunden. Wir alle stehen in einer Wirkungsgeschichte, mag diese nun historisch sein (z. B. bei einem Text) oder biografisch (z. B. durch unsere Kindheit; vgl. Tratter 1993, S. 53 f.)[3]. Auf dieser ständigen Vermittlung zwischen Vergangenheit und Gegenwart beruht nun Gadamers Konzept der „Horizontverschmelzung":

> » In Wahrheit ist der Horizont der Gegenwart in steter Bildung begriffen, sofern wir alle unsere Vorurteile ständig erproben müssen. Zu solcher Erprobung gehört nicht zuletzt die Begegnung mit der Vergangenheit und das Verstehen der Überlieferung, aus der wir kommen. Der Horizont der Gegenwart bildet sich also gar nicht ohne die Vergangenheit. Es gibt so wenig einen Gegenwartshorizont für sich, wie es historische Horizonte gibt, die man zu gewinnen hätte.

---

2 „[Der Therapeut] darf sich nur auf ein Ziel konzentrieren: Zu tiefem Verstehen und zur Akzeptierung der Einstellungen zu gelangen, die der Klient in dem Augenblick bewusst einnimmt […]" (Rogers 1983, S. 43).

3 „‚Anerkennen' ist im psychoanalytischen Prozess gleichbedeutend mit Verstehen: Was wir nicht anerkennen, nicht als Teil von uns akzeptieren wollen […] das können wir auch nicht verstehen" (Tratter 1993, S. 55). Dies kann man nun – mit Rückgriff auf Gadamer – als eine Kritik an einer lösungsorientierten Reduktion von Beratungsprozessen lesen.

> Vielmehr ist Verstehen immer der Vorgang der Verschmelzung solcher vermeintlich für sich seiender Horizonte (Gadamer 1990, S. 311).

Auch beim Coaching treffen unterschiedliche Vorverständnisse aufeinander. Dies kann man, so Gadamer, nicht loswerden, sondern nur reflektieren. Verstehen ist auf Wechselseitigkeit angewiesen, das „Verstandene" wirkt auf das Ich zurück, und in einer Spiralbewegung ergibt sich ein ständiges Hin-und-Her zwischen Selbst- und Fremdverstehen (vgl. Kapsch 2010, S. 103). Durch ein individuelles Vorverständnis werden Sinnmomente an ein Gebilde herangetragen. Der hermeneutische Zirkel im Sinne Gadamers meint nun diese (mehr oder weniger) unendliche Wechselbeziehung zwischen dem Verstehen eines einzelnen Momentes und dem Verstehen des Ganzen (vgl. a.a.O., S. 106ff.). Nimmt ein Coach diese Herausforderung ernst, so ist auch er dazu angehalten, immer wieder auf die Verhältnisbestimmungen von einzelnen Episoden und der „großen" Erzählung zu achten, um sein Verständnis zu erweitern.

12.3.2 Paul Ricoeur

Kernpunkte von Ricoeurs Standpunkt lassen sich folgendermaßen zusammenfassen:

> Ich kann sprechen, ich kann handeln, ich kann erzählen, ich kann verantwortlich sein für meine Handlungen, ich kann sie mir zurechnen lassen, als sei ich der wahre Urheber (Grondin 2009, S. 94).

Schon hier ergibt sich ein Anknüpfungspunkt zu Positionen im Coaching, welche dezidiert auf die Ressourcen, die eigenen Steuerungsmöglichkeiten und die Selbstverantwortung des Coachees hinweisen (vgl. z.B. Backhausen und Thommen 2006, S. 140; Lippmann 2009a, S. 29; u.v.a.). Wilmes und Loebbert[4] greifen in ihren Ausführungen auf ein humanistisches Menschenbild zurück, was einen zweiten Link zu Ricoeur ergibt. Gerade das humanistische Menschenbild betont den Menschen als einen aktiven, autonomen, selbstbestimmt Handelnden, als einen Wählenden, der im Zentrum seines eigenen Lebens steht (nach Maslow, vgl. Hutterer 1998, S. 17). Ricoeur selbst versucht mit seiner „Symbolhermeneutik" eine Verbindung herzustellen zwischen ganz verschiedenen Richtungen, wie z.B. Ontologie, Phänomenologie, Strukturalismus, Ideologiekritik (Habermas) und Psychoanalyse (vgl. Tratter 1993, S. 63). Sein Werk hat zudem großen Einfluss auf die Diskussion um die narrative Identität genommen (vgl. Grätzel 2007, S. 173). Ricoeur steht Gadamer nahe, wenn er betont, dass die narrative Rede in unserer Geschichtlichkeit, im zeitlichen Charakter der menschlichen Erfahrung wurzelt (vgl. Görtz 1999, S. 279). Die vielleicht grundlegende Idee von Ricoeurs Hermeneutik ist, dass man die Positionen von Habermas und Gadamer (Argwohn und Vertrauen) zusammendenken muss (vgl. Grondin 2009, S. 79). In unserem Zusammenhang interessieren v.a. die Rede vom „fähigen" Menschen und die Symbolrezeption. Hermeneutik bei Ricoeur bezieht sich (ähnlich wie bei Heidegger) direkt auf das Selbst, wobei er die „Befähigung" in die Mitte seines Denkens stellt:

> Letztlich hat das Begriffspaar „Rechte" und „Fähigkeiten", zusammengefasst in „Rechte auf Befähigung" für meine Untersuchung die größte Bedeutung (Ricoeur 2006, S. 187).

Grondin fasst dies so zusammen:

> Der Mensch, das Wesen der Möglichkeiten und des Strebens [...] kann dank seiner Initiative [...] seine Welt neu gestalten (aber auch seine Vergangenheit: durch Gedächtnis, Verzeihen und Anerkennung) (Grondin 2009, S. 95f.).

Ricoeur legt immer wieder (auch in Abgrenzung zur Psychoanalyse) Wert darauf, dass der Mensch nicht nur passives Wesen ist, sondern Spielraum für Initiativen besitzt. Bewusstsein und Unbewusstes stehen in einer unaufhebbaren Beziehung zueinander:

4 „Die andere Person ist ein freier Mensch wie ich selbst und für sich selbst verantwortlich" (Wilmes und Loebbert 2013, S. 26).

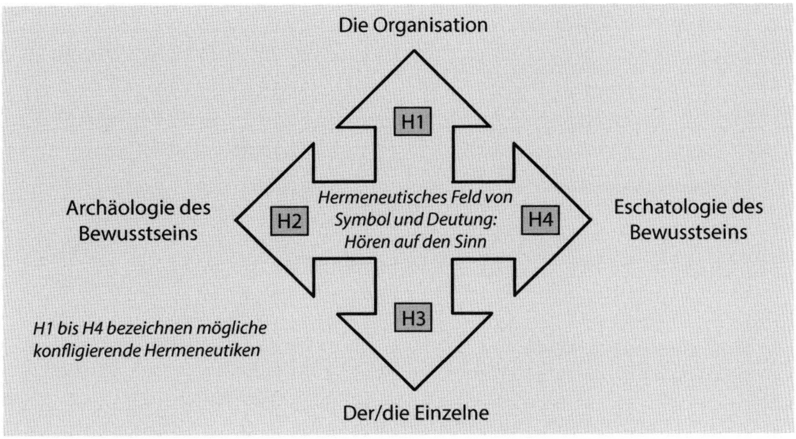

Abb. 12.1 Das hermeneutische Feld von Symbol und Deutung

> Das Bewusstsein ist die Ordnung des Endes, das Unbewusste die Ordnung des Ursprungs (Ricoeur 2010, S. 152).

Hermeneutik bei Ricoeur beabsichtigt ein „Hören auf den Sinn", das hermeneutische Feld entsteht dort, wo sich Symbol und Deutung gegenübertreten (vgl. Tratter 1993, S. 67), wobei es auch um eine Vermittlung konfligierender Hermeneutiken gehen kann.

Vor dem Hintergrund dieser Ausführungen lässt sich ein hermeneutischer Zugang im Coaching in das in Abb. 12.1 dargestellte Schaubild überführen.

Neben der Anerkennung der Geschichtlichkeit des Subjekts und auch (!) der Organisation („Archäologie") tritt eine „Eschatologie"[5] des Bewusstseins, d.h. die Einbeziehung dessen, was in der Zukunft sein wird oder sein soll, worauf wir uns nach vorne gerichtet beziehen, was wir erwarten, erhoffen oder anstreben.

5 Der Begriff „Eschatologie" spielt v.a. in der jüdisch-christlichen Theologie eine zentrale Rolle und kommt vom griechischen τὰ ἔσχατα (die letzten, äußersten Dinge). Wörtlich bedeutet Eschatologie „Lehre von den letzten Dingen/von der Endzeit" (vgl. Koenen 2007).

12.3.3 Tiefenhermeneutik

Es klang an, dass bei der Entschlüsselung von Kommunikation zwischen einer Oberflächen- und einer Tiefenstruktur unterschieden werden kann. Um das Verstehen der nicht offensichtlichen Inhalte kümmert sich die Tiefenhermeneutik:

> Dabei wird angenommen, dass Textinhalte doppeldeutig sein können, d.h., dass sich unterhalb der manifesten, sprachlich vermittelten und sozial geteilten Sinnebene eine eigenständige, latente Sinnebene befinden kann. Ziel tiefenhermeneutischer Kulturanalysen ist die „Enträtselung" dieser unbewussten Bedeutungsgehalte in einem Prozess des „szenischen" Verstehens" (▶ http://www.spektrum.de/lexikon/psychologie/tiefenhermeneutik/15583).

Tiefenhermeneutisches Verstehen ist bisher eher mit Supervision als mit Coaching gekoppelt, da sich Supervision stärker einer psychoanalytischen Tradition verhaftet weiß, in welcher hermeneutische Fragestellungen einen hohen Stellenwert genießen (vgl. Gröning 2013, S. 116). Rattner und Danzer verwenden das Analogon eines Textes: Auch Menschen können als Text aufgefasst werden, den es zu lesen und zu verstehen gilt (vgl. Rattner und Danzer 2009, S. 140). Psychoanalytische Hermeneutik, so Raguse, ist eine „Theorie des Verstehens mündlicher Rede" (Raguse 1998, S. 691), wobei sich die Rede zweier interagierender Subjekte verschränkt. Jede

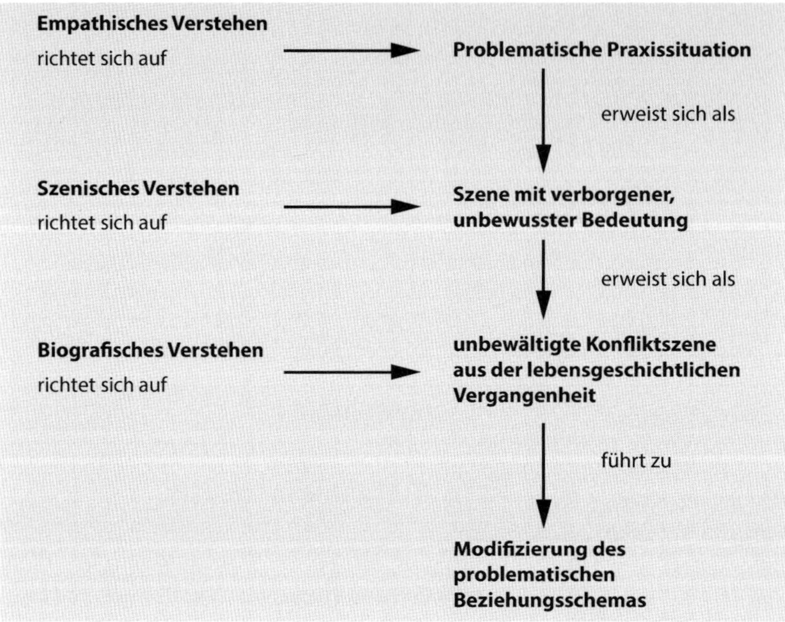

Abb. 12.2 Die drei Verstehensebenen. (Nach Oberhoff 2002, S. 107)

wirkungsvolle Deutung (im Coaching: jede wirkungsvolle Intervention) „verändert nicht nur die gegenwärtige Situation, sondern auch die potentielle Sicht auf alles vorher Gesagte" (a. a. O., S. 692) – es verändert sich das Gesamtverständnis. Graham Lee betont, dass eine psychodynamische Zugangsweise große Tiefe und Einsicht im Coaching-Prozess bewirken kann, insofern der Coachee daran interessiert und bereit ist, biografische Erlebens- und Deutungsmuster zu eruieren (vgl. Lee 2011, S. 35; auch Münch 2011, S. 285). Ein tiefenhermeneutisches Konzept, wie es z. B. Münch (2011) beschreibt, bezieht sich neben der Psychoanalyse auf Hermeneutiken, wie sie oben dargestellt wurden (Dilthey, Heidegger, Gadamer), aber auch auf Sprachanalysen und den Poststrukturalismus (vgl. a. a. O., S. 261 ff.). Tiefenhermeneutisches Verstehen richtet seine Aufmerksamkeit nicht nur auf die Bedeutung der Sprachzeichen und -aussage, „sondern auf das gesamte Sprachverhalten und Sprachgebilde mit dem implizit Enthaltenen" (a. a. O., S. 288). Oder, wie es Alfred Lorenzer beschreibt: Die erhaltenen Mitteilungen werden zu einer Sprachgestalt zusammengefügt, bis sich ein Sinnzusammenhang lichtet (vgl. Lorenzer 2000, S. 85). Der Prozess des gemeinsamen Verstehens kann damit „auch beschrieben werden als das Aushandeln einer Sinnperspektive, die für die Beteiligten Gültigkeit hat und in der Neubewertung von Altem, zunächst als konflikthaft Erlebtem, der adäquaten Bewältigung beruflicher Praxis dient" (Jochem 2003, S. 71).

Von Belang ist v. a. der Umgang mit Übertragung und Gegenübertragung und die entsprechende Übertragungsanalyse auf drei Ebenen: empathisches, szenisches und biografisches Verstehen (Abb. 12.2).

Das szenische Verstehen gilt dabei „sowohl in der Psychoanalyse als auch in der tiefenhermeneutischen Beratung als eine nicht wegzudenkende Wahrnehmungsmethode, die situativ Verstehen aufschließt" (Münch 2011, S. 342). Die Wahrnehmung richtet sich auf Szenen im Erleben des Gegenübers, hinter welchen individuelle Symbolisierungen und Sinngestalten stehen, welche v. a. im Unbewussten angesiedelt sind. Lorenzer beschreibt dies so:

> » Während das psychologische Verstehen sich auf die realen Abläufe im Subjekt konzentriert, beschäftigt sich das Verstehen, von dem wir jetzt sprechen, mit den Vorstellungen des Subjektes, und zwar so, dass es die Vorstellung als Realisierung von Beziehungen, als Inszenierung der Interaktionsmuster ansieht. Diese Verstehensart soll deshalb „szenisches Verstehen" genannt werden (Lorenzer 2000, S. 142).

In szenischen Arrangements vermischen sich frühere Objektbeziehungen und Interaktionsmuster mit einer gegenwärtigen Realsituation. Auch in der Schilderung von Praxissituationen im Coaching hat es der Berater mit sprachvermittelten szenischen Darstellungen von zwischenmenschlichen Ereignissen zu tun (vgl. Oberhoff 2002, S. 99f.). Beim Berater ist eine besondere Sensibilität gefordert, um die szenischen Informationen wahrzunehmen und die Beziehung zu (unbewältigten) Konfliktsituationen aus der lebensgeschichtlichen Vergangenheit zu ermöglichen (vgl. a. a. O., S. 102). Allerdings gilt:

> » Besonders in Team- oder Organisationssupervisionen kann es gänzlich unangebracht sein, die Leute in ihr Biografisches hineinzuziehen. Der soziale Habitus der Berufsrollen, der das ganze Persönliche überdeckt und schützt, muss respektiert werden [...] (Münch 2011, S. 347).

Im Coaching interessieren in der Regel nur jene Elemente, die sich auf die aktuellen beruflichen Aufgaben beziehen, es geht um punktuelle Übertragungen und deren Aufklärung (vgl. Oberhoff 2002, S. 104). Letztlich kann daraus eine Synthese von Ursprung und Ende (Ziel) erfolgen (vgl. Ricoeur!).

12.3.4 Grenzen des Verstehens

Verstehen ist stets vorläufig, nie vollständig, es handelt sich um einen „tentativen Prozess“ (vgl. Scarbath 2005, S. 185). Verstehen und Nicht-Verstehen sind dialektisch miteinander verwoben, und so stellt sich auch die Frage nach den Grenzen des Verstehens. Münch erinnert an die „Mauer der Sprache“, hinter welcher die Undurchdringlichkeit des Anderen lauert:

> » Denn alle Versuche, zu verstehen und zu helfen, werden mit dem Satz „Ich möchte lieber nicht" durchkreuzt, einem verneinenden Satz, der in der absoluten Eindeutigkeit seiner Aussage keine weiteren Deutungen oder Interpretationen mehr zulässt (Münch 2011, S. 300).

Auch bei Ricoeur zeigt sich die Sprache als grundlegende Grenze des Verstehensprozesses (vgl. Klemm 2002, S. 181). In der täglichen Praxis begegnen uns immer wieder Vorfälle, die uns unverständlich bleiben. Geht man davon aus, das es ein inneres Analogon braucht, um andere zu verstehen, so kommt man z. B. bei Gewalttätern in Bereiche, die uns verschlossen bleiben (vgl. Acham 2002, S. 211). Im Kontext berufsbezogener Beratung stellt sich zusätzlich die Einschränkung ein, dass ein Coach in der Regel gar nicht befugt ist, in Ebenen des szenischen oder biografischen Verstehens einzutauchen und dort zu arbeiten, da diesbezüglich kein Auftrag besteht. Die berufliche Realität, mit der man es zu tun bekommt, ist eine narrative Reduktion dessen, was die Gesamtperson des Klienten ausmacht. Die Frage, was in einem äußerlich nicht mehr erklärbaren Verhalten oder Zusammenhang noch inbegriffen sein könnte, welcher „Sinn“ darin verborgen ist, lässt sich allzu oft nicht klären. So schlägt Münch denn auch vor, die „Leute lieber in Ruhe zu lassen, anstatt sie mit unseren psychologischen oder sonstigen Mitteln gnadenlos zu traktieren, um sie in die ‚Gesellschaftsmaschine‘ (Deleuze/Guattari) einzubauen“ (Münch 2011, S. 301). Dies aber erfordert ein Stück Gelassenheit und Abstandnehmen von eigenen Wünschen und Bedürfnissen.

12.4 Ausblick

> » Insofern ist hermeneutisches Verstehen praktische Lebenskunst. Diese Lebenskunst, die der einzelne in seiner alltäglichen Lebenswelt, der Berater und Psychotherapeut praktiziert, ist trotz ihrer Subjektivität kein Gegenpol zu kritisch rationalem Denken (Holm-Hadulla 1997, S. 27).

Leider geht es uns im Bereich der Coaching-Forschung wie dem Hasen und dem Igel, insofern die „Theorie der Praxis hinterher hinkt und die Praxis der Theorie in großen Sprüngen eilig voraus hüpft“ (Birgmeier 2011a, S. 23). Eine sog. „Beratungswissenschaft“ muss noch um ihre Legitimation ringen, die „Beratungsforschung steht am Anfang“ (Möller 2009, S. 10). Kontroversen im Rahmen der Coaching-Forschung beruhen dabei nicht (nur) auf methodologischen Fragestellungen, sondern „grundlegender auf erkenntnistheoretischen Positionen“, es geht um „verschiedene[n] Wissenschaftsauffassungen" (Greif 2011, S. 49). Insofern Coaching als ein soziales Geschehen in Dialogform gefasst wird, es sich also „auf dieses Zwischen von Personen" bezieht (vgl. Mührel 2011, S. 76), erhalten Zugänge der qualitativen Sozialforschung ihre Berechtigung. Qualitative Sozialforschung kann als „Hermeneutische Wissenschaft" klassifiziert werden. Als Väter gelten Kant und Schleiermacher, in der Folge auch John Dewey (Pragmatismus), die Vertreter des Symbolischen Interaktionismus (z. B. Mead und Goffmann) und natürlich Wilhelm Dilthey und Hans-Georg Gadamer (vgl. Jank und Meyer 2009, Buchbeilage).

Zukünftig könnte auch die „Objektive Hermeneutik", wie sie von Ulrich Oevermann begründet wurde, interessante Forschungshorizonte eröffnen[6]. Die Objektive Hermeneutik tritt mit der Geltung auf, Textinterpretationen an intersubjektive Überprüfbarkeit zu binden (vgl. Wernet 2009, S. 11). Ursprünglich für die Analyse alltäglicher Kommunikation entworfen, erhebt sie heute „den Anspruch einer universalen Methodologie, die für die Untersuchung von Sinngebilden und Spuren menschlichen Handelns jeglicher Art eingesetzt werden kann" (Schneider 2009, S. 38). Für die Untersuchung von Coaching-Prozessen und die darin aufscheinenden Verstehensproblematiken ist sie insbesondere deshalb geeignet, da sich die Objektive Hermeneutik darum bemüht, den Blick auf den Sinn zu lenken (Rekonstruktion latenter Sinnstrukturen), welcher einer Handlung in der Gegenwart zukommt, und dabei möglichst viele potenzielle Kontexte zu berücksichtigen. Durch dieses Vorgehen wird es ermöglicht, unterschiedliche Deutungsmöglichkeiten in den Blick zu nehmen und – ganz im Sinne Ricoeurs – zwischen unterschiedlichen Interpretationen zu vermitteln (vgl. a. a. O.). Vor allem im Rückblick könnte das intuitive Handeln von Coaches analysiert und besser verstanden werden, wodurch sich prospektiv Möglichkeiten der Qualitätsverbesserung und Professionalisierung ergeben würden (vgl. Jahn und Tiedtke 2014, S. 4).

6 Mit der *Tiefenhermeneutik* geht Oevermann allerdings kritisch ins Gericht. Als „praktische Methode" hält er sie unter gewissen Einschränkungen durchaus für leistungsfähig (z. B. im Kontext psychoanalytisch-therapeutischer Praxis), sieht aber einen Fehler darin, *„diese zutreffende Beschreibung oder Paraphrase einer berufsspezifischen Praxis für eine Methodologie zu nehmen"* (Oevermann 1993, S. 144). Eine recht ausführliche Entfaltung der Objektiven Hermeneutik und ihrer Methodologie findet sich a. a. O.

12

Literatur

Verwendete Literatur

Acham, K. (2002). Grenzen des Verstehens. Überlegungen im Anschluß an Max Weber, Karl Jaspers und Heinrich Gomperz. In G. Kühne-Bertram, & G. Scholtz (Hrsg.), *Grenzen des Verstehens* (S. 197–216). Göttingen: Vandenhoeck & Ruprecht.

Anz, H. (1982). Hermeneutik der Individualität. Wilhelm Diltheys hermeneutische Position und ihre Aporien. In H. Birus (Hrsg.), *Hermeneutische Positionen* (S. 59–88). Göttingen: Vandenhoeck & Ruprecht.

Backhausen, W., & Thommen, J.-P. (2006). *Coaching. Durch systemisches Denken zu innovativer Personalentwicklung.* Wiesbaden: Gabler.

Birgmeier, B. (2011a). Coaching in Fußnoten! – Ein Essay zum Coaching, zum Wissen und zum Coachingwissen. In B. Birgmeier (Hrsg.), *Coachingwissen* (S. 17–31). Wiesbaden: VS.

Birgmeier, B. (2011b). *Coachingwissen.* Wiesbaden: VS.

Birus, H. (1982). Einleitung. In H. Birus (Hrsg.), *Hermeneutische Positionen* (S. 5–14). Göttingen: Vandenhoeck & Ruprecht.

Burkart, R. (2002). *Kommunikationswissenschaft. Grundlagen und Problemfelder.* Wien: Böhlau.

Busse, S., & Hausinger, B. (2013). Vorwort. In S. Busse, & B. Hausinger (Hrsg.), *Supervisions- und Coachingprozesse erforschen* (S. 7–13). Göttingen: Vandenhoeck & Ruprecht.

Danner, H. (1979). *Methoden geisteswissenschaftlicher Pädagogik.* München: Reinhardt.

Danner, H. (2006). *Methoden geisteswissenschaftlicher Pädagogik* (5. Aufl.). München: Reinhardt.

Dietz, T., Holetz, K., & Schreyögg, A. (2012). Begriffsbestimmung. In DBVC (Hrsg.), *Leitlinien und Empfehlungen für die Entwicklung von Coaching als Profession* (S. 21). Osnabrück: DBVC.

Finger-Hamborg, A. (2005). Einzel-Coaching mit Schichtleitern – Ein Erfahrungsbericht. In C. C. Rauen (Hrsg.), *Handbuch Coaching* (S. 369–390). Göttingen: Hogrefe.

Gadamer, H.-G. (1990). *Wahrheit und Methode. Grundzüge einer philosophischen Hermeneutik.* Tübingen: Mohr.

Görtz, H.-J. (1999). Der „Grundakt" des Erzählens. Ricoeurs Gedanke der „narrativen Identität" in theologischer Perspektive. In B. Liebsch (Hrsg.), *Hermeneutik des Selbst – Im Zeichen des Anderen. Zur Philosophie Paul Ricoeurs* (S. 273–300). Freiburg: Karl Alber.

Graf, E.-M. et al. (Hrsg.). (2011). *Beratung, Coaching, Supervision. Multidisziplinäre Perspektiven vernetzt.* Wiesbaden: VS.

Grätzel, S. (Hrsg.). (2007). *Arbeitsheft Hermeneutik. Grundlagen der Praktischen Philosophie.* London: Turnshare.

Greif, S. (2011). Qualitative oder quantitative Methoden in der Coachingforschung – Methodenstreit zwischen unversöhnlichen Wissenschaftsauffassungen?. In E.-M. Graf et al. (Hrsg.), *Beratung, Coaching, Supervision. Multidisziplinäre Perspektiven vernetzt* (S. 37–52). Wiesbaden: VS.

Grondin, J. (2009). *Hermeneutik*. Göttingen: Vandenhoeck & Ruprecht.

Gröning, K. (2013). *Supervision. Traditionslinien und Praxis einer reflexiven Institution*. Gießen: Psychosozial.

Hampden-Turner, C. (1991). *Modelle des Menschen. Ein Handbuch des menschlichen Bewußtseins* (2. Aufl.). Weinheim: Beltz.

Heidegger, M. (1967). *Sein und Zeit* (11. Aufl.). Tübingen: Max Niemeyer.

Holm-Hadulla, R. M. (1997). *Die psychotherapeutische Kunst. Hermeneutik als Basis therapeutischen Handelns*. Göttingen: Vandenhoeck & Ruprecht.

Hutterer, R. (1998). *Das Paradigma der Humanistischen Psychologie. Entwicklung, Ideengeschichte und Produktivität*. Wien: Springer.

Jahn, R. M., & Tiedtke, M. (2014). „Herzlich willkommen." Objektive Hermeneutik: sinnvoll für Supervision. *Journal Supervision*, *4*, 3.

Jank, W., & Meyer, H. (2009). *Didaktische Modelle*. Berlin: Cornelsen Scriptor.

Jochem, M. (2003). Erinnerung und Zukunft – Aspekte des Verstehensprozesses in der Supervision. *Freie Assoziation*, *6*(1), 67–86.

Joseph, S. (2011). The Person-centred Approach to Coaching. In E. Cox, T. Bachkirova, & D. Clutterbuck (Hrsg.), *The Complete Handbook of Coaching* (S. 68–79). Los Angeles: Sage.

Kapsch, E. (2010). *Verstehen des Anderen. Fremdverstehen im Anschluss an Husserl, Gadamer und Derrida* (2. Aufl.). Berlin: Parodos.

Klemm, D. E. (2002). Limits of Understanding in Paul Ricoeur´s Philosophy. In G. Kühne-Bertram, & G. Scholtz (Hrsg.), *Grenzen des Verstehens. Philosophische und humanwissenschaftliche Perspektiven* (S. 173–193). Göttingen: Vandenhoeck & Ruprecht.

Koenen, K. (2007). *Eschatologie (AT)*. http://www.bibelwissenschaft.de/stichwort/20917/. Zugegriffen: 17.01.2015

König, E., & Volmer, G. (2009). *Handbuch Systemisches Coaching. Für Führungskräfte, Berater und Trainer*. Weinheim: Beltz.

Korzybski, A. (2000). *Science and Sanity. An Introduction to Non-Aristotelian Systems and General Semantics*. Brooklyn, New York: Institute of General Semantics.

Krall, H., Mikula, E., & Jansche, W. (Hrsg.). (2008). *Supervision und Coaching. Praxisforschung und Beratung im Sozial- und Bildungsbereich*. Wiesbaden: VS.

Kühl, S. (2008). *Coaching und Supervision. Zur personenorientierten Beratung in Organisationen*. Wiesbaden: VS.

Lee, G. (2011). The Psychodynamic Approach to Coaching. In E. Cox, T. Bachkirova, & D. Clutterbuck (Hrsg.), *The Complete Handbook of Coaching* (S. 23–36). Los Angeles: Sage.

Lippmann, E. (2009a). Grundlagen. In E. Lippmann (Hrsg.), *Coaching. Angewandte Psychologie für die Beratungspraxis* (S. 11–46). Heidelberg: Springer.

Lippmann, E. (2009b). Methoden im Coaching. In E. Lippmann (Hrsg.), *Coaching. Angewandte Psychologie für die Beratungspraxis* (S. 325–349). Heidelberg: Springer.

Looss, W., & Rauen, C. (2005). Einzel-Coaching. Das Konzept einer komplexen Beratungsbeziehung. In C. Rauen (Hrsg.), *Handbuch Coaching* (S. 155–182). Göttingen: Hogrefe.

Lorenzer, A. (2000). *Sprachzerstörung und Rekonstruktion. Vorarbeiten zu einer Metatheorie der Psychoanalyse*. Frankfurt a. M.: Suhrkamp.

Migge, B. (2011). *Handbuch Business-Coaching*. Weinheim: Beltz.

Möller, H. (2009). Quo vadis Beratungswissenschaft?. In H. Möller, & B. Hausinger (Hrsg.), *Quo vadis Beratungswissenschaft?* (S. 7–17). Wiesbaden: VS.

Mührel, E. (2011). Coaching als Dialog: Eine anthropologische Grundlegung des Coachings. In B. Birgmeier (Hrsg.), *Coachingwissen* (S. 75–81). Wiesbaden: VS.

Müller-Pozzi, H. (2002). *Psychoanalytisches Denken. Eine Einführung*. Bern: Hans Huber.

Münch, W. (2011). *Tiefenhermeneutische Beratung und Supervision. Konzeptualisierung und Praxisreflexion*. Frankfurt a. M.: Brandes & Apsel.

Münch, W. (2012). Supervision als Sprachspiel. In W. Weigand (Hrsg.), *Philosophie und Handwerk der Supervision* (S. 137–153). Gießen: Psychosozial.

Oberhoff, B. (2002). *Übertragung und Gegenübertragung in der Supervision. Theorie und Praxis*. Münster: Daedalus.

Oevermann, U. (1993). Die objektive Hermeneutik als unverzichtbare methodologische Grundlage für die Analyse von Subjektivität. Zugleich eine Kritik der Tiefenhermeneutik. In T. Jung, & S. Müller-Doohm (Hrsg.), *„Wirklichkeit" im Deutungsprozeß* (S. 106–189). Frankfurt a. M.: Suhrkamp.

Raguse, H. (1998). Psychoanalytische Hermeneutik – Weltanschauung oder Regelcorpus? *Psyche*, *52*(7), 648–703.

Rattner, J., & Danzer, G. (2009). *Hermeneutik und Psychoanalyse. Das Verstehen als Lebensaufgabe, Wissenschaftsmethode und Fundamentalethos*. Würzburg: Königshausen & Neumann.

Ricoeur, P. (2006). *Wege der Anerkennung. Erkennen, Wiedererkennen, Anerkanntsein*. Frankfurt a. M.: Suhrkamp.

Ricoeur, P. (2010). Hermeneutik der Symbole und philosophische Reflexion (II). In P. Ricoeur (Hrsg.), *Der Konflikt der Interpretationen. Ausgewählte Aufsätze (1960–1969)* (S. 218–238). Freiburg: Karl Alber.

Rogers, C. R. (1983). *Die klientenzentrierte Gesprächspsychotherapie*. Frankfurt a. M.: Fischer.

Scarbath, H. (2005). Der hinkende Hermes. Über Glanz und Elend unserer Bemühungen Andere zu verstehen. In G. Bittner (Hrsg.), *Menschen verstehen. Wider die „Spinnweben dogmatischen Denkens"* (S. 179–187). Würzburg: Königshausen & Neumann.

Schmid, P. F. (1995). *Personale Begegnung. Der personzentrierte Ansatz in Psychotherapie, Beratung, Gruppenarbeit und Seelsorge*. Würzburg: Echter.

Schmid, P. F. (2007). Begegnung von Person zu Person. Die anthropologischen Grundlagen Personzentrierter Therapie. In J. Kriz, & T. Slunecko (Hrsg.), *Gesprächspsychotherapie. Die therapeutische Vielfalt des personzentrierte Ansatzes* (S. 34–48). Wien: Facultas.

Schmidt-Lellek, C. (2001). Was heißt „dialogische Beziehung" in berufsbezogener Beratung (Supervision und Coaching)? Das Modell des Sokratischen Dialogs. *OSC*, *8*(3), 199–212.

Schmidt-Lellek, C., & Schreyögg, A. (2011a). Philosophie, Ethik und Ideologie in Coaching und Supervision. *OSC*, *4*(Sonderheft).

Schmidt-Lellek, C., & Schreyögg, A. (2011b). Vorwort. *OSC*, *4*(Sonderheft), 7–9.

Schneider, N. (1998). *Erkenntnistheorie im 20. Jahrhundert. Klassische Positionen*. Stuttgart: Reclam.

Schneider, W. L. (2009). *Grundlagen der soziologischen Theorie* Bd. 3. Wiesbaden: VS.

Schreyögg, A. (2003). *Coaching. Eine Einführung für Praxis und Ausbildung*. Frankfurt a. M.: Campus.

Tratter, A. M. (1993). *Prinzipien des Verstehens. Hermeneutische Konzepte für Psychologie und Psychotherapie*. Kitzbühel: Grobstimm & Gamper.

Wegener, R., Fritze, A., & Loebbert, M. (Hrsg.). (2011). *Coaching entwickeln. Forschung und Praxis im Dialog*. Wiesbaden: VS.

Weisbach, C.-R. (2012). *Das Coaching-Gespräch. Grundlagen und Trainingsprogramm beratender Gesprächsführung*. München: Franz Vahlen.

Wernet, A. (2009). *Einführung in die Interpretationstechnik der Objektiven Hermeneutik*. Wiesbaden: VS.

Wilmes, C., & Loebbert, M. (2013). Coaching als Beratung. In M. Loebbert (Hrsg.), *Professional Coaching. Konzepte, Instrumente, Anwendungsfelder* (S. 17–48). Stuttgart: Schäffer-Poeschel.

Weiterführende Literatur

Deutscher Bundesverband Coaching e. V. (DBVC) (Hrsg.). (2012). *Leitlinien und Empfehlungen für die Entwicklung von Coaching als Profession. Kompendium mit den Professionsstandards des DBVC* (4. Aufl.). Osnabrück: DBVC.

Papadakis, A. http://www.psychology48.com/deu/d/tiefenhermeneutik/tiefenhermeneutik.htm. Zugriff: 17.01.2015.

Veraart, A., & Wimmer, R. (2004). Hermeneutik. In J. Mittelstraß et al. (Hrsg.), *Enzyklopädie Philosophie und Wissenschaftstheorie* (Bd. 2, S. 85–90). Stuttgart: Metzler.. H-0

Damit Sie auch im Coaching bekommen, was auf der Verpackung steht: Qualitätssicherung von Coachings am Beispiel der Prozessanalyse im Motivational Interviewing

Florian Erik Klonek, Amelie Verena Güntner, Simone Kauffeld

C. Triebel et al. (Hrsg.), *Qualität im Coaching*,
DOI 10.1007/978-3-662-49058-7_13, © Springer-Verlag Berlin Heidelberg 2016

Stellen Sie sich vor, Sie gehen zur Apotheke, weil Sie Kopfschmerzen haben. Ihr Apotheker gibt Ihnen ein Kopfschmerzmittel. Die Packung enthält einen Beipackzettel, der detailliert auflistet, welchen Wirkstoff das Medikament enthält und wie hoch die Dosierung ist (500 mg Acetylsalicylsäure). Auf dem Beipackzettel steht auch, dass Sie bei leichten bis schweren Kopfschmerzen ca. ein bis zwei Tabletten einnehmen sollten. Es gibt Qualitätssicherungsinstitute, die stichprobenhaft Packungen überprüfen und „nachmessen", ob der entsprechende Wirkstoff in der versprochenen Dosis vorliegt. Es ist egal, zu welcher Apotheke Sie gehen, und es ist auch egal, welche Packung Aspirin Sie kaufen: Sie werden zur Behandlung Ihrer Kopfschmerzen immer die gleiche Menge des gleichen Wirkstoffs erhalten.

Stellen Sie sich nun eine ähnliche Situation vor: Sie haben gerade Ihr Studium beendet und sind unsicher, wie Sie Ihre weitere Karriere planen sollen. Über einen Bekannten oder Ihre Universität wird Ihnen empfohlen, ein Karriere-Coaching aufzusuchen. Sie erkundigen sich, welche Anbieter es gibt, und entscheiden sich für ein Institut, das mit verschiedenen Coaches arbeitet, die eine einjährige Coaching-Ausbildung vorweisen können und bereits mehrere Jahre Berufspraxis haben. Die Ausbildungen der Coaches variieren von „Systemischer Ausbildung", „Kognitiv-verhaltenstherapeutischer Ausbildung", „Neuro-linguistischem Programmieren" bis hin zu „Motivierender Gesprächsführung". Sie haben gehört, dass zum kognitiv-verhaltenstherapeutischen Ansatz und zur Motivierenden Gesprächsführung viele Wirksamkeitsstudien vorliegen und möchten eine Dienstleistung wählen, die Ihnen auch nachweisbar helfen sollte.

Sie entscheiden sich für den Coach mit Ausbildung in Motivierender Gesprächsführung. Aber woher wissen Sie, ob Sie auch das bekommen, was „auf der Verpackung" steht? Wie läuft „Qualitätssicherung" bei psychologischen Dienstleistungen eigentlich ab? Ein Coaching ist ein hoch dynamischer, komplexer und interaktiver Prozess zwischen Coach und Klient. Kann man die Prüfung des „Inhaltes" dieser Interventionsform einfach mit der Qualitätssicherung bei einer Kopfschmerztablette vergleichen?

Der folgende Beitrag widmet sich der Frage, wie man Qualitätssicherung im Coaching durchführen kann. Wir orientieren uns hierbei an der sozio-interaktionalen Intervention des Motivational Interviewing (MI, Miller und Rollnick 2013). Für Leser, die nicht mit MI vertraut sind, geben wir zunächst eine kurze Übersicht über die Grundlagen des MI und den Einsatz der Methode im Coaching. Im Anschluss daran stellen wir ein Prozess-Analyse-Instrument des MI für Coaching-Interventionen vor, das zu Qualitätssicherung eingesetzt werden kann. Anhand eines Fallbeispiels wird aufgezeigt, wie die Prozess-Analyse im MI durchgeführt wird und wie man sicherstellen kann, dass ein Coach auch eine MI-Intervention durchführt.

13.1 Motivational Interviewing und Coaching

> MI ist eine „klientenzentrierte, direktive Gesprächsmethode zur Verbesserung der intrinsischen Motivation für eine Veränderung mittels der Erforschung und Auflösung von Ambivalenz" (Miller und Rollnick 2004, S. 47).

MI weist viele Parallelen zu bestehenden Coaching-Ansätzen auf: Coaching und MI verfolgen das Ziel, Menschen bei der Planung und Umsetzung positiver Veränderungen zu unterstützen (Miller und Rollnick 2013). Die Methode wurde ursprünglich für die therapeutische Arbeit mit Suchtpatienten entwickelt und zeigte im Vergleich zu anderen Interventionsformen ähnliche Wirksamkeit bei kürzerer Interventionsdauer (Lundahl et al. 2010). Die Wirksamkeit von MI wurde in mehreren Meta-Analysen belegt (Hettema et al. 2005; Lundahl et al. 2010; Magill et al. 2014; Rubak et al. 2005). Aus Sicht von MI lässt sich Ambivalenz auflösen, indem mit dem Klienten erkundet wird, welche Punkte für als auch gegen eine Veränderung sprechen (Miller und Rollnick 2013). Das Ziel ist es, mit Hilfe der MI-Gesprächstechniken veränderungsbezogene Äußerungen (sog. Change Talk; vgl. Moyers und Martin 2006) hervorzulocken und die Motivation des Klienten für eine Veränderung zu fördern.

Die Idee, MI als Werkzeug für Change Manager und Coaches zu nutzen, wird seit kurzer Zeit von einer Vielzahl von Autoren diskutiert (Anstiss und Passmore 2013; Cramer und Sauer 2014; Harakas 2013; Klonek und Kauffeld 2012; Klonek et al. 2014; Passmore 2007; Stoltz und Young 2013). Hierbei wurde sogar schon vorgeschlagen, MI im Rahmen von Mitarbeitergesprächen und Teambesprechungen in Organisationen einzusetzen (Klonek und Kauffeld 2012). Die Verknüpfung von MI als Coaching-Methode ist hierbei besonders weit vorangeschritten (s. Anstiss und Passmore 2013). So haben in jüngster Zeit mehrere Autoren die Beispiele und Vorteile von MI in Karriere-Coachings (Cramer und Sauer 2014; Klonek und Kauffeld 2012; Stoltz und Young 2013), für Executive bzw. Führungskräfte-Coachings (Cramer und Sauer 2014; Harakas 2013) sowie beim Coaching von Klienten, die generell in Entscheidungen feststecken (Passmore 2007), diskutiert. Ziel ist es auch, MI in curriculare Coaching-Ausbildungen zu integrieren (Cramer und Sauer 2014).

Im Folgenden stellen wir ein Instrument vor, mit dem das Verhalten eines Coaches und das Verhalten des Klienten in einer Coaching- bzw. MI-Intervention beobachtet und systematisiert werden kann. Das Instrument kann vor allem eingesetzt werden, um die Qualität einer MI-Maßnahme sicherzustellen.

13.2 Prozessanalyse im MI: Der MI-Coach

Der MI-Coach ist ein prozessanalytisches Instrument zur Erfassung von Kompetenz in MI und zur Qualitätssicherung von Coaching-Interventionen. Der MI-Coach baut stark auf bestehenden prozessanalytischen MI-Instrumenten auf: dem deutschen MI Interviewing Treatment Integrity (MITI-d, Brueck et al. 2009; Klonek et al. 2015) sowie dem Client Language Easy Rating System (Glynn und Moyers 2012). Da motivationale Prozesse sowie die Interventionsform des MI zunehmend auch im Bereich des Coachings (Anstiss und Passmore 2013; Cramer und Sauer 2014; z. B. im Karriere-Coaching: Klonek et al. 2015; Stoltz und Young 2013; Executive Coachings: Harakas 2013) an Bedeutung gewinnen, wurden inhaltliche Beschreibungen des MITI-d auf coaching-spezifische Interaktionen adaptiert. Die grundlegenden Rating-Skalen und Verhaltenscodes sind weitestgehend identisch zu der deutschen Version des MITI-d von Brueck et al. (2009). Beispielsweise wurde das Manual hinsichtlich der Interaktionsbeispiele und der Darstellung der Information (Tabellen, Formatierung, Abbildungen) angepasst. Darüber hinaus finden sich Information zum software-gestützten Einsatz des Manuals (s. auch Klonek et al. 2015). Eine Übersicht über die verhaltensrelevanten Kategorien findet sich ◻ Tab. 13.1.

Der MI-Coach wurde bisher an einer Stichprobe von 28 Sitzungen einer Karriere-Coaching- Intervention eingesetzt (Klonek et al. 2015). Grundlegend kann das Prozess-Analyse-Instrument für folgende Zwecke eingesetzt werden:

- um relevante Kompetenzen von Coaches in MI zu messen
- um MI-Kompetenzen mit bestehenden Benchmarks zu vergleichen
- um Intervisionen und Supervisionen vorzubereiten und durchzuführen
- um dynamische, motivationale Coaching-Prozesse darzustellen
- um forschungsrelevante Fragestellungen zu beantworten (z. B. welche Wirkung haben bestimmte Coaching- oder Kommunikationstechniken auf das Sitzungsverhalten des Klienten?)

Die Messung der Coach-Klienten-Interaktion wird in der Regel über zwei Komponenten erfasst:

1. Rating-Dimensionen (Global Ratings)
2. Verhaltenscodierung (Zählen von Verhaltensweisen)

Beide Komponenten (Rating und Verhaltenskodierung) sollten durch geschulte Beobachter erfasst werden. Globale Wertungen sollen den „globalen" Eindruck eines Beobachters, d. h. eine umfassende Beurteilung eines ausgewählten Ausschnitts oder einer gesamten Coaching-Sitzung, widerspiegeln. Für die zweite Komponente zählt der Beobachter bestimmte Verhaltensweisen eines Gesprächsteilnehmers (Coach oder Klient).

13.2.1 Prozessanalyse über Rating-Dimensionen

Neben Kommunikationstechniken spielt im MI die Gesprächshaltung des Coaches eine große Rolle. Die Rating-Dimensionen erfassen über einen Gesamteindruck, inwiefern die Gesprächshaltung eines Coaches mit dem MI-Ansatz übereinstimmt. Hierzu wurden in der Forschungstradition des MI verschiedene Rating-Dimensionen eingesetzt (z. B. Empathie, MI Spirit, Evokation, Autonomie, Partnerschaftlichkeit), die sich in unterschiedlichen MI-Prozess-Analyse-Instrumenten wiederfinden.

Eine Beispieldimension für eine Rating-Skala ist die der MI-Grundhaltung (MI Spirit). Sie setzt sich aus den Elementen Partnerschaftlichkeit, Evokation, und Autonomie zusammen. Ein Coach fördert Partnerschaftlichkeit, indem er den Klienten auf gleicher Augenhöhe behandelt und für unterschiedliche Ansichten des Klienten Respekt zeigt und somit das Entstehen eines Machtgefälles vermeidet. Evokation besteht dann, wenn der Coach bemüht ist, die intrinsische Motivation des Klienten zu wecken und ihn dazu anregt, für sich selbst das Für und Wider einer Entscheidung zu begründen. Ein Coach, der die Autonomie des Klienten berücksichtigt, betont im Gespräch die Wahlfreiheit des Klienten und akzeptiert dessen Entscheidung, ohne ihm eine Ansicht aufdrängen zu wollen. Eine Übersicht zu allen englischen Versionen von MI-Prozess-Analyseinstrumenten findet sich auf der Seite: ► http://casaa.unm.edu/codinginst.html.

Die Bewertung erfolgt auf einer siebenstufigen Likert-Skala (es können auch fünfstufige Skalen verwendet werden). Der Beobachter beginnt beim mittleren Zahlenwert und korrigiert jeweils nach oben oder unten. Nach Interesse und Bedarf können weitere Global Rating-Skalen zur Bewertung des Coachings herangezogen werden.

13.2.2 Prozessanalyse durch Verhaltenscodierung

Kategorisierung von Verhaltensweisen des Coaches

Die Codierung (oder Annotation) soll Verhaltensweisen des Coaches erfassen, die in einer MI-Intervention relevant sind. Der MI-Coach umfasst sieben Kategorien zur Codierung des Coach-Verhaltens: Information vermitteln, offene/geschlossene Fragen, einfache/komplexe Reflexionen, MI- adhärentes/nicht adhärentes Verhalten. ◘ Tab. 13.1 gibt eine Übersicht zu den Code-Definitionen sowie beispielhafte Aussagen.

Mit bloßem Zählen von MI-Verhaltenscodes kann Kompetenz in MI eigentlich nur unzureichend erfasst werden. Deshalb können die Codes in Gesamtscores verrechnet werden, die das Zusammenspiel von Verhaltensweisen beschreiben und für Interaktionsprozesse im MI wesentlich aussagekräftiger sind. Nachfolgend sind Benchmarks aufgelistet, die zur Ermittlung von MI-Kompetenzen eingesetzt werden können. Diese basieren auf Richtlinien des Entwicklers William Miller zur Durchführung eines MI. Empirische Studien zeigen, dass Personen, die ein Training in MI absolviert haben, in der Regel diese Benchmarks (◘ Tab. 13.2) erreichen können (Klonek und Kauffeld 2015a; de Roten et al. 2013).

Kategorisierung von Verhaltensweisen des Klienten

Prozessanalytische Instrumente können nicht nur dafür eingesetzt werden, um Verhaltensweisen des Coaches zu annotieren und damit zu quantifizieren. Die Interaktion zwischen Coach und Klient führt auch dazu, dass der Coach durch sein methodisches Vorgehen und seine spezifischen Verhaltensweisen einen Einfluss auf den Klienten ausübt (z. B. Gessnitzer und Kauffeld 2015; Ianiro und Kauffeld 2014; Ianiro et al. 2014; Klonek, Wunderlich, Spurk & Kauffeld 2015). Gleichzeitig unterscheiden sich Klienten in ihrer Ausgangsmotivation, mit der sie ein Coaching aufsuchen. In Fällen, in denen Mitarbeitern ein Coaching „verordnet“ wird (Harakas 2013; Passmore 2007), ist davon auszugehen, dass die Eigenmotivation des Klienten, Themen zu bearbeiten, nicht besonders hoch ausgeprägt ist.

Die Rahmenbedingungen, in denen ein Coaching stattfindet, und das Verhalten des Coaches während der Sitzung üben einen dynamischen Einfluss auf die Eigenmotivation des Klienten aus. Um die Eigenmotivation des Klienten im Rahmen einer Sitzung abzubilden, wurde in Forschungsarbeiten zum MI ein Codierinstrument entwickelt,

Tab. 13.1 Verhaltenscodierungen des Coaches mit dem MI-Coach

Codedefinition	Beispiel
Informationen vermitteln Der Coach vermittelt Informationen, klärt über ein Thema auf, gibt Feedback oder äußert seine persönliche Meinung, ohne dabei einen Ratschlag zu erteilen.	„In dem Fragebogen, den Sie ausgefüllt haben, ging es um Werte, Motive und Kompetenzen. Wenn diese drei Faktoren im Gleichgewicht sind, geht man davon aus, dass sich das positiv auf die allgemeine Lebenszufriedenheit im beruflichen und privaten Bereich auswirkt."
Geschlossene Fragen Der Coach stellt eine Frage, die vom Klienten nur mit „Ja/Nein" beantwortet werden kann oder nur eine eingeschränkte Antwortmöglichkeit vorsieht.	„Würden Sie lieber in einem Team oder alleine arbeiten?" „Wie lange haben Sie gebraucht, um den Fragebogen zu bearbeiten?"
Offene Fragen Offene Fragen seitens des Coaches geben dem Klienten die Möglichkeit einer großen Bandbreite an Antworten. Sie zielen darauf ab, möglichst viel über den Klienten und seine Sichtweise zu erfahren und unterstützen die Selbstexploration.	„Was bedeutet diese Erkenntnis für Ihre Coaching-Ziele?" „Wie ist es Ihnen seit der letzten Coaching-Sitzung ergangen?"
Einfache Reflexionen Der Coach wiederholt oder paraphrasiert die vorangegangene Aussage des Klienten, ohne ihr eine substanzielle Bedeutung oder Betonung hinzuzufügen. Durch einfache Reflexionen zeigt der Coach, dass er dem Klienten zugehört hat.	Klient: „Für meinen Vater war es immer klar, dass ich studiere. Nicht zu studieren und ‚nur' eine Ausbildung zu machen, war keine Option." Coach: „Für Ihren Vater war es wichtig, dass Sie studieren."
Komplexe Reflexionen Der Coach gibt das Gesagte des Klienten oder Teile davon wieder und fügt dem eine substanzielle Bedeutung hinzu. Er kann auch mehrere Aussagen mit gegensätzlichem Inhalt zusammenfassen, um ein komplexeres Verständnis des Gesagten zurückzuspiegeln.	Klient: „Ich würde gerne sicher sein, dass ich mit meiner Arbeit auf dem richtigen Weg bin. Ich möchte es nicht erst merken, wenn es schon zu spät ist." Coach: „Sie haben Angst, etwas falsch zu machen, und sind nun bereit, sich Unterstützung zu holen, die Ihnen bei Ihrer Entscheidungsschwierigkeit zur Seite steht."
MI-adhärentes Verhalten Der Coach zeigt ein Verhalten, das konsistent mit der MI-Grundhaltung ist (z. B. wertschätzen und mit Anteilnahme unterstützen, die Autonomie des Klienten betonen, um Erlaubnis fragen, bevor ein Ratschlag erteilt wird).	„Wenn Sie denken, dass Ihnen dieses Coaching nichts bringt, dann können Sie das ehrlich sagen. Sie sind freiwillig hier, wir können das Coaching auch abbrechen oder umstrukturieren." „Ich kann erkennen, dass Sie aktiv an diesem Prozess mitarbeiten und dass Sie Fortschritte machen. Das ist schön zu sehen."
MI-nichtadhärentes Verhalten Der Coach zeigt Verhalten, das inkonsistent mit dem MI-Ansatz ist (z. B. konfrontieren, befehlen, anordnen, ohne Erlaubnis einen Ratschlag erteilen).	„Versuchen Sie doch mal ein Praktikum. Das hat schon vielen in der Entscheidungsphase geholfen." „Sie sollten wirklich mehr Bewerbungen schreiben."

das die sprachlichen Äußerungen des Klienten systematisiert (z. B. Amrhein et al. 2003). In der MI-Forschungstradition werden Äußerungen des Klienten in der Valenz unterschieden: Change Talk stellt positive Äußerungen dar, welche die Eigenmotivation des Klienten ausdrücken, Sustain Talk hingegen stellt Äußerungen dar, die eine fehlende Motivation des Klienten oder sogar Widerstand zeigen. Eine Vielzahl von prozessanalytischen Forschungsarbeiten im Rahmen der MI-Suchtforschung konnten zeigen, dass diese sprachlichen Klientenäußerungen prädiktiv für eine spätere Verhaltensveränderung sind (s. Magill et al. 2014 für eine meta-analytische Übersicht). Sie stellen somit eine Art „aktiven Wirkfaktor" dar, der zur Effektivität von MI-Interventionen beiträgt (Magill et al.

Tab. 13.2 Benchmarks im MI

Benchmark-Variablen	Solide Kompetenz in MI	MI-Basislevel
Verhältnis von Reflexionen zu Fragen	≥ 2:1	≥ 1:1
Anzahl von Reflexionen (in 10 Min.)	≥ 15	≥ 10
Offene Fragen in %	≥ 70	≥ 50
Komplexe Reflexion in %	≥ 50	≥ 40
MI-adhärentes Verhalten in %	≥ 100	≥ 90

komplexe Reflexion in % = komplexe Reflexionen/(einfache + komplexe Reflexionen)

offene Fragen in % = offene Fragen/(offene Fragen + geschlossene Fragen)

Rate Reflexionen (in 10 Minuten) = Anzahl an Reflexionen in einem 10-Minuten-Intervall

Verhältnis Reflexionen/Fragen = Reflexionen gesamt/Fragen gesamt

MI-adhärentes Verhalten in % = MI-adhärentes Verhalten/(MI-adhärentes Verhalten + MI-nichtadhärentes Verhalten)

2014; Miller und Rose 2009). Die Codierung von Klientenverhaltensweisen wurde im Zuge der letzten Jahre vereinfacht (z. B. Client Language Easy Rating System von Glynn und Moyers 2012) und auf den Kontext des Coaching- und Beratungsgesprächs übertragen (Klonek und Kauffeld 2012; Klonek et al. 2015).

Tab. 13.3 gibt eine Übersicht zur Kodierung von Klientenverhalten im Rahmen von Coaching-Sitzungen. Der folgende Beitrag orientiert sich dabei an Karriere-Coachings, die Studierenden zur Berufsvorbereitung angeboten werden (z. B. Gessnitzer et al. 2011). Aussagen mit einer positiven Ausrichtung gegenüber der Karriereplanung und -entwicklung werden als Positive Career Talk codiert und Aussagen mit einer negativen Ausrichtung als Negative Career Talk. Das Codierschema zur Annotation des Klienten ist exhaustiv, d. h. dass alle anderen Äußerungen des Klienten, die keinen Rückschluss auf die Motivation des Klienten erlauben, als Neutral Talk eingeordnet werden.

Die Codierung von Klientenverhaltensweisen kann auch dazu genutzt werden die Antworten eines Klienten über den Gesprächsverlauf in einer dynamischen Motivationskurve abzubilden. Dafür wird ein sog. R-Index (Klonek et al. 2015) berechnet, wobei das R für die englischen Begriffe „Resistance/Readiness" (zu dt. Widerstand/Bereitschaft) steht. Der R-Index ist ein zeitsensitives Maß, das die verbal geäußerte Bereitschaft (Positive Career Talk) bzw. den Widerstand (Negative Career Talk) des Klienten erfasst. Um den Index zu berechnen, wird jede codierte Aussage des Klienten in einen Zahlenwert transformiert (Positive Career Talk = 1; Negative Career Talk = -1; Neutral Talk = 0). Diese Werte werden dann für eine codierte Gesprächssequenz aufgerechnet und über die Zeit abgebildet (Klonek et al. 2015). Interaktive Video-Beispiele, die den dynamischen Verlauf von R-Kurven im Rahmen eines organisationalen Mitarbeitergespräches zeigen, sind als freies Online-Material bei Klonek und Kauffeld (2015b) zu finden.

13.3 Einsatz des MI-Coach an einem Praxisbeispiel

Im Folgenden wird der Einsatz des prozessanalytischen Instrumentes am Beispiel eines Karriere-Coachings exemplarisch dargestellt. Im vorliegenden realen Fallbeispiel hat der 26-jährige Klient gerade sein Studium der Ingenieurswissenschaften und Verfahrenstechnik abgeschlossen und steht vor der Entscheidung, in welcher Industrie er sich bewerben soll. Der Klient sucht deshalb ein Karriere-Coaching auf, das ihn bei dieser Entscheidungsfindung unterstützen soll. Der Coach ist Mitglied des MI-Network of Trainers (▶ http://www.motivationalinterviewing.org/about_mint), einem professionellen und weltweiten Netzwerk von MI-Anwendern und Trainern. Das Netzwerk repräsentiert Trainer aus über 35 Ländern und 20 Sprachen.

Das Gespräch wurde über ein Audiogerät aufgezeichnet, damit es mit Hilfe prozessanalytischer Instrumente ausgewertet werden kann. Der Klient wurde im Vorfeld über die Aufnahme informiert

Tab. 13.3 Verhaltenscodierungen des Klienten mit dem MI-Coach

Verhaltenscode und Definition	Beispiel
Positive Career Talk Aussagen, die Eigenmotivation (oder auch Annäherungsmotivation) des Klienten für die eigene Karriereplanung und -entwicklung ausdrücken. Dies umfasst Äußerungen, die Wünsche an die Berufswahl ausdrücken, grundlegende Werte, eigene berufsrelevante Fähigkeiten und Kompetenzen oder Gründe für eine bestimmte Berufswahl. Auch Selbstverpflichtungen, eine bestimmte Karriererichtung einzuschlagen oder vergangene Schritte in Richtung der eigenen Karriereplanung, zählen zu dieser Kategorie.	„Ich habe mich für ein Praktikum beworben. Es gibt auch die Möglichkeit, dort meine Diplomarbeit zu schreiben." „Eine meiner Stärken ist, dass ich sehr gut mit Menschen zurechtkomme."
Negative Career Talk Aussagen, die fehlende Eigenmotivation (und auch Vermeidungsmotivation) des Klienten für die eigene Karriereplanung ausdrücken. Dies umfasst Äußerungen, die negative Wünsche (das will ich nicht ...), fehlende Fähigkeiten, Kompetenzdefizite oder Gründe gegen eine bestimmte Berufswahl beschreiben. Auch Selbstverpflichtung gegen eine bestimmte Karriererichtung oder die Beschreibung von vergangenen Schritten, die gegen eine bestimmte Berufswahl sprechen, zählen zu dieser Kategorie.	„Ich bin seit der letzten Sitzung meinen Karrierezielen nicht näher gekommen." „Wenn ich eine Entscheidung bezüglich meiner Karriere treffen soll ... finde ich es immer noch schwierig." „Ich habe keine Ahnung, was wir hier machen können, um meine Ziele zu erreichen." „Ich bin mir nicht sicher, ob das wirklich hilft."
Neutral Talk Aussagen, die nicht mit dem Thema Karriereentwicklung in Zusammenhang stehen, sowie Aussagen, die weder Positive Career Talk noch Negative Career Talk zugeordnet werden können, z. B. Antworten auf Fragen, die keinen Bezug zu den Karriereplänen haben, oder das Vorlesen von Fragebogenergebnissen, ohne diese zu interpretieren. Neutral Talk ist der Standardcode, es sei denn, das verbale Verhalten wechselt deutlich in Positive Career Talk oder Negative Career Talk.	„Ja, danke. Ich würde gerne ein Wasser haben." „Ich denke, es dauerte ungefähr 15 Minuten, um den Fragebogen auszufüllen." „Während ich den Fragebogen ausgefüllt habe, bin ich ein paar Mal zu vorherigen Fragen gewechselt."

und hat sein Einverständnis zur Aufzeichnung sowie zur Veröffentlichung von transkribierten Sequenzen gegeben.

13.3.1 Beschreibung der Coaching-Sequenz

Analyse des Coach-Verhaltens mit Hilfe des MI-Coach

Zu Beginn der Sequenz beginnt der Coach damit, dem Klienten offene Fragen zu stellen, um etwas über die allgemeinen berufsrelevanten Ziele und Werte des Klienten zu erfahren („exploring goals and values"). Hierbei versucht der Coach zunächst herauszufinden, welchen Wert das Diplomarbeitsthema für den Klienten hatte. Der Klient zählt daraufhin entscheidungsrelevante Gründe aus der Vergangenheit auf, die ihn zur Arbeit an der Diplomarbeit motiviert haben. Im weiteren Verlauf hört der Coach dem Klienten aktiv zu, in dem er einfache oder komplexe Reflexionen benutzt, die zu einem empathischen „Sich-hinein-Versetzen" beitragen. Ein MI-Vorgehen des Coaches besteht darin, Werte und Gründe zu explorieren (über offene Fragen) und anschließend systematisch aktiv zuzuhören (Reflexionen). Durch dieses mikro-methodische Vorgehen spiegelt der Coach dem Klienten immer wieder verbal zurück, dass er ihn richtig verstanden hat. Das häufige aktive Zuhören (Reflexionen) des Coaches hilft dem Klienten gleichzeitig dabei, seine eigenen Gedanken und Motive aus einer anderen Perspektive (des Coaches) zu hören. Dieses „Reflektieren von Klientenmotiven, Kognitionen und Emotionen" kann in einem Coaching dazu beitragen, dass Klienten, die einer Entscheidung gegenüber ambivalent sind, sich aus dieser Ambivalenz herauslösen können.

Das Vorgehen, offene Fragen zu stellen und „reflective listening“ einzusetzen, sollte einem Verhältnis von ca. 2:1 folgen („On average, reflect twice for each question you ask“, Miller 2000, p. 20). Der Coach erfüllt in der Sequenz diesen MI-Benchmark mit 2,6 zu 1 (13 Reflexionen zu 5 offene Fragen). Darüber hinaus zeichnet sich Kompetenz in MI dadurch aus, dass der Anteil offener Fragen über 50 % (besser sogar über 70 %) liegen sollte („When you do ask questions, ask mostly open questions“, Miller 2000, p. 20). Aus den wenigen Studien, die Prozessinstrumente eingesetzt haben, ist bekannt, dass in Karriereberatungen in der Regel deutlich mehr geschlossene als offene Fragen gestellt werden (z. B. Mittendorf et al. 2010; Multon et al. 2003). Der Coach liegt auch in dieser Sequenz mit 71 % über dem geforderten MI-Benchmark. Ein zu hoher Anteil an geschlossenen Fragen kann dazu führen, dass Gespräche einen „Verhörcharakter“ bekommen und der Klient sich „ausgequetscht“ fühlt und wenig dazu angeregt, wird selbst über das Thema nachzudenken. Kompetenz in MI zeichnet sich dadurch aus, dass geschlossene Fragen durch „reflective listening“ ersetzt werden. In einem MI sollte die Anzahl an Reflexionen in einem 10-minütigen Intervall zwischen 10 und 15 liegen. Die ausgewählte Sequenz hat eine Dauer von ca. 10 Minuten. Der Coach erreicht mit insgesamt 13 Reflexionen auch diesen Richtwert.

13

Das aktive Zuhören („reflective listening“) ist eine besonders elaborierte Kompetenz, die im Rahmen eines MI eingesetzt wird. Es geht hierbei nicht nur darum, dem Klienten wie ein Papagei nachzuplappern (paraphrasieren bzw. „einfache Reflexion“), sondern zu versuchen, ihm aus dem Herzen zu sprechen, d. h. über Metaphern und Bilder (z. B. „du bist einen Teil des ‚Karriere‘-Berges hochgelaufen“; „ein erster kleinerer Gipfel, den du erklommen hast“; „auf jeden Fall liegen da ein paar Reifen am Wegesrande“) die Themen in Worte zu fassen, die für den Klienten relevant sind (komplexe Reflexionen). Aus diesem Grund sollte mindestens die Hälfte aller Reflexionen komplex sein („When you reflect, use complex reflections more than half the time“, Miller 2000, p. 20). In der vorliegenden Sequenz liegt der Coach mit 53 % über diesem geforderten Benchmark.

Zu Beginn der Sequenz hat der Coach v. a. klientenzentrierte Kommunikationsmittel eingesetzt, um herauszufinden, in welcher Ambivalenz der Klient feststeckt (Arbeit in der Automobilindustrie vs. Arbeit in der Lebensmittelindustrie). Diese Entscheidungsschwierigkeit des Klienten fasst er durch die Metapher der Weggabelung als komplexe Reflexion zusammen. Für sich genommen ist keine Option schlechter oder besser als die andere. Da MI klassisch in Bereichen eingesetzt wurde, in denen ein Zielverhalten (Alkoholreduktion/Abstinenz) gegenüber einem schädlichen Status-quo-Verhalten (krankhafter Alkoholkonsum) favorisiert werden sollte, nennt man eine Situation, in der dies nicht vorliegt, „MI im Gleichgewicht“ („MI in equipoise“, Miller 2012; Zuckhoff und Dew 2012). Dieser Fall erfordert somit besonderes Feingespür bei einem Coach, der MI einsetzt. Klienten sollten nicht unwissentlich in eine Richtung motiviert werden. Aus diesem Grund schlägt der Coach dem Klienten vor, dass er beide Ziele mit dem Klienten durchsprechen kann („Wir schauen uns jetzt nochmal beide Optionen an …“). Es ist besonders wichtig, dass die Autonomie des Klienten hierbei im Vordergrund steht, d. h. auch wenn der Coach die grobe Struktur und das methodische Vorgehen des Gesprächs vorgibt, sollte immer der Klient in einem Coaching entscheiden, welche Richtung das Gespräch nehmen soll. Aus diesem Grund nutzt der Coach zunächst zweimal die Wichtigkeitsskala („importance ruler“), um herauszufinden, welche Wichtigkeit der Klient beiden Alternativen (Automobilindustrie vs. Lebensmittelindustrie) zuschreibt. In diesem ersten Schritt finden Coach und Klient heraus, dass es für den Klienten wichtiger ist, in der Lebensmittelindustrie zu arbeiten. Das vorausgehende Gespräch und der direkte Vergleich der beiden Optionen auf einer Wichtigkeitsskala können bereits dazu beitragen, Ambivalenzen von Klienten aufzulösen. Anschließend bietet der Coach dem Klienten wieder an, eines der Themen systematisch zu explorieren und den Klienten dabei zu unterstützen, Sicherheit zu gewinnen, dass dies das richtige Ziel ist. Obwohl der Klient das Thema Lebensmittelindustrie als wichtiger eingestuft hat, lässt der Coach dennoch den Klienten entscheiden, wie das Gespräch weitergehen soll („Avoid getting ahead of your client’s level of readiness“, Miller 2000, p. 20). Dieses Coach-Verhalten wird auch als MI-adhärentes Verhalten bezeichnet (Betonung der Autonomie, Erlaubnis des Klienten einholen, wenn Ratschläge oder Vorschläge gemacht werden). Ein Coach-Verhalten, das den Klienten in seiner Autonomie einschränkt (z. B. ungefragte Ratschläge, konfrontieren, anordnen) wird hingegen als MI-nichtadhärent bezeichnet. Kompetenz in MI zeichnet sich dadurch aus, dass der Anteil von MI-adhärentem Verhalten bei 90–100 % liegen sollte. In der vorliegenden Sequenz erfüllt der Coach auch diesen Benchmark mit 100 % (◘ Tab. 13.4).

Analyse des Klientenverhaltens mit Hilfe des MI-Coach

Die Codierung des Klientenverhaltens mit dem MI-Coach ist optional. Hierüber lässt sich quantifizieren, wie hoch der Anteil an Äußerungen des Klienten ist, die eine positive Eigenmotivation ausdrücken, um die Themen Karriereplanung und Entwicklung zu bearbeiten. Alle Äußerungen, die Positive Career Talk umfassen, stellen auch einen wichtigen Input für den Coach dar, da dies die Motive des Klienten umfasst, die für seine Berufswahl eine Rolle spielen („Ich mag Teamarbeit, ich mag Menschenkontakt", „Meine Arbeit sollte auch Gestaltungsspielraum haben. Ich mag es, wenn ich selbstständig gewisse Sachen erarbeiten kann und mein Wissen oder meine Gestaltungsfreiheit einbringen kann"). Äußerungen, die Negative Career Talk umfassen, deuten auf Bereiche hin, die der Klient in seiner Karriereplanung vermeiden möchte („Die klassische Laborarbeit, die da viel mit drinsteckt an sich, finde ich nicht gerade erfüllend", „Ja, keine Laborarbeit. Also, ich bin jetzt, glaube ich, auch ein bisschen ungeschickt mit den ganzen Genauigkeiten"). Insgesamt zeigt der Klient in der vorliegenden Sequenz 86 % Positive Career Talk. Dieser Wert kann u. U. auch als Ergebnisparameter eines Karriere-Coaching herangezogen werden. So ist es z. B. zu erwarten, dass der Anteil an Negative Career Talk eines Klienten sich über den Verlauf von mehreren Karriere-Coaching-Sitzungen reduzieren sollte, da das Ziel eines Karriere-Coachings darin besteht, dem Klienten Sicherheit in seiner Berufsentscheidung zu geben.

Zusammenfassende Evaluation des Coachings

◘ Tab. 13.5 fasst das Coach-Verhalten, das für Kompetenz im MI steht, zusammen und setzt es in Beziehung zu bestehenden Benchmarks des MI. Hierbei zeigt sich, dass man prozessanalytische Instrumente sehr gut zur Qualitätssicherung von Coachings einsetzen kann. Das heißt, wenn im Rahmen von Interventionsstudien Coaches eingesetzt werden, die von sich behaupten, eine evidenzbasierte Methode wie MI einzusetzen, kann dies mit Hilfe von Prozessinstrumenten geprüft werden. Aus der MI-Forschung wissen wir, dass kein Zusammenhang zwischen selbstberichteter Kompetenz in MI und den gezählten Verhaltensweisen mit einem MI-Prozessinstrument besteht (Miller und Mount 2001; Miller et al. 2004). Dementsprechend ist die Evaluation mit dem MI-Coach einer Evaluation in Form von Fragebögen, die selbstberichte Kompetenzen in MI von Coaches erfragen, vorzuziehen. Gleichzeitig bieten Prozessinstrumente auch ein systematisches und objektives Rückmeldeinstrument für Coaches, die im Rahmen von Coaching-Ausbildungen ihre Kompetenzen in MI verbessern möchten.

In der Regel sollte die ausgewählte Verhaltensstichprobe bei 20 Minuten liegen – also länger als im vorliegenden Demonstrationsbeispiel. Dabei sollte beachtet werden, dass bei der Auswahl dieses 20-minütigen Sitzungssegments eine Zufallsselektion vorliegt, damit gültige Aussagen über die Integrität der MI-Intervention bezüglich der kompletten Sitzung getroffen werden können.

Es ist anzumerken, dass auch Messwerte, die über prozessanalytische Instrumente bzw. Beobachtungsverfahren ermittelt werden (genauso wie Selbstberichte oder Fragebögen), nie ganz frei von Messfehlen sind. Dies bedeutet, dass die ermittelten Parameter eine Schätzung des wahren Verhaltenswertes eines Coaches darstellen. Dieser wahre Wert kann durchaus niedriger oder höher ausfallen als die Werte, die sich aus der betrachteten Verhaltensstichprobe ergeben. Es gibt mehrere Möglichkeiten, diesem Problem entgegenzuwirken. Prozessinstrumente sollten nur von Beobachtern eingesetzt werden, die vorher in dem Beobachtungsinstrument umfassend trainiert worden sind. Darüber hinaus sollte die Reliabilität (Messgenauigkeit) dieser Beobachter vorher erfasst werden (Holsclaw et al. 2015; Klonek et al. 2015). Durch die Berechnung der Beobachtergenauigkeit können ermittelte Werte korrigiert werden. Zuletzt gilt die Faustregel, dass sich die Ermittlung des wahren Kompetenzwertes umso genauer erfassen lässt, je mehr Coaching-

Tab. 13.4 Codierte Beispiel-Sequenz aus einem Karriere-Coaching mit MI-Methoden

Sprecher	Transkript	Codierung
Coach:	Warum hast du überhaupt dieses Diplomarbeitsthema gewählt, also welchen Wert hat das bei dir erfüllt?	offene Frage (exploring goals and values)
Klient:	Also, ich habe davor über das gleiche Thema auch schon meine Studienarbeit geschrieben …	Neutral Talk
Klient:	… und ein Grund, warum ich dann die Diplomarbeit darüber geschrieben habe, ist …	Positive Career Talk
Coach:	… es fortzuführen …	komplexe Reflexion (continuing the paragraph)
Klient:	weil ich es fortführen konnte … und das Projekt hat mich interessiert … ich konnte sehen, wie es weitergeht.	Positive Career Talk
Coach:	Okay, du hast gesagt, das Projekt hat dich interessiert, und du wolltest daran weiterarbeiten.	einfache Reflexion
Klient:	Ja, genau und … dann kannte ich natürlich die ganzen Leute schon, das Thema und das Institut.	Positive Career Talk
Klient:	und … weil ich selbst zu dem Zeitpunkt halt … eine starke familiäre Belastung hatte …	Neutral Talk
Klient:	… fand ich es einfacher, in diesem Feld zu arbeiten, weil ich die Leute bereits kannte, die meine Situation verstanden haben, und das war dann alles kein Problem dort …	Positive Career Talk
Coach:	Also, um dich nicht noch neben der Arbeit zusätzlich zu belasten, war es dir erstmal wichtig, auch ein vertrautes Arbeitsumfeld zu haben.	komplexe Reflexion
Klient:	Ja.	Positive Career Talk
Coach:	Und deswegen hast du die Diplomarbeit dort geschrieben.	einfache Reflexion
Klient:	Ja.	Positive Career Talk
Coach:	Was ist wichtig für dich in deiner späteren Arbeit?	offene Frage (exploring goals and values)
Klient:	Naja, ich denke, da gibt es mehrere Sachen.	Neutral Talk
Klient:	Eine Sache ist natürlich, dass es mich in irgendeiner Art interessieren und erfüllen sollte.	Positive Career Talk
Klient:	Das sagt man vielleicht immer so einfach, aber, dass mir das Thema auch Spaß machen sollte – auf jeden Fall.	Positive Career Talk
Klient:	Dann, dass meine Arbeit mit Menschen zu tun hat. Also ich mag Teamarbeit, ich mag Menschenkontakt.	Positive Career Talk
Klient:	Natürlich sollte es auch einigermaßen gut bezahlt sein.	Positive Career Talk
Coach:	Du sagst, es soll dich interessieren und erfüllen.	einfache Reflexion
Coach:	Was genau erfüllt dich denn?	offene Frage (ask for examples)
Klient:	Das ist eine gute Frage.	Neutral Talk

■ Tab. 13.4 *(Fortsetzung)*

Sprecher	Transkript	Codierung
Klient:	Es gibt eigentlich also … was mich erfüllt ist, hängt nicht so sehr von einem Thema ab, mit dem ich arbeite. Es muss mich halt irgendwie interessieren. Und meine Arbeit sollte auch Gestaltungsspielraum haben. Ich mag es, wenn ich selbstständig gewisse Sachen erarbeiten kann und mein Wissen oder meine Gestaltungsfreiheit einbringen kann.	Positive Career Talk
Coach:	Und die Frage ist, wo hast du das vielleicht in der Arbeit entdeckt, die du gerade abgegeben hast. Also, wenn du sozusagen darauf zurückblickst: Was waren Momente, in denen du gedacht hast: „So sollte es auch später bei meiner beruflichen Arbeit sein?"	offene Frage (looking back)
Klient:	Tatsächlich haben mir das Schreiben und Gestalten der Arbeit Spaß gemacht.	Positive Career Talk
Klient:	Das hat mir tatsächlich Spaß gemacht. Dann haben mir natürlich auch die praktischen Versuche Spaß gemacht …	Positive Career Talk
Klient:	… wobei ich jetzt so die klassische Laborarbeit, die da viel mit drinsteckt an sich, finde ich nicht gerade erfüllend.	Negative Career Talk
Coach:	Laborarbeiten sollten nicht einen überwiegenden Teil deiner späteren Arbeit einnehmen.	komplexe Reflexion
Klient:	Ja, keine Laborarbeit. Also, ich bin jetzt, glaube ich, auch ein bisschen ungeschickt mit den ganzen Genauigkeiten … ich bin da einfach nicht so geschickt und brauchte da relativ viel Zeit für. Von daher jetzt … klassische Laborarbeit finde ich nicht so gut.	Negative Career Talk
Klient:	Ich denke, andere praktische Arbeiten finde ich generell besser …	Positive Career Talk
Coach:	Also das Schreiben der Arbeit hat dir Spaß gemacht, also sozusagen im stillen Kellerlein im Büro zu sitzen und Gedanken „auspressen".	komplexe Reflexion
Klient:	Ja, weil ich dann halt … oder mir generell, das ist ja dann mein eigenes Projekt sozusagen, die Diplomarbeit. Das geht ja dann auch übers Schreiben hinaus. Jetzt, wie baue ich mein Projekt auf, was mache ich eigentlich, was untersuche ich eigentlich, welche Daten brauche ich … wo kriege ich das und all das, quasi sich um das eigene Projekt zu kümmern, das finde ich schon interessant.	Positive Career Talk
Coach:	Also, du meinst damit auch die Planung der Arbeit.	komplexe Reflexion
Klient:	Ja, und auch das Koordinieren. Dieses, was es dazu macht, dass es meine eigene Handschrift trägt und dass es dann mein Projekt halt geworden ist. Das wird halt besonders deutlich beim Schreiben, weil … bei den Versuchen oder bei den Laborsachen, da ist man ja immer noch von anderen Leuten abhängig, aber bei dem Gestalten, Ausarbeiten und Planen auch, das war ja alles meine Arbeit, meine Aufgabe.	Positive Career Talk
Coach:	Okay, ich würde jetzt Folgendes vorschlagen. Wir gucken uns jetzt nochmal beide Optionen an … also wenn du beim Thema der Diplomarbeit bleiben würdest …	MI-adhärentes Verhalten (Wahlfreiheit betonen)
Klient:	Ja, ich denke mal, Lithiumionbatterien sind jetzt vor allen Dingen halt in der Automobilindustrie gefragt … da würde ich es dann auch versuchen.	Positive Career Talk
Klient:	Oder Elektromobilität … alle Unternehmen, die damit halt zu tun haben.	Positive Career Talk

Tab. 13.4 *(Fortsetzung)*

Sprecher	Transkript	Codierung
Coach:	Also, du bist einen Teil des „Karriere-Berges" hochgelaufen. Die Diplomarbeit ist ein erster kleinerer Gipfel, den du erklommen hast. Der nächste Pfad führt zu einem Automobilhersteller. Auf jeden Fall liegen da ein paar Reifen am Wegesrande.	komplexe Reflexion
Coach:	Dort stehst du jetzt, und ein Vorschlag, den ich machen könnte, wäre, dass wir uns einfach mal den Pfad anschauen, der zur Automobilindustrie führt, wenn das für dich in Ordnung ist.	MI-adhärentes Verhalten (Wahlfreiheit betonen)
Klient:	Klar ...	
Coach:	Wenn wir uns da sozusagen eine Skala angucken, von Null bis Zehn. Es geht darum, wie wichtig es dir ist, dort zu arbeiten, und Null ist „gar nicht wichtig" und Zehn ist „sehr wichtig". Wo würdest du, wenn du den Weg einschlagen würdest, dich dort verorten?	geschlossene Frage (using the importance ruler)
Klient:	Das ist eigentlich nicht wirklich wichtig. Da würde ich maximal eine Vier sagen.	Negative Career Talk
Coach:	Eine Vier.	einfache Reflexion
Coach:	Und dann gibt es jetzt den Weg, der in die Richtung Lebensmittelindustrie einschlägt. Wenn du dieselbe Skala anguckst, und du kannst auch diese Richtung gehen, wie wichtig wäre es dir, dort zu arbeiten? Und Null ist wieder gar nicht wichtig und Zehn wieder sehr wichtig.	geschlossene Frage (using the importance ruler)
Klient:	Das wäre mir auf jeden Fall schon wichtiger. Würde ich vielleicht bei einer Sechs oder Sieben ... vielleicht eine Sieben.	Positive Career Talk
Coach:	Sechs bis Sieben.	einfache Reflexion
Coach:	Okay. Also dies ist auf jeden Fall schon deutlich wichtiger als der Automobilindustriepfad.	komplexe Reflexion
Klient:	Ja.	Positive Career Talk
Coach:	Jetzt kann ich dir zwei Sachen vorschlagen, wie wir weiter verfahren. Da sich ja jetzt rausgestellt hat, dass das Thema Lebensmittelindustrie für dich wichtiger erscheint, könnten wir jetzt nochmal draufschauen und versuchen, wie wir das Thema „noch wichtiger" für dich machen können. Das heißt, dass du von der Sieben noch höher kommst – und dass es für dich leichter wird, dich in dieser Industrie zu bewerben. Das wär so das Erste, was man machen könnte, weil es schon eigentlich eine klare Präferenz gibt. Die zweite Option ist, dass wir uns nochmal die andere Seite angucken mit der Automobilindustrie.	MI-adhärentes Verhalten (Wahlfreiheit betonen)
Klient:	Kommt man nachher auch nochmal zurück?	Neutral Talk
Coach:	Ich würde auf jeden Fall beide Wege mit dir durchspielen.	MI-adhärentes Verhalten (Wahlfreiheit betonen)
Klient:	Dann würde ich doch eher mit der Lebensmittelindustrie weitermachen.	Neutral Talk
Coach:	Alles klar. Du hast gesagt, eine Sechs bis Sieben – und du bist auch noch nicht auf der Zehn von der Wichtigkeit her.	einfache Reflexion
Coach:	Warum hast du dich auf einer Sechs bis Sieben eingestuft und nicht auf einer Vier?	offene Frage (using the importance ruler)

■ Tab. 13.5 Zusammenfassende quantitative Analyse der Coaching-Sequenz aus ■ Tab. 13.4

	Solide Kompetenz in MI	MI-Basislevel	Werte für eine Verhaltensstichprobe von 10 Minuten
Verhältnis von Reflexionen zu Fragen	≥ 2:1	≥ 1:1	2,6:1
Anzahl an Reflexionen (in 10 Min.)	≥ 15	≥ 10	13
Offene Fragen in %	≥ 70	≥ 50	71
Komplexe Reflexion in %	≥ 50	≥ 40	53
MI-adhärentes Verhalten in %	≥ 100	≥ 90	100

Stichproben (d. h. Stichprobe eines Coaches mit verschiedenen Klienten) und je längere Verhaltensstichproben vorliegen. Es gibt erste optimistisch stimmende Belege dafür, dass bereits kurze Verhaltensstichproben (5–10 Min.) eine relativ robuste Schätzung des gesamten Sitzungsverhaltens darstellen (Klonek et al. 2015).

Die Entscheidung, wie viele Verhaltensstichproben und welche Länge zur Evaluation von MI-Kompetenz eingesetzt werden, hängt schließlich auch von ökonomischen Kriterien ab. Die derzeitige Qualitätssicherung im MI-Network of Trainers (MINT) sieht vor, dass ein Segment mit einer Dauer von 20 Minuten ausgewertet wird. Die Auswertung, die auf dieser Verhaltensstichprobe beruht, wird als Entscheidungsgrundlage herangezogen, um einen Bewerber in das MI-Netzwerk aufzunehmen.

Literatur

Verwendete Literatur

Amrhein, P. C., Miller, W. R., Yahne, C. E., Palmer, M., & Fulcher, L. (2003). Client commitment language during motivational interviewing predicts drug use outcomes. *Journal of Consulting and Clinical Psychology, 71*(5), 862–878.

Anstiss, T., & Passmore, J. (2013). Motivational interviewing approach. In J. Passmore, D. Peterson, & T. Freire (Hrsg.), *The Wiley-Blackwell handbook of the psychology of coaching and mentoring* (S. 339–364). Chichester: Wiley-Blackwell.

Brueck, R. K., Frick, K., Loessl, B., Kriston, L., Schondelmaier, S., Go, C., et al. (2009). Psychometric properties of the German version of the motivational interviewing treatment integrity code. *Journal of Substance Abuse Treatment, 36*, 44–48. doi:10.1016/j.jsat.2008.04.004.

Cramer, D. P., & Sauer, D. P. (2014). Motivational Interviewing im Coaching. *Organisationsberatung, Supervision, Coaching, 21*(1), 83–97.

Gessnitzer, S., & Kauffeld, S. (2015). The working alliance in coaching: Why behavior is the key to success. *Journal of Applied Behavioral Science, 51*, 177–197. doi:10.1177/0021886315576407.

Gessnitzer, S., Kauffeld, S., & Braumandl, I. (2011). Karriere-Coaching: Personalentwicklung für Berufseinsteiger. *PERSONALquarterly, 63*, 12–17.

Glynn, L. H., & Moyers, T. B. (2012). *Manual for the client language easy rating (CLEAR) coding system: Formerly "motivational interviewing skill code (MISC) 1.1"*. http://casaa.unm.edu/download/CLEAR.pdf

Harakas, P. (2013). Resistance, Motivational Interviewing, and Executive Coaching. *Consulting Psychology Journal, 65*(2), 108–127. doi:10.1037/a0033196.

Hettema, J., Steele, J., & Miller, W. R. (2005). Motivational interviewing. *Annual Review of Clinical Psychology, 1*, 91–111. doi:10.1146/annurev.clinpsy.1.102803.143833.

Holsclaw, T., Hallgren, K. A., Steyvers, M., Smyth, P., & Atkins, D. C. (2015). Measurement Error and Outcome Distributions: Methodological Issues in Regression Analyses of Behavioral Coding Data. *Psychology of Addictive Behaviors. Advance online publication, 29*(4), 1031–1040. doi:10.1037/adb0000091.

Ianiro, P. M., & Kauffeld, S. (2014). Take care what you bring with you: How coaches mood and interpersonal behavior affect coaching success. *Consulting Psychology Journal, 66*, 231–257. doi:10.1037/cpb0000012.

Ianiro, P. M., Lehmann-Willenbrock, N., & Kauffeld, S. (2014). Coaches and clients in action: A sequential analysis of interpersonal coach and client behavior. *Journal of Business and Psychology, 30*(3), 435–456. doi:10.1007/s10869-014-9374-5.

Klonek, F. E., & Kauffeld, S. (2012). "Muss, kann... oder will ich was verändern?" Welche Chancen bietet die Motivierende Gesprächsführung in Organisationen. *Wirtschaftspsychologie, 4*, 58–71.

Klonek, F. E., & Kauffeld, S. (2015a). Providing engineers with OARS and EARS: Effects of a skills-based vocational training in motivational interviewing for engineers in higher education. *Higher Education, Skills and Work-Based Learning, 5*(2), 117–134. doi:10.1108/HESWBL-06-2014-0025.

Klonek, F. E., & Kauffeld, S. (2015b). Talking with consumers about energy reductions: Recommendations from a motivational interviewing perspective. *Frontiers in Psychology, 6*, 252. doi:10.3389/fpsyg.2015.00252.

Klonek, F. E., Lehmann-Willenbrock, N., & Kauffeld, S. (2014). Dynamics of resistance to change: A sequential analysis of change agents in action. *Journal of Change Management, 14*(3), 334–360. doi:10.1080/14697017.2014.896392.

Lundahl, B. W., Kunz, C., Brownell, C., Tollefson, D. S., & Burke, B. (2010). A metaanalysis of motivational interviewing: Twenty-five years of empirical studies. *Research on Social Work Practice, 20*(2), 137–160. doi:10.1177/1049731509347850.

Magill, M., Gaume, J., Apodaca, T. R., Walthers, J., Mastroleo, N. R., Borsari, B., & Longabaugh, R. (2014). The technical hypothesis of motivational interviewing: A meta-analysis of MI's key causal model. *Journal of Consulting and Clinical Psychology, 82*(6), 973–983. doi:10.1037/a0036833.

Miller, W. R., & Mount, K. A. (2001). A small study of training in motivational interviewing: Does one workshop change clinician and client behavior? *Behavioural and Cognitive Psychotherapy, 29*(4), 457–471. doi:10.1017/S1352465801004064.

Miller, W. R., & Rollnick, S. (2004). Talking oneself into change: Motivational interviewing, stages of change, and therapeutic process. *Journal of Cognitive Psychotherapy, 18*(4), 299–308. doi:10.1891/jcop.18.4.299.64003.

Miller, W. R., & Rollnick, S. (2013). *Motivational interviewing. Helping people change*. New York, NY: Guilford Press.

Miller, W. R., & Rose, G. S. (2009). Toward a theory of motivational interviewing. *American Psychologist, 64*(6), 527–537. doi:10.1037/a0016830.

Miller, W. R. (2012). Equipoise and equanimity in motivational interviewing. *Motivational Interviewing, 1*(1), 31–32. doi:10.5195/ mitrip.2012.10.

Miller, W. R., Yahne, C. E., Moyers, T. B., Martinez, J., & Pirritano, M. (2004). A randomized trial of methods to help clinicians learn motivational interviewing. *Journal of Consulting and Clinical Psychology, 72*(6), 1050–1062. doi:10.1037/0022-006X.72.6.1050.

Miller, W. R. (2000). *Motivational interviewing skill code (MISC): Coder's manual*. Unveröffentlichtes Manual. University of New Mexico.

Mittendorff, K., den Brok, P., & Beijaard, D. (2010). Career conversations in vocational schools. *British Journal of Guidance and Counselling, 38*(2), 143–165. doi:10.1080/03069881003601007.

Moyers, T. B., & Martin, T. (2006). Therapist influence on client language during motivational interviewing sessions. *Journal of Substance Abuse Treatment, 30*(3), 245–251. doi:10.1016/j.jsat.2005.12.003.

Multon, K. D., Ellis-Kalton, C. A., Heppner, M. J., & Gysbers, N. C. (2003). The relationship between counselor verbal response modes and the working alliance in career counseling. *The Career Development Quarterly, 51*(3), 259–273. doi:10.1002/j.2161-0045.2003.tb00606.x.

Passmore, J. (2007). Addressing deficit performance through coaching – using motivational interviewing for performance improvement at work. *International Coaching Psychology Review, 2*(3), 265–275.

de Roten, Y., Zimmermann, G., Ortega, D., & Despland, J. N. (2013). Meta-analysis of the effects of MI training on clinicians' behavior. *Journal of Substance Abuse Treatment, 45*(2), 155–162. doi:10.1016/j.jsat.2013.02.006.

Rubak, S., Sandbæk, A., Lauritzen, T., & Christensen, B. (2005). Motivational interviewing: A systematic review and meta-analysis. *British Journal of General Practice, 55*(513), 305–312.. http://bjgp.org/content/55/513/305

Stoltz, K. B., & Young, T. L. (2013). Applications of motivational interviewing in career counseling facilitating career transition. *Journal of Career Development, 90*(4), 329–346. doi:10.1177/0894845312455508.

Zuckhoff, A., & Dew, M. A. (2012). Research on MI in equipoise: The case of living organ donation. *Motivational Interviewing, 1*(1), 39–41. doi:10.5195/mitrip.2012.12..

Weiterführende Literatur

Klonek, F. E., Paulsen, H., & Kauffeld, S. (2015). They meet, they talk ... but nothing changes: Meetings as a focal context for studying change processes. In J. A. Allen, N. Lehmann-Willenbrock, & S. G. Rogelberg (Hrsg.), *The Cambridge Handbook of Meeting Science* (S. 413–439). New York, NY: Cambridge University Press.

Klonek, F. E., Quera, V., & Kauffeld, S. (2015). Computer-supported coded interactions in Motivational Interviewing with computer-software: What are the advantages for process researchers? *Computers in Human Behavior, 44*, 284–292. doi:10.1016/j.chb.2014.10.034.

Klonek, F. E. Wunderlich, E., Spurk, D., & Kauffeld, S. (2015). Career counseling meets motivational interviewing: A sequential analysis of dynamic counselor-client interactions. *Manuscript submitted for publication.*

13

Steuerung der Prozessqualität im Coaching mit der Ampelsystematik

Arndt Schmidtmayer

C. Triebel et al. (Hrsg.), *Qualität im Coaching*,
DOI 10.1007/978-3-662-49058-7_14, © Springer-Verlag Berlin Heidelberg 2016

14.1 Warum Coaching immer wichtiger wird und eine höhere Prozessqualität benötigt

Coaching kann definiert werden als eine auf die spezifischen Bedürfnisse und Befähigung der einzelnen Mitarbeiter zugeschnittene, ergebnis- und lösungsorientierte, motivierende Beratungsform (vgl. Schumann 2014, S. 4). Beratung, Training und Coaching überschneiden sich immer mehr und werden in der Praxis von vielen Marktteilnehmern sogar synonym verwendet (vgl. Dehner 2010, S. 16).

Die durchschnittliche geschätzte Zunahme der Produktivität nach einem Führungs-Coaching betrug in einem Projekt 6,3 %, diejenige des Nettoertrags 6,5 % (vgl. Künzli 2009, S. 3). Eine Studie mit zehn global tätigen Unternehmen bestätigt ähnliche Verbesserungen: Durch Coaching befähigte und engagierte Mitarbeiter bewirken eine Vervierfachung der Gewinnmarge von 2,6 % auf 11,4 % (vgl. Towers-Watson 2013, S. 4). Für Coaching besteht am deutschen Markt ein großes Wachstumspotenzial von derzeit 450 Millionen Euro Umsatz im Vergleich zum gesamten Weiterbildungsmarkt mit 33 Milliarden Euro Umsatz im Jahr 2014 (Coaching Report 2014).

„In der Weiterbildung gibt es immer noch zu viele schwarze Schafe“, kritisiert die Stiftung Warentest diesbezüglich – sowohl unter den Ausbildern als auch teilweise als Folge unter den Coaches selbst (vgl. Deuber 2013). Das Vorgehen im Coaching-Prozess ist nicht immer von hoher Prozess- und Ergebnisqualität geprägt. Zahlreiche negative Beispiele in der Coaching-Praxis zeigen die drei Hauptproblematiken beim Thema Weiterbildung: nicht zielführende Coaching-Inhalte, fehlende Transferbegleitung sowie gefühlt schlechte Ergebnisse (vgl. Koch 2010, S. 27 ff.). Dazu passend lautet das Ergebnis einer in der Zeitschrift „managerSeminare“ publizierten Studie vom Swiss Centre for Innovations in Learning (SCIL) der Universität St. Gallen: „77 Prozent der Seminarteilnehmer gelingt es nicht, gelernte Inhalte in ihren Arbeitsalltag zu transferieren“ (vgl. Bergel 2007, S. 11). Daraus resultiert eine hohe Abwehrhaltung gegenüber Coaching bei Teilnehmern und Auftraggebern. Zur Verbesserung dieser Prozessqualität und damit der Ergebnisse bedarf es einer kompetenzorientierten und systematischen Herangehensweise (vgl. Kauffeld 2010, S. 14).

Nach Harvard Business School soll ein Coaching nachhaltige und messbare Verhaltensänderungen erreichen durch Anwendung von Tools, Techniken und Prozessen und dabei die Wirkfaktoren im Coaching-Prozess verbessern (vgl. Greif 2014, S. 15). Wirkfaktoren von Coaching sind u. a. die ergebnisorientierte Selbstreflexion, die daraus abgeleitete Zieldefinition sowie die Umsetzungsunterstützung (vgl. Greif et al. 2013, S. 383 f.).

Erfolgreiche Personalentwicklungsprogramme (v. a. Einzel- und Gruppencoachings) grenzen sich besonders durch die drei folgenden Faktoren dabei ab (vgl. Fecheyr-Lippens et al. 2015, ◘ Abb. 14.1):

1. Coaching- und Trainingsprogramme basieren auf Kompetenzmodellen: Über 80 Prozent der Topmanager halten Kompetenzmanagement für wichtig (Demmer 2014, S. 15).
2. Nutzung von Tools und Standards: Ein professionelles Kompetenzmanagement mit geeigneten Instrumenten und Methoden analysiert und steuert den eigenen Kompetenzbestand (vgl. North et al. 2013, S. 22).
3. Formelle Erfolgskontrolle zur kontinuierlichen Entwicklung: regelmäßige Reflexion der Fähigkeiten, Fertigkeiten und Kompetenzen (vgl. Lang-von Wins und Triebel 2012, S. 56).

Im Folgenden wird aufgezeigt, wie diese Erfolgsfaktoren mit einer systematischen Methodik und damit einer höheren Prozessqualität im Coaching umgesetzt werden können.

14.2 Prozessqualität, Kompetenzen-Change-Management und Ampelmethodik

> » So sehr wie das Coaching boomt, so sehr hinkt seine Qualitätssicherung hinterher (Schumann 2008, S. 18).

Im Zentrum der Einflussfaktoren auf die Wirksamkeit von Coaching steht der Coaching-Prozess selbst (vgl. Thommen et al. 2006, S. 299). Die Prozessqualität im Coaching bezieht sich auf alle Handlungen, die notwendig erscheinen, um das definierte

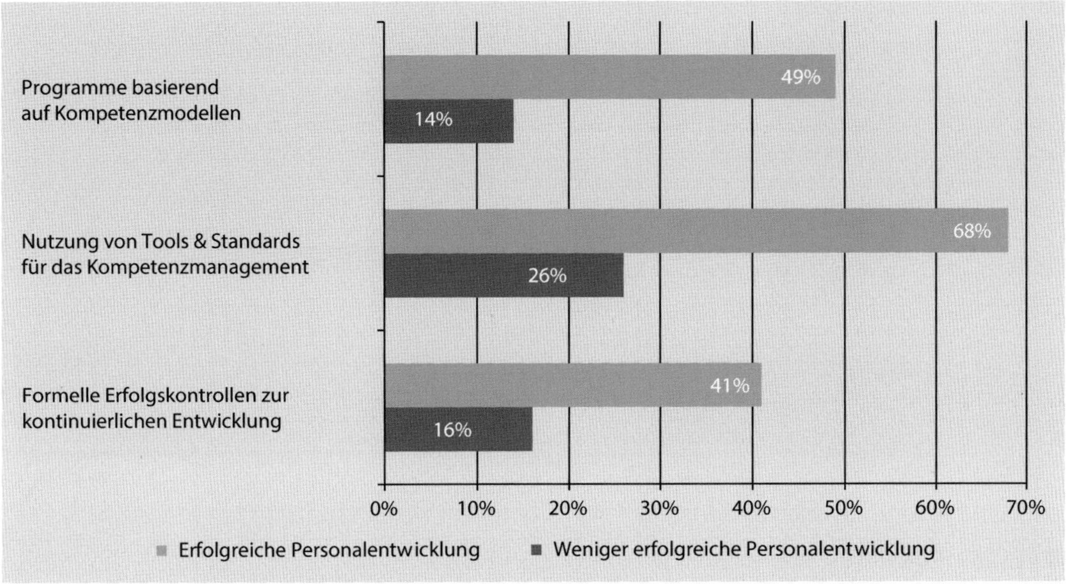

Abb. 14.1 Erfolgsfaktoren in der Personalentwicklung (Fecheyr-Lippens et al. 2015)

Coaching-Ziel zu erreichen (vgl. Rauen 2013), vor allem:

- die Ziel- und Situationskonkretisierung als Problempräzision zu Beginn des Coaching-Prozesses,
- die Auswahl der Interventionen und Umsetzungsbegleitung sowie
- die Evaluation prozessbegleitend und als Ergebnisqualität.

Um die Prozessqualität im Coaching zu steuern und zu verbessern, ist es notwendig, den Prozess von Change Management zu kennen und zu nutzen. So sieht eine Delphi-Studie der Freien Universität Berlin mit 500 HR-Experten zur Personalentwicklung 2020 Veränderungsmanagement als wichtigsten Faktor in Weiterbildungen (vgl. Schermuly et al. 2010). In der SCIL-Studie 2015/16 wird als Top-5-Kompetenz von Learning Professionals „Veränderungsprozesse anstoßen und begleiten" genannt.

Richtiges Coaching und zielführende Weiterbildung stellen daher ein professionelles und prozessorientiertes Kompetenzen-Change-Management dar. Bereits in den 1970er-Jahren wurden geplante Lernerfahrungen definiert als permanente Veränderung von individuellen Einstellungen, Wissen und Fähigkeiten (vgl. Noe und Schmitt 1986, S. 497).

Das 4H-Modell des Change Managements im Coaching ist eine Basis für die notwendigen Maßnahmen in der Steuerung und Steigerung der Prozessqualität. Die eigens vom Autor entwickelte Systematik gliedert sich in folgende vier Teilbereiche: H1 (Hirn), H2 (Herz), H3 (Hand) und H4 (Halten) (Abb. 14.2).

Das 4H-Modell vereint mehrere zugrundeliegende wissenschaftliche Modelle miteinander:

- das Veränderungsmodell von Kurt Lewin: auftauen → verändern → einfrieren (vgl. Schreyögg 2008, S. 411 f.)
- die Commitment-Kurve von ODR (Organisational Development Research): Kontakt → bewusst werden → verstehen → annehmen → installieren → institutionalisieren → internalisieren (vgl. Spalink 1999, S. 53 ff.)
- die Treppe von Konrad Lorenz zur Verhaltensänderung: gedacht → gesagt → gehört → verstanden → einverstanden → getan → beibehalten (vgl. Wenzel 2011, S. 4)

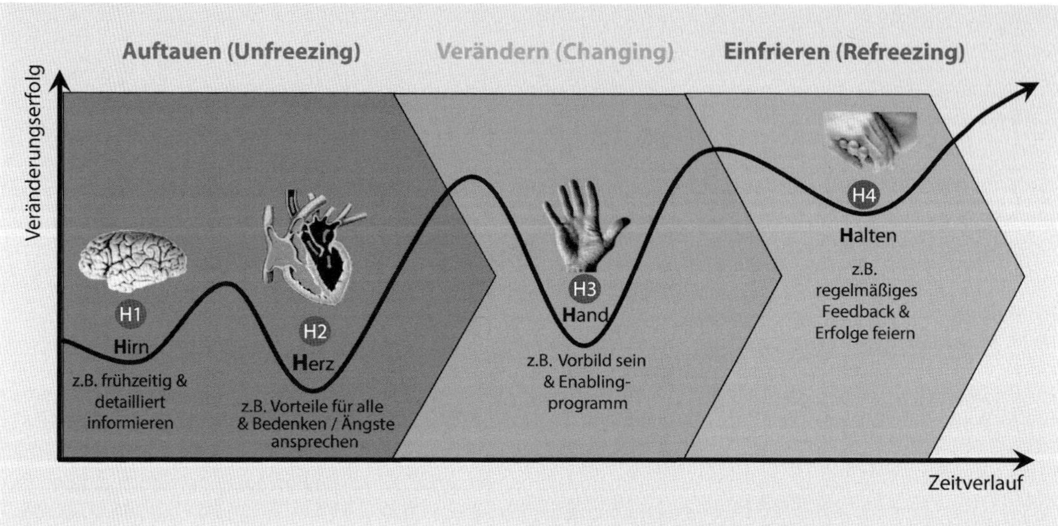

Abb. 14.2 4H-Modell Change Management für Personalentwicklung (Consaining Webseite)

Nur wenn jede dieser vier Stufen im Kompetenzen-Change-Management und somit in der nachhaltigen Personalentwicklung berücksichtigt wird, ist der Coaching-Prozess erfolgreich, und ein positiver Return on Investment (ROI) kann erreicht werden.

Bereits zwei Drittel der teilnehmenden Konzerne und ein Drittel der kleinen und mittelständischen Unternehmen haben laut einer Studie des Fraunhofer-Instituts zumindest ein strukturiertes Kompetenzmanagement eingeführt, viele beginnen gerade damit. Der Nutzen überwiegt dabei den Aufwand (vgl. Demmer 2014, S. 15).

Beschleuniger einer Entwicklung im Veränderungsprozess ist neben der Erkundung der Ausgangslage die Konsequenz der Umsetzung und die Kommunikation der Ergebniserfolge (vgl. Doppler 2003, S. 138). Im nachhaltigen Coaching-Prozess der Veränderung können eine Vielzahl an Methoden und Tools eingesetzt werden. Die Ampelmethodik mit ihrer farblichen Dreistufigkeit kann dabei über den gesamten Ablauf im Einzel- oder Gruppen-Coaching eingesetzt werden, etwa bei der nicht zu komplexen Ermittlung der Coaching-Potenziale, bei der Kennzeichnung der Umsetzung der Verbesserungsaktivitäten des Coachees sowie bei der wiederholten Bewertung der Denk- und Verhaltensweisen sowie sinnvollen Kennzahlen des einzelnen Coachees.

Die Ampelsystematik nutzt die pragmatische, visuell intuitive und in vielen Unternehmen im Projektmanagement weit verbreitete dreistufige Skala (vgl. Heller 2015, S. 27) zur Selbst- und Fremdeinstufung der jeweiligen notwendigen Kompetenzen:

1. Rote, gering ausgeprägte Kompetenzen bedeuten priorisierte Coaching-Notwendigkeit.
2. Gelbe, teilweise ausgeprägte Kompetenzen stellen mittelfristige Coaching-Potenziale dar.
3. Grüne, stark ausgeprägte Kompetenzen definieren nutzbare Stärken, somit keinen Coaching-Bedarf.

Abb. 14.3 zeigt einen Ausschnitt aus einer realen, maßgeschneiderten Coaching-Bedarfsanalyse von Führungskräften mit Einstellungen, Wissen und Verhaltensweisen:

Die Auswertungsergebnisse sind direkt sichtbar und selbsterklärend: Der Teilnehmer erkennt umgehend,

- in welchen Punkten er den Kompetenzanforderungen gerecht wird (z. B. SMARTE Zielsetzung) oder
- wo Kompetenzen ausgebaut werden müssen (u. a. Motivatoren), also Coaching-Bedarf besteht.

14

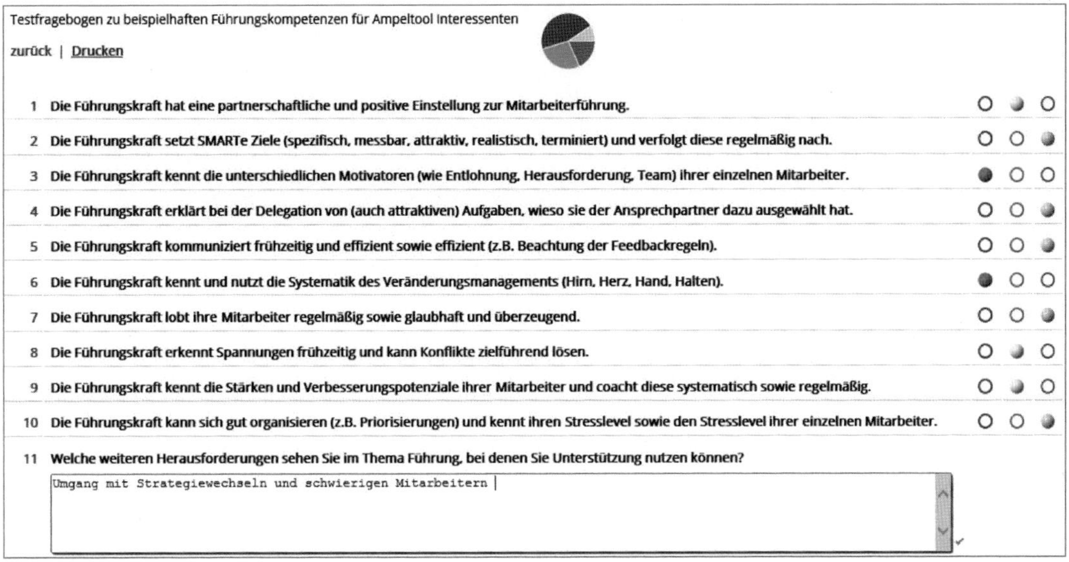
Testfragebogen zu beispielhaften Führungskompetenzen für Ampeltool Interessenten

zurück | Drucken

1 Die Führungskraft hat eine partnerschaftliche und positive Einstellung zur Mitarbeiterführung.

2 Die Führungskraft setzt SMARTe Ziele (spezifisch, messbar, attraktiv, realistisch, terminiert) und verfolgt diese regelmäßig nach.

3 Die Führungskraft kennt die unterschiedlichen Motivatoren (wie Entlohnung, Herausforderung, Team) ihrer einzelnen Mitarbeiter.

4 Die Führungskraft erklärt bei der Delegation von (auch attraktiven) Aufgaben, wieso sie der Ansprechpartner dazu ausgewählt hat.

5 Die Führungskraft kommuniziert frühzeitig und effizient sowie effizient (z.B. Beachtung der Feedbackregeln).

6 Die Führungskraft kennt und nutzt die Systematik des Veränderungsmanagements (Hirn, Herz, Hand, Halten).

7 Die Führungskraft lobt ihre Mitarbeiter regelmäßig sowie glaubhaft und überzeugend.

8 Die Führungskraft erkennt Spannungen frühzeitig und kann Konflikte zielführend lösen.

9 Die Führungskraft kennt die Stärken und Verbesserungspotenziale ihrer Mitarbeiter und coacht diese systematisch sowie regelmäßig.

10 Die Führungskraft kann sich gut organisieren (z.B. Priorisierungen) und kennt ihren Stresslevel sowie den Stresslevel ihrer einzelnen Mitarbeiter.

11 Welche weiteren Herausforderungen sehen Sie im Thema Führung, bei denen Sie Unterstützung nutzen können?

Umgang mit Strategiewechseln und schwierigen Mitarbeitern

Abb. 14.3 Beispielhafte Coaching-Bedarfsanalyse Führung (▶ www.quickcheck.ampeltool.net)

Durch die Dreistufigkeit wird auch die Bewertung durch alle Beteiligten schneller bzw. effizienter und damit kostengünstiger, und die Ergebnisse sind schnell verwertbar, sie stellen keinen Zahlenfriedhof dar (z. B.: Bedeutet eine 24 oder erst eine 31 von 100 wirklichen Coaching-Bedarf?). Diese Vorgehensweise involviert andere betroffene Stakeholder im Coaching-Prozess intensiver und ist strukturierter sowie ergebnisorientierter als ein Auftragsklärungsgespräch ohne diese Eigen- und Fremdbilder.

Durch die komplette Individualisierbarkeit dieser Analyse ergeben sich vielfältige Einsatzmöglichkeiten im Einzel- oder Gruppen-Coaching z. B. von Verkäufern, Servicemitarbeitern oder von Führungskräften, vom Teamleiter bis ins Topmanagement (vgl. Bentz 2008, S. 47). Die Ampelmethodik kann im Coaching losgelöst von Zielgruppen und Inhalten eingesetzt werden.

14.3 Die systematische Prozessqualität als Erfolgsfaktor im dreistufigen Coaching

Der Coaching-Prozess mit systemgestützter Prozessqualität umfasst die drei folgenden Schritte:

1. Coaching-Potenzialanalyse als erster Prozessschritt der Vorbereitung
2. Umsetzungsunterstützung als zweiter kontinuierlicher Prozessschritt
3. Ergebnisevaluation der Coachings (Kompetenzen sowie KPIs) am Ende des Prozesses

Zu Beginn einer Coaching-Maßnahme ist es wichtig, Wahrnehmung und Bewusstsein des Coachees zu seinen individuellen Einstellungen, Handlungsfähigkeiten und seiner Selbstwirksamkeitsüberzeugung zu stärken. Das Eigenbild sowie zusätzliche anonyme Fremdbilder zeigen dem Coachee Verbesserungspunkte auf. ▶ Abschn. 14.3.1 beschreibt diese Coaching-Potenzialanalyse.

Eine dezidierte Transferunterstützung fehlt immer noch in zahlreichen Coaching-Projekten. Dabei ist eine professionelle und systematische Begleitung erfolgskritisch, um die Qualität im Coaching-Prozess hochzuhalten und die individuellen Veränderungen nicht zu vergessen. In ▶ Abschn. 14.3.2 wird konkret darauf eingegangen.

Schlussendlich findet die Messung des Erfolges statt, denn sonst erreicht man keine langfristige Motivation aller Beteiligten; Personalentwicklung wird eher als „Cost Center" anstatt als „Profit Center" angesehen. In ▶ Abschn. 14.3.3 wird aufgezeigt, wie diese Ergebnismessung effektiv und effizient umgesetzt werden kann.

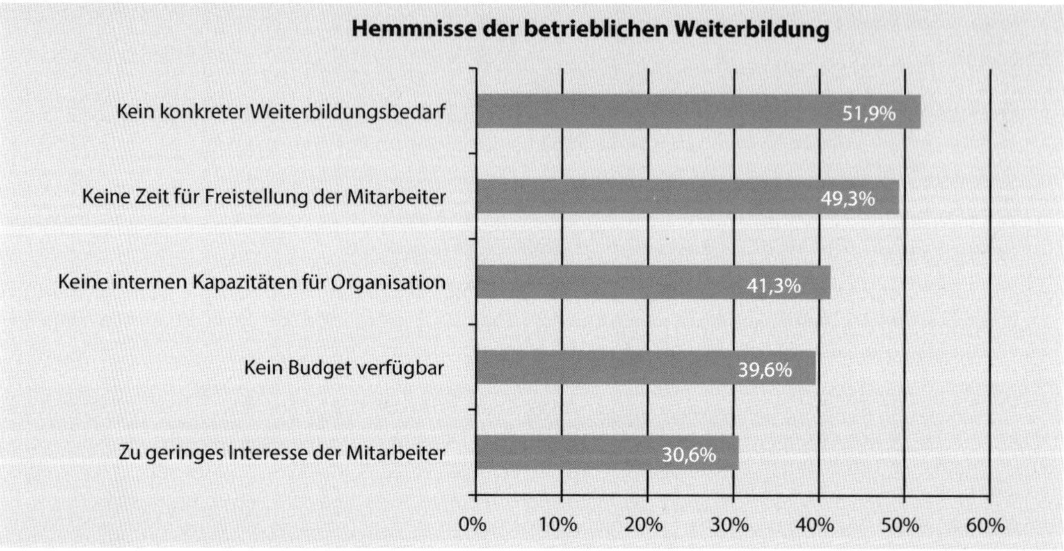

Abb. 14.4 Hemmnisse betrieblicher Weiterbildung

14.3.1 Pragmatische Coaching-Potenzialanalyse in der Auftragsformulierung und Zielkonkretisierung

Das Hemmnis Nummer 1 betrieblicher Weiterbildung ist laut Institut der deutschen Wirtschaft in Köln mit über der Hälfte der Antworten, dass kein *konkreter* Weiterbildungsbedarf gemessen wird (vgl. Deutsches Institut für Weiterbildung 2014, S. 10; Abb. 14.4). Die dahinter liegenden Hemmnisse wie fehlende Zeit, Kapazität, Budget oder Interesse lassen sich durch eine nicht durchgeführte Bedarfsanalyse zu einem großen Teil erklären: Wenn man nicht genau gemessen hat, ob bzw. wo Verbesserungsbedarf besteht, wird man nicht so einfach Ressourcen oder Interessenten für eine Coaching-Maßnahme finden.

Im Coaching-Prozess muss also zu Beginn ein mitarbeiterindividuelles und unternehmensweites Bild Überzeugungsarbeit leisten, dass die derzeitigen Kompetenzbewertungen der Mitarbeiter nicht den Marktanforderungen gerecht werden; man muss sich durch individuelle Coachings verbessern, um die Überlebensfähigkeit des Unternehmens langfristig sicherzustellen. Coaching entwickelt sich damit von einer möglichen Option zu einer wichtigen Notwendigkeit.

Die kompetenzorientierte Coaching-Potenzialanalyse ist ein unverzichtbarer Schritt für eine nachhaltig erfolgreiche Kompetenzentwicklung (vgl. Kauffeld 2010, S. 18), eine „ressourcenorientierte und ressourcenaktivierende Beratung" (Lang-von Wins und Triebel 2012, S. 56). Professionelles Coaching ist die Förderung der Selbstreflexion und -wahrnehmung und die selbstgesteuerte Verbesserung der Möglichkeiten des Coachees bzgl. Wahrnehmung, Erleben, Denk- und Verhaltensweisen (vgl. Deutscher Bundesverband Coaching DBVC e. V., 2015). Auch die SCIL-Studie 2015/16 sieht Bildungsbedarfsanalysen als Neueinsteiger in den Top-10-Themen der Weiterbildung (vgl. Fandel-Meyer et al. 2015, S. 10).

Maßgeschneiderte Kompetenzmodelle und deren Potenzialanalyse tragen somit dazu bei, „die notwendigen Schritte und Aufgaben der Personalentwicklung konzentriert und koordiniert in Angriff zu nehmen. Zugleich ist darauf hinzuweisen, dass moderne Personalentwicklung, vor allem wenn sie systematisch auf Kompetenzmodellen basiert, in der Regel einer angemessenen IT-basierten Unterstützung der Personalprozesse bedarf" (vgl. Erpenbeck et al. 2013, S. 27). Die maßgeschneiderte Potenzialanalyse ist also notwendig, um „Leistungssteigerungs-Projekte" wie Einzel- und Gruppen-Coachings zu konzipieren und die Mitarbeiter den einzelnen Maßnahmen gezielt zuzuordnen (vgl. Schmidtmayer 2008, S. 1). Somit wird im Coaching an Themen gearbeitet, die eventuell bisher vernachlässigt wurden und großes Optimierungspotenzial enthalten (vgl. Rauen 2014, S. 2). Aus den Ergebnissen der Potenzialanalyse kann das konkrete Coaching-Angebot des Unternehmens (Teilnehmer und Themen) für das kommende Jahr abgeleitet werden (vgl. Schmidtmayer 2013, S. 1).

Coaching-Eingangsdiagnostik im Prozess der Ziel- und Problemklärung stellt eine gute Grundlage für das Coaching dar (vgl. Möller und Kotte 2011, S. 453 f.). Durch die individuelle Potenzialanalyse können die Veränderungsnotwendigkeiten und Coaching-Interventionen nicht nur gezielter definiert, sondern auch besser umgesetzt werden (s. nächstes Kapitel).

14.3.2 Kontinuierliches Umsetzungs-Controlling zwischen den Coaching-Modulen

Häufig bleiben angestoßene Reflexionen ohne Folgen, die Umsetzung der besprochenen Maßnahmen findet nicht statt (vgl. Greif 2006, S. 48). Die Kontinuität und Regelmäßigkeit im Coaching ist jedoch die Voraussetzung für den Erfolg von Veränderungen (vgl. Doppler 2003, S. 65). Die konkreten Verbesserungsmaßnahmen im Arbeitsalltag umzusetzen stellt kein triviales Unterfangen dar. Es kann erst von Transfer gesprochen werden, wenn die Anwendung neuen Wissens und neuer Fähigkeiten in der Arbeit konkret geglückt ist (vgl. Kauffeld 2011, S. 134).

Lernpsychologie und Neurowissenschaft belegen, dass Lernen nur langsam vorangeht (vgl. Spitzer 2002, S. 65) und allein durch häufige Wiederholung bzw. Übungen und Erfahrungen „kleinschrittig" gelernt wird (ebenda S. 278). Denn unser Können steckt in den wachsenden Stärken der synaptischen Verbindungen zwischen den Neuronen, welche immer wieder aufgefrischt werden müssen (ebenda S. 55). So sollte der Coach nicht verwundert sein, wenn der Coachee im nächsten Modul nicht alle besprochenen Punkte direkt präsent und manche sogar vergessen hat. Um der sog. „Vergessenskurve" entgegenzuwirken, bedarf es also eines regelmäßigen Follow-ups der besprochenen Coaching-Inhalte und Verbesserungs-To-Do's. Diese Umsetzungsunterstützung kann durch sich ergänzende Maßnahmen im Coaching-Prozess sichergestellt werden:

1. langfristige (Transfer-) Begleitung der Coachees über mehrere Module und Monate hinweg
2. Transfermonitoring und -unterstützung durch Führungskraft und Lernpartner
3. systematische Erinnerungen an die Umsetzung der neuen Denk- und Verhaltensweisen

Die wichtige Rolle der Führungskraft als vertrauter Personalentwickler ist besonders für den Lerntransfer unbestritten: „Vorgesetzte können über Anerkennung, Belohnung, Ermutigung, Feedback und Unterstützung beim Austausch über das neu Gelernte den Erfolg der Trainingsteilnehmer unterstützen" (Koch 2015, S. 22).

Fokus dieses Kapitels innerhalb der systematischen Steigerung der Prozessqualität sind die zweiwöchigen Erinnerungs-E-Mails: Der Coachee trägt die individuellen Verbesserungsaktivitäten direkt am Ende des jeweiligen Coaching-Moduls online ein. Mögliche andere Beteiligte wie Coach, Führungskraft oder Lernpartner, die ihn im Transfer fordern und fördern sollen, werden als Empfänger einer Kopie der Erinnerungs-E-Mail eingetragen.

Der Coachee hakt eigenverantwortlich die Umsetzung seiner individuellen Maßnahmen ab. Damit stellt diese Prozessstützung in Anlehnung an ein Lerntagebuch eine regelmäßige, interaktive Vorgehensweise dar: An einem vom Coachee festgelegten Wochentag erhält dieser sowie die in cc-gesetzten Personen die Reminder-E-Mail (◘ Abb. 14.5), in der ebenso die pragmatische, dreistufige farbliche Visualisierung gewählt wird:

- Grün erscheinen Verbesserungsmaßnahmen, die der Coachee umgesetzt und abgehakt hat; der Coachee wird hierfür gelobt und damit zur Beibehaltung der Veränderungen motiviert (z. B. situative Führung mit den Mitarbeitern umsetzen).
- Gelb bedeuten die To-Do's, welche in den letzten sechs Wochen eingetragen und noch nicht abgehakt wurden; damit wird an die

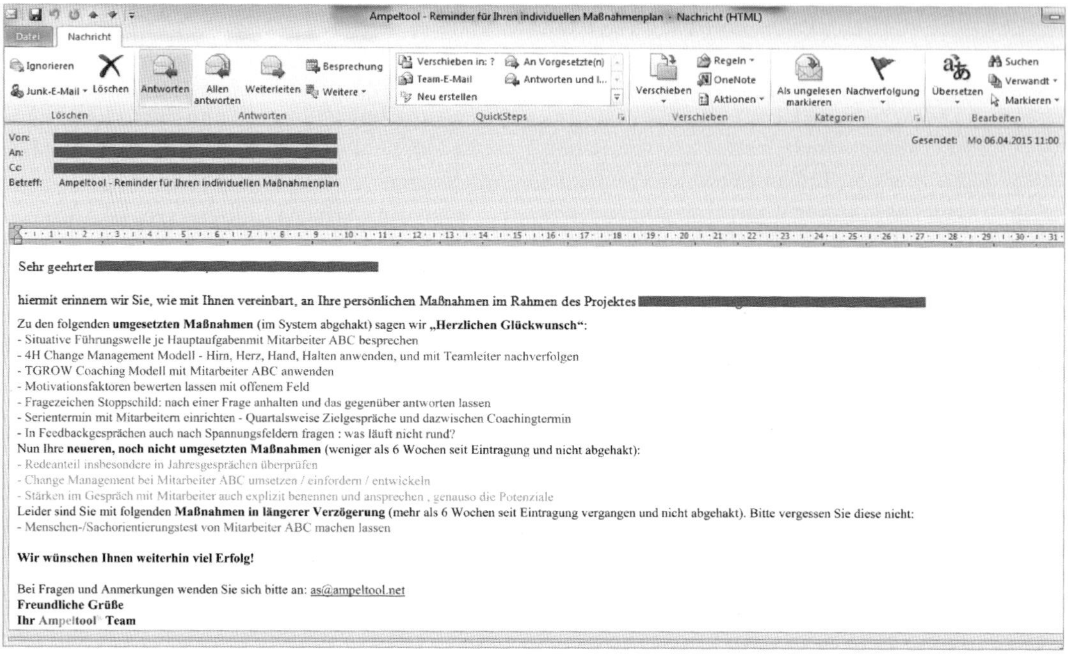

Ampeltool - Reminder für Ihren individuellen Maßnahmenplan - Nachricht (HTML)

Von: [redacted]
An: [redacted]
Cc: [redacted]
Betreff: Ampeltool - Reminder für Ihren individuellen Maßnahmenplan

Gesendet: Mo 06.04.2015 11:00

Sehr geehrter [redacted]

hiermit erinnern wir Sie, wie mit Ihnen vereinbart, an Ihre persönlichen Maßnahmen im Rahmen des Projektes [redacted]

Zu den folgenden **umgesetzten Maßnahmen** (im System abgehakt) sagen wir **„Herzlichen Glückwunsch"**:
- Situative Führungswelle je Hauptaufgabenmit Mitarbeiter ABC besprechen
- 4H Change Management Modell - Hirn, Herz, Hand, Halten anwenden, und mit Teamleiter nachverfolgen
- TGROW Coaching Modell mit Mitarbeiter ABC anwenden
- Motivationsfaktoren bewerten lassen mit offenem Feld
- Fragezeichen Stoppschild: nach einer Frage anhalten und das gegenüber antworten lassen
- Serientermin mit Mitarbeitern einrichten - Quartalsweise Zielgespräche und dazwischen Coachingtermin
- In Feedbackgesprächen auch nach Spannungsfeldern fragen : was läuft nicht rund?

Nun Ihre **neueren, noch nicht umgesetzten Maßnahmen** (weniger als 6 Wochen seit Eintragung und nicht abgehakt):
- Redeanteil insbesondere in Jahresgesprächen überprüfen
- Change Management bei Mitarbeiter ABC umsetzen / einfordern / entwickeln
- Stärken im Gespräch mit Mitarbeiter auch explizit benennen und ansprechen , genauso die Potenziale

Leider sind Sie mit folgenden **Maßnahmen in längerer Verzögerung** (mehr als 6 Wochen seit Eintragung vergangen und nicht abgehakt). Bitte vergessen Sie diese nicht:
- Menschen-/Sachorientierungstest von Mitarbeiter ABC machen lassen

Wir wünschen Ihnen weiterhin viel Erfolg!

Bei Fragen und Anmerkungen wenden Sie sich bitte an: as@ampeltool.net
Freundliche Grüße
Ihr Ampeltool Team

Abb. 14.5 Reminder-E-Mail aus einem reellen Führungskräfte-Coaching-Projekt (Projektbeispiel)

Umsetzung erinnert (z. B. den Redeanteil in Mitarbeitergesprächen reduzieren).

- Rot sind diejenigen Aktivitäten gekennzeichnet, die schon vor mehr als sechs Wochen eingetragen wurden und nicht in Vergessenheit geraten sollen, also höchste Priorität haben (z. B. Mensch-/Sachorientierungstest von Mitarbeiter ausfüllen lassen).

Zudem kann der Coachee weiterführende Dateien (Präsentation, Erläuterungen, Audiodateien, Videos usw.) auf der Online-Plattform einsehen und dadurch im Coaching besprochene Punkte vertiefen bzw. verfestigen, um die neuronalen Verbindungen zu diesem Thema zu verfestigen.

Neben der kontinuierlichen Überprüfung des Umsetzungsstandes der individuellen Verbesserungsaktivitäten ist ebenso ein Endstand der Umsetzungsquote zu betrachten. Darüber hinaus sollte dem einzelnen Coachee Feedback bzw. Unterstützung per E-Mail, Skype, Telefon oder am besten im persönlichen Gespräch angeboten werden. Zur Umsetzungsquote kommt am Ende eine Gesamtevaluation des Coaching-Projektes hinzu, die im nächsten Kapitel beschrieben wird. Damit werden die beiden letzten Punkte von Prozessqualität im Coaching erfüllt, nämlich Zwischenresümees (prozessbegleitende Evaluation) und Abschlussresümee (summative Evaluation; vgl. Rauen 2013).

14.3.3 Weiterführende Ergebnisevaluation am Ende des Coachings

Coach, Coachee und Auftraggeber sollten konkrete Verbesserungsergebnisse als Ziel des Coachings gesetzt haben. Ohne eine abschließende Evaluation kann kein Rückschluss auf die Zielerreichung respektive Ergebnisqualität als Teil der Prozessqualität gezogen werden.

Das wohl bekannteste und am weitesten verbreitete Evaluationskonzept von Weiterbildungen ist das Vier-Ebenen-Modell der Ergebnis-

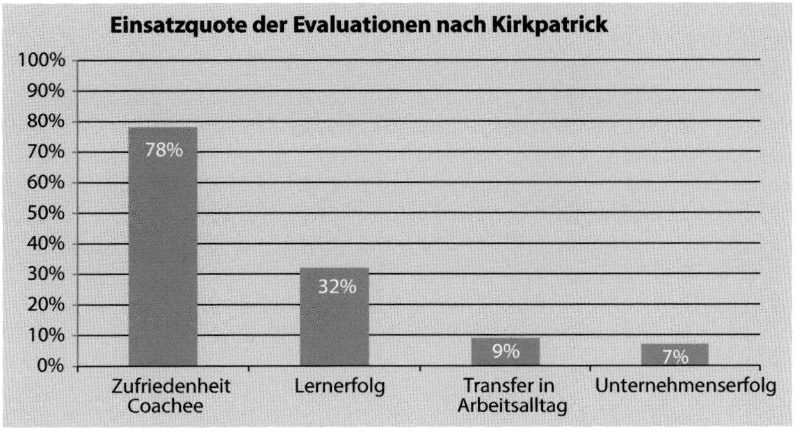

■ **Abb. 14.6** Übersicht zur Ergebnisprüfung eines Coachings nach Kirkpatrick (Van Buren und Erskine 2002)

evaluation von Donald Kirkpatrick (vgl. Kauffeld 2010, S. 112; ■ Abb. 14.6):

1. **Reaktion** – Wie zufrieden ist der Coachee mit Vorgehensweise, Inhalten, Rahmenbedingungen und Coach?
2. **Wissen** – Hat der Coachee die Inhalte gelernt und gespeichert?
3. **Verhalten** – Setzt der Coachee das neu gewonnene Wissen, die individuellen Verbesserungsmaßnahmen für Denk- und Verhaltensweisen in seinem Arbeitsalltag um?
4. **Resultate** – Verbessern sich die konkreten Ergebnisse wie z. B. die Nachlassquote der Vertriebs-Coachees oder die Mitarbeiterzufriedenheit der Führungs-Coachees?

In der Praxis werden bislang primär die beiden ersten Ebenen (Reaktion und Wissenstransfer) berücksichtigt: Fast vier von fünf Unternehmen messen den Zufriedenheitserfolg, nur ein Drittel das Lernen selbst, weniger als jedes zehnte den Transfererfolg und lediglich 7 % den Unternehmenserfolg (vgl. van Buren und Erskine 2002).

Die stark abfallende Quote hat mit dem steigenden Aufwand der Überprüfung und der teilweise sinkenden Zurechenbarkeit der Ergebnisse zum Coaching zu tun:

- Das in Stufe 1 genutzte mündliche oder schriftliche Feedback (sog. „Happy Sheets" aufgrund der meist guten Rückmeldungen) ist einfach einzuholen.
- Die in Stufe 2 möglichen schriftlichen Wissenstests oder mündlichen Abfragen sind bereits etwas aufwendiger.
- Für Stufe 3 muss ein Beobachter (Vorgesetzter oder Coach) den Coachee in einer Rollensimulation oder als Begleiter in einer Echtsituation (z. B. Kunden- oder Mitarbeitergespräch) zu den Inhalten des Coachings überprüfen.

Die Kennzahlen (Key-Performance-Indikatoren) können relativ leicht erhoben und sogar teilweise auf den einzelnen Coachee heruntergebrochen werden; nur eine konkrete Zuordnung z. B. der Umsatzzahlen als Ergebnis des Vertriebs-Coaching-Programms ist nicht trivial, denn viele andere Einflussfaktoren wie Marktgeschehen, Aktivitäten der Wettbewerber müssen „herausgerechnet" werden.

Als Ergebnis einer Coaching-Maßnahme sollten der Lerntransfer in den Arbeitsalltag und damit die Steigerung des Unternehmenserfolgs erreicht (Stufen 3 und 4) und nicht nur die Coachees zufriedengestellt bzw. Wissen vermittelt (Stufen 1 und 2) werden.

Die Zufriedenheit des Coachees mit dem Coaching korreliert häufig nur bedingt mit den tatsächlich umgesetzten Lernerfolgen (vgl. Möller und Kotte 2011, S. 447; Noe und Schmitt 1986, S. 506 ff.). Die Teilnehmerzufriedenheit mit der vermittelnden Vorgehensweise war in einer Studie von Weisweiler und Theurer (2009, S. 315 f.) größer als in der in-

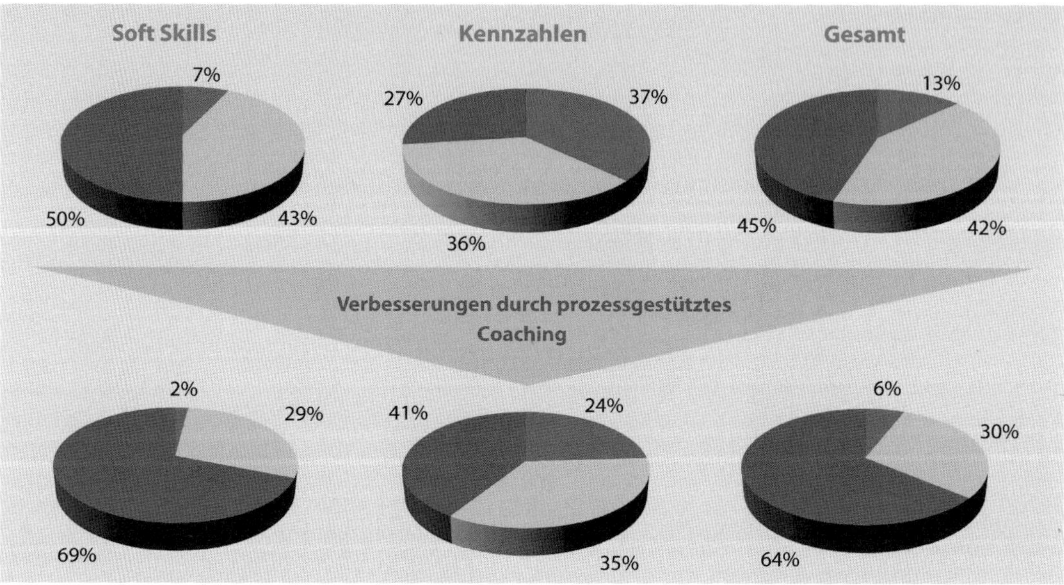

Abb. 14.7 Verbesserungen durch prozessgesteuertes Coaching

teraktiven Vorgehensweise mit viel Eigenaktivität. Die Ergebnisse zeigten jedoch drei Monate nach der Intervention höhere Werte beim Wissenstest und der Kommunikationsleistung in der interaktiven Testgruppe (vgl. Kauffeld 2010, S. 65).

Für Stufe 3 und 4 eignen sich Vorher-Nachher-Vergleiche zu den Stärken, Potenzialen und dringenden Verbesserungsbedarfen sowie zu ausgesuchten, passenden betrieblichen Kennzahlen mit der Ampelsystematik.

Als ausgewählte Kennzahlen oder KPIs können z. B. die Anzahl der versendeten Angebote oder die Nachlassquote pro Coachee gemessen werden – Punkte, an denen in den Coaching-Modulen zu proaktivem Vertrieb und Preisverhandlungen konkret gearbeitet wurde und diese damit besser beeinflussbarer sind als die generelle Umsatzentwicklung (Abb. 14.7).

Der Vorstand einer Großbank in Luxemburg war begeistert, dass er endlich rot auf grün den Return on Investment (ROI) der Einzel- und Gruppencoachings sehen konnte: Die Nachbefragung zeigte eine Steigerung des grünen Stärkenanteils aller einzelnen Coachees von 46 % auf 72 % (vgl. Schmidtmayer 2014, S. 5). Manche Punkte wurden auch v. a. im Eigenbild schlechter in der Nachbefragung bewertet, da man die wirklich zielführenden Denk- und Verhaltensweisen erst im Coaching besprochen hatte.

In einem Projekt im Automobilhandel wurden beispielsweise die in der Analyse enthaltenen Geschäftskennzahlen wie Abschlussquote nach der Kompetenzentwicklung um über die Hälfte verbessert.

Der Coach kann diese Verbesserungen aufzeigen, mit anderen Projekten vergleichen und Anerkennung von Coachee und Auftraggeber dafür erfahren.

Die umfangreiche systematische und langzeitorientierte, regelmäßig durchgeführte Gegenüberstellung der Einschätzungen der verschiedenen, am Coaching-Prozess beteiligten Akteure (Coach, Klient, Auftraggeber, Kollegen bzw. Mitarbeiter) nivelliert Diskrepanzen in der Ergebniseinschätzung durch diverse Wahrnehmungen zu unterschiedlichen Zeitpunkten (vgl. Möller und Kotte 2011, S. 450).

14.4 Auswirkungen gestiegener Prozessqualität im Coaching

Der Geschäftserfolg hängt wie beschrieben stark ab vom systematischen Erkennen und Weiterentwickeln von Handlungsfertigkeiten und -fähigkeiten

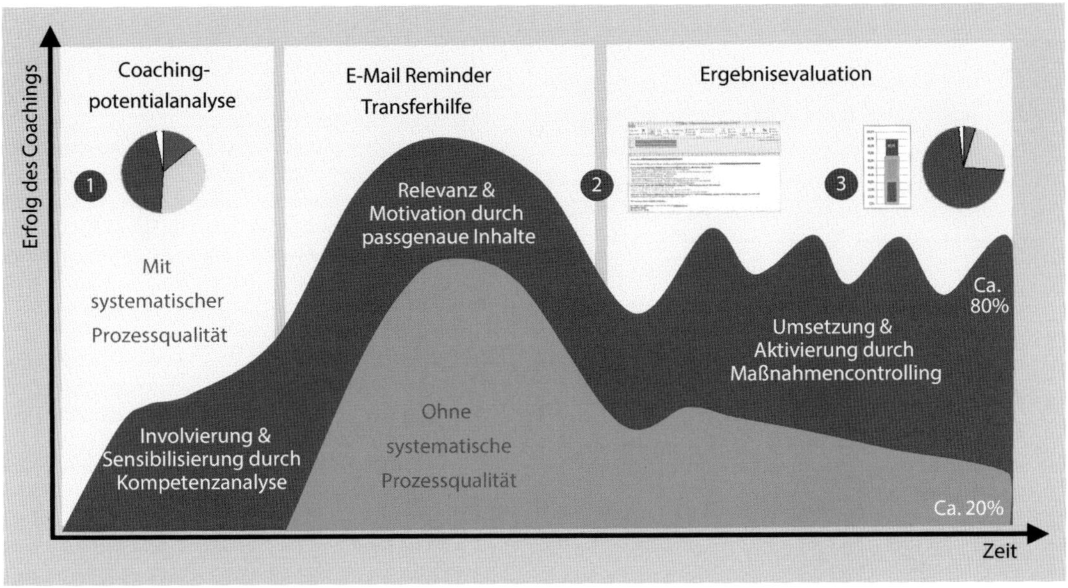

Abb. 14.8 Coaching-Erfolg mit und ohne systematischer Prozessqualität

im Sinne eines prozessgesteuertem Kompetenzen-Change-Managements (vgl. Kauffeld 2010, S. 2 f.). Coaching „als wirksames Instrument der Personalentwicklung [...] ist eine maßgeschneiderte, partnerschaftlich gestaltete, zielorientierte Maßnahme, die auch hilft, eine Feedbackkultur zu etablieren. Im Vergleich zu Seminaren ist Coaching kostengünstig, transferorientiert, kann punktuell und effizient eingesetzt werden und erfordert nur kurze Absenzen am Arbeitsplatz“ (vgl. Thommen und Backhausen 2006, S. 244). Durch die beschriebene systematische Prozessqualität kann die Umsetzungsquote der Maßnahmen nachweislich in Projekten von ca. 20 % (vgl. Bergel 2007, S. 11) auf über 80 % gesteigert werden sowie die erkannten nutzbaren Stärken von etwa 50 % auf 75 %. Dies stellt einen enormen Nutzen des Coachings dar (vgl. Schmidtmayer 2013, S. 2), wie auch Abb. 14.8 zeigt.

Coaching-Experte Ulrich Dehner warnt, dass eine Methodik oder ein Tool alleine nichts nutzt und natürlich zu Coach, Coachee und Aufraggeber passen muss (vgl. Dehner 2010, S. 14 f.). Eine Systematik ist und bleibt ein Hilfsmittel, wie die Assistenzsysteme von Automobilen: Der zielführende Einsatz des Instrumentes und die Verantwortung verbleiben bei Fahrer und Beifahrer, also bei Coachee und Coach.

Die fachlichen und persönlichen Kompetenzen der Coaches sollten ebenso regelmäßig gemessen und verbessert werden; der Coach kann für sich selbst vorbildlich dieselbe Methodik einsetzen wie bei seinen Coachees. Damit wird die Strukturqualität im Coaching verbessert bzw. gesichert (vgl. Schumann 2008, S. 21 sowie Aug 2012).

Die zukünftige Coaching-Forschung – insbesondere auch zur systemgestützten Prozessqualität – muss dabei noch breiter angelegt sein, standardisierter und mehrperspektivisch gestaltet werden. Praxis und Forschung sollten noch stärker kooperieren (vgl. Künzli 2009, S. 12; Möller und Kotte 2011, S. 251 ff.), um die tatsächlichen Effekte aller Wirkfaktoren auf die Coaching-Qualität sowie -Ergebnisse noch fundierter bewerten zu können.

Meta-Analysen mit Vergleichen der Ergebnisse von Coaching mit denen von Kontrollgruppen bei Zuordnung der Teilnehmer per Zufall (Randomized Control Trials) sind dabei eine gute Möglichkeit (vgl. Greif 2014, S. 15). Unternehmen müssen davon überzeugt werden, zunächst zwei unterschiedliche Vorgehensweisen im Coaching einzusetzen, um dann die bessere Methode zu verwenden.

14.5 Fazit

Dieser Beitrag hat aufgezeigt, wie im Coaching die Prozessqualität durch die Ampelsystematik gesteigert wird in den drei Prozessstufen vor, während und nach den einzelnen Modulen, um messbar nachhaltige Erfolge zu erzielen durch die folgenden Verbesserungen (vgl. Schumann 2008, S. 21):

- höhere Transparenz der Methodik und zugrundeliegenden Denk- und Verhaltensweisen
- intensive Beteiligung des Klienten und der Stakeholder
- Überprüfung und Steigerung der Veränderungsmotivation des Coachees
- strukturierte Zielerarbeitung und laufendes Feedback
- zielführende Evaluationen am Ende des Prozesses

Literatur

Verwendete Literatur

Aug, M. (2012). *Qualität im Coaching*. http://www.coaching-globe.net/detail/article/qualitaet-im-coaching.html. Zugegriffen: 10.08.2015

Bentz, C. (2008). *Instrumente zur Messung des Weiterqualifizierungsbedarfs von Führungskräften – Untersuchung des Ampeltool®am Beispiel ausgewählter Unternehmen*. Unveröffentlichte Diplomarbeit. Hochschule St. Gallen.

Bergel, S. (2007). Ohne Lernkultur geht es nicht – Studie zum Bildungstransfer. *managerSeminare, 116,* 11. http://www.managerseminare.de/ms_News/Studie-zum-Bildungstransfer-Ohne-Lernkultur-geht-es-nicht,157601. Zugriff: 13.04.2015

Coaching Report (2014). *Der Coaching-Markt*. http://www.coaching-report.de/coaching-markt.html. Zugriff: 29.12.2015

Dehner, U. (2010). Coaching Magazin. *Interview mit Ulrich Dehner, 4,* 12–17. http://www.coaching-magazin.de/archiv/2010/rauen_coaching-magazin_2010-04.pdf. Zugriff: 14.04.2015

Demmer, C. (2014). Kompetenzmanagement: Zwischen Traum und Alptraum. *Personalwirtschaft, 6,* 14–17.

Deuber, L. (2013). *Lebens- und Berufsberatung: Was ein guter Coach können muss*. Zeit online. http://www.zeit.de/karriere/2013-09/Coaching. Zugegriffen: 29.12.2015

Deutsches Institut für Weiterbildung (2014). *IW-Weiterbildungserhebung*. Köln: Deutsches Instituts für Weiterbildung Köln. http://www.iwkoeln.de/studien/iw-trends/beitrag/susanne-seyda-dirk-werner-iw-weiterbildungserhebung-2014-201128. Zugriff: 22.04.2015

Deutscher Bundesverband Coaching DBVC e. V. (2015). *Definition Coaching*. http://www.dbvc.de/derverband/ueber-uns/definition-coaching.html. Zugriff: 28.04.2015

Doppler, K. (2003). *Der Change Manager – sich selbst und andere verändern*. Frankfurt a. M.: Campus.

Erpenbeck, J., Rosenstiel, L., & Grote, S. (2013). *Kompetenzmodelle von Unternehmen*. Stuttgart: Schäffer-Poeschel.

Fandel-Meyer, T., Schneider, C., Seufert, S., Meier, C., & Schuchmann, D. (2015). *SCIL Studie 2015/16 – Trends im Corporate Learning*. http://www.scil.unisg.ch/~/media/internet/content/dateien/instituteundcenters/iwp-scil/trendstudien/150709_sciltrendstudie20152016_management%20summary_website.pdf?fl=de. Zugegriffen: 09.07.2015

Fecheyr-Lippens, B., Schaninger, B., & Tanner, K. (2015). *Power to the new people analytics*. http://www.mckinsey.com/insights/organization/power_to_the_new_people_analytics. Zugegriffen: 16.04.2015

Greif, S. (2006). Die härtesten Forschungsergebnisse zum Coaching-Erfolg. *Coaching-Magazin, 3,* 46–49.

Greif, S., Schmidt, F., & Thamm, A. (2012). *Warum und wodurch Coaching wirkt, Ein Überblick zum Stand der Theorieentwicklung und Forschung über Wirkfaktoren*. Wiesbaden: Springer.

Greif, S. (2014). *Coaching und Wissenschaft – Geschichte einer schwierigen Beziehung*. Wiesbaden: Springer.

Heller, J. (2015). *Resilienz. Innere Stärke für Führungskräfte*. Zürich: Orell Füssli.

Kauffeld, S. (2010). *Nachhaltige Weiterbildung: Betriebliche Seminare und Trainings entwickeln, Erfolge messen, Transfer sichern*. Berlin: Springer.

Kauffeld, S. (2011). *Arbeits-, Organisations- und Personalpsychologie*. Heidelberg: Springer.

Koch, A. (2010). Gegenrede: Das Umsetzungsproblem beim Praxistransfer – Wir wissen alles, aber tun nichts dagegen. *Weiterbildung, 1,* 27–29.

Koch, A. (2015). Das 70-20-10-Wunschdenken. *Wirtschaft und Weiterbildung, 5,* 18–25.

Künzli, H. (2009). *Wirksamkeitsforschung im Führungskräfte-Coaching*. Wiesbaden: VS.

Lang-von Wins, T., & Triebel, C. (2012). *Karriereberatung – Coachingmethoden für eine kompetenzorientierte Laufbahnberatung*. Berlin: Springer.

Möller, H., & Kotte, S. (2011). Die Zukunft der Coachingforschung. *OSC, 18,* 445–456.

Noe, R. A., & Schmitt, N. (1986). The influences of trainee attitudes on training effectiveness: Test of a model. *Personnel Psychology, 39,* 497–523.

North, K., Reinhardt, K., & Sieber-Suter, B. (2013). *Kompetenzmanagement in der Praxis*. Wiesbaden: Springer-Gabler.

Rauen, C. (2014). *Coaching*. Göttingen: Hogrefe.

Rauen, C. (2013). *Coaching Report*.http://www.coaching-report.de; zur Prozessqualität: http://www.coaching-report.de/definition-coaching/qualitaetskriterien/prozessqualitaet.html; zur 3. Marburger Coaching Studie: www.coach-community.de/networks/files/download.162286. Zugriff: 08.04.2015, 13.04.2015.

Schermuly, C., Schröder, T., Nachtwei, J., Kauffeld, S., & Gläs, K. (2010). *Delphistudie zur Personalentwicklung 2020. Freie Universität Berlin*. www.personalentwicklung2020.de. Zugegriffen: 16.04.2015

Schmidtmayer, A. (2008). *Gezielte Leistungssteigerung der „Human Ressourcen"*. http://www.hrm.de/fachartikel/gezielte-leistungssteigerung-der-%E2%80%9Ehuman-ressourcen%E2%80%9C. Zugegriffen: 28.04.2015

Schmidtmayer, A. (2013). *Ampeltool® – Wie mit systematischer Bedarfsanalyse und nachhaltigem Maßnahmencontrolling im Training messbar mehr erreicht wird*. http://www.hrm.de/fachartikel/-ampeltool:-wie-mit-systematischer-bedarfsanalyse-und-nachhaltigem-ma%C3%9Fnahmencontrolling-im-training-messbar-mehr-erreicht-wird-11154. Zugegriffen: 28.04.2015

Schmidtmayer, A. (2014). *Nachhaltige Personalentwicklung – Bringt nichts, gibt's nicht!*. http://www.hrm.de/fachartikel/nachhaltige-personalentwicklung:-bringt-nichts-gibt%E2%80%99s-nicht!-12354. Zugegriffen: 28.04.2015

Schreyögg, G. (2008). *Organisation – Grundlagen moderner Organisationsgestaltung*. Wiesbaden: Gabler.

Schumann, K. (2008). Praxisrelevante Erkenntnisse aus der Forschung, Qualitätssicherung im Coaching. *ManagerSeminare, Coach Guide, 2008*, 18–23.

Schumann, K. (2014). *Coaching im Aufwind: Professionelles Business-Coaching*. Wiesbaden: Springer.

Spalink, H. (1999). *Werkzeuge für das Change Management – Prozesse erfolgreich optimieren und implementieren*. Frankfurt a. M.: FAZ-Verlag.

Spitzer, M. (2002). *Lernen – Gehirnforschung und Schule des Lebens*. Heidelberg: Spektrum.

Thommen, J., & Backhausen, W. (2006). *Coaching – durch systemisches Denken zu innovativer Personalentwicklung*. Wiesbaden: Gabler.

TowersWatson (2013). *Perspektiven 2013 Die Kraft der Drei*. http://www.towerswatson.com/de-DE/Insights/IC-Types/Ad-hoc-Point-of-View/Perspectives/2013/Die-Kraft-der-Drei. Zugegriffen: 13.04.2015

Van Buren, M., & Erskine, W. (2002). *ASTD (American Society for Training & Development) State of the Industry Report*. Washington D.C.: ASTD.

Weisweiler, S., & Theurer, B. (2009). Konstruktivistisches Lernen im Kommunikationstraining – Moderne Lernformen im Test. In S. Kauffeld, S. Grote, & E. Frieling (Hrsg.), *Handbuch Kompetenzentwicklung* (S. 309–318). Stuttgart: Schäffer-Poeschel.

Wenzel, D. (2011). *Gesagt gehört getan*. Kassel: Born.

Weiterführende Literatur

Doppler, K., & Lauterburg, C. (2002). *Change Management – den Unternehmenswandel gestalten*. Frankfurt a. M.: Campus.

Ergebnisqualität

Coaching-Ziele klären und erreichen: Wie Coaches ihre Coachees zum Erfolg führen

Monika Wastian, Janina Poetschki

C. Triebel et al. (Hrsg.), *Qualität im Coaching*,
DOI 10.1007/978-3-662-49058-7_15, © Springer-Verlag Berlin Heidelberg 2016

15.1 Einleitung

Bis vor wenigen Jahren gab es zwar eine wachsende Anzahl von Untersuchungen, welche die Wirksamkeit von Coachings bestätigte. Wodurch Coaching wirkte und wie sich die Qualität von Coachings beeinflussen lässt, ließ sich jedoch kaum empirisch begründet darstellen, denn es fehlte noch an Studien zu Coaching-Prozessen (vgl. Greif 2008). Aus diesem Grund initiierten wir im Jahr 2007 das Forschungsprojekt „Qualitätssicherung im Coaching“, das bis 2012 bei uns am Institut für Organisationspsychologie in München durchgeführt wurde. Das Wissen, was Coaching-Prozesse erfolgreich macht und wie sich die Coaching-Qualität beeinflussen lässt, sollte Coaching-Beteiligten, Personalentwicklern und Weiterbildungseinrichtungen die Grundlage für ein Qualitätsmanagement im Coaching bzw. für die Aus- und Weiterbildung von Coaches liefern. Unter anderem sollten durch das Forschungsprojekt erfolgversprechende Prozesse, Methoden, Strategien und Kriterien im Hinblick auf

- die Coach-Auswahl und den Coach-Pool,
- Coaching-Interventionen,
- Rahmenbedingungen für Coaching-Prozesse sowie
- Coaching-Anwendung, -Systematisierung und -Qualitätssicherung

identifiziert werden. Hierzu gehörten auch Maßnahmen zur Zielklärung sowie zur Steuerung und Evaluation von Zielfortschritten.

15

15.2 Hintergrund: Theorie und Forschung zur Zielsetzung und -erreichung

Nicht nur für Mitarbeitergespräche (Winkler und Hofbauer 2010) und für die Führung und Projektarbeit (Wastian et al., im Review), sondern auch für Coachings (Greif 2008) wird empfohlen, Ziele SMART zu klären, d. h. **s**pezifisch, **m**essbar, **a**ttraktiv oder akzeptiert, **r**ealistisch und **t**erminiert.

Hinter der SMART-Formel verbirgt sich die vielfach empirisch bestätigte Zielsetzungstheorie von Locke und Latham (1990, 2002). Demnach fördern spezifische und erreichbare, aber herausfordernde Ziele (entsprechend dem S, M, T bzw. dem R in der SMART-Formel) die individuelle Leistung und Zielerreichung, wenn eine Person Feedback zu ihren Zielfortschritten bekommt, z. B. durch den Coach, durch eigene Fortschrittskontrollen oder durch Personen in ihrem Arbeits- und Lebensumfeld, und wenn sie sich an das Ziel gebunden fühlt. Sie muss das Ziel also akzeptieren und attraktiv finden (entsprechend dem A in der SMART-Formel). Auf diese Weise kann ein Hochleistungszyklus (vgl. Locke und Latham 2002) in Gang gesetzt werden: Die eigene Leistung und Zielerreichung tragen zur Zufriedenheit und zu lohnenden Ergebnissen für die Person bei, was sie dazu anspornt, weitere Herausforderungen anzunehmen und sich an noch größere Ziele zu binden (A in der SMART-Formel). ◘ Abb. 15.1 stellt diese Zusammenhänge grafisch dar.

Zahlreiche Untersuchungen bestätigen diese Zusammenhänge (Überblick: Locke und Latham 1990, 2002; Seijts et al. 2004). Eine in diesem Sinne vorgenommene Zielsetzung wird deshalb seit langem als erfolgreiche Motivationstechnik in den unterschiedlichsten Bereichen eingesetzt, u. a. in Trainings.

Klein et al. (1999) befassten sich in ihrer Meta-Analyse mit der Wichtigkeit der Zielbindung in einem Zielklärungsprozess. Die Untersuchungen ergaben, dass ein positiver Zusammenhang zwischen Zielbindung und Leistung besteht. Das bedeutet, dass wenn ein Individuum sich beispielsweise ein Leistungsziel setzt, welches von ihm selbst akzeptiert und angenommen wird, die Leistung höher ausfällt als bei Fehlen von Zielbindung. Eine weitere Meta-Analyse ergab (Neubert 1998), dass der Effekt umso größer wird, je schwieriger die zu bewältigende Aufgabe bzw. das Ziel ist. Die Ergebnisse beweisen auch, dass die Leistung durch spezifische und herausfordernde Zielsetzungen und Feedback erhöht wird. Darüber hinaus konnte gezeigt werden, dass bei Hinzufügen von Feedback eine deutlich höhere Wirkung eintritt, wenn die Aufgaben komplex und herausfordernd sind (ebenda). Entsprechend kann das Feedback durch den Coach die Effektivität von Coachings unterstützen (Passmore und Fillery-Travis 2011).

Johnson et al. (2012) untersuchten die Wirkung von Zielsetzungen im Hinblick auf eine mögliche verbesserte Transferleistung nach Trainings. Die Forschungsergebnisse verdeutlichen, dass Zielsetzungen die Zielbindung, die Motivation und die

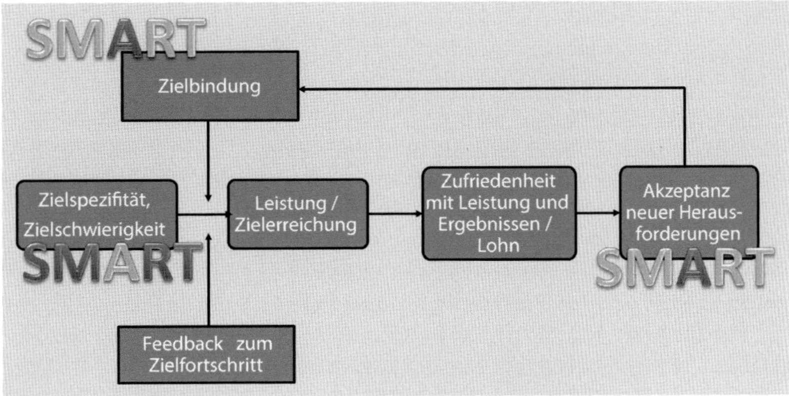

Abb. 15.1 SMARTe Ziele und Hochleistungszyklus (Poetschki und Wastian 2014, in Anlehnung an Locke und Latham 2002)

Beharrlichkeit bei der Zielverfolgung erhöhen. Außerdem nahmen die trainierten Führungskräfte eine Veränderung ihres Führungsverhaltens entsprechend den Zielen wahr, die sie sich gesetzt hatten (ebenda).

Insgesamt sprechen Erkenntnisse zur Zielsetzungstheorie also dafür, dass eine SMARTe Zielklärung eine wirksame Coaching-Intervention sein könnte. Dies unterstreichen auch Befunde aus der Psychotherapieforschung (u. a. Grawe et al. 1994), aus denen Greif et al. (2008, 2012) ein Wirkfaktorenmodell für das Coaching abgeleitet haben. Zu den Wirkfaktoren, die zum Coaching-Erfolg beitragen, gehören ihren Erkenntnissen zufolge die Zielklärung (beispielsweise anhand der SMART-Kriterien), die Ressourcenaktivierung und die Umsetzungsunterstützung. Letztere beinhalten die Identifizierung klienteneigener Ressourcen und die Entwicklung von Umsetzungsplänen zur Zielerreichung. Die Evaluation der Zielfortschritte ermöglicht eventuelle Änderungen der Zielverfolgung während des Coachings und gestattet zu jeder Zeit eine Kontrolle des Zielerreichungsgrades von Seiten des Coaches sowie des Coachees.

Aufgrund des Forschungsstandes zur Zielsetzungstheorie und mit Blick auf potenzielle Wirkfaktoren im Coaching lässt sich schlussfolgern, dass es nützlich ist, Ziele SMART zu klären und Zielfortschritte zu beobachten, rückzumelden und zu steuern. Aber wie verfahren Coaches und Coachees dabei tatsächlich und welche Vorgehensweise ist wirklich „SMART"? Um dies herauszufinden, haben wir uns in der Studie „Qualitätssicherung im Coaching" u. a. damit beschäftigt, wie Ziele in erfolgreichen Coaching-Prozessen geklärt und erreicht werden.

15.3 Das Forschungsprojekt „Qualitätssicherung im Coaching"

15.3.1 Forschungsfragen

Ausgehend von der Annahme, dass die Zielklärung einen wichtigen Wirkfaktor im Coaching darstellt (Greif 2008) und dass SMARTe Ziele zur Leistung und Zielerreichung beitragen (entsprechend der Zielsetzungstheorie von Locke und Latham 1990, 2002), wurde untersucht, wie Coaches im Verlauf erfolgreicher Coaching-Prozesse die Ziele ihrer Klienten klären bzw. wie sie Zielfortschritte und die Zielerreichung steuern, kontrollieren und evaluieren. Dabei wurde den folgenden Fragen nachgegangen:

1. Wie wird der Weg zum Ziel geklärt, gesteuert und kontrolliert? Wie SMART werden Ziele geklärt? Inwieweit unterscheiden sich die Aussagen von Coachees und Coaches?
2. Wann werden im Coaching-Prozess Ziele thematisiert?
3. Lassen sich typische Muster des Zielklärungs- bzw. -erreichungsprozesses erkennen?

15.3.2 Untersuchungsdesign und -methode

Das Ziel des Projektes „Qualitätssicherung im Coaching" war es, Coaching-Beteiligten (Coaches, Coachees und ggf. deren Führungskräften sowie Personalentwicklern) Wissen zu Erfolgsfaktoren im

Coaching und Ansätze zur Qualitätssicherung und zum Qualitätsmanagement im Coaching zu liefern. Dazu war es notwendig, Coaching-Prozesse vollständig, d.h. von der Coaching-Anfrage über die Durchführung bis zum Follow-up von Coachings, zu untersuchen und die Perspektiven der verschiedenen Beteiligten mit einzubeziehen. Wir interviewten deshalb u.a. 43 Coaches, 19 Klienten und 23 Coaching-verantwortliche Personalentwickler, um abgeschlossene Coaching-Prozesse zu rekonstruieren.

Hierfür boten sich Zeitstrahl-Interviews (Wastian und Schneider 2005) an, eine auf klientenzentrierter Gesprächsführung und Visualisierung basierenden Methode zur Analyse von Prozessen und erfolgskritischen Ereignissen im Zeitverlauf. Dabei schilderten unsere Interviewpartner, unterstützt durch eine Zeitstrahl-Grafik, den Verlauf eines erfolgreichen bzw. ihres eigenen Coaching-Prozesses, einschließlich erfolgskritischer Ereignisse, Vorgehensweisen und möglicher Ansatzpunkte für Verbesserungen.

Zeitstrahl-Interviews haben gegenüber anderen Interviewmethoden den Vorteil, dass sie stark erzählfördernd und erinnerungsgenerierend sind, so dass Ereignislücken und unerwünschte Verzerrungen reduziert werden können. Gegenüber Videobeobachtungen ermöglichen sie indes **erwünschte** Verzerrungen in der Form, dass die Interviewpartner bedeutende Ereignisse fokussieren, interpretieren und bewerten bzw. irrelevante Ereignisse ausblenden. Außerdem konnten wir damit auch vor- und nachgelagerten Coaching-Phasen sowie sonstige unsichtbare und unbeobachtbare Vorgänge erheben, welche für den Verlauf und den Erfolg von Coachings kritisch sind. Hierzu gehören beispielsweise Reflexionen bei Coaches oder Klienten, Weiterbildungsaktivitäten und Supervisionen von Coaches oder die Gestaltung von Coaching-Rahmenbedingungen in Organisationen.

Die Interviews wurden inhaltsanalytisch (Mayring 2010) und nach der Grounded Theory (Glaser und Strauss 2005; Strauss und Corbin 1996) ausgewertet. Da Personalentwickler in die meisten Zielklärungsvorgänge und sonstige zielbezogene Aktivitäten zwischen Coach und Klient nicht einbezogen sind, wurden für die Auswertungen zu diesem Thema nur die Interviews mit Coaches und Klienten ausgewertet.

Dabei wurden u.a. Aussagen zu folgenden Aktivitäten des Coaches codiert: a) die Zielklärung (Vorgehensweisen zur Exploration, Reflexion, Definition und Operationalisierung von Zielen), b) das Thematisieren von Zieländerungen, c) die Evaluation von Zielfortschritten (das Beobachten, Messen oder Hinterfragen von Veränderungen in Richtung des angestrebten Zielzustandes) und d) Maßnahmen, die laut Interviewpartner explizit der Steuerung und Kontrolle der Zielerreichung dienten (die Unterstützung und Kontrolle des Coachees bei der Umsetzung, z.B. Aktionspläne aufstellen, Ziele in Einzelschritte herunterbrechen, Durchführung hinterfragen). Die Aussagen zur Zielklärung und Evaluation wurden entsprechend den Kriterien SMARTer Ziele codiert (siehe Definitionen und Beispielzitate in ◘ Tab. 15.1). Außerdem wurde analysiert, in welchen Phasen des Coaching-Prozesses und in welchen Sequenzen die Zielklärung erfolgte, um die Muster des Zielklärungsprozesses zu identifizieren.

Die im folgenden Abschnitt dargestellten Ergebnisse wurden u.a. anlässlich eines Coaching-Symposium mit Coaching-Experten (Coaches, Personalentwickler, Coaching-Forscher) im Rahmen von Workshops validiert und dienten als Grundlage für die Entwicklung eines Coach-Trainings („Eine Reise durch die Zielelandschaft“, Poetschki und Albert 2012).

15.4 Ergebnisse zu den Forschungsfragen

Im Folgenden werden die Ergebnisse zu den Forschungsfragen vorgestellt.

15.4.1 Wie wird der Weg zum Ziel geklärt, gesteuert und kontrolliert und inwieweit unterscheiden sich dabei die Aussagen der Beteiligten?

Die ◘ Abb. 15.2 zeigt, inwieweit die befragten Coaches und Coachees Vorgehensweisen thematisierten, welche auf die Anwendung der SMART-Kriterien bei der Zielklärung schließen lassen. Dabei zeigt sich eine deutliche Diskrepanz zwischen den

Tab. 15.1 SMARTe Klärung der Ziele bzw. der Zielfortschritte. (Poetschki und Wastian 2014)

SMART	Zielsetzungstheorie	Definition	Beispiel-Zitate, die zeigen, wie der Coach die SMART-Kriterien anwendet/thematisiert
S = Spezifisch	Zielspezifität	Der Coach hinterfragt die spezifischen Kriterien für die Zielerreichung des Coachees.	„Ich frage: ‚Was wollen Sie erreichen?' Und dieses Anliegen formulieren wir dann durch ständiges Hinterfragen in ein hilfreiches Ziel für den Coachee." „Dann sagt der: ‚Vom Getriebenen zum Initiator werden' […] aber wie formuliere ich das als hilfreiches Ziel? ‚Keine Zeit mit Unwesentlichem vertan zu haben.' Wie formuliere ich das? […] da ist ganz viel Übersetzungsarbeit notwendig."
M = Messbar	Zielspezifität	Es werden qualitative oder quantitative Kriterien vereinbart, anhand derer Coach und Coachee Veränderungen und Fortschritte im Hinblick auf ein spezifisches Ziel beobachten/messen können.	„Es gibt eh alle drei Monate eine Zielskalierung, eine Überprüfung: Wo stehe ich?" „Wie viel Zeit wäre denn für ihn ein Zeitgewinn? […] Woran würde er das festmachen, dass es für ihn messbar und greifbar ist? Sonst kann er hinterher immer sagen, es hat nicht geklappt."
A = Attraktiv, Akzeptiert	Zielbindung	Der Coach hinterfragt, ob der Coachee das Ziel akzeptiert und positiv bewertet.	„Es ist das Ziel des Coachees. Es muss sich für ihn rund anfühlen. Er muss es gerne aussprechen." „Wir haben [die Ziele] genauso aufgeschrieben, wie er es gesagt hat […] nicht mehr und nicht weniger. Denn das war erstmal sein Auftrag. Das lasse ich auch so stehen fürs Erste. Es geht ja nicht darum, dass wir auf so einem Kaugummi lange rumkauen, bis wir eine dem Coach angenehme Zieldefinition bekommen."
R = Realistisch	Zielschwierigkeit	Der Coach hinterfragt die Wahrscheinlichkeit der Zielerreichung, die Voraussetzungen hierfür sowie die Schritte zum Ziel, oder er korrigiert unrealistische Ziele.	„Am Anfang wird klar aufgeschrieben, was der Kunde will. Was davon kann er schon, was sind die Ressourcen und wie kann er sein Ziel erreichen?" „[Die Ziele] können Sie ja dann mit Schwerpunkten versehen […] und sagen: Du kannst nicht an 25 Punkten arbeiten, da wirst du nie fertig, was ist denn jetzt das Wichtigste?"
T = Terminiert	Zielspezifität	Für die Erreichung des spezifischen Ziels wird eine Frist oder ein Termin vereinbart.	„Der Coachee hat angefangen einen Projektkalender zu führen, damit er einen Überblick hat und sich selbst eine zeitlich begrenzte Frist setzen kann." „Ich sage: […] schauen wir mal, welchen Zeithorizont wir überhaupt haben, […] was sind Meilensteine, an denen er auch seinen Erfolg messen könnte?"

Schilderungen von Coaches und Coachees: 90 % der Coaches beschrieben eine spezifische (= S) Zielklärung, während nur 10 % zieloffen vorgingen, d. h. die Ziele vage oder in einem Fall explizit gar nicht klärten. Dagegen nahmen nur 30 % der Coachees eine spezifische Zielklärung wahr, 70 % beschrieben eine vage Zielklärung. Die Operationalisierung spezifischer, messbarer und terminierter (= SMT) Ziele schilderten nur 45 % der Coaches (vs. 20 % der Coachees). Alle Coaches, jedoch nur die Hälfte der Coachees beschrieben, dass die Realisierbarkeit (= R) der Ziele hinterfragt wurden. Die Exploration der Zielakzeptanz (= A) wurde von 65 % der Coaches (vs. 50 % der Coachees) thematisiert.

Wie die Abb. 15.3 darstellt, werden Vorgehensweisen zur Evaluation der Zielfortschritte so-

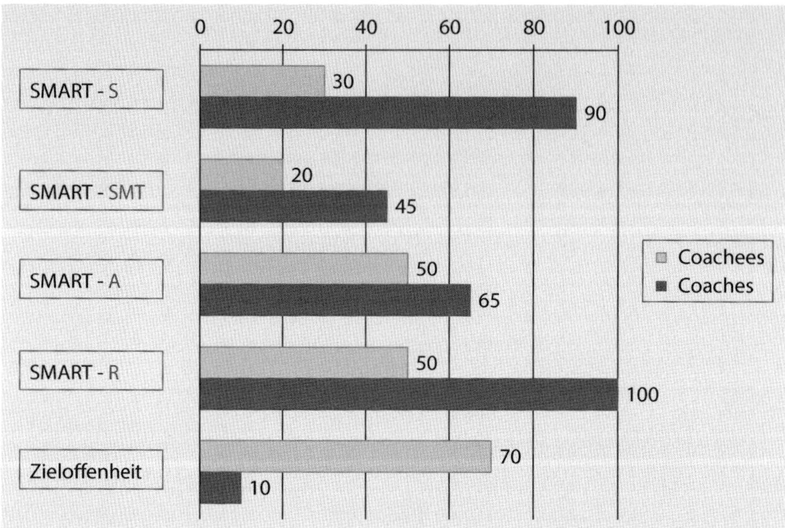

Abb. 15.2 Wie SMART werden die Coaching-Ziele geklärt? (% der Befragten; Poetschki und Wastian 2014)

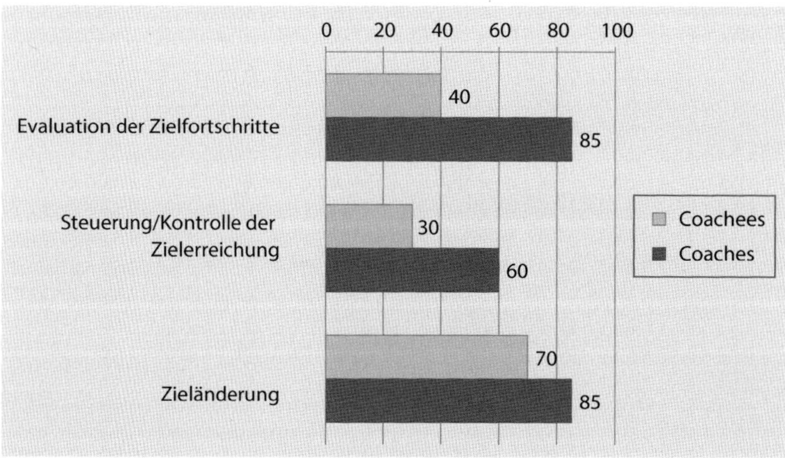

Abb. 15.3 Inwieweit erfolgte eine Evaluation, Steuerung/Kontrolle bzw. Änderung der Ziele? (% der Befragten; Poetschki und Wastian 2014)

wie zur Steuerung und Kontrolle der Zielerreichung von Coaches ebenfalls wesentlich öfter geschildert als von Coachees. Dass sich die Coaching-Ziele im Verlauf des Coachings änderten, gaben Coaches und Coachees ähnlich häufig an.

Die Evaluation der Zielfortschritte sowie die Steuerung und Kontrolle der Zielerreichung reichen bis zum Coaching-Abschluss und manchmal darüber hinaus (in Form von Follow-up-Maßnahmen wie Treffen, Telefonate, Befragungen).

15.4.2 Wann werden im Coaching-Prozess Ziele thematisiert?

Abb. 15.4 zeigt, dass das Arbeiten mit Zielen den gesamten Coaching-Prozess beherrscht, wobei die Zielklärung nicht nur im Vorgespräch und in der ersten Sitzung (Phasen „Vor dem Coaching" und „Anfang") erfolgen muss (vgl. auch Abb. 15.5).

15.4.3 Lassen sich typische Muster des Zielklärungs- bzw. Zielerreichungsprozesses erkennen?

In den von uns untersuchten Coaching-Prozessen ließen sich in Bezug auf zielbezogene Vorgehensweisen von Coaches zwei typische Muster im Um-

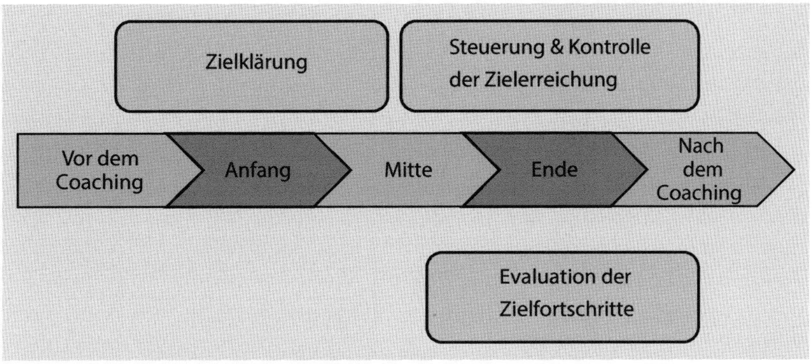

Abb. 15.4 Wann werden im Coaching-Prozess Ziele thematisiert? (Poetschki und Wastian 2014)

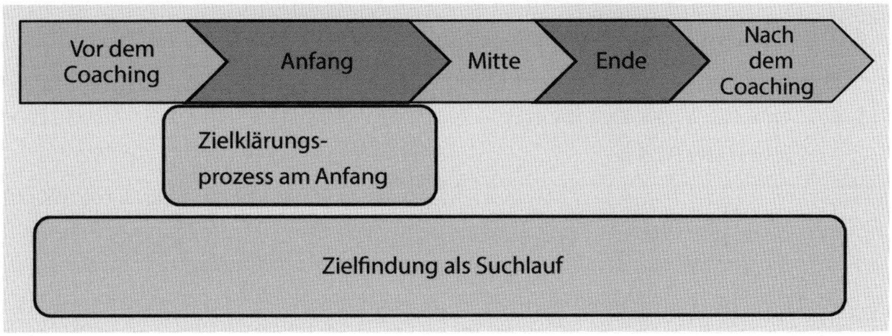

Abb. 15.5 Typische Muster der Zielklärung im Coaching-Prozess (Poetschki und Wastian 2014)

gang mit Zielen identifizieren (Abb. 15.5), die sich im Wesentlichen in der Zielklärung zeigen:

- Die **Zielklärung zu Beginn des Coachings**: Der Coach versucht explizit bereits im Vorgespräch oder in der ersten Sitzung eine SMARTe Zielklärung. Anhand der SMARTen Ziele evaluiert er die Zielfortschritte und steuert ggf. die Zielerreichung. Dazu exploriert er beispielsweise die Zielerreichung zu Beginn, am Schluss oder auch im Verlauf des Coachings anhand von Skalen und gibt dem Coachee Feedback zu Zielfortschritten, indem er ihm Veränderungen in den Skalenwerten aufzeigt.
- Die **Zielfindung als „Suchlauf"** über den gesamten Coaching-Prozess hinweg: In diesem Fall stellt die Zielklärung eine wesentliche Coaching-Intervention dar, die sich als Aushandlungsprozess über das gesamte Coaching erstreckt. Das Coaching beginnt zieloffen. Die Ziele werden im Verlauf des Coachings jedoch permanent hinterfragt, bei Bedarf angepasst und zunehmend konkretisiert. Dabei sind Zielklärung und Intervention stark verwoben.

Lediglich einer der interviewten Coaches wich von diesen beiden typischen Mustern ab. Er ging völlig **zieloffen** vor, d. h. er nahm explizit zu keinem Zeitpunkt eine Zielklärung vor, was er mit seinem psychoanalytischen Ansatz begründete. Entsprechend erhob er auch keine Zielfortschritte und keine Zielerreichung, da er das Coaching als offenen Prozess verstand, bei dem zu Beginn selbst auf Vereinbarungen zum zeitlichen Umfang oder zur Anzahl der Sitzungen verzichtet wurde.

15.4.4 Zusammenfassung und Diskussion der Ergebnisse

Abschließend kann man sagen, dass SMARTe Ziele nach den Aussagen unserer Interviewpartner auch im Coaching einen wichtigen Erfolgsfaktor darstellen, wobei sich bei der Zielklärung typische Muster zeigen (vorwiegend die Zielklärung am Anfang vs. die Zielfindung als Suchlauf über den gesamten Coaching-Prozess hinweg). Dass Coaches wesentlich häufiger zielbezogene Maßnahmen und SMART-Aspekte beschrieben als Coachees, kann daran liegen, dass ihre Coaches anders vorgingen als die von uns befragten Coaches. Es ist aber auch möglich, dass Coaches und Coachees eine andere Wahrnehmung für die SMARTe Zielklärung, -kontrolle und -erreichung haben, da Coachees als Laien die systematischen Gesprächstechniken der Coaches vermutlich nur schwer erkennen. Dagegen spricht jedoch, dass die Klärung spezifischer, messbarer Ziele, mehr Transparenz und Feedback zu ihren Zielfortschritten der wichtigsten Verbesserungswünsche einiger Coachees waren (Graf und Wastian 2014, S. 22).

15.5 Relevanz für die Praxis

15.5.1 SMART ist nicht immer zielführend

Sowohl die Forschung zur Zielsetzung (▶ Abschn. 15.2) als auch die Ergebnisse des Projektes „Qualitätssicherung im Coaching" verdeutlichen die Bedeutung der Zielklärung, der Steuerung und Kontrolle sowie der Evaluation von Zielfortschritten für einen erfolgreichen Coaching-Prozess. Jedoch sind sowohl bei der SMARTen Zielklärung als auch bei der Zielfindung als Suchlauf gewisse Hürden zu bedenken.

Die SMARTe Zielklärung hat den Vorteil – sofern der Coach sie beherrscht –, dass sie sehr stringent ein Ziel formuliert und dadurch im Verlauf des Coachings gut zu überprüfen ist. Dadurch kann aber das Problem entstehen, dass sich Coaches bzw. Coachees zu sehr auf dieses Ziel konzentrieren und möglicherweise übersehen, wenn während des Prozesses eine Zieländerung notwendig wird.

Um Zieländerungen rechtzeitig zu erkennen, ist es wichtig, dass der Coach die Akzeptanz (= A in der SMART-Formel) des Ziels regelmäßig überprüft. Sonst kann es sein, dass der Coachee sich nicht mit dem gesetzten Ziel identifiziert und nur mit mäßigem Einsatz daran arbeitet.

Eine weitere Hürde kann das Anliegen an sich sein. Eine SMARTe Klärung von Verhaltenszielen empfiehlt sich beispielsweise, wenn es um Fragen der Kompetenzentwicklung geht (Graf und Wastian 2014). In einigen Fällen erscheint es dagegen ratsamer, den Coaching-Prozess erst einmal ohne die Definierung von Zielen anlaufen zu lassen. Hier würde sich dann das Ziel innerhalb des Prozesses als sog. „Suchlauf" ergeben, z. B. wenn der Coachee mit mehreren „Baustellen" zum Coach kommt und zunächst herausgefunden werden muss, welches Anliegen überhaupt vorliegt.

Zusammenfassend lässt sich sagen, dass es bei der Frage, ob und wie ein SMARTer Zielklärungsprozess im Coaching stattfinden sollte, auf den Coachee, die Umstände und das Wissen über den methodischen Einsatz seitens des Coaches ankommt. Hier sollte individuell entschieden werden, ob der SMARTe Weg der Richtige ist.

15.5.2 Handlungsempfehlungen für Coaches und Coachees

Durch das Projekt „Qualitätssicherung im Coaching" konnten über die o. g. Ausführung hinaus Handlungsempfehlungen identifiziert werden, die sich u. a. auf die Zielklärung, auf die Steuerung und Kontrolle der Zielerreichung und auf die Evaluation von Zielfortschritten beziehen. Sie stammen von unseren Interviewpartnern bzw. wurden aus deren Aussagen abgeleitet (vgl. die Untersuchungsergebnisse von Klimt und Wastian 2014; Schumacher und Wastian 2014). Im Folgenden stellen wir einige dieser Handlungsempfehlungen vor. Sie zeigen, wie Coaching-Beteiligte selbst zur Qualität von Coachings beitragen können und wie Coaching seitens der Organisation und der Personalentwicklung kommuniziert, vorbereitet und begleitet werden kann.

Handlungsempfehlungen für Coaches

Forschungsergebnisse zur Zielsetzungstheorie (▶ Abschn. 15.2) sprechen für SMART – aber: In der Coaching-Realität erfolgt oft keine SMARTe Zielklärung, obwohl die Prozesse als erfolgreich gelten können. Dies entspricht auch den Befunden zur Effektivität (Theeboom et al. 2013) und zur hohen Akzeptanz von Coachings (Überblick: Greif 2008). Praktizierende Coaches sollten jedoch dahingehend sensibilisiert werden, dass Ziele in einem Coaching-Prozess ein wichtiger Faktor für einen erfolgreichen Ausgang sind. Sie sollten ihr **Vorgehen bei der Zielklärung transparenter machen** und die Bedeutung **SMARTer Ziele** für die Zielerreichung noch stärker herausstreichen, da insbesondere spezifische und messbare Ziele von Coachees als wichtiger Verbesserungswunsch genannt wurden.

Sowohl in Zusammenhang mit der Klärung von Zielen als auch mit der Steuerung, Kontrolle und Evaluation der Zielfortschritte hat sich das **Visualisieren und Dokumentieren** als elementarer Wirkfaktor erwiesen (Klimt und Wastian 2014). Hierfür eignen sich beispielsweise Coaching-Tagebücher, Zielerreichungs-Skalen und das Festhalten wichtiger Fortschritte und Maßnahmen auf Flipcharts. Sie ermöglichen Coach und Coachee das **kontinuierliche Überprüfen und Feedback über den Stand der Zielerreichung.** Für die Steuerung und Kontrolle ist auch das **Zusammenfassen und Strukturieren** des Coaching-Prozesses wichtig. Dabei sollten etappenweise oder nach jeder Sitzung Erkenntnisse bzw. Vorgehensweisen auf dem Weg zur Zielerreichung mit dem Coachee erörtert werden.

Falls das Coaching von Personalentwicklern oder von der Führungskraft des Coachees veranlasst wurde, sollten diese Personen nach Meinung der Coaching-Beteiligten in die Zielklärung – im Rahmen eines **gemeinsamen Vorgesprächs** – und in die Evaluation von Zielfortschritten einbezogen werden. Zum Abschluss, aber auch während des Coaching-Prozesses könnte der Coach dann mit dem Coachee und dessen Führungskraft **Feedbackgespräche** zu Zielfortschritten des Coachees führen. Dadurch sei es der Führungskraft möglich, den Entwicklungsprozess seines Mitarbeiters mit zu verfolgen und zu unterstützen (vgl. Schumacher und Wastian 2014).

Handlungsempfehlungen für Coachees

Vor Beginn eines Coachings sollten sich Coachees nach Ansicht unserer Interviewpartner **über ihre Coaching-Ziele Klarheit verschaffen.** Sie sollten ein möglichst **konkretes Anliegen** haben und dem Coach mitteilen, was geändert und was beibehalten werden kann. Erfolgreiche Coachees hatten beispielsweise klare Vorstellungen darüber, zu welchem Handeln sie im Stande sind und was sie erreichen wollen. Anfänglich nur vage Ziele können jedoch auch erst im Coaching gemeinsam erarbeitet werden. Weiterhin halten es die von uns befragten Coaches für ratsam, dass der Coachee **relativierte, realistische Erwartungen** an das Coaching und dessen Ergebnisse hat. Ihrer Meinung nach sollte der Coachee eine **aktive Steuerungs- und Mitgestaltungsfunktion** im Prozess übernehmen, beispielsweise durch die eigene **Selbstreflexion** oder das **Hinterfragen hinsichtlich der Zielerreichung.** Diese Empfehlungen können unserem Forschungsprojekt zufolge den Erfolg des Coaching-Prozesses unterstützen (vgl. Schumacher und Wastian 2014).

15.6 Ausblick

Um der Forderung nach Qualität im Coaching nachzukommen, ist eine qualitativ hochwertige Aus- und Weiterbildung im Coaching notwendig. Da sich die von Greif (2008) angenommenen Wirkfaktoren bereits empirisch bestätigen ließen (vgl. u. a. Greif et al. 2012; Klimt und Wastian 2014; Poetschki und Wastian 2014), liegt es nahe, sie in der Aus- und Weiterbildung von Coaches zu vermitteln. Ziele sollten während eines Coaching-Prozesses geklärt und kontinuierlich überprüft werden, um sie bei Bedarf anpassen zu können und um die Zielerreichung zu unterstützen. Hier bietet sich die Zielsetzungstheorie von Locke und Latham (1990), z. B. die Anwendung der SMART-Kriterien, an. Zudem ist ein gezieltes Training denkbar, indem die hier aufgeführten Phasen eines Zielprozesses im Coaching bearbeitet und geübt werden können.

Förderliche Verhaltensweisen bzw. Merkmale des Coaches (Klimt und Wastian 2014; siehe auch die Handlungsempfehlungen im ▶ Abschn. 15.5.2) stellen eine Grundlage dar, um Instrumente zur Coach-Auswahl sowie zur Aus- und Weiterbildung von Coaches zu entwickeln. Sie können in der Weiterbildung vermittelt und als Kriterien des Lernerfolges in Übungsszenarien geprüft werden. Zu bedenken ist, dass je nach Coaching-Anliegen und Klient unterschiedliche Kompetenzen bzw. Vorgehensweisen erforderlich sein könnten. Hier ist weitere Forschung nötig. Für die Praxis empfehlen sich differenzierte Kompetenzprofile für Coaches.

Literatur

Verwendete Literatur

Glaser, B. G., & Strauss, A. L. (2005). *Grounded Theory. Strategien qualitativer Forschung* Bd. 2. Bern: Hans Huber.

Graf, E.-M., & Wastian, M. (2014). Coaching macht (Hoch)Schule, wenn ...: Erkenntnisse und Empfehlungen zur Qualitätssicherung im Coaching. *Wirtschaftspsychologie, 2*, 16–26.

Grawe, K., Donati, R., & Bernauer, F. (1994). *Psychotherapie im Wandel. Von der Konfession zur Profession* Bd. 4. Göttingen: Hogrefe.

Greif, S. (2008). *Coaching und ergebnisorientierte Selbstreflexion. Theorie, Forschung und Praxis des Einzel- und Gruppencoachings*. Göttingen: Hogrefe.

Greif, S., Schmidt, F., & Thamm, A. (2012). Warum und wodurch Coaching wirkt. Ein Überblick zum Stand der Theorieentwicklung und Forschung über Wirkfaktoren. *Organisationsberatung – Supervision – Coaching, 19*(4), 375–390.

Johnson, S. K., Garrison, L. L., Hernez-Broome, G., Fleenor, J. W., & Steed, J. L. (2012). Go for the goal(s): Relationship between goal setting and transfer of training following leadership development. *Academy of Management Learning and Education, 11*(4), 555–569.

Klein, H. J., Wesson, M. J., Hollenbeck, J. R., & Alge, B. J. (1999). Goal commitment and the goal-setting process: Conceptual clarification and empirical synthesis. *Journal of Applied Psychology, 84*(6), 885–896.

Klimt, S., & Wastian, M. (2014). *Ein Kompetenzkatalog für Coaches: Grundlage zur Qualitätssicherung bei der Auswahl sowie der Aus- und Weiterbildung von Coaches* Paper presented at the Coaching-Kongress an der HAM „Coaching heute – Zwischen Königsweg und Irrweg", Erding, 20.–21.02.2014.

Locke, E. A., & Latham, G. P. (1990). *A theory of goal setting and task performance*. Englewood Cliffs, NJ: Prentice Hall.

Locke, E. A., & Latham, G. P. (2002). Building a practically useful theory of goal setting and task motivation. *American Psychologist, 57*(9), 705–717.

Mayring, P. (2010). *Qualitative Inhaltsanalyse – Grundlagen und Techniken*. Weinheim: Beltz.

Neubert, M. J. (1998). The value of feedback and goal setting over goal setting alone and potential moderators of this effect: A meta-analysis. *Human Performance, 11*(4), 321.

Passmore, J., & Fillery-Travis, A. (2011). A critical review of executive coaching research: A decade of progress and what's to come. *Coaching, 4*(2), 70–88.

Poetschki, J., & Albert, J. (2012). *Eine Reise durch die Zielelandschaft* Paper presented at the Symposium für Qualitätssicherung im Coaching, München, 09.11.2012.

Poetschki, J., & Wastian, M. (2014). *Coaching-Ziele klären und erreichen – was ist wirklich SMART?* Paper presented at the Coaching-Kongress an der HAM „Coaching heute – Zwischen Königsweg und Irrweg", Erding, 20.–21.02.2014.

Schumacher, K., & Wastian, M. (2014). *Erfolgreiches Coaching – was können Coachees, deren Führungskräfte und Personalentwickler/innen dazu beitragen?* Paper presented at the Coaching-Kongress an der HAM „Coaching heute – Zwischen Königsweg und Irrweg", Erding, 20.–21.02.2014.

Seijts, G. H., Latham, G. P., Tasa, K., & Latham, B. W. (2004). Goal setting and goal orientation: An integration of two different yet related literatures. *Academy of Management Journal, 47*(2), 227–239.

Strauss, A., & Corbin, J. M. (1996). *Grounded Theory*. Weinheim: Beltz.

Theeboom, T., Beersma, B., & Van Vianen, A. E. M. (2013). Does coaching work? A meta-analysis on the effects of coaching on individual level outcomes in an organizational context. *The Journal of Positive Psychology, 9*(1), 1–18.

Wastian, M., & Schneider, M. (2005). Zeitliche Aspekte des Projektmanagements: Die Bedeutung von Phasen, Laufzeiten, Impulsen, Ups und downs. *Wirtschaftspsychologie, 7*(3), 28–35.

Winkler, B., & Hofbauer, H. (2010). *Das Mitarbeitergespräch als Führungsinstrument. Handbuch für Führungskräfte und Personalverantwortliche* Bd. 4. München: Carl Hanser.

Weiterführende Literatur

Wastian, M., Kraus, R., & Rosenstiel, L. v. (im Review). *Projektteams und -manager beraten und coachen*. Göttingen: Hogrefe.

Transferstärke-Coaching

Axel Koch

C. Triebel et al. (Hrsg.), *Qualität im Coaching*,
DOI 10.1007/978-3-662-49058-7_16,

16.1 Einleitung

Jährlich werden von deutschen Unternehmen hochgerechnet etwa 33,5 Milliarden Euro in Weiterbildung investiert. Das ist das Ergebnis der 8. IW-Weiterbildungserhebung 2014 vom Institut der Deutschen Wirtschaft in Köln, das eine repräsentative Befragung in 1 845 Unternehmen durchführte. Die vorrangigen Ziele dabei sind, Mitarbeiter kompetenter zu machen (88,5 %) sowie die Wertschöpfung und den Geschäftserfolg zu erhöhen (84,4 %) (vgl. Seyda und Werner 2014).

Dabei sind ein- bis zweitägige Seminare und Trainings das beliebteste Weiterbildungsformat und die Schulung sozialer Kompetenzen das Top-Thema, wie die Ergebnisse der managerSeminare-Trendstudie „Weiterbildungsszene Deutschland 2015" belegen. An der Umfrage nahmen 1 018 Trainer, Coaches, Berater und Speaker teil (vgl. Graf 2015).

Die andere Seite der Medaille ist jedoch, dass der Transfer von Trainingsinhalten in die Praxis oft scheitert. Teilnehmer setzen aus verschiedenen Gründen Lernerkenntnisse aus Fort- und Weiterbildungen oft nur in einem geringen Ausmaß oder sogar gar nicht um (vgl. z. B. Gris 2008; Grossman und Salas 2011; Koch 2010; Saks und Belcourt 2006; Saks et al. 2014; Weinbauer 2015).

Gerade Verantwortliche aus dem Bereich Human Resources und Personalentwicklung sehen vor diesem Hintergrund einen hohen Handlungsbedarf. In der Delphi-Studie „Personalentwicklung 2020" prognostizieren 162 interne Personalentwickler bzw. externe Berater in der dritten Befragungsrunde, dass es künftig stark darauf ankommt, Aktivitäten bzw. Instrumente der Personalentwicklung durch Evaluation zu überprüfen. Die Ziele von Maßnahmen, Aufwand und Nutzen sowie die Nachhaltigkeit sind permanent zu hinterfragen. Die Personalentwicklung muss nachweisen, welchen Nutzen sie dem Unternehmen bringt (vgl. Schermuly et al. 2012, S. 115).

Als weiterer Trend ist die zunehmende Individualisierung des Lernens zu erkennen, die in enger Verbindung mit der Digitalisierung steht, wie die Delphi-Studie 2014 „Die Zukunft des Lernens 2030" aussagt. Befragt wurden dabei 102 Weiterbildungsexperten (Becker und Von der Gracht 2014, S. 28–29). Vor diesem Hintergrund haben die vielzitierten Trainings mit der Gießkanne nun endgültig ausgedient, und es braucht präzise, auf die einzelne Person abgestimmte Trainingsprozesse, die wirken und bezahlbar sind.

Besonders bedeutsam ist in diesem Zusammenhang der Trend, dass zunehmend mehr der selbstverantwortliche und selbstgesteuerte Lerner gefragt ist. Einige Vorreiterunternehmen wie die Deutsche Bahn (vgl. Pape 2015) oder der Sportartikelhersteller adidas (vgl. Reimann 2015) denken radikal um. Formale Lernprozesse, Lernen in Schulungen und lehrende Dozenten spielen danach nur noch eine geringe Bedeutung. Der „New Way of Learning" repräsentiert eine neue Kultur des selbst gesteuerten lebenslangen Lernens im Unternehmen, bei dem jeder Beschäftigte die Verantwortung für die eigene Entwicklung übernehmen soll. Im Fokus steht also selbstgesteuertes, arbeitsplatznahes und informelles Lernen, das Erpenbeck und Sauter (2013) als die Zukunft des Lernens sehen.

Im Zusammenhang mit der beschriebenen „neuen Art des Lernens" wird häufig das sog. „70-20-10-Bildungsmodell" erwähnt (vgl. Lombardo und Eichinger 1996). Dieses ist zwar schon fast 20 Jahre alt, hat aber durch die Digitalisierung einen neuen Aufwind bekommen. Der ursprüngliche Grundgedanke des Modells ist, dass erfolgreiches Lernen bei Führungskräften zu 70 Prozent durch herausfordernde Aufgabenstellungen in der Berufspraxis entsteht, zu 20 Prozent im Austausch mit anderen Leuten, vor allem mit dem eigenen Chef, und zu 10 Prozent durch formale Schulungen (vgl. Lombardo und Eichinger 1996). Mittlerweile wird dieses Bildungsmodell als generelle Faustformel genutzt, um die Bedeutung von informellen und arbeitsplatznahen Lernprozessen – auch „Workplace Learning" genannt – zu vermitteln.

Zusammengefasst braucht es also einen selbstverantwortlichen, selbstgesteuerten, lernwilligen, motivierten und lerntransferstarken Mitarbeiter. Dies gilt für klassische Schulungen wie auch für das Workplace Learning.

Koch (vgl. 2015a, S. 19) sieht diesen Mitarbeitertyp in Deutschlands Unternehmen in der Minderheit. Diese Sicht begründet der Autor mit Befunden aus der Lerntransferforschung. Merkmale der Person, die den Lerntransfer beeinflussen, sind:

kognitive Fähigkeiten, Lernmotivation, Lernzielorientierung, interne Kontrollüberzeugung, positive Erwartung, dass Anstrengung zum Ziel führt, Erwartungsklarheit, Vorerfahrungen zu Trainings sowie der wahrgenommene Nutzen von Trainingsinhalten (vgl. z. B. Grossman und Salas 2011, S. 106–110; Weinbauer 2015, S. 49–54). Nach Williams (1997) sind in der Belegschaft größerer Firmen nur etwa 10 Prozent lernagile Persönlichkeiten vertreten. 60 Prozent sind lerntechnisch eher passiv oder lernen selten. Die restlichen 30 Prozent haben mit Lernen gar nichts am Hut. Sie sind auch nicht bereit, neue Wege zu gehen.

Der Begriff „Lernagilität" ist die deutsche Übersetzung des Begriffs „Learning Agility", der auf die Arbeiten von Lombardo und Eichinger (1996) zurückgeht. Charakteristisch für lernagile Menschen ist: Sie suchen aktiv Möglichkeiten für persönliches Wachstum und Entwicklung. Lernen hört für sie nie auf. Sie stellen sich selbst in Frage, reflektieren Schwächen, sind offen für neue Wege und trennen sich von überholten Sichtweisen und Fertigkeiten, wenn es die Situationen erfordert, etwas Neues zu lernen. Ihnen gelingt es, aus herausfordernden Situationen wichtige Lerneinsichten zu destillieren und diese künftig gewinnbringend anzuwenden (vgl. Mitchinson und Morris 2014).

Auch Naquin und Baldwin (2003, S. 83) sehen die Eigenschaften des Lerners als zentral dafür an, ob Entwicklungsmaßnahmen im Unternehmen fruchten. Dabei sind nach Ansicht der Autoren besonders zwei Charakteristika bedeutsam für einen „Transfer-ready Candidate", d. h. für Trainingsteilnehmer, denen der Lerntransfer sehr gut gelingt. Diese zwei Charakteristika des Lerners sind die eben erwähnte Learning Agility und die Motivation, sich durch Lernen in seiner Arbeit zu verbessern. Letzteres bedeutet, dass jemand ganz bewusst Lern- und Trainingsprozesse auf sich nimmt und bemüht ist, das Gelernte umzusetzen, damit er seine Arbeitsergebnisse verbessern kann (vgl. ebd., S. 87).

Angesichts der erwähnten Forschungsbefunde gilt es also, Menschen, die nicht so stark beim selbstgesteuerten Lernen und beim Lerntransfer sind, geeignet zu unterstützen. Und diese Erfordernis spiegelt sich auch in den bisherigen „scil-Trendstudien" aus den Jahren 2006, 2010, 2012 und 2015 wider (vgl. Diesner und Seufert 2010, 2013; Euler und Seufert 2006; Fandel-Meyer et al. 2015). Die Förderung von Selbstlernkompetenzen, Lernunterstützung durch Vorgesetzte und die Gestaltung von transferförderlichen Bildungsmaßnahmen zählen danach immer wieder zu den Top Ten der Bildungsthemen. Genau an dem Punkt setzt nun das in diesem Beitrag vorgestellte Format des Transferstärke-Coachings an.

16.2 Hintergrund: Das Transferstärke-Modell

Die Ausgangsfrage bei der Entwicklung des Transferstärke-Modells war: Welche Einstellungen und Fertigkeiten haben Menschen, denen der Lerntransfer nach Fort- und Weiterbildungen besonders gut gelingt? Der Fokus wurde auf die erforderlichen Selbststeuerungsfertigkeiten gelegt, die für den Lerntransfer bedeutsam sind. Lerntransfer bedeutet dabei, dass in einer Fortbildungsmaßnahme gelerntes Wissen bzw. erworbene Fertigkeiten und Haltungen danach auch generell im Arbeitsalltag über eine längere Zeit gezeigt werden (Baldwin und Ford 1988, S. 64).

Der Begriff „Transferstärke" ist vor diesem Hintergrund definiert als persönliche Kompetenz, Lern- und Veränderungsimpulse aus Fort- und Weiterbildungen selbstverantwortlich, erfolgreich und nachhaltig in der Praxis umzusetzen.

Vor dem Hintergrund der eingangs erwähnten Forschungsfrage wurden im ersten Schritt Theorien, Modelle und empirische Befunde aus der Therapie- und Lerntransferforschung gesichtet, um einen Überblick zu erhalten, welche Einflussfaktoren auf Seiten der Person den Lern- und Veränderungserfolg bestimmen (vgl. z. B. Baldwin und Ford 1988; Bandura 1977; Buchhester 2003; Deimann et al. 2008; Fydrich et al. 2007; Gnefkow 2008; Gollwitzer und Sheeran 2006; Jack 2007; Kanfer et al. 2006; Kauffeld et al. 2008; Larimer et al. 1999; Marlatt und Gordon 1985; Marx 1993, 1982; McCall et al. 1988; Meichenbaum 1977; Naquin und Baldwin 2003; Polivy 2001; Prochaska und DiClemente 1983; Prochaska et al. 1992, 1994, 1997; Stewart et al. 2008; Storch und Krause 2007).

Ergänzend zur Literaturrecherche erfolgten 20 explorative Befragungen von Experten (Personalentwickler, Führungskräfte, Trainer). Auf der Basis der Literaturrecherchen und der Expertenbefragungen wurde ein erster Itempool zur Operationalisierung der Transferstärke gebildet. Schließlich lag nach einigen Pretests und Revisionen ein Itempool von 63 Items vor, die zehn theoretisch fundierten A-priori-Skalen zugeordnet waren. Als Antwortskala wurde eine sechsstufige Likert-Skala gewählt, bei der aus testtheoretischen Gründen nur deren Pole verbal verankert waren. Probanden konnten ihre Zustimmung zu den einzelnen Items auf der Skala von „trifft nicht zu" (0) bis „trifft voll zu" (5) angeben. Um Antworttendenzen zu vermeiden, war etwa die Hälfte der Items umgepolt, d. h. so formuliert, dass die Betonung nicht auf dem in der Literatur genannten lerntransfer- bzw. veränderungsförderlichen Aspekt lag.

Beispiele für die Fragen waren:

- Handlungsempfehlungen, die nicht meinen Erfahrungen entsprechen, empfinde ich als graue Theorie.
- Um ein gewünschtes Verhalten zu erreichen, mache ich mir klar, in welchen Schritten ich am besten vorgehen muss.
- Es entmutigt mich, wenn ich in alte Verhaltensmuster zurückfalle.

Gemäß der klassischen Testtheorie (vgl. Lienert und Raatz 1989; Mummendey und Grau 2008) wurde diese Vortestversion an einer Stichprobe von 140 Probanden (69 Männer, 71 Frauen) im Alter von 17 bis 76 Jahren (Durchschnittsalter = 41,20, Jahre, $SD = 8{,}88$) empirisch überprüft. Etwa die Hälfte der Probanden bekleidete eine Führungsposition. Eine explorative Faktorenanalyse legte eine Drei- bzw. Vier-Faktoren-Lösung nahe, wobei die Drei-Faktoren-Lösung besser interpretierbar war.

16

Auf der Basis dieser Ergebnisse erfolgte nach einer Revision der Vortestversion eine weitere empirische Überprüfung an einer Stichprobe mit 1 566 Probanden (768 Männer, 798 Frauen) im Alter von 18 bis 67 Jahren (Durchschnittsalter = 39,09 Jahre, $SD = 10{,}35$). Etwa ein Drittel hatte die Funktion einer Führungskraft. Eine weitere explorative Faktorenanalyse brachte eindeutig die Klarheit zugunsten einer Vier-Faktoren-Lösung mit abschließend 23 Items und einer aufgeklärten Varianz von 48,52 Prozent. Diese Faktoren lauteten aufgrund von inhaltlichen Gesichtspunkten „Offenheit für Fortbildungsimpulse" ($M = 3{,}72$, $SD = {,}89$, $\alpha = {,}659$), „Selbstverantwortung für den Umsetzungsfolg" ($M = 3{,}52$, $SD = {,}75$, $\alpha = {,}789$), „Rückfallmanagement im Arbeitsalltag" ($M = 2{,}71$, $SD = 1{,}02$, $\alpha = {,}653$) und „Positives Selbstgespräch bei Rückschlägen" ($M = 3{,}47$, $SD = {,}98$, $\alpha = {,}745$). Der Transferstärke-Gesamtwert ($M = 3{,}37$, $SD = {,}66$, $\alpha = {,}850$) ermittelte sich aus der Summe der vier Faktoren. Im Folgenden werden diese vier Faktoren der Transferstärke näher beschrieben:

- **Faktor 1 – Offenheit für Fortbildungsimpulse:** Offenheit ist die zentrale Grundlage für jede Weiterentwicklung. Menschen mit einem hohen Wert bei diesem Faktor haben eine positive Einstellung gegenüber Fortbildungen und damit verbundenen Lern- und Veränderungsimpulsen. Sie empfinden Inhalte und Übungen als nützlich. Sie lassen sich auf Neues und Ungewohntes ein. Es gelingt ihnen, gelernte Verhaltensregeln auf sich selbst passend anzuwenden.
- **Faktor 2 – Selbstverantwortung für den Umsetzungserfolg:** Selbstverantwortung für den Umsetzungserfolg bedeutet, dass es aktive Bemühungen gibt, gelernte Inhalte in die Tat umzusetzen. Menschen mit einem hohen Wert bei diesem Faktor ergreifen die Initiative und sind aktiv, um aus ihrem bisherigen Trott zu kommen. Dies gelingt ihnen, weil sie gut in der Lage sind, sich selbst zu motivieren und sich selbst neue Methoden und Fertigkeiten zu erarbeiten oder ungünstige Verhaltensweisen zu verändern. Sie machen sich klar, in welchen Schritten sie vorgehen müssen, um ein gewünschtes Verhalten zu erreichen. Sie haben die nötige Umsetzungsenergie und lassen sich auch nicht durch anfänglichen Mehraufwand und Anstrengungen von ihren Vorsätzen abbringen. Bereits in einer Fortbildung sind sie aktiv und nutzen Übungsmöglichkeiten, um an ihren Themen zu arbeiten. Aber auch nach einer Fortbildung sind sie aktiv und suchen sich gezielt Übungsmöglichkeiten und Informationen zur weiteren Vertiefung. Wenn sie nicht richtig vorankommen, holen sie sich gezielt Hilfe für die Umsetzung der gelernten Inhalte. Dazu gehört auch, Menschen aus

ihrem Umfeld einzubeziehen, die sie erinnern, wenn sie geplante Verhaltensänderungen nicht umsetzen – und die sie darin unterstützten, die Rahmenbedingungen förderlich zu gestalten.

- **Faktor 3 – Rückfallmanagement im Arbeitsalltag:** Die Umsetzung von gelernten Inhalten steht meistens im zeitlichen Konflikt mit den Anforderungen des Tagesgeschäfts. Dieses fühlt sich dringend und wichtig an, so dass gute Vorsätze schnell ins Hintertreffen gelangen.
  Menschen mit einem hohen Wert bei diesem Faktor beherrschen geeignete Strategien, um aus der „eigenen Komfortzone" gewohnter Handlungsweisen auszubrechen. Sie priorisieren die Umsetzung von Lernerkenntnissen und lassen sich nicht durch vermeintlich dringende Themen und dem spontanen Geschehen ablenken. Sie schätzen realistisch ein, was es an Zeit und Veränderungsaufwand braucht, und schaffen sich die erforderlichen Zeiträume. Ihnen gelingt es, sich auch unter Stress und Zeitdruck so zu steuern, dass sie sich an die Umsetzung neuer Denk- und Verhaltensweisen erinnern. Es gibt geeignete Vorbeugungsstrategien und Notfallpläne gegen Rückfälle.
- **Faktor 4 – Positives Selbstgespräch bei Rückschlägen:** Das Bestreben, Gewohnheiten zu ändern oder Neues zu lernen, ist oft begleitet von Rückfällen in alte Muster, Fehlschlägen, unerwartet hohem Energieaufwand und Phasen der Frustration und Lustlosigkeit. Die Art des inneren Selbstgesprächs bei diesen Rückschlägen entscheidet darüber, ob Lern- und Veränderungsziele aufrechterhalten werden. Entscheidend ist eine positive und optimistische Grundeinstellung.
  Menschen mit einem hohen Wert bei diesem Faktor sehen Rückfälle in alte Muster als normal an. Ihnen ist klar, dass Einstellungs- und Verhaltensänderungen nicht auf Anhieb gelingen – geschweige denn von heute auf morgen passieren. Sie sehen kleine und kleinste Fortschritte in ihren Bemühungen und „feiern" diese Erfolge. Sie sind zuversichtlich, dass sie früher oder später ihr Lern- und Veränderungsziel erreichen werden. All das trägt dazu bei, am Ball zu bleiben. Sie haben außerdem ein gutes Gefühl für den Nutzen, der sie erwartet, wenn sie ihr Ziel erreicht haben.

Erste Validierungsstudien konnten bereits die Konstruktvalidität des Transferstärke-Messinstruments – Transferstärke-Analyse genannt – bestätigen. So wurde die konvergente Validität (vgl. Bühner 2011, S. 64) mit der Allgemeinen Selbstwirksamkeits-Skala überprüft (vgl. Schwarzer u. Jerusalem 1999, S. 13). Gerade das Konstrukt der Selbstwirksamkeit gilt in Befunden der Lerntransferforschung übereinstimmend als wichtiger Prädiktor für den Transfererfolg (vgl. z. B. Chiaburu u. Douglas 2008; Weinbauer 2015, S. 50). Bei einer Stichprobe mit 82 Probanden (44 Männer, 38 Frauen) im Alter von 21 bis 73 Jahren (Durchschnittsalter = 37,85, Jahre, $SD = 10{,}08$) zeigte sich auf dem Niveau von 0,01 (2-seitig) eine hochsignifikante Korrelation ($r = {,}588$, $p = {,}000$) zwischen den Gesamtwerten für Transferstärke und Allgemeine Selbstwirksamkeit. Etwa ein Drittel der Probanden bekleidete eine Führungsposition.

Weitere Studien stützen die Validität des Gesamtkonstruktes bzw. einzelner Skalen (vgl. Kreutz 2012; Pankow 2013; Papenhoff 2013; Schürf 2012). Sie werden hier aber nicht weiter ausgeführt, da diese sich auf die erste Version der Transferstärke-Analyse beziehen, der noch die Drei-Faktoren-Lösung zugrunde lag.

16.3 Vorgehen: Transferstärke-Coaching

Das neue Format des Transferstärke-Coachings zielt darauf ab, bei Teilnehmern Einstellungen und Fertigkeiten zu entwickeln, die für den Lerntransfer erforderlich sind. Der Ausgangspunkt dafür ist die Erfassung der eigenen Transferstärke mit Hilfe der o. g. Transferstärke-Analyse. Der Teilnehmer erhält daraufhin einen Auswertungsbericht, der ihm seine Stärken bzw. Risikofaktoren für den Lern- und Veränderungserfolg im Rahmen von Fort- und Weiterbildungen aufzeigt. Ergänzend zu der Auswertung bekommt der Teilnehmer passend zu seinem Transferstärke-Profil Handlungsempfehlungen, wie er die identifizierten Risikobereiche besser managen kann. Diese evidenzbasierten Handlungsempfehlungen betreffen z. B. Fertigkeiten des Aktiven

Rückfallmanagements (vgl. z. B. Marlatt und Gordon 1985; Marx 1982, 1993) oder der Selbststeuerung (vgl. z. B. Furtner und Sachse 2011; Gollwitzer 1999, 2006; Pachner 2009).

Durch das nun folgende Transferstärke-Coaching lernt der Teilnehmer am Beispiel seines aktuellen und persönlich wichtigen Lernziels, wie er die Informationen aus seinem Auswertungsbericht nutzt, um den Umsetzungserfolg sicherzustellen. Im Rahmen der selbstständigen Anwendungsphase reflektiert er den Umsetzungserfolg und holt sich bei Problemen bedarfsgerecht Unterstützung beim Coach. Dabei ist das Coaching vom Grundsatz als Hilfe zur Selbsthilfe angelegt und nutzt die empirisch bestätigten Wirkfaktoren des Coachings als Basiskonzept (vgl. Behrendt 2012; Greif et al. 2012; Wechsler 2012). Nach etwa drei Monaten erfolgt eine erneute Standortbestimmung. Es wird ermittelt, inwiefern das Lernziel erreicht und die Transferstärke erhöht wurde.

◘ Abb. 16.1 zeigt den beschriebenen Kernprozess am Beispiel eines einzelnen Teilnehmers. Dieser Kernprozess wird bedarfsgerecht auf verschiedene Art und Weise in Fort- und Weiterbildungsprozesse integriert.

Wie bisherige eigene Studien zeigen, besteht eine wichtige Arbeit darin, im Rahmen des Gesprächs und auch bei den Folgekontakten Teilnehmern bei der Zielklärung behilflich zu sein und noch genauer herauszuarbeiten, in welchen Situationen in der Praxis sie das Gelernte auf welche Art und Weise umsetzen wollen. Die Bedeutung konkreter Handlungsziele für den Umsetzungserfolg verdeutlichen verschiedene Autoren (z. B. vgl. Greif und Benning-Rohnke 2015).

Der beschriebene Prozess des Transferstärke-Coachings ist das Ergebnis verschiedener explorativer Untersuchungen. Es hat sich gezeigt, dass es oft nicht reicht, Teilnehmern nur ihren Transferstärke-Auswertungsbericht zur selbstständigen Bearbeitung zur Verfügung zu stellen. Dies bestätigt auch Gerathewohl (vgl. 2015, S. 76). Diese Befunde decken sich mit der Annahme, dass gerade transferschwache Menschen erst die Kompetenzen aufbauen müssen, die ihnen den Lern- und Umsetzungserfolg ermöglichen. Darüber hinaus tun sich viele Menschen mit Selbst-Coaching schwer (vgl. Martens 2015, S. 59).

Einen deutlichen Beleg für den Erfolg des Transferstärke-Coaching-Prozesses liefert eine Studie, die im Zeitraum von September 2014 bis Februar 2015 stattfand. Daran nahmen 23 Masterstudenten der Wirtschaftspsychologie teil. Die drei Männer und 20 Frauen im Alter zwischen 22 und 34 Jahren ($M = 26{,}39$, $SD = 3{,}13$) waren überwiegend in der Funktion eines Mitarbeiters in Unternehmen tätig (78,3 %). Dabei hatten sich 15 Probanden freiwillig für die Teilnahme in der Experimentalgruppe entschieden und acht Probanden für die Kontrollgruppe. Jede Versuchsgruppe definierte zu Beginn ein persönliches Lernziel, an dem gearbeitet werden sollte. Des Weiteren gab es eine Vor- und eine Nachmessung der eigenen Transferstärke. Zusätzlich gab es Reflexionsaufgaben, um den Lernverlauf der Teilnehmer zu dokumentieren und weitere Impulse geben zu können. Am Ende zeigt sich auf dem Niveau von 0,01 der hochsignifikante Effekt bei der Experimentalgruppe ($p = {,}000$), dass sich der Transferstärke-Gesamtwert klar verbessert hatte ($M_{t1} = 2{,}60$, $M_{t2} = 3{,}51$), während er in der Kontrollgruppe auf etwa dem gleichen Niveau geblieben war ($M_{t1} = 3{,}07$, $M_{t2} = 3{,}15$, $p = {,}694$). Während sich die Experimentalgruppe im Vortest noch von der Kontrollgruppe auf der Subskala „Selbstverantwortung für den Umsetzungserfolg“ auf dem Niveau von 0,05 signifikant ($p = {,}044$) unterschied ($M_{t1} = 2{,}83$, $M_{t2} = 3{,}53$), war dies beim Nachtest nicht mehr der Fall ($M_{t1} = 3{,}65$, $M_{t2} = 3{,}48$, $p = {,}528$).

Insgesamt geht das Transferstärke-Coaching einen Schritt weiter als bereits bestehende Konzepte des Transfer-Coachings (vgl. Alke 2010; Behrendt 2004; Behrendt et al. 2007), des virtuellen Transfer-Coachings (vgl. Geißler 2010, 2011; Geißler et al. 2013) oder des Telefon-Shadowings (vgl. Leder 2013). Diese zielen vor allem darauf ab, Fortbildungsteilnehmer immer wieder in die Reflexion der Umsetzung von aktuellen Lernvorsätzen zu bringen und Impulse zu vermitteln, wie Transferhürden überwunden werden können. Dabei erfolgt der Transfer-Coaching-Kontakt meistens per Telefon oder im persönlichen Gespräch. Beim virtuellen Transfer-Coaching oder beim maxment-Softwaretool (vgl. ► maxment.net, 2015) wird die Transferunterstützung internetbasiert gesteuert. Darüber hinaus gibt es weitere internetbasierte Erinnerungssysteme von kommerziellen Anbietern.

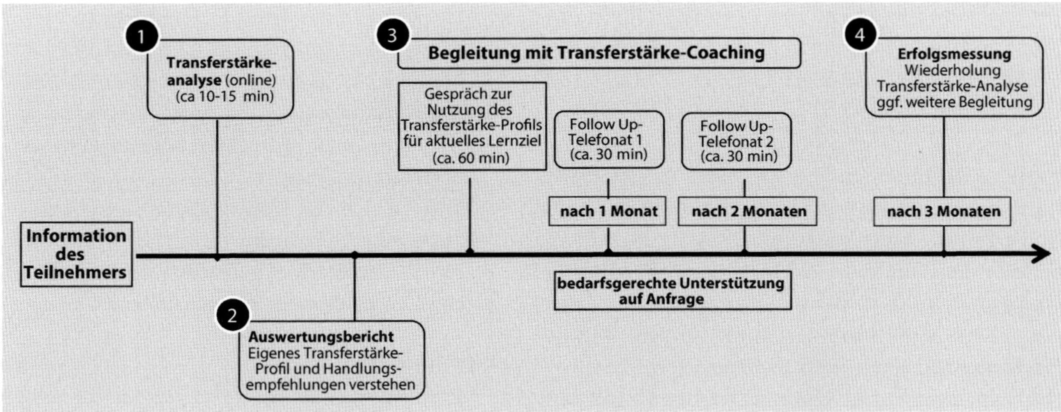

Abb. 16.1 Vorgehen beim Transferstärke-Coaching auf der Basis des eigenen Transferstärke-Profils

Diese beschränken sich aber vor allem auf Impulse, damit Teilnehmer an die Umsetzung ihrer Vorsätze denken (vgl. Audiocoaching Box, 2015; Dranbleiben 2.0, 2015; Mindsetter, 2015).

Ähnlich wie der Transferstärke-Coaching-Ansatz ist jedoch das Konzept der volitionalen Transferunterstützung (vgl. Deimann et al. 2008). Dabei wird mit Hilfe des Volitionalen Personen Tests ein Profil zur Volitionskompetenz erstellt. Der Test besteht aus 32 Fragen und besteht aus den faktorenanalytisch entwickelten vier Dimensionen „Positive Motivationskontrolle", „Negative Motivationskontrolle", „Emotionskontrolle" und „Kognitionskontrolle". Auf der Basis der Testergebnisse werden passend zu den persönlichen Stärken und Schwächen individuelle Transferstrategien entwickelt, die aus einem Pool an Methoden und Handlungsmöglichkeiten stammen (Deimann und Weber 2009).

Schließlich ist noch das Konzept des Proaktiven Bildungscontrollings zu nennen (vgl. Buchhester 2003). Mit einem speziell entwickelten Test wird bei Teilnehmern geprüft, inwiefern die Prognosen für einen Trainingserfolg günstig sind. Dabei spielen besonders die folgenden drei Faktoren eine Rolle:

- Faktor 1 – Personmerkmale: Ein wichtiger Punkt dabei ist die Überzeugung, durch eigenes Handeln das Umfeld zu beeinflussen. Hinzu kommt auch eine positive Einstellung zu dem Seminar.
- Faktor 2 – Organisationsmerkmale: Dazu gehören die Unterstützung des Seminars durch den Vorgesetzten und besonders die Bindung des Mitarbeiters an seine Aufgaben und sein unmittelbares Tätigkeitsfeld („Involvement").
- Faktor 3 – Zielvereinbarungen: Hier geht es um das, was mit dem Seminar erreicht werden soll. Fehlen die Voraussetzungen für einen Trainingserfolg, kann aktiv gegengesteuert werden (vgl. Gloger 2005, S. 20).

Noch breiter und umfassender angelegt ist das empirisch validierte Lerntransfer-System-Inventar (LTSI), das hilft, Transferbarrieren rund um Person, Lerndesign und Arbeitsumfeld zu ermitteln und diese Erkenntnisse zu nutzen, um Trainingsmaßnahmen wirkungsvoller zu gestalten (vgl. Kauffeld et al. 2008).

Zusammenfassend lässt sich feststellen, dass das Transferstärke-Coaching-Konzept im Kontext der bisherigen Ansätze einen neuen Blickwinkel auf das eingangs erwähnte Problemfeld des mangelnden Lerntransfers darstellt, indem es den Fokus auf die erforderlichen Selbststeuerungskompetenzen legt. Teilnehmer finden die Standortbestimmung mit Hilfe der Transferstärke-Analyse nützlich, da ihnen meistens zwar bewusst ist, dass ihnen die Umsetzung von Lern- und Veränderungsimpulsen in der Praxis nicht so gut gelingt, sie aber nicht wissen, was sie genau dagegen tun können. Die Transferstärke-Analyse zeigt nun auf, wo Teilnehmer aktiv ansetzen können, um ihren Transfererfolg zu steigern. Gerade bei transferschwachen Teilnehmern ist das eigene Transferstärke-Profil ein Anstoß für Veränderung, da es Auskunft über die Risiken gibt, die den Lernerfolg behindern können. Durch das Transferstärke-Coaching können diese Risiken bei einem vergleichsweise überschaubaren Zeitaufwand überwunden werden.

Den größten Hebel für effektive Entwicklungsprozesse im Unternehmen hat dieser Ansatz dabei im Rahmen von Führungskräfteschulungen. Denn in die Entwicklung von Führungskräften wird von Firmen meistens viel Geld investiert. Gleichzeitig sind Führungskräfte für die erfolgreiche Entwicklung ihrer Mitarbeiter zuständig. Indem gerade Nachwuchsführungskräfte das Transferstärke-Coaching am eigenen Leib erfahren, werden sie mit den Grundlagen vertraut und können dies dann auch im Rahmen der Mitarbeiterentwicklung einsetzen (vgl. Koch 2015b). Damit werden sie der von Bates (2003) geforderten Rolle als „Transfer Agent" gerecht. Die Führungskraft zeichnet sich durch eine nachhaltig wirksame, entwicklungsunterstützende und lernförderliche Führungsarbeit aus.

16.4 Ausblick

In dem heutigen Konzept des Transferstärke-Coachings steckt nunmehr eine Entwicklungszeit von sechs Jahren. Die weitere Forschung wird die vertiefende Validierung des Transferstärke-Konstruktes und des damit verbundenen Selbsttestes sein. Darauf aufbauend sind weitere Evaluationsstudien erforderlich, um noch genauere Aussagen über die Wirksamkeit des Transferstärke-Coachings treffen zu können.

Einige zentrale Forschungsfragen lauten:

- Wieviel zeit- und kostensparender bzw. wirksamer ist das Transferstärke-Coaching im Vergleich zu anderen Maßnahmen der Transferförderung und -sicherung?
- Welche Transferstärke-Ausprägung ist ein sicherer Prädiktor dafür, dass Teilnehmer ohne eine entsprechende Förderung und Unterstützung mit großer Wahrscheinlichkeit keinen nachhaltig wirksamen Lernerfolg erzielen werden?
- In welchem Umfang und in welchem Zeitraum können transferschwache Personen fehlende Einstellungen und Fertigkeiten der Transferstärke nachhaltig wirksam lernen?
- Wie lässt sich das Transferstärke-Coaching-Konzept standardisiert im Rahmen von Personalentwicklungsgesprächen integrieren, damit Führungskräfte transferschwache Mitarbeiter mit einem bedarfsgerechten Führungsprozess unterstützen können?
- Wie lässt sich das Transferstärke-Coaching-Konzept bei E-Learning-Lösungen integrieren, um den Transferfolg bei selbstverantwortlichen Lernprozessen sicherzustellen?

Internetbasierte Tools

- Audiocoaching Box (2015). ► http://www.audiocoaching-box.de/audiocoaching_box/. Zugriff: 10.08.2015.
- Dranbleiben 2.0 (2015). ► https://www.dranbleiben20.com/. Zugriff: 10.08.2015.
- Mindsetter (2015). ► https://pro.mindsetter.com/audience/. Zugriff: 10.08.2015.

Literatur

Verwendete Literatur

Alke, M. (2010). Mit Anstoß zur Veränderung. Transfercoaching. *managerSeminare, 146*, 58–63.

Baldwin, T. T., & Ford, J. K. (1988). Transfer of training: a review and directions for future research. *Personnel Psychology, 41*, 63–105.

Bandura, A. (1977). Self-efficacy: Toward a unifying theory of behavior change. *Psychological Review, 84*, 191–215.

Bates, R. A. (2003). Managers as Transfer Agents. In E. F. Holton III, & T. T. Baldwin (Hrsg.), *Improving Learning Transfer in Organizations* (S. 243–270). San Francisco, CA: Jossey-Bass.

Becker, M., & von der Gracht, H. (2014). *Lernen 2030. Von Bildungsavataren, virtuellen Klassenräumen und Gehirn-Doping in der Führungs- und Fachkräfteentwicklung.* Jena: Institute of Corporate Education e. V. (incore).

Behrendt, P. (2004). *Wirkfaktoren im Psychodrama und Transfercoaching.* Diplomarbeit. Freiburg: Albert-Ludwigs-Universität Freiburg.

Behrendt, P. (2012). Freiburger Erfolgsfaktoren-Coaching. *Organisationsberatung, Supervision, Coaching, 19*(4), 391–404.

Behrendt, P., Pritschow, K., & Rüdesheim, B. (2007). Transfercoaching. Vom Seminar zur erfolgreichen Umsetzung im Berufsalltag. *Zeitschrift für Führung und Organisation, 76*(1), 49–56.

Buchhester, S. (2003). *Bildungscontrolling. Der Einfluss von individuellen und organisationalen Faktoren auf den wahrgenommenen Weiterbildungserfolg.* Hamburg: Kovač.

Bühner, M. (2011). *Einführung in die Test- und Fragebogenkonstruktion.* (3. Aufl.) München: Pearson Studium.

Chiaburu, D. S., & Lindsay, D. R. (2008). Can do or will do? The importance of self-efficacy and instrumentality for training transfer. *Human Resource Development International, 11*(2), 199–206.

Deimann, M., & Weber, B. (2009). *Besser Wollen! Motiviert sein und motiviert bleiben für persönliche und berufliche Ziele; mit zahlreichen Übungen und Übungsvorlagen*. Heidelberg: Apertus.

Deimann, M., Weber, B., & Bastiaens, T. (2008). *Volitionale Transferunterstützung (VTU) – Ein innovatives Konzept (nicht nur) für das Fernstudium*. Hagen: Schriftenreihe des Instituts für Bildungswissenschaft und Medienforschung.

Diesner, I., & Seufert, S. (2010). *Trendstudie 2010. Herausforderungen für das Bildungsmanagement in Unternehmen*. Universität St. Gallen: Institut für Wirtschaftspädagogik.

Diesner, I., & Seufert, S. (2013). *Trendstudie 2012. Herausforderungen für das Bildungsmanagement in Unternehmen*. St. Gallen: Swiss Centre for Innovations in Learning, Univ. St. Gallen.

Erpenbeck, J., & Sauter, W. (2013). *So werden wir lernen! Kompetenzentwicklung in einer Welt fühlender Computer, kluger Wolken und sinnsuchender Netze*. Berlin: Springer-Gabler.

Euler, D., & Seufert, S. (2006). *SCIL-Trendstudie. Ergebnisse einer Delphi-Befragung zu den Herausforderungen für das Bildungsmanagement in Unternehmen. SCIL-Arbeitsbericht*. St. Gallen: Swiss Centre for Innovations in Learning, Univ. St. Gallen.

Fandel-Meyer, T., Schneider, C., Seufert, S., Meier, C., Schuchmann, D., & Schneider, C. (2015). *scil Trendstudie 2015/2016. Trends in Corporate Learning*. St. Gallen: Swiss Centre for Innovations in Learning.

Furtner, M. R., & Sachse, P. (2011). Self-Leadership-Training. Wirksamkeitsprüfung mit qualitativ-quantitativer Methodenkombination. *Wirtschaftspsychologie, 2*, 102–111.

Fydrich, T., Sommer, G., & Brähler, E. (2007). *Fragebogen zur Sozialen Unterstützung. Manual*. Göttingen: Hogrefe.

Geißler, H. (2010). Gelerntes nachhaltig anwenden. Beispiel: Virtuelles Transfercoaching (VTC). *Weiterbildung, 11*, 24–26.

Geißler, H. (2011). Coaching meets Training – zur Lösung des Transferproblems durch "virtuelles Transfercoaching (VTC)". In M. Loebbert, A. Fritze, & R. Wegener (Hrsg.), *Coaching entwickeln. Forschung und Praxis im Dialog* (S. 123–134). Wiesbaden: VS.

Geißler, H., Hasenbein, M., & Wegener, R. (2013). E-Coaching: Prozess- und Ergebnisevaluation des „Virtuellen Zielerreichungscoachings". *Organisationsberatung, Supervision, Coaching, 20*(2), 125–142. doi:10.1007/s11613-013-0320-6.

Gerathewohl, F. (2015). *Optimierung des Lernerfolgs im Rahmen von E-Learning-Formaten. Eine Evaluationsstudie zu Wirksamkeit und Nutzen der Transferstärke-Methode*. Bachelorarbeit. Erding: Hochschule für angewandtes Management.

Gloger, S. (2005). Den Trainingserfolg voraussagen. Fachkongress für Bildungscontrolling. *managerSeminare, 92*, 18–22.

Gnefkow, T. (2008). *Lerntransfer in der betrieblichen Weiterbildung. Determinanten für den Erfolg externer betrieblicher Weiterbildung im Lern- und Funktionsfeld aus Teilnehmerperspektive*. Saarbrücken: VDM Verlag Dr. Müller..

Gollwitzer, P. M. (1999). Implementation Intentions. Strong Effects of Simple Plans. *American Psychologist, 54*(7), 493–503.

Gollwitzer, P. M., & Sheeran, P. (2006). Implementation intentions and goal achievement: A meta-analysis of effects and processes. *Advances in Experimental Social Psychology, 38*, 69–119.

Graf, J. (2015). *Weiterbildungsszene Deutschland. Themen und Trends in Training, Beratung, Coaching*. Bonn: managerSeminare.

Greif, S., & Benning-Rohnke, E. (2015). Konsequente Umsetzung von Zielen durch Coaching. *Coaching, 1*, 25–35.

Greif, S., Schmidt, F., & Thamm, A. (2012). Warum und wodurch Coaching wirkt. *Organisationsberatung, Supervision, Coaching, 19*(4), 375–390.

Gris, R. (2008). *Die Weiterbildungslüge. Warum Seminare und Trainings Kapital vernichten und Karrieren knicken*. Frankfurt a. M.: Campus.

Grossman, R., & Salas, E. (2011). The transfer of training: what really matters. *International Journal of Training an Development, 15*(2), 103–120.

Jack, M. (2007). *FERUS – Fragebogen zur Erfassung von Ressourcen und Selbstmanagementfähigkeiten*. Göttingen: Hogrefe.

Kanfer, F. H., Reinecker, H., & Schmelzer, D. (2006). *Selbstmanagement-Therapie. Ein Lehrbuch für die klinische Praxis*. Heidelberg: Springer.

Kauffeld, S., Bates, R., Holton, E. F., & Müller, A. C. (2008). Das deutsche Lerntransfer-System-Inventar (GLTSI): psychometrische Überprüfung der deutschsprachigen Version. *Zeitschrift für Personalpsychologie, 7*(2), 50–69.

Koch, A. (2010). Gegenrede: Das Umsetzungsproblem beim Praxistransfer. Wir wissen alles, aber tun nichts dagegen. *Weiterbildung, 1*, 27–29.

Koch, A. (2015a). 70-20-10-Wunschdenken. Zweifel an der Realitätsnähe der Bildungsformel. *Wirtschaft und Weiterbildung, 5*, 18–25.

Koch, A. (2015b). Gelerntes umsetzen lernen. Transferstärke Coaching. *managerSeminare, 6*, 4–9.

Kreutz, B. (2012). *Überprüfung der Validität der Transferstärke-Analyse. Eine Validierungsstudie mit ausgewählten Skalen des Inventars sozialer Kompetenzen (IKS)*. Riedlingen: SRH FernHochschule.

Larimer, M. E., Palmer, R. S., & Marlatt, G. A. (1999). Relapse Prevention. An Overview of Marlatt's Cognitive-Behavioral Model. *Alcohol Research and Health, 23*(2), 151–160.

Leder, S. (2013). *Telefon-Shadowing. Wirksamkeit einer neuen Coaching-Methode zur Umsetzung von Verhaltensänderungen*. Diplomarbeit. Bielefeld: Universität Bielefeld.

Lienert, G. A., & Raatz, U. (1989). *Testaufbau und Testanalyse*. Weinheim: Beltz.

Lombardo, M. M., & Eichinger, R. W. (1996). *The Career Architect Development Planner*. Minneapolis: Lominger.

Marlatt, G. A., & Gordon, J. R. (1985). *Relapse Prevention*. New York: Guilford.

Martens, A. (2015). Gespräch mit dem inneren Du. Trendmethode Selbstcoaching. *managerSeminare, 2*, 56–61.

Marx, R. D. (1982). Relapse Prevention for Managerial Training: A Model for Maintenance of Behavior Change. *Academy of Management Review, 7*(3), 433–441.

Marx, R. D. (1993). Improving Management Development Through Relapse Prevention Strategies. *Journal of Management Development, 5*(2), 27–40.

McCall, M. W., Lombardo, M. M., & Morrison, A. M. (1988). *The Lessons of Experience. How successful executives develop on the job*. New York: Free Press.

Meichenbaum, D. (1977). *Cognitive-behavioral modification. An integrative Approach*. New York: Plenum Press.

Mitchinson, A., & Morris, R. (2014). *Learning About Learning Agility. Center for Creative Leadership*. Greensboro u. a.: White Paper.

Mummendey, H. D., & Grau, I. (2008). *Die Fragebogenmethode*. Göttingen: Hogrefe.

Naquin, S. S., & Baldwin, T. T. (2003). Managing Transfer Before Learning Beginns. The Transfer-Ready Learner. In E. F. Holton III, & T. T. Baldwin (Hrsg.), *Improving Learing Transfer in Organizations* (S. 80–96). San Francisco: Wiley.

Pachner, A. (2009). *Entwicklung und Förderung von selbst gesteuertem Lernen in Blended-Learning-Umgebungen. Eine Interventionsstudie zum Vergleich von Lernstrategietraining und Lerntagebuch*. Münster: Waxmann.

Pankow, S. (2013). *Überprüfung der Konstruktvalidität und Reliabilität sowie Retestreliabilität der Transferstärke unter Berücksichtigung der diskriminanten/konvergenten Validität mit den Konstrukten NEO-FFI und Learning Style Orientation*. Bachelorarbeit. Essen: Universität Duisburg-Essen.

Pape, K.-H. (2015). *DB Training will nicht mehr unterrichten. Blog*. https://khpape.wordpress.com/2015/04/24/db-training-will-nicht-mehr-unterrichten/ (Erstellt: 24.04.2015). Zugegriffen: 25.07.2015

Papenhoff, T. (2013). *Der Einfluss einer Verhandlungsschulung auf den Verhandlungsstil im Einkauf unter Berücksichtigung der Persönlichkeit und Transferstärke*. Bachelorarbeit. Essen: Universität Duisburg-Essen.

Polivy, J. (2001). The false hope syndrome: unrealistic expectations of self-change. *International Journey of Obesity, 25*(5, suppl1), 80–84.

Prochaska, J. O., & DiClemente, C. C. (1983). Stages and processes of self-change of smoking: Toward an integrative model of change. *Journal of Consulting and Clinical Psychology, 51*, 390–395.

Prochaska, J. O., DiClemente, C. C., & Norcross, J. C. (1992). In search of how people change: Applications to addictive behaviors. *American Psychologist, 47*(9), 1102–1114.

Prochaska, J. O., Norcross, J. C., & DiClemente, C. C. (1994). *Changing for good: A revolutionary six-stage program for overcoming bad habits and moving your life positively forward*. New York: Avon Books.

Saks, A. M., & Belcourt, M. (2006). An investigation of training activities and transfer of training in organizations. *Human Resources Management, 45*(4), 629–648.

Prochaska, J. O., Redding, C. A., & Evers, K. E. (1997). The transtheoretical model and stages of change. In K. Glanz, F. M. Lewis, & B. K. Rimer (Hrsg.), *Health behavior and health education: Theory, research, and practice* (S. 60–84). San Francisco: Jossey-Bass.

Reimann, S. (2015). „Ihr lernt, wir wachsen." Personalentwicklung bei adidas. *managerSeminare, 7*, 62–66.

Saks, A. M., Salas, E., & Lewis, P. (2014). The transfer of training. *International Journal of Training and Development, 18*(2), 81–83.

Schermuly, C. C., Schröder, T., Nachtwei, J., Kauffeld, S., & Gläs, K. (2012). Die Zukunft der Personalentwicklung. *Zeitschrift für Arbeits- und Organisationspsychologie, 56*(3), 111–122.

Schürf, S. (2012). *Validierung der Transferstärkeanalyse mit Hilfe des Maßnahmen-Erfolgs-Inventar (MEI) bei Teilnehmern von Führungskräfteschulungen der Bayerischen Verwaltungsschule (BVS)*. Masterarbeit. Riedlingen: SRH FernHochschule.

Schwarzer, R., & Jerusalem, M. (1994). *Skalen zur Erfassung von Lehrer- und Schülermerkmalen. Dokumentation der psychometrischen Verfahren im Rahmen der Wissenschaftlichen Begleitung des Modellversuchs Selbstwirksame Schulen*. Berlin: Freie Universität Berlin.

Seyda, S., & Werner, D. (2014). *IW-Weiterbildungserhebung 2014. Höheres Engagement und mehr Investitionen in betriebliche Weiterbildung*. Köln: Institut der deutschen Wirtschaft.

Stewart, L. J., Palmer, S., Wilkin, H., & Kerrin, M. (2008). The influence of personality on coaching success. *International Journal of Evidence Based Coaching and Mentoring, 6*(1), 32–42.

Storch, M., & Krause, F. (2007). *Selbstmanagement – ressourcenorientiert. Grundlagen und Trainingsmanual für die Arbeit mit dem Züricher Ressourcen Modell (ZRM)*. Bern: Huber.

Wechsler, T. (2012). Das coachingtool-spezifische Wirkfaktorenmodell *Organisationsberatung, Supervision. Coaching, 19*(4), 405–423.

Weinbauer, I. (2015). *Die Verbreitung von Transferpraktiken in Österreich. Eine neo-institutionalistische Betrachtung des Research-Practice-Gaps der Transferforschung*. Dissertation. Linz: Johannes-Kepler-Universität.

Williams, M. J. (1997). Agility in Learning – An Essential for Evolving Organizations and People. *Harvard Management Update, 2*(5), 3–5.

Negative Effekte von Coaching für Klienten – Definition, Häufigkeiten, Kategorien und Ursachen

Carsten C. Schermuly

C. Triebel et al. (Hrsg.), *Qualität im Coaching*,
DOI 10.1007/978-3-662-49058-7_17,

17.1 Einleitung

Coachings im Arbeitskontext haben sich in den letzten Jahren professionalisiert. Dies gilt für die Praxis, aber auch für die Forschung. Im Jahr 2014 lagen erstmals genügend empirische Wirksamkeitsstudien vor, dass eine rechnerische Zusammenfassung in Form einer Meta-Analyse möglich war. Theeboom et al. (2014) konnten 18 empirische Studien integrieren, um allgemeine Schlussfolgerungen über die Wirksamkeit von Business-Coachings zu ziehen. Wie in Meta-Analysen üblich, wurden die Effekte in Gruppen zusammengefasst. Es konnten für alle fünf erfassten Variablengruppen mittelgroße Effekte nachgewiesen werden. Die höchste Wirkung hatte Coaching auf die zielbezogene Selbstregulation: Mitarbeitern fällt es nach einem Coaching leichter, Ziele zu setzen, diese zu erreichen und zu bewerten. Die zweithöchste Wirkung zeigte sich für die Leistung: Klienten werden durch ein Coaching leistungsfähiger. Weiterhin hatte Coaching positive Effekte auf zentrale Einstellungen gegenüber der Arbeit (z. B. Arbeitszufriedenheit), Wohlbefinden (z. B. Stress und emotionale Erschöpfung) und Coping. Durch die Meta-Analyse liegen nun deutliche Belege vor, dass es sich bei Coaching um ein sehr wirksames Personalentwicklungsinstrument handelt.

Demgegenüber hat die Beschäftigung mit negativen Effekten von Coaching wenig Aufmerksamkeit erhalten. Dies gilt sowohl für die Wissenschaft als auch für die Praxis. Kilburg (2002) nennt die Beschäftigung mit negativen Effekten im Coaching ein Tabuthema. Möller (2014) betont dagegen, dass sich Coaching so etabliert hat, dass man sich die Beschäftigung mit negativen Effekten leisten kann. Für Seiger und Künzli (2010, S. 10) ist es sogar eine Chance für eine erfolgreiche Zukunft des Coachings: „Ein kritisches Bewusstsein für mögliche Schäden [von Coaching] würde nicht nur helfen, Negatives zu vermeiden, sondern auch, Erfolge zu erhöhen." Die Autoren weisen darauf hin, dass die Erforschung von negativen Effekten auch Frühwarnsignale und Optionen, um diese zu verhindern, liefern könnte. Eine systematische Erforschung ist auch deshalb notwendig, weil sich immer mehr Einzelbefunde finden lassen, die für die Existenz von negativen Effekten sprechen. So ist seit längerer Zeit bekannt, dass andere soziale Interventionen wie Mentorings (Eby und McManus 2004; Eby et al. 2000) oder Diversity Trainings (von Bergen et al. 2002; Bezrukova et al. 2012; Bush und Ingram 2001) unerwünschte Effekte produzieren können. Die Psychotherapieforschung ist in Deutschland schon so weit fortgeschritten, dass ganze Sammelbände über Nebenwirkungen von Psychotherapien veröffentlicht werden konnten (s. z. B. Linden und Strauß 2013).

Aus dem Blickwinkel der Social Exchange Theory (Blau 1964; Homans 1961; Thibaut und Kelley 1959) besitzt jede intime Beziehung das Potenzial für negative Effekte. Es wäre überraschend, auch mit Blick auf die Nachbardisziplinen, wenn Coachings hiervon ausgenommen wären (Schermuly et al. 2014). In der Befragung von Seiger und Künzli (2010) geben 17,2 % der Coaches an, dass sie bereits unerwünschte Coaching-Effekte bei ihren Klienten festgestellt haben. Als Beispiele nennen die Coaches u. a. (Seiger und Künzli 2010, S. 14): „zusätzliche Verunsicherung", „Abhängigkeit", „Kündigung, Scheidung" oder auch „ein bearbeitetes Ziel hat so viel Energie gebraucht, dass andere Interessen zurückgestellt werden mussten". Kilburg nennt in seinem Artikel u. a. Effekte wie Arbeitsplatzverlust, finanzielle Verluste, psychische Probleme oder eine Reduktion von Ehrgeiz und Motivation, die durch ein Coaching hervorgerufen werden können.

Im Folgenden soll die an der SRH Hochschule Berlin durchgeführte Forschung zu negativen Effekten von Coaching dargestellt werden. Der Schwerpunkt liegt auf den Effekten für Klienten. Die Effekte für Coaches können einem aktuellen Artikel in der International Coaching Psychology Review der British Psychological Society entnommen werden (Schermuly 2014a). Als Grundlage für diese Kapitel dient der 2014 in der Zeitschrift für Arbeits- und Organisationspsychologie veröffentlichte Artikel „Zu Risiken und Nebenwirkungen lesen Sie … – Negative Effekte von Coaching" (Schermuly et al. 2014).

17.2 Was sind negative Effekte von Coaching für Klienten?

Aufgrund des unausgereiften Forschungsstands zu negativen Effekten von Coaching war es zunächst nötig, eine Definition des Forschungsgegenstands zu entwickeln, um ein einheitliches Verständnis für die weitere Arbeit zu schaffen. Negative Effekte von Coaching für Klienten werden als „alle für den Klienten schädlichen bzw. unerwünschten Folgen, die unmittelbar durch das Coaching verursacht werden und parallel dazu oder im Anschluss daran auftreten" (Schermuly et al. 2014, S. 19) definiert. Wichtig sind die Definitionselemente „schädlich", „unerwünscht" und „unmittelbar verursacht". Der Effekt muss durch den Klienten aktuell als negativ erlebt werden. Empfindet der Klient den Effekt als förderlich, so handelt es sich um keinen negativen Effekt. Der Effekt darf nicht durch den Coach bewusst hergestellt worden und damit erwünscht sein (z. B. um andere Coaching-Ziele zu erreichen). Darüber hinaus muss ein direkter Zusammenhang zum Coaching vorliegen. Wenn die Arbeitsmotivation eines Klienten während eines Coachings aufgrund des gerade im Unternehmen stattfindenden Change-Prozesses absinkt, dann handelt es sich um keinen negativen Coaching-Effekt (Schermuly et al. 2014).

Gezielt wurde die Definition an die von Nebenwirkungen in der Medizin bzw. in der Pharmazie angelehnt und damit eine Abgrenzung gegenüber der Konzeption von Kilburg (2002) vorgenommen. Dieser sieht Misserfolg und negative Effekte als nahezu deckungsgleich an. Aufgrund der Nebenwirkungsorientierung ist das hier anders: Ein Coaching mag erfolgreich verlaufen, ein Klient kann z. B. alle mit dem Coach vereinbarten Ziele erreichen, und trotzdem können negative Effekte auftreten. In einem Karriere-Coaching kann ein Klient z. B. mit seinem Coach sehr erfolgreich neue Perspektiven für sein Berufsleben erarbeiten. Durch das Coaching kann aber der negative Effekt ausgelöst werden, dass der Klient für seinen derzeitigen Beruf weniger Arbeitsmotivation empfindet und dies als unangenehm empfindet. Dadurch, dass Misserfolg und negative Effekte nicht gleichgesetzt werden, kann in der vorgeschlagenen Konzeption ein aktuell als negativ erlebter Effekt unter Umständen langfristig auch positive Auswirkungen haben. So kann die reduzierte Arbeitsmotivation in der Zukunft zum Treiber des Klienten werden, die nächsten Karriereschritte noch rascher zu bewältigen.

Wichtig ist auch die Erläuterung, dass sich die Definition auf das Individuum bezieht. Es handelt sich um negative Effekte von Coaching für Klienten und nicht um solche für Organisationen oder das soziale System des Klienten. Zum Beispiel könnte der Klient in einem Karriere-Coaching herausfinden, dass er sich bei seinem Arbeitgeber nicht weiterentwickeln kann, und kündigt deshalb. Dies mag ein negativer Effekt sein, aber die negativen Konsequenzen beziehen sich auf die Organisation und nicht auf den Klienten. Vom Klienten kann die Kündigung als befreiend und damit positiv erlebt werden, so dass es sich um keinen negativen Effekt im Sinne der oben vorgeschlagenen Definition handelt. Erleidet ein Klient aber z. B. einen finanziellen und zwischenmenschlichen Verlust durch die aus dem Coaching resultierende Kündigung, und es droht eine längere Arbeitslosigkeit, dann handelt es sich sehr wohl um einen negativen Coaching-Effekt, da das Individuum Träger der schädlichen Konsequenzen ist.

17.3 Methodisches Vorgehen bei der Erforschung von negativen Effekten

Bei wissenschaftlichem „Neuland" empfehlen Bortz und Döring (2006) zunächst eine explorative Orientierung. Bei der methodischen Ausrichtung der Erforschung von negativen Effekten von Coaching wurde daher vom Autor versucht, möglichst viel Praxiswissen zu aktivieren, damit die externe Validität der Ergebnisse hoch ausfällt und die Ergebnisse eine möglichst hohe praktische Gültigkeit besitzen. Zu diesem Zweck wurden zunächst strukturierte Interviews mit 21 erfahrenen Coaches geführt (Alter: $M = 48{,}2$ Jahre, $SD = 10{,}4$; Berufserfahrung: $M = 13{,}7$ Jahre, $SD = 7{,}7$; Arbeitszeit mit Coaching $M = 36{,}2\,\%$, $SD = 23{,}5$; Frauenanteil $= 47{,}6\,\%$). Um sicherzustellen, dass den Coaches die weiter oben dargestellte Definition von negativen Effekten im Coaching bekannt ist, wurde ihnen diese zunächst präsentiert. Nach der Vorstellung der Definition wurden die Coaches befragt, welche negativen Effekte Coaching haben kann und welche Ursachen sie für diese sehen. Beispielhafte Aussagen der Coaches lauteten wie folgt: „Der Coachee wird abhängig, ohne Coach geht nichts mehr", „Der Coachee wird durch das Coaching so gepusht, dass er den

Respekt gegenüber dem Vorgesetzten verliert und Konflikte entstehen" oder „Durch das Erkennen der eigenen Muster kann es zu einer Art Kurzschlussreaktion kommen. Ich habe das in einer Situation mit einer Klientin erlebt. Diese hat relativ kopflos den Job gekündigt".

Aus den Antworten wurde ein Online-Fragebogen entwickelt, den 123 Coaches beantworteten (Alter: $M = 49{,}6$ Jahre, $SD = 9{,}0$; Berufserfahrung: $M = 10{,}8$ Jahre, $SD = 7{,}7$; Arbeitszeit mit Coaching $M = 37{,}5\,\%$, $SD = 25{,}5$; Frauenanteil = 48,8 %). Die Coaches wurden gebeten, das letzte von ihnen abgeschlossene Coaching zu evaluieren. Damit sollte gewährleistet werden, dass die Coaches ein gutes Erinnerungsvermögen an das betreffende Coaching besaßen und nicht ein besonders erfolgreiches oder wenig erfolgreiches Coaching wählten. Jeder Effekt musste von den Coaches auf einer fünfstufigen Likertskala eingeschätzt werden (0 = überhaupt nicht zutreffend, 1 = etwas zutreffend, 2 = mittelmäßig zutreffend, 3 = stark zutreffend, 4 = voll und ganz zutreffend). Die evaluierten Coachings waren im Durchschnitt 8,0 Sitzungen lang ($SD = 5{,}4$) und erstreckten sich über einen Zeitraum von knapp acht Monaten ($M = 7{,}7$; $SD = 6{,}2$). Vor der Evaluation der Coachings wurde auch den Coaches in der Online-Befragung die Definition von negativen Effekten vorgestellt.

17.4 Häufigkeiten und Kategorien von negativen Effekten

Im Durchschnitt wurden die Coachings auf der Stufe „sehr erfolgreich" eingeschätzt. Gleichzeitig wurde in 57,4 % aller Coachings mindestens ein negativer Effekt von den Coaches wahrgenommen. Insgesamt traten über 25 verschiedene negative Effekte auf (◘ Tab. 17.1). Im Durchschnitt waren es 2,1 negative Effekte pro Coaching. Wichtig zur korrekten Interpretation sind die folgenden Zusatzergebnisse: Im Durchschnitt wurde den negativen Effekten eine niedrige bis mittlere Intensität zugewiesen, und größtenteils waren die Effekte von kürzerer Dauer. Es wurde eingeschätzt, dass die Effekte weniger als vier Wochen Bestand hatten. Ein mittlerer negativer Zusammenhang konnte zwischen der Anzahl negativer Effekte und der Bewertung des Erfolgs des Coachings ($\rho = -.37$, $p < .01$) nachgewiesen werden. Je mehr negative Effekte auftraten, desto weniger erfolgreich wurde das Coaching von den Coaches eingeschätzt.

Die Häufigkeiten und die Intensitäten der negativen Effekte werden für jeden Effekt in ◘ Tab. 17.1 dargestellt. In 26 % der Coachings wurden beim Klienten tiefergehende Probleme angestoßen, die nicht bearbeitet werden konnten. In 17,1 % der untersuchten Coachings wandelte der Coach die ursprünglichen Ziele des Klienten ab, ohne dass der Klient das wollte. Ebenso häufig nahm der Coach wahr, dass der Klient durch das Coaching seine Arbeit als weniger bedeutsam erlebte.

Conrad (2010) unterscheidet zwischen negativen Effekten von Psychotherapie auf das persönliche Wohlbefinden und solchen auf die soziale Integration des Klienten. Coaching ist nicht Psychotherapie, doch auch in Business-Coachings finden sich Beispiele für beide Kategorien. Zur Kategorie **psychisches Wohlbefinden** lassen sich Effekte wie eine reduzierte Lebenszufriedenheit, das Anstoßen von tiefergehenden Problemen, die im Coaching nicht bearbeitet werden können, die Verschlechterung der Work-Life-Balance, Arbeitsplatzangst sowie die Verschärfung oder Entwicklung von psychischen Erkrankungen zählen. Der Vorsitzende des DBVC, Christopher Rauen, äußert sich zu letzterem Effekt wie folgt: „Es ist riskant, wenn ein Klient im Coachingprozess eine psychische Störung entwickelt und der Coach dies erst zu spät bemerkt. Hier muss sich ein professioneller Coach seiner Grenzen bewusst sein und gegebenenfalls einen Spezialisten empfehlen" (vgl. Tenzer 2014, S. 34). Zumindest kurzfristig scheinen Coachings das Wohlbefinden von Klienten negativ beeinflussen zu können. Coachings stoßen Reflexionsprozesse an und fordern vertraute Verhaltens- und Denkmuster heraus. Dies kann das Wohlbefinden zumindest kurzfristig herabsenken. Weiterhin können das direkte Thematisieren von Problemen und das Erinnern von negativen Erfahrungen unangenehme Gefühle aktivieren (Schermuly et al. 2014).

Der Kategorie der **sozialen Integration** lassen sich ebenso mehrere Effekte zuordnen. ◘ Tab. 17.1 zeigt, dass das Verhältnis zu verschiedenen Interaktionspartnern durch ein Coaching beeinträchtigt werden kann (Coach, Arbeitsumfeld und privates

■ **Tab. 17.1** Häufigkeit und Intensität negativer Effekte. ($N=123$; Schermuly et al. 2014, S. 23)

Negativer Effekt		Häufigkeit in %	Intensität	
			M	*SD*
Durch das Coaching …				
1.	wurden beim Klienten/bei der Klientin tiefergehende Probleme angestoßen, die nicht bearbeitet werden konnten	26,0	1,5	0,8
2.	wurden die ursprünglichen Ziele des Klienten/der Klientin abgewandelt, ohne dass er/sie das wollte	17,1	1,7	0,9
3.	hat der Klient/die Klientin seine/ihre Arbeit als weniger bedeutsam erlebt	17,1	1,5	0,7
4.	hat sich die Beziehungsqualität verschlechtert zu: Vorgesetzten	13,8	1,1	0,2
5.	reduzierte sich die Arbeitszufriedenheit des Klienten/der Klientin	13,0	1	0,6
6.	zeigte der Klient/die Klientin höhere Schwankungen in seinen/ihren Arbeitsleistungen	13,0	1,1	0,3
7.	entwickelte der Klient/die Klientin ein verstärktes Abhängigkeitsverhältnis zu mir	12,2	1,1	0,3
8.	reduzierte sich die Lebenszufriedenheit des Klienten/der Klientin	9,8	1,5	0,8
9.	hat der Klient/die Klientin sich als weniger kompetent bezüglich seiner/ihrer Arbeit erlebt	9,8	1,3	0,7
10.	reduzierte sich die Arbeitsmotivation des Klienten/der Klientin	8,9	1,4	0,7
11.	verschlechterte sich die Work-Life-Balance des Klienten/der Klientin	8,9	1,2	0,6
12.	hat der Klient/die Klientin mehr Angst gegenüber seiner/ihrer Arbeit entwickelt	7,3	1,6	0,7
13.	hat sich an den Problemen des Klienten/der Klientin nichts geändert (das Coaching war wirkungslos)	6,5	1,4	0,5
14.	hat sich die Beziehungsqualität verschlechtert zu: Ehepartner	5,7	1,4	0,8
15.	hat sich die Beziehungsqualität verschlechtert zu: anderen Familienmitgliedern	5,7	1,1	0,4
16.	hat sich die Beziehungsqualität verschlechtert zu: Kollegen	4,9	1,7	0,8
17.	hat sich der Einfluss des Klienten/der Klientin in seinem/ihrem Arbeitsbereich verringert	4,9	1,3	0,5
18.	verschlechterten sich die Arbeitsleistungen des Klienten/der Klientin	4,1	1	0
19.	konnte der Klient/die Klientin weniger selbst bestimmen, wie er/sie bei seiner/ihrer Arbeit vorgeht	4,1	1,2	0,5
20.	hat der Klient/die Klientin seinen/ihren Arbeitgeber gewechselt und arbeitet nun unter schlechteren Arbeitsbedingungen (z. B. schlechtere Aufstiegschancen oder weniger Gehalt)	3,3	1	0
21.	hat der Klient/die Klientin seine/ihre Arbeit verloren, ohne das er/sie das wollte	2,4	2,3	1,5
22.	haben sich Symptome einer bestehenden psychischen Störung verschlimmert	2,4	1	0

Tab. 17.1 *(Fortsetzung)*

Negativer Effekt		Häufigkeit in %	Intensität	
			M	*SD*
Durch das Coaching ...				
23.	hat sich die Beziehungsqualität verschlechtert zu: Mitarbeitern	2,4	1,7	0,6
24.	hat der Klient/die Klientin Symptome einer psychischen Störung entwickelt	1,6	2	1,4
25.	hat der Klient/die Klientin mehr Alkohol, Zigaretten oder Medikamente konsumiert	1,6	1	0
26.	hat sich der Klient/die Klientin in eine finanziell bedrohliche Situation gebracht	1,6	2	1,4
27.	ist ein Rechtsstreit zwischen dem Klienten/der Klientin und mir entstanden	0,8	1	
28.	kamen Dritte an persönliche Informationen des Klienten/der Klientin	0,8	1	

Umfeld). In 12,2 % der Fälle entwickelte sich zumindest vorübergehend ein Abhängigkeitsverhältnis zum Coach. Christopher Rauen berichtet dazu: „Ein großes Risiko liegt darin, dass sich Coach und Klient aneinander gewöhnen und das Coaching dann nicht mehr endet. Zunächst scheint das für beide Seiten sehr praktisch zu sein: Der Klient hat einen Reflexionspartner, den er kennt und dem er vertraut, und der Coach hat einen ‚sicheren' Klienten" (vgl. Tenzer 2014, S. 35). Andere Feedback-Mechanismen des Klienten können dadurch aber verkümmern, und der Coach kann die Funktion einer „grauen Eminenz" einnehmen, der zur Absicherung bei jeder Entscheidung konsultiert wird (Tenzer 2014). Auch Beziehungen am Arbeitsplatz können durch ein Coaching negativ beeinträchtigt werden. In fast 14 % der Coachings verschlechterte sich die Beziehungsqualität zu Vorgesetzten. Während sich die Einstellungen zur beruflichen Rolle, die Perspektiven und die Verhaltensweisen eines Klienten durch ein Coaching verändern, gilt das nicht zwangsläufig auch für den Vorgesetzten. Dieser hat nicht am Coaching teilgenommen. Dadurch verändert sich der Klient, während der Vorgesetzte mit alten Perspektiven und Verhaltensweisen arbeitet. Dies kann zumindest vorübergehend zu Abstimmungsproblemen führen. Zum Beispiel ist es möglich, dass der Klient sich durch das Coaching neue Karriereziele erarbeitet. Der Vorgesetzte ist von den neuen Zielen überrascht und gerät unter Druck, sich zu diesen zu positionieren und sie zu unterstützen. Es entstehen Konflikte, die der Klient als unangenehm empfinden kann.

Auch kann ein Coaching laut der Studienergebnisse die Situation eines Klienten in einer private Beziehungen negativ beeinflussen. In 5,7 % der Fälle beobachteten Coaches eine Verschlechterung der Beziehung zum Ehepartner oder anderen Familienmitgliedern. So berichtete ein Coach in einem freien Feld der Online-Befragung, dass der Ehepartner mit dem Erfolg des Klienten, der aus dem Coaching resultierte, nicht zurechtkam. Durch das Coaching angestoßene Änderungen können auch im Privatleben Anpassungen erforderlich machen, die mit Konflikten einhergehen. So ist es vorstellbar, dass das durch ein Coaching geförderte Selbstbewusstsein oder auch das optimierte Kommunikationsvermögen eines Klienten das gewachsene Familiensystem herausfordern.

Nicht alle Effekte lassen sich aber den beiden Kategorien „psychisches Wohlbefinden" und „soziale Integration" zuordnen. Zusätzlich scheinen Coachings temporär negative Auswirkungen auf die **Leistungsfähigkeit** von Klienten zu haben. In 13 % der Coachings wurden höhere Schwankungen in den Arbeitsleistungen wahrgenommen, in 4,1 % verschlechterte sich die Arbeitsleistung, und in 8,9 % reduzierte sich die Arbeitsmotivation des Klienten. Bei einem intensivem Coaching, was mehrmals pro Woche stattfindet, könnte z. B. das erforderliche Zeitbudget die aktuelle Leistungsfähigkeit beeinflussen. Gegebenenfalls können durch das Coaching angestoßene Änderungen auch mit Umsetzungsproblemen einhergehen, die kurzfristig die Leistungsfähigkeit belasten. Der Transfer von neuen Verhaltensweisen benötigt Zeit, so dass ggf. langsamer gearbeitet wird, ohne dass ein Umsetzungsproblem vorliegt.

Eine weitere Kategorie ist die **Bewertung der Arbeit und der Arbeitsrolle**. Eine globale affektive und kognitive Bewertung der Arbeitsrolle ist die Arbeitszufriedenheit. In 13 % der Coachings wurde diese vorübergehend durch ein Coaching verringert. Spreitzer (1995) fasst im Konstrukt des psychologischen Empowerments vier kognitive Bewertungen der Arbeitsrolle zusammen (Bedeutsamkeits-, Kompetenz-, Selbstbestimmungs- und Einflusserleben). Die negative Entwicklung von allen vier Kognitionen ist in den Daten von Schermuly et al. (2014) nachweisbar. Sie treten aber unterschiedlich häufig auf. Am häufigsten erleben Klienten ihre Arbeit durch ein Coaching als weniger bedeutsam (17,1 %). Darauf folgen verringertes Kompetenzerleben (9,8 %) sowie weniger Wahrnehmung von Einfluss (4,9 %) und Selbstbestimmung (4,1 %) am Arbeitsplatz.

Weiterhin können der Arbeitsplatzverlust (2,4 %), schlechtere Arbeitsbedingungen wie z. B. ein niedrigeres Gehalt (3,3 %) und eine finanziell bedrohliche Situation (1,6 %) in eine Kategorie **„finanzielle Verluste"** zusammengefasst werden. Aber auch eine Kategorie **„Sonstiges"** ist nötig. Hier können Effekte wie die Abwandlung von Zielen gegen den Willen des Klienten oder auch Rechtsstreitigkeiten zusammengefasst werden.

Man könnte die Effekte aber auch dahingehend bewerten, wie folgenschwer sie für den Klienten sind. Wie in ◘ Tab. 17.1 ersichtlich, sind schwerwiegende Effekte, die explizit die Unversehrtheit eines Klienten bedrohen, nur selten aufgetreten. Psychische Störungen sind durch das Coaching nur selten ausgelöst oder verschlimmert worden. Auch andere Effekte, die die Arbeits- oder Lebenssituation eines Klienten besonders drastisch verändern, treten aus der Perspektive der Coaches nur vereinzelt für Klienten auf. Dazu gehört z. B. ein Arbeitsplatzverlust oder ein misslungener Arbeitsplatzwechsel, der zu schlechteren Arbeitsbedingungen führt.

17.5 Ursachen von negativen Effekten

In ◘ Abb. 17.1 sind die Ursachen aufgeführt, die von den Coaches für das Entstehen eines negativen Effektes am häufigsten wahrgenommen wurden. In 32,3 % der Fälle wurde eine Ursache aus dem Bereich Klient gewählt (Coach = 26,9 %, sonstiges = 24,9 %, Organisation = 15,9 %). Lediglich bei einem Viertel der aufgetretenen Effekte sehen sich die Coaches selbst als verantwortlich für das Entstehen eines negativen Effektes an.

Am häufigsten nehmen die Coaches den **Klienten** als Ursache für entstandene negative Effekte wahr. In 22,7 % der Coachings, in denen ein negativer Effekt auftrat, führten die Coaches das darauf zurück, dass der Klient zu wenig Problembewusstsein besaß. In 19,7 % der Fälle wurden falsche Erwartungen, in 18,1 % eine psychische Vorerkrankung und in 16,4 % das Fehlen eines Coaching-Ziels als Ursachen wahrgenommen. Grant (2007) macht deutlich, wie herausfordernd ein Coaching mit einer psychisch erkrankten Person ist. So fordert er u. a. in solchen Coachings eine enge Abstimmung zwischen Coach und behandelndem Therapeuten (Schermuly et al. 2014).

Auf Seiten des **Coaches** wurden am häufigsten fehlende Supervision (10,7 %), fehlendes Wissen über die Organisation und Arbeit des Klienten (10,6 %), zu geringe fachliche Expertise (10,5 %) sowie die Überarbeitung des Coaches (9,4 %) berichtet. Neben der psychischen Konstitution des Coaches und der Feldkompetenz kann der fallbasierte Austausch mit einem erfahrenen Kollegen im Zuge einer Supervision als ein Präventionsanker gesehen werden. Interessanterweise scheint Supervision auch hilfreich für die Prävention von negativen Effekten von Coaching für den Coach zu sein. In der Studie von Schermuly (2014a) konnte nachgewiesen werden, dass Coaches, die regelmäßig Supervision in Anspruch nehmen, weniger negative Effekte bei sich selbst erlebten.

In der Kategorie **„Sonstiges"** hatten fehlende Zeit (24,1 %) und fehlende finanzielle Mittel (17,9 %) die höchsten prozentualen Häufigkeiten zu verzeichnen. In 16,7 % der Coachings, in denen ein negativer Effekt aufgetreten war, gab der Coach an, zu wenig oder auch zu unpräzise Diagnostik betrieben zu haben. Lässt sich der Coach zu Beginn eines Coaching-Pro-

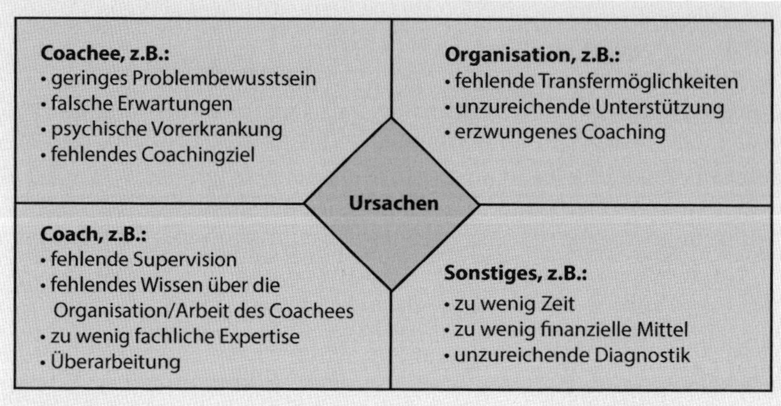

Abb. 17.1 Ursachen von negativen Effekten (Schermuly 2014b)

zesses genügend Zeit, um die Arbeits- und Lebenssituation sowie das organisationale System des Klienten zu erkunden und zu verstehen, dann kann dies hilfreich bei der Prävention von negativen Effekten sein. Dafür sind psychodiagnostische Kompetenzen nötig. Einen Überblick geben hier Möller und Kotte (2014). Diagnostische Kompetenzen sind auch notwendig, um einschätzen zu können, ob ggf. eine psychische Erkrankung vorliegt und ob daher zunächst eine Psychotherapie durchgeführt werden sollte.

Bei der **Organisation** wurden insbesondere Transferbarrieren (16,4 %), fehlende Unterstützung des Coaches (9,6 %) sowie ein erzwungenes Coaching (9,5 %) als Ursachen wahrgenommen. Typische Transferbarrieren sind z. B. fehlende Zeit, die Inhalte eines Coachings umzusetzen, oder auch die Behinderung durch Vorgesetzte (Pawlowsky und Bäumer 1996). Ein Klient hat z. B. in einem Coaching über seinen Führungsstil reflektiert und möchte eher partizipativ führen. Sein Vorgesetzter hat daran kein Interesse, weil dies auch für ihn Umstellungen nach sich ziehen würde, und versucht, ihm den neuen Führungsstil auszureden.

Weitere Analysen zeigten, dass die Anzahl der bearbeiteten Themen mit dem Auftreten von negativen Effekten einhergeht. In den durchschnittlich acht Sitzungen wurden im Durchschnitt 6,3 ($SD = 2{,}7$) Themen bearbeitet. In vielen der Coachings wurde versucht, mehr als zehn Themen zu bearbeiten. Dies waren Coachings, in denen auch besonders viele negative Effekte auftraten. Scheinbar scheint es für die Prävention von negativen Effekten günstig zu sein, wenn eher wenige Themen konzentriert bearbeitet werden. Leichte Häufigkeitsunterschiede bestanden auch hinsichtlich der bearbeiteten Themen. Eine höhere Gefahr für negative Effekte scheint besonders bei Themen wie z. B. Persönlichkeitsentwicklung, Probleme mit Vorgesetzten, Leistungsoptimierung oder auch Burnout-Prävention zu bestehen.

17.6 Fazit

In dem vorgestellten Forschungsprogramm wurden negative Effekte von Coaching zunächst definiert und deren Existenz aus verschiedenen Perspektiven als wahrscheinlich abgeleitet. Dann wurden sie qualitativ ermittelt und empirisch abgesichert. Die Ergebnisse zeigen, dass negative Effekte von Coaching für Klienten häufig auftreten und damit „normal" zu sein scheinen. Sie treten auch in sehr erfolgreichen Coachings auf und sind von eher niedriger bis mittlerer Intensität und von kurzer Dauer. Es treten verschiedene Effekte auf, die sich den Kategorien „psychisches Wohlbefinden", „soziale Integration", „Leistungsfähigkeit", „Bewertungen der Arbeitsrolle", „(finanzielle) Verluste" und „Sonstiges" zuordnen lassen. Über alle Kategorien hinweg kommen schwerwiegende Effekte nur selten vor. In Kombination mit den Ergebnissen der Meta-Analyse von Theeboom et al. (2014) ergibt sich damit ein insgesamt positives Wirkungsbild für Coaching-Dienstleistungen in Deutschland. Es besteht somit kein Anlass, das Thema „negative Effekte" zu tabuisieren. Ganz im Gegenteil kann eine weitere Beschäftigung mit dem Thema die Professionalität und Glaubwürdigkeit von Coaching fördern. Mit Blick auf negative Effekte schreibt Tenzer (2014, S. 35), dass die Coaching-Verbände „versuchen, aktiv darüber aufzuklären, um Coaches für negative Effekte zu sensibilisieren". Diese Sensibilisierung findet idealerweise bereits in den Coaching-Ausbildungen statt und bezieht sich nicht nur auf die negativen Effekte, sondern auch auf die Ursachen von negativen Effekten. Coaches können unter Umständen durch Supervision, Felderfahrung, eine systematische Sammlung von Informationen, eine gezielte Bearbeitung von Themen oder auch durch frühzeitige Ziel- und Erwartungsklärungen negative Effekte verhindern.

Zukünftige Forschungsbemühungen müssen u.a. Antworten auf die Frage finden, inwieweit kurzfristige negative Effekte auch positive Konsequenzen haben können. Auch sollte untersucht werden, wie sich negative Effekte langfristig entwickeln. So könnten sich negative Effekte über die Zeit hinweg neutralisieren oder ins Positive umwandeln. Mit längsschnittlich angelegten Studien könnten aber auch etwaige negative „Sleeper-Effekte" ermittelt werden, d.h. negative Effekte, die erst nach Beendigung eines Coachings auftreten (Schermuly et al. 2014). Eine besondere Limitation bezieht sich auf die Perspektive der Befragten. Zukünftige Forschungen müssen verstärkt auch die Klientenperspektive berücksichtigen.

Literatur

Verwendete Literatur

Bezrukova, K., Jehn, K. A., & Spell, C. S. (2012). Reviewing diversity training: Where we have been and where we should go. *Academy of Management Learning and Education, 11*, 207–227. doi:10.5465/amle.2008.0090.

Blau, P. M. (1964). *Exchange and power in social life*. New York: Wiley.

Bortz, J., & Döring, N. (2006). *Forschungsmethoden und Evaluation für Human- und Sozialwissenschaftler*. Heidelberg: Springer.

Bush, V., & Ingram, T. (2001). Building and assessing cultural diversity skills: Implications for sales training. *Industrial Marketing Management, 30*, 65–76. doi:10.1016/S0019-8501(99)00089-9.

Conrad, A. (2010). *Nebenwirkungen von Psychotherapie aus Klientensicht*. Vortrag auf dem 26. DGVT-Kongress für Klinische Psychologie, Psychotherapie und Beratung, Berlin, 05.–09.03.2010. Berlin.

Eby, L. T., & McManus, S. E. (2004). The protege's role in negative mentoring experiences. *Journal of Vocational Behavior, 65*, 255–275. doi:10.1037/0021-9010.93.2.358.

Eby, L. T., McManus, S. E., Simon, S. A., & Russell, J. E. (2000). An examination of negative mentoring experiences from the proteges perspective. *Journal of Vocational Behavior, 57*, 42–61. doi:10.1006/jvbe.1999.1724.

Grant, A. M. (2007). A languishing-flourishing model of goal striving and mental health for coaching populations. *International Coaching Psychology Review, 2*, 250–264.

Homans, G. C. (1961). *Social behaviour: Its elementary forms*. New York: Harcourt, Brace & World.

Kilburg, R. R. (2002). Failure and negative outcomes: The taboo topic in executive coaching. In C. Fitzgerald, & J. B. Berger (Hrsg.), *Executive coaching: Practices and perspectives* (S. 283–305). Palo Alto: Davies-Black.

Linden, M., & Strauß, B. (Hrsg.). (2013). *Risiken und Nebenwirkungen von Psychotherapie. Erfassung, Bewältigung, Risikovermeidung*. Berlin: Medizinisch Wissenschaftliche Verlagsgesellschaft.

Möller, H. (2014). *Laudatio bei der Verleihung des Erdinger Coachingpreis in der Kategorie Wissenschaft* HAM Coaching-Kongress 2014, Coaching heute: Zwischen Königsweg und Irrweg, Erding, 20.–21.02.2014.

Möller, H., & Kotte, S. (Hrsg.). (2014). *Diagnostik im Coaching*. Heidelberg: Springer.

Pawlowsky, P., & Bäumer, J. (1996). *Betriebliche Weiterbildung: Management von Qualifikation und Wissen*. München: Beck.

Schermuly, C. C. (2014a). Negative effects of coaching for coaches – An explorative study. *International Coaching Psychology Review, 9*, 165–180.

Schermuly, C. C. (2014b). *Negative Effekte von Business-Coachings für Coachees und Coaches*. Poster präsentiert im Zuge der Verleihung des Deutschen Coachingpreises auf dem Symposium des DBVC, Bremen, 17.–18.10.2014. Bremen.

Schermuly, C. C., Schermuly-Haupt, M. L., Schölmerich, F., & Rauterberg, H. (2014). Zu Risiken und Nebenwirkungen lesen Sie… – Negative Effekte von Coaching. *Zeitschrift für Arbeits- und Organisationspsychologie, 58*, 17–33. doi:10.1026/0932-4089/a000129.

Seiger, C., & Künzli, H. (2010). *Der Schweizerische Coachingmarkt aus der Sicht von Coaches*. Zürich: Zürcher Hochschule für Angewandte Wissenschaften. http://pd.zhaw.ch/hop/544183222.pdf. Zugriff: 10.07.2013

Spreitzer, G. M. (1995). Psychological empowerment in the workplace: Dimensions, measurement, and validation. *Academy of Management Journal, 38*, 1442–1465. doi:10.2307/256865.

Tenzer, E. (2014). Coaching: Wie Sie Risiken vermeiden. *Psychologie Heute, 11*(14), 32–36.

Theeboom, T., Beersma, B., & van Vianen, A. E. (2014). Does coaching work? A meta-analysis on the effects of coaching on individual level outcomes in an organizational context. *Journal of Positive Psychology, 9*, 1–18. doi:10.1080/17439760.2013.837499.

Thibaut, J., & Kelley, H. H. (1959). *The social psychology of groups*. New York: Wiley.

Von Bergen, C. W., Soper, B., & Foster, T. (2002). Unintended negative effects of diversity management. *Public Personnel Management, 2*, 239–251.

Weiterführende Literatur

Thoele, I. (2004). *Qualitätskriterien für Erfolgreiches Coaching*. Düsseldorf: VDM.

Serviceteil

C. Triebel et al. (Hrsg.), *Qualität im Coaching,*
DOI 10.1007/978-3-662-49058-7, © Springer-Verlag Berlin Heidelberg 2016

Stichwortverzeichnis

S

T

U

V

W

Z